高等学校电子信息类创新与应用型系列教材

通信原理

鲍卫兵　编著

清华大学出版社
北京

内 容 简 介

本书共 8 章,内容包括绪论、信道与噪声、模拟调制系统、数字基带传输系统、数字频带传输系统、模拟信号的数字传输、同步原理、编码技术。各章均附有习题、实践项目,并给出了部分习题的解答,提供了配套的 PPT 课件。

本书具有系统性强、层次分明、浅显易懂、可读性强、概念准确、论述严谨、结合仿真、实践性强等特点,可作为高等院校自动化、通信工程、电子信息等信息类本科专业教材,也可作为高职院校的信息类专业教材,还可作为通信原理爱好者的自学参考书。

图书在版编目(CIP)数据

通信原理/鲍卫兵编著. --北京:清华大学出版社,2024.12. --(高等学校电子信息类创新与应用型系列教材). -- ISBN 978-7-302-67692-8

Ⅰ. TN911

中国国家版本馆 CIP 数据核字第 20249YS995 号

责任编辑:张 玥 常建丽
封面设计:常雪影
责任校对:刘惠林
责任印制:宋 林

出版发行:清华大学出版社
　　　　网　　　址:https://www.tup.com.cn,https://www.wqxuetang.com
　　　　地　　　址:北京清华大学学研大厦 A 座　　　　邮　　编:100084
　　　　社 总 机:010-83470000　　　　　　　　　　邮　　购:010-62786544
　　　　投稿与读者服务:010-62776969,c-service@tup.tsinghua.edu.cn
　　　　质量反馈:010-62772015,zhiliang@tup.tsinghua.edu.cn
　　　　课件下载:https://www.tup.com.cn,010-83470236
印 装 者:三河市龙大印装有限公司
经　　销:全国新华书店
开　　本:185mm×260mm　　　印　张:20.25　　　　　字　　数:457 千字
版　　次:2024 年 12 月第 1 版　　　　　　　　　　印　　次:2024 年 12 月第 1 次印刷
定　　价:69.80 元

产品编号:072284-01

编审委员会

顾　问：李澎林　潘海涵
主　任：张　聚
副主任：赵端阳　朱新芬
编　委：（按姓氏笔画为序）
王　荃　　王　洁　　冯志林　　成杏梅
刘　均　　刘文程　　刘勤贤　　杜　丰
杜树旺　　吴　艳　　何文秀　　应亚萍
张建奇　　陈伟杰　　郑利君　　赵建锋
郝　平　　姚晶晶　　徐欧官　　郭伟青
曹　平　　鲍卫兵　　蔡铁峰　　潘　建

序言

电子信息技术和计算机软件等技术的快速发展,深刻影响着人们的生产、生活、学习和思想观念。当前,以"工业 4.0"、两化深度融合、智能制造和"互联网＋"为代表的新一代产业和技术革命,把信息时代的发展推进到一个对国家经济和社会发展影响更为深远的新阶段。

在新的产业和技术革命的背景下,社会对于高校人才的培养模式、教学改革以及高校的转型发展都提出了新的要求。2015 年,浙江省启动应用型高校示范学校建设。通过面向应用型高校的转型建设增强学生的就业创业和实践能力,提高学校服务区域经济社会发展和创新驱动发展的能力。通过坚持"面向需求、产教融合、开放办学、共同发展"的高校发展理念,围绕一流的应用型大学建设和一流的应用型人才培养目标,我们做了一系列的探索和实践,取得了明显实效。

作为应用型高校转型建设的重要举措之一和应用型人才培养的主要载体,本套教材着眼于应用型、工程型人才的培养和实践能力的提高,是在应用型高校建设中一系列人才培养工作的探索和实践的总结与提炼。在学校和学院领导的直接指导和关怀下,编委会依据社会对电子信息和计算机学科人才素质和能力的需求,充分汲取国内外相关教材的优势和特点,组织具有丰富教学与实践经验的双师型高校教师成立编委会,编写了这套教材。

本套系列教材具有以下几个特点:

(1)教材具有创新性。本系列教材内容体现了基本技术和近年来新技术的结合,注重技术方法、仿真例子和实际应用案例的结合。

(2)教材注重应用性。避免复杂的理论推导,通俗易懂,便于学习、参考和应用。注重理论和实践的结合,加强应用型知识的讲解。

序言

（3）教材具有示范性。教材中体现的应用型教学理念、知识体系和实施方案，在电子信息类和计算机类人才的培养以及应用型高校相关专业人才的培养中具有广泛的辐射性和示范性。

（4）教材具有多样性。本系列教材既包括基本理论和技术方法的课程，也包括相应的实验和技能课程，以及大型综合实践性学科竞赛方面的课程。注重课程之间的交叉和衔接，从不同角度培养学生的应用和实践能力。

（5）本套教材的编著者具有丰富的教学和实践经验。他们大多是从事一线教学和指导的、具有丰富经验的双师型高校教师。他们多年的教学心得为本教材的高质量出版提供了有力保障。

本套系列教材的出版得到浙江省教育厅相关部门，浙江工业大学教务处和之江学院领导、骨干教师以及清华大学出版社的大力支持，并得到学校教学改革和重点教材建设项目的资助，在此一并表示衷心的感谢。

希望本套教材的出版能够在转变教学思想，推动教学改革，更新知识体系，增强学生实践能力，培养应用型人才等方面发挥重要作用，并且为应用型高校的转型建设提供课程支撑。由于电子信息技术和计算机技术的发展日新月异，以及各方面条件的限制，本套教材难免存在不足之处，敬请专家和广大师生批评指正。

高等学校电子信息类创新与应用型系列教材编审委员会

2016 年 10 月

前言

本书是长期从事教学工作的一线教师编写的,融入了相关的理论知识、教学经验和体会,并吸收了大量参考文献的精华,略去了一些不重要的烦琐的公式推导,重点强调分析思路,讲清来龙去脉,语言通俗易懂,完整、系统地描述了通信系统各组成部分对应的各种技术以及原理。

本书在书写过程中严格按照通信系统的组成,以信号与系统为主线,重点从时域和频域进行分析,讨论各种调制解调技术、编译码技术、系统性能的分析方法以及各自的应用场合。从模拟通信系统到数字通信系统,从简单到复杂,内容深入浅出,各章节的安排都是经过严格推敲精选出来的。本书具有以下特点:①系统性强,层次分明。本书结构严谨,根据通信系统中用到的各种技术划分章节,章节划分合理、层次分明。②浅显易懂,可读性强。每种技术针对当前存在的问题,以提问的方式引出各种技术理论知识要点。③在文字描述的基础上,在每章中适当增加举例以及一些插图,方便学生理解抽象的原理。④概念准确,论述严谨。本书所涉及的概念都是经过严密推敲总结得出的,力求概念准确、论述严谨。⑤仿真示例,提升兴趣。适当加入一些 MATLAB 仿真的例子,学生通过这些例子可以亲自动手演练,加深对理论知识的理解和记忆。⑥练习题丰富。课后给出适量练习题,学生可通过练习巩固相应的知识点,加深对所学理论知识的理解。⑦增加实践项目类题目,实践性强,开放性强。通过增加实践项目类型的作业,让学生课外查阅资料,开拓思维,提出自己的观点,并加以论证,培养发现问题、解决问题的能力,改变被动接受的局面。⑧适用面广,适用性强。通信原理是通信及信息类的必修课程,本书可作为自动化、通信、电子专业等信息类本科专业教材,也可作为高职院校的信息类专业教材,还可作为通信原理爱好者的自学参考书。

本书的参考学时数为 64(包括课内实验 8 学时,实际讲课 56 学时)。教师可以根据需要适当增减学时数。本书共 8 章,第 1 章为绪论部分,具

前言

体内容包括通信系统的模型、分类、通信方式、信息量和平均信息量、主要性能指标；第 2 章介绍信道与噪声，具体内容包括信道及其分类、信道的模型、恒参信道、随参信道、各自特性对传输特性的影响、分集接收、信道的加性噪声、信道容量；第 3 章介绍模拟调制系统，具体内容包括线性调制的基本原理、非线性调制的原理、模拟调制系统的抗噪声性能、频分复用和多级调制；第 4 章介绍数字基带传输系统，具体内容包括数字基带信号及其传输系统模型、数字基带信号的常用波形和传输码型、功率谱密度、码间干扰、无码间干扰的基带传输特性、抗噪声性能分析、眼图与时域均衡、扰码和解码；第 5 章介绍数字频带传输系统，具体内容包括二进制数字调制的原理、二进制数字调制系统的抗噪声性能及其比较、多进制数字调制系统、现代数字调制技术；第 6 章介绍模拟信号的数字传输，具体内容包括抽样定理、PAM、模拟信号的量化、PCM 系统、DPCM 系统、ΔM/DM 系统、时分复用和数字复接技术；第 7 章介绍同步原理，具体内容包括同步及其分类、载波同步、位同步、帧同步的方法及其性能；第 8 章介绍编码技术，具体内容包括信源编码(香农-范诺编码、哈夫曼编码)、信道编码(常用的简单信道编码、线性分组码、循环码、BCH 码、卷积码、Turbo 码)。各章均附有习题、实践项目，并给出部分习题的解答，提供配套的 PPT 课件。

本书参阅了大量参考文献，以及网站上的一些资料，在此表示由衷的感谢。本书在出版过程中得到清华大学出版社张玥编辑的大力支持，在此也表示诚挚的感谢。

本书得到浙江工业大学校级重点教材建设项目(项目编号：JC2137)的资助。

由于笔者水平有限，书中难免有不妥和疏漏之处，恳请各位专家、同人和读者批评指正。

编　者
2023 年 9 月

目录

目录

目录

目录

目录

目录

第1章 绪 论

本章学习目标

- 了解通信的基本概念、发展现状与趋势
- 了解通信方式及通信系统的分类
- 了解通信系统的模型
- 熟练掌握信息的度量方法、通信系统的性能指标以及计算方法

本章首先介绍通信的基本概念、发展现状与趋势,然后介绍各种通信方式以及通信系统的分类,接着介绍各种通信系统的模型,最后介绍信息及其度量方法,各种通信系统的主要性能指标以及计算方法。

1.1 通信的基本概念

1.1.1 通信与通信系统

通信是指发送方(人或设备)和接收方之间通过某种传输媒介把信息从一个地方向另一个地方进行传输的过程。简单地说,通信就是信息的传输和交换的过程。通信的目的就是传递消息中所包含的信息。这里要注意,消息、信息、信号三个概念。消息是指随机状态的描述,是信息的物理表现形式,它有不同的表现形式,如语音、文字、数字、音乐和图片等都是消息;通常人们接收消息,仅关心消息中包含的实质性内容,这就是信息,因此信息就是消息的实质内容,待知但不可预测,是一种抽象概念;为了能够把消息从一端传输到另一端,这就要借助于信号,信号就是消息的载体,把消息变成可传输、处理的形式。通信与电子技术、计算机技术和传感技术等相互融合,在目前的信息化时代,通信成为现代社会的命脉,推动着人类社会文明、进步和发展,对人们的生活方式产生重大和深远的影响。

通信系统就是完成端到端之间信息的传输和交换的系统。通信网就是多用户通信系统

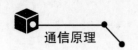

互连的通信体系。通信网的构成通常包括终端设备、传输设备、交换设备、协议和准则等。①终端设备,如电话、电报、监视器(摄像头)、显示器等;②传输设备,如电缆、光缆、微波、卫星等;③交换设备,如程控交换、ATM交换、光交换等;④协议和准则,是指两端之间或多端之间进行通信必须遵循的一些事先约定好的规则。

1.1.2 通信的发展现状与趋势

1. 通信的发展简史

通信的发展经历了从古代的非电量通信阶段,到近代的电信号通信阶段,再到现代的光纤通信阶段。

(1)非电量通信阶段:人类进行通信的历史悠久。早在远古时期,人们就通过简单的语言、壁画等方式交换信息。千百年来,人们一直在用语言、图符、钟鼓、烟火、竹简、纸书等传递信息,古代人的烽火狼烟、飞鸽传信、驿马邮递就是这方面的例子。现在还有一些国家的个别原始部落,仍然保留着诸如击鼓鸣号这样古老的通信方式。在现代社会中,交通警察的指挥手语、航海中的旗语等不过是古老通信方式进一步发展的结果。这些信息传递的基本方式都是依靠人的视觉与听觉。

(2)电信号通信阶段:19世纪中叶以后,随着电报、电话的发明,电磁波的发现,人类通信领域产生了根本性的巨大变革,实现了利用金属导线传递信息,甚至通过电磁波进行无线通信,使神话中的"顺风耳""千里眼"变成了现实。从此,人类的信息传递可以脱离常规的视、听觉方式,用电信号作为新的载体,因此带来了一系列技术革新,开始了人类通信的新时代。

1837年,美国人塞缪尔·莫尔斯(Samuel Morse)成功研制出世界上第一台电磁式电报机。莫尔斯利用自己设计的电码,先把信息转换成一串或长或短的电脉冲传到目的地,到达目的地后再转换为原来的信息。1844年5月24日,莫尔斯在国会大厦联邦最高法院会议厅利用"莫尔斯电码"发出了人类历史上的第一份电报,从而实现了长途电报通信。这标志着电通信的开始。

此后,利用电进行通信的研究取得了长足进步,在信息传递的数量、传播的速度和范围等方面均获得了迅速发展。1864年,英国物理学家麦克斯韦(J. C. Maxwell)建立了一套电磁理论,预言了电磁波的存在,说明了电磁波与光具有相同的性质,两者都是以光速传播的。1866年,利用海底电缆实现了跨大西洋的越洋电报通信。1875年,苏格兰青年亚历山大·贝尔(A. G. Bell)发明了世界上第一台电话机,并于1876年申请了发明专利。1878年,在相距300km的波士顿和纽约之间进行了首次长途电话实验,并获得了成功,后来就成立了著名的贝尔电话公司。

利用电信号实现语音信号的有线传递,使信息的传递变得既迅速又准确,这是模拟通信的开始,由于电话是一种实时、交互式通信,比电报更便于交流使用,所以到20世纪前半叶,这种采用模拟技术的电话通信技术得到了更迅速和广泛的发展。

1879年,第一个专用人工电话交换系统投入运行。1880年,第一个付费电话系统运营。1888年,德国青年物理学家海因里斯·赫兹(H. R. Hertz)用电波环进行了一系列实验,发现了电磁波的存在,他用实验证明了麦克斯韦的电磁理论。这个实验轰动整个科学界,成为近代科学技术史上的一个重要里程碑,导致了无线电的诞生和电子技术的发展。电磁波的发现产生了巨大影响。不到6年的时间,约在1895年,俄国的波波夫、意大利的马可尼分别发明了无线电报,实现了信息的无线电传播,其他的无线电技术也如雨后春笋般涌现出来。

1904年,英国电气工程师弗莱明发明了二极管。1906年,美国物理学家费森登成功地研究出无线电广播。1907年,美国物理学家德·福莱斯特发明了真空三极管。1918年,调幅无线电广播问世,美国电气工程师阿姆斯特朗应用电子器件发明了超外差式接收装置。1920年,美国无线电专家康拉德在匹兹堡建立了世界上第一家商业无线电广播电台,从此广播事业在世界各地蓬勃发展,收音机成为人们了解时事新闻的方便途径。1924年,第一条短波通信线路在瑙恩和布宜诺斯艾利斯之间建立。1933年,法国人克拉维尔建立了英法之间的第一条商用微波无线电线路。1936年,调频无线电广播开播,推动无线电技术进一步发展。

电磁波的发现也促使图像传播技术迅速发展起来。1922年,16岁的美国中学生菲罗·法恩斯沃斯设计出第一幅电视传真原理图,图像传真也是一项重要的通信。1929年,他申请了发明专利,被裁定为发明电视机的第一人。1924年,奈奎斯特提出无码间干扰数字传输技术。从1925年美国无线电公司研制出第一部实用的传真机以后,传真技术不断革新。1928年,美国西屋电器公司的兹沃尔金发明了光电显像管,并同工程师范瓦斯合作,实现了电子扫描方式的电视发送和传输。1935年,美国纽约帝国大厦设立了一座电视台,次年就成功地把电视节目发送到70km以外的地方。

1937年,瑞威斯发明脉冲编码调制,标志着数字通信的开始。1938年,兹沃尔金又制造出第一台符合实用要求的电视摄像机。经过人们的不断探索和改进,1945年,在三基色工作原理的基础上,美国无线电公司制成了世界上第一台全电子管彩色电视机。直到1946年,美国人罗斯·威玛发明了高灵敏度摄像管,同年日本人八本教授解决了家用电视机接收天线问题,从此一些国家相继建立了超短波转播站,电视迅速普及开来。

20世纪40年代,科学家们发现了半导体材料,用它制成晶体管,替代了电子管。1946年,美国制造了第1台电子计算机,到20世纪50年代末,开始了计算机通信。1948年,美国贝尔实验室的肖克莱、巴丁和布拉坦发明了晶体管,于是晶体管收音机、晶体管电视、晶体管计算机很快代替了各式各样的真空电子管产品。1948年,香农提出了信息论,建立了通信统计理论。1950年,时分多路通信应用于电话系统。1956年,铺设越洋电话,美国摩托罗拉公司生产出第一个无线寻呼机。1957年,苏联发射第一颗人造地球卫星,人类开始了空间通信。1959年,美国的基尔比和诺伊斯发明了集成电路,从此微电子技术诞生。20世纪60年代以后,大规模集成电路、电子计算机的出现,使得数字通信迅速发展,由于数字通信技术在许多方面都优于模拟通信,甚至像语音、图像类的模拟信号也希望采用数字通信技术传输。1962年,发射第一颗同步通信卫星,开通国际卫星电话,脉冲编码调制进入实用阶段。1967年,大规模集成电路诞生,一块米粒般大小的硅晶片上可以集成1000多个晶体管的线路。1969年,电视电话业务开通。1972年以前,图像技术主要用于新闻、出版、气象和广播行业;1972—1980年,传真技术已完成从模拟向数字、从机械扫描向电子扫描、从低速向高

速的转变,除代替电报和用于传送气象图、新闻稿、照片、卫星云图外,还在医疗、图书馆管理、情报咨询、金融数据、电子邮政等方面得到应用;1980年后,传真技术向综合处理终端设备过渡,除承担通信任务外,它还具备图像处理和数据处理的能力,成为综合性处理终端。静电复印机、磁性录音机、雷达、激光器等都是信息技术史上的重要发明。1977年,美国、日本科学家制成超大规模集成电路,30平方毫米的硅晶片上集成了13万个晶体管。微电子技术极大地推动了电子计算机的更新换代,使电子计算机显示了前所未有的信息处理功能,成为现代高新科技的重要标志。20世纪70年代,商用卫星通信、程控数字交换机、光纤通信系统投入使用;一些公司制定计算机网络技术体系结构。1978年,美国贝尔实验室成功研制模拟蜂窝制移动电话系统。20世纪80年代,开通数字网络的公用业务,个人计算机和计算机局域网出现,网络体系结构国际标准陆续制定。20世纪80年代末,多媒体技术的兴起,使计算机具备了综合处理文字、声音、图像、影视等各种形式信息的能力,日益成为信息处理最重要和必不可少的工具。1986年,欧洲推出蜂窝数字移动通信(GSM),并于1991年在欧洲开始商用。1989年,美国高通公司(Qualcomm)开始码分多址(CDMA)数字蜂窝移动通信实验;1993年,生产出第一批双模式移动台,此后CDMA席卷全世界。1991年,美国戈尔提出"信息高速公路法案",全球掀起信息高速公路热潮。1994年,国际最大的计算机互联网商业化,实现世界范围的网络资源共享。1996年,国际电信联盟提出名为IMT-2000的灵活的无线接入标准。1998年,国际电信联盟收到包括中国提出的方案在内的共15种方案。2000年,国际电信联盟确定WCDMA、CDMA2000和TD-SCDMA三大主流无线接口标准,写入第三代移动通信系统(3G)技术指导性文件。

(3)光纤通信阶段:早在1955年,英国科学家卡帕尼发明了玻璃光导纤维。1960年,华人高锟等首先提出用低吸收的光纤做光通信,高锟被称为光纤之父。1970年,光纤通信有很大的发展,建立一个很强的基础,一方面是传导光波的光纤,美国的柯林公司已经做出了20dB/km的低损耗的光纤;另一方面,光源也很重要,贝尔实验室成功研制半导体激光器;这两者的结合为光纤通信奠定了基础。七八年以后,美国在芝加哥市首先开辟了第一条光纤通信线路,再过10年左右,$1.55\mu m$波长的光纤损耗率低到0.2dB/km,相当于光纤损耗降低两个数量级,因此可以传输得很远。同年,英国的南安普敦大学发明了掺铒光纤放大器。这样,就不用光-电-光的转换,而是直接用光放大。1989年,美国首次进行了四个通道的波分复用光通信实验,就可以实现一根光纤有多条光的通道。1998年,美国实现了密集波分复用的长途光通信,它的传输速率达到太比特。中国光通信的发展非常迅速,20世纪80年代,上海首先铺设了一条1.8km的数字光通信线路。20世纪80年代,国家投资武汉邮电研究院,研制光纤器件。1995—1998年,上海交大完成了"九五"项目,四个节点的全光城域网、实验网。20世纪90年代起,全国各地都普遍铺设和使用单路的光纤通信线路,现在在农村,都可以看到光纤线路。2000年,国家自然科学基金资助了一个项目——中国高速互联研究实验网。2000年年底,中国网通公司建成了3400km的波分复用的光纤通信网,2001年完成863项目——中国高速示范网。目前,光纤通信系统已经进入我国广大的城市和乡村,为人民生活和经济发展提供了便捷服务。光纤通信的发展趋势是从光电混合向全光方向发展,光纤通信的发展方向是往三网合一的全光网络方向发展。那个时候的网络就是光网,实际上就是光纤网。全光网的内容包括两部分:一个是光的传输;另外一个是光的交换。传输问题现在解决得比较好,基本上已经可以用了,但是要提高质量,降低成本。下一步,就是光纤通信的关键问题,在器件方面是光、全光的交换系统。光开关,是它的主要的部件。现在集中力量在研究光开关和全光交换器,在未来的光通信技术是需要高速的全光开关。

2000 年以来,移动通信、国际互联网广泛应用与普及,多媒体通信迅猛发展。根据 Ericsson 的预测,到 2024 年年底,全球移动用户数将达到 89 亿。

根据互联网世界统计(IWS)数据显示,截至 2020 年 5 月 31 日,全球互联网用户数量达到 46.48 亿,占世界人口的比重达到 59.6%。根据中国互联网络信息中心(CNNIC)数据,截至 2022 年 6 月,中国网民数达 10.51 亿,较 2021 年年底提升 1.9%,互联网渗透率达 74.4%;移动互联网用户规模达 10.47 亿,移动互联网渗透率达 74.0%,基本接近互联网渗透率水平。截至 2020 年一季度,中国、印度、美国互联网用户数量排名前三。中国互联网用户数量为 9.04 亿(根据 CNNIC 发布第 45 次《中国互联网络发展状况统计报告》进行了调整),互联网渗透率为 64.5%;印度互联网用户数量为 5.6 亿,互联网渗透率为 40.9%;美国互联网用户数量为 3.13 亿,互联网渗透率为 94.7%。

2. 通信技术的发展趋势

通信技术的发展趋势可以从以下几方面加以阐述。

(1) 通信技术必然要朝着融合的趋势发展:例如 PSTN(公共交换电话网)、CATV(有线电视)和计算机网络的三网业务融合趋势;语音和数据业务的融合趋势;电域与光域融合趋势;移动与 WLAN 融合趋势等。

(2) 通信网中的交换技术也在不断发展:从早期电信网使用的电路交换技术,发展到分组网络使用的分组交换技术,再发展到快速传输的快速分组交换技术。

(3) 通信的传输手段多种多样:从最早的有线电缆发展到无线的微波中继,再发展到采用光纤传输、卫星通信以及移动通信等。

(4) 通信的传输技术也在发生改变:从点到点传输发展到通过网络传输,再发展到光网络传输。

(5) 接入技术多样化:从有线的 xDSL(x 数字用户线)和 HFC(混合光纤同轴电缆)宽带接入发展到光网络 EPON(以太网无源光纤网络)、GPON(吉比特无源光网络)接入,再发展到无线宽带接入。

(6) 移动通信在不断发展:从 1G、2G、2.5G、3G 到超 3G/4G,再到 5G。

(7) IP 网络的演变:正在朝着下一代 Internet 发展。

因此,在学习通信有关的内容时,应该密切关注以 IP 为核心演变成新一代 Internet 的新一代信息技术;以新一代光网络为核心研究光传输、宽带光接入、自交换光网络、光联网等光通信技术;以 3G、4G、5G 为核心的移动通信技术;备受瞩目的物联网技术。这些将作为今后的主要研究方向。

1.2 通信方式及通信系统的分类

1.2.1 通信方式

通信方式是指从系统的角度出发而得到的通信系统的工作方式或者信号传输的方式。通信过程中涉及通信方式与信道共享问题,它是通信中的一个重要问题。

1. 按信息传送的方向与时间关系分

对于点对点之间的通信,按照信息传送的方向与时间关系,通信方式可分为单工通信、半双工通信及全双工通信三种,如图 1.1 所示。

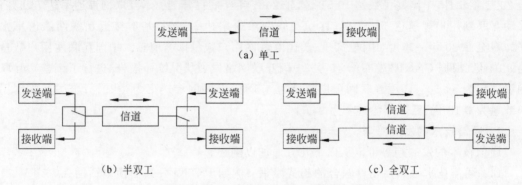

(a) 单工

(b) 半双工　　　　　　　　　(c) 全双工

图 1.1 单工、半双工和全双工通信方式

单工通信(Simplex Communication):是指信息只能单方向传输的工作方式,如图 1.1(a)所示。在单工通信中,通信的信道是单向的,发送端与接收端也是固定的,即发送端只能发送信息,不能接收信息;接收端只能接收信息,不能发送信息。基于这种情况,信息从一端传送到另一端,信息流是单方向的。单工通信方式的例子很多,典型的有广播、遥测、遥控、无线寻呼等。生活中的广播就是一种单工通信的工作方式。广播站是发送端,听众是接收端。广播站向听众发送信息,听众接收获取信息。广播站不能作为接收端获取听众的信息,听众也无法作为发送端向广播站发送信息。

半双工通信(Half-duplex Communication):是指通信双方都能收发信息,但不能同时进行,必须轮流交替地进行收和发的工作方式,如图 1.1 (b)所示。在这种工作方式下,发送端可以转变为接收端;相应地,接收端也可以转变为发送端。但是在同一个时刻,信息只能在一个方向上传输。因此,也可以将半双工通信理解为一种切换方向的单工通信。例如,使用同一载频的对讲机,收发报机以及问询、检索、科学计算等数据通信都是半双工通信方式。对讲机是日常生活中最为常见的一种半双工通信方式,手持对讲机的双方可以互相通信,但在同一个时刻,只能有一方在讲话。

全双工通信(Full Duplex Communication):是指在通信的任意时刻,通信双方可同时进行收发信息的工作方式。一般情况,全双工通信的信道必须是双向信道,如图 1.1 (c)所示。线路上存在双向信号传输。全双工通信允许信息同时在两个方向上传输,又称为双向同时通信,即通信的双方可以同时发送和接收信息。在全双工通信方式下,通信系统的每一端都设置了发送器和接收器,因此,能控制数据同时在两个方向上传送。全双工通信方式无须进行方向的切换,因此,没有切换操作所产生的时间延迟,这对那些不能有时间延误的交互式应用(如远程监测和控制系统)十分有利。这种方式要求通信双方均有发送器和接收器,同时需要2个信道传送信息。生活中使用的普通电话、手机都是较常见的全双工通信方式,另外计算机之间的高速数据通信也是这种方式。

全双工技术又分为两种,即时分双工(TDD)和频分双工(FDD)。

FDD要求系统拥有两个独立通信信道。而在网络中将有两根通信电缆。全双工以太网使用CAT5的双绞线实现数据的同时收发。移动通信系统则需要两个不同的频段或信道。两个信道之间需要有足够的间距确保收发不会相互干扰。这样的系统必须对信号进行滤波或屏蔽,才能确保信号发送机不会影响邻近的接收机。在手机中,发送机和接收机在非常近的距离下同时工作。接收机必须尽可能多地过滤发送机发出的信号。频谱分离的情况越好,滤波器效率就越高。FDD通常需要更多的频谱资源,一般情况下是TDD的两倍。此外,对发送和接收信道必须进行适当的频谱分离。这种所谓的"安全频段"将无法使用,因此带来了浪费。考虑到频谱资源的稀缺性和昂贵成本,这是FDD的一大缺陷。不过,FDD在移动通信系统中被广泛使用,例如已被大量部署的GSM网络。在一些系统中,$869\sim894\text{MHz}$的25MHz带宽频谱被用于基站至手机的下行通信,而$824\sim849\text{MHz}$的25MHz带宽频谱被用于手机至基站的上行通信。FDD的另一个缺点在于,很难应用多输入多输出(MIMO)天线技术和波束成形技术。这些技术是4G LTE网络的核心,能大幅提高数据传输速率。单一天线通常很难有足够带宽覆盖FDD使用的全部频率,这也需要更复杂的动态调整电路。

TDD系统使用单一频率进行收发。通过分配不同的时隙,TDD系统可以利用单一频段进行收发操作。TDD系统中发送的信息,无论是语音、视频还是计算机数据,都是串行的二进制数据。每个时隙的长度可能为1字节,同时可以将多个字节组装成帧。由于数据传输速率很快,因此通信双方很难分辨数据传输是间歇性的。因此,与其使用"同时"描述这种传输,"并发"可能更合适。例如,在将数字语音转换为模拟格式的过程中,没有人会认为这一过程不是全双工。在互联网接入的应用中,数据下载时间通常远大于上传时间,因此可以给数据上传分配较少的时隙。一些TDD系统支持动态带宽分配,其中的时隙数量可以按需分配。TDD的真正优势在于,系统只需使用频谱的一个信道。此外,没有必要浪费频谱资源设置"安全频段",或采取信道隔离措施。不过TDD的主要问题在于,系统在发送机和接收机两端需要非常精确的时间同步,以确保时隙不会重叠,产生相互影响。通常情况下,TDD系统中的时间是由原子钟和GPS系统实现同步的。在不同时隙之间还需要设置"安全时间",以防止时隙重叠。这一时间通常相当于从发送到接收整个过程的环回时间,以及在整个通信链路上的时延。

目前,大部分手机系统都采用FDD技术。4G LTE技术最初也选择了FDD,而有线电视系统则完全基于FDD。不过,大部分无线数据传输系统都采用TDD技术。WiMAX和Wi-Fi均为TDD技术,蓝牙和ZigBee等系统也是同样,无绳电话同样使用TDD。而由于频

谱的稀缺性和较高的成本,TDD 也被应用在一些移动通信系统中,例如我国的 TD-SCDMA和 TD-LTE。如果出现频谱紧张的现象,其他国家可能也会部署 TD-LTE 网络。从整体看,TDD 可能是更好的选择,但 FDD 目前得到了更广泛的应用。这主要是由于频谱分配的历史原因,以及 FDD 技术出现得更早。目前来看,FDD 仍将在移动通信系统中占据主导地位。不过,随着频谱资源越来越紧张,成本越来越高,在频谱的重新分配中,TDD 预计将获得更多的应用。

总之,单工和半双工通信可以采用一个信道支持信息的通信,对于全双工通信则需要采用两个信道,或者利用存储技术,在一个信道上支持宏观的全双工通信。

2. 按数字信号码元排列顺序分

在数字通信中,按数字信号码元排列的顺序分,通信方式可分为并行传输和串行传输。

并行传输是指将代表信息的数字信号码元分成两路或两路以上在两条或两条以上的并行信道上同时传输,即在并行传输中,使用多根并行的数据线一次同时传输多个比特,如图 1.2(a)所示。并行传输的优点是节省传输时间,但需要传输信道多,设备复杂,成本高,故较少采用,一般适用于计算机和其他高速数字系统,特别适用于设备之间的近距离通信。因此,其特点是速度快,成本高,适合近距离传输。

串行传输是指将代表信息的数字信号码元在一个时间节拍只有 1 个比特在设备之间进行的传输。对任何一个由若干比特二进制表示的字符,串行传输都是用一个传输信道以串行方式一个比特接一个比特地在一条信道上传,如图 1.2(b)所示。在传输过程中只占用一条信道,因此串行传输所需的传输时间相对并行传输较长。当数字信号需要实行远距离通信时往往采用这种传输方式。因此,其特点是速度慢,需外加同步措施,成本低,适合长距离传输。

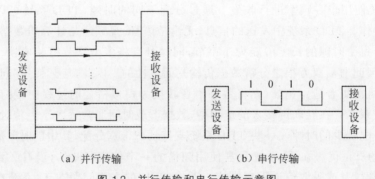

（a）并行传输　　　　　　　　　（b）串行传输

图 1.2　并行传输和串行传输示意图

其他通信方式,包括点与点的专线通信方式,点与多点的广播电视通信方式,以及多点之间的网络通信方式。

网络通信方式又划分为三种,即两点间直通方式、分支方式和交换方式。直通方式是通信网络中最为简单的一种形式,终端 A 与终端 B 之间的线路是专用的;在分支方式中,它的每一个终端($A,B,C,\cdots,N$)经过同一信道与转接站相互连接,此时,终端之间不能直通信息,必须经过转接站转接,此种方式只在数字通信中出现;交换方式是终端之间通过交换设备灵活地进行线路交换的一种方式,即把要求通信和两终端之间的线路接通(自动接通),或者通过程序控制实现消息交换,即通过交换设备先把发送方发送的消息存储起来,然后再转发至接收方。这种消息转发可以是实时的,也可以是延时的。分支方式及交换方式均属于网通信的范畴,网通信的基础是点与点之间的通信,所以本课程的重点放在点与点之间的通信。

1.2.2 通信系统的分类

随着通信技术的发展,通信的内容和形式不断丰富,因此通信的种类层出不穷,很难列举齐全。根据信号的形式、特点及关心的问题不同,可以对通信系统进行不同的分类。

1. 按信号的特征分类

按照信道中所传输的是模拟信号还是数字信号,通信系统可分为模拟通信系统和数字通信系统。模拟通信系统是利用模拟信号传递信息的通信系统,数字通信系统是利用数字信号传递信息的通信系统。

2. 按消息的物理特征分类

按照消息的物理特征的不同,通信系统可分为电报通信系统、电话通信系统、数据通信系统和图像通信系统。

3. 按传输媒介分类

按照传输媒介的不同,通信系统可分为有线通信系统和无线通信系统两大类。有线通信系统是用导线(如架空明线、同轴电缆、光纤、波导)作为传输媒介的通信系统,如市内电话、有线电视、海底电缆通信。无线通信系统是利用无线电波进行通信的系统,如短波电离层传播、微波视距传播、卫星中继等。常用的传输媒介及其主要用途如表1.1所示。

表 1.1 常用的传输媒介及其主要用途

频率范围	波 长	频段/波段	传输媒介	用 途
$3Hz\sim30kHz$	$10^8\sim10^4$ m	甚低频(VLF)/超长波	有线线对	音频、电话、数据终端、长距离导航、时标
$30\sim300kHz$	$10^4\sim10^3$ m	低频(LF)/长波	有线线对	导航、信标、电力线通信
$300kHz\sim3MHz$	$10^3\sim10^2$ m	中频(MF)/中波	同轴电缆	调幅广播、移动陆地通信、业余无线电
$3\sim30MHz$	$10^2\sim10$ m	高频(HF)/短波	同轴电缆	移动无线电话、短波广播、定点军用通信、业余无线电
$30\sim300MHz$	$10\sim1$ m	甚高频(VHF)/超短波(米波)	同轴电缆	电视、调频广播、空中管制、车辆通信、导航、集群通信、无线寻呼
$300MHz\sim3GHz$	$10^2\sim10$ cm	特高频(UHF)/分米波	波导微波	电视、空间遥测、雷达导航、点对点通信、移动通信
$3\sim30GHz$	$10\sim1$ cm	超高频(SHF)/厘米波	波导微波	微波接力、卫星和空间通信、雷达

				续表
频率范围	波　　长	频段/波段	传输媒介	用　　途
30～300GHz	10～1mm	极高频(EHF)/毫米波	波导微波	雷达、微波接力、射电天文学
10^5～10^7GHz	$3×10^{-4}$～$3×10^{-6}$cm	红外、可见光、紫外/亚毫米波	光纤、激光空间传播	光通信

4. 按工作波段分类

按照通信设备的工作频率不同,通信系统可分为长波通信、中波通信、短波通信、远红外线通信等,如表 1.1 所示。表中工作波长和频率的换算公式为

$$\lambda = \frac{c}{f} \tag{1.1}$$

式中,λ 为工作波长,f 为工作频率,c 为光速,通常 $c = 3×10^8 \text{m/s}$。

5. 按业务分类

按照通信业务的不同,通信系统可分为语音通信系统和非语音通信系统。电话作为语音通信系统的代表在通信领域中一直占主导地位,它属于人与人之间的通信。而随着科技的发展和人类生产、生活需求的提高,以及计算机和因特网的普及,各种数据通信和图像通信、多媒体通信等非语音通信系统的业务量大幅增长。由于电话通信较发达,因而其他通信常常借助公共的电话通信系统进行。

6. 按信号的复用方式分类

按照传输多路信号的复用方式的不同,通信系统可分为频分复用、时分复用、码分复用和空分复用。频分复用是用频谱搬移的方法使不同信号占据不同的频率范围,时分复用是用脉冲调制的方法使不同信号占据不同的时隙,码分复用是用正交的脉冲序列分别携带不同信号。传统的模拟通信中都采用频分复用,随着数字通信的发展,时分复用通信系统的应用越来越广泛,码分复用主要用于空间通信的扩频通信中。空分复用是让同一个频段在不同的空间内得到重复利用。在移动通信中,就是采用自适应阵列天线,在不同的用户方向上形成不同的波束,每个波束可提供一个无其他用户干扰的唯一信道,从而实现空间分割技术。

7. 按调制方式分类

根据是否采用调制,通信系统可分为基带传输系统和频带传输(也称调制传输)系统。基带传输是将未经调制的信号(由消息变换而来)直接传送,基带传输的特点是信号在其原始的频带内进行传输。例如,音频电话语音信号不经过处理直接传输的模拟通信方式,再如传输速率为 64kb/s 的数字基带信号直接传输的通信方式。频带传输是将由消息变换而来的信号经调制后进行传输。频带传输的特点是对各种信号调制后再传输。例如,利用调频(FM)台传送的广播信号,利用卫星信道传输的图像信号,利用有线电视电缆传送的有线电视信号等调制方式,表 1.2 列出了一些常见的调制方式及其用途。

表 1.2 常见的调制方式及其用途

调 制 方 式			用 途
连续波调制	线性调制	常规双边带调幅(AM)	广播
		抑制载波双边带调幅(DSB)	立体声广播
		单边带调幅(SSB)	载波通信、无线电台、数传
		残留边带调幅(VSB)	电视广播、数传、传真
	非线性调制	频率调制(FM)	微波中继、卫星通信、广播
		相位调制(PM)	中间调制方式
	数字调制	幅移键控(ASK)	数据传输
		频移键控(FSK)	数据传输
		相移键控(PSK、DPSK、QPSK 等)	数据传输、数字微波、空间通信
		其他高效数字调制(QAM、MSK 等)	数字微波、空间通信
脉冲调制	脉冲模拟调制	脉幅调制(PAM)	中间调制方式、遥测
		脉宽调制(PDM(PWM))	中间调制方式
		脉位调制(PPM)	遥测、光纤传输
	脉冲数字调制	脉码调制(PCM)	市话、卫星、空间通信
		增量调制(DM(ΔM))	军用、民用数字电话
		差分脉码调制(DPCM)	电视电话、图像编码
		其他语音编码方式(ADPCM、APC、LPC)	中低速数字电话

1.3 通信系统的模型

1.3.1 通信系统的一般模型

从现代通信系统的构成看,一个通信系统的技术设备可能非常多,拥有成千上万的用户终端,而且在系统内部的不同环节,其传输媒介和信号传输方式也可能有所不同。点对点之间的通信系统的模型如图 1.3 所示。它描述了一个通信系统的组成,反映了通信系统的共性,因此称为通信系统的一般模型。通信系统的一般模型包括信源、发送设备、信道(传输媒介)、噪声源、接收设备和信宿(受信者)六部分。下面介绍通信系统的各个组成部分。

图 1.3 点对点之间的通信系统的模型

11

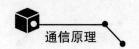

信源是发出消息的源,例如人或机器设备,其作用是把各种消息转换成原始电信号,通常称为消息信号。信源的原始消息有各种类型,如语音、图像等模拟消息,以及数据、文字等数字消息。这些消息一般要经过传感器变为可传送的电信号,原始电信号通常具有较低的频谱分量,所以称为基带信号。

发送设备的基本功能是将信源和信道匹配,即将信源产生的原始电信号进行加工、处理和变换,使其适合在信道中传输。变换方式是多种多样的,采用什么样的变换则要根据信号类型、传输媒介和质量要求等决定。满足要求时可以将电信号直接送入媒介进行传输;在需要频谱搬移的场合,调制则是最常见的变换方式。对数字通信系统来说,编码是发送设备的另一个重要组成部分。编码常常又可分为信源编码与信道编码。信源编码是将连续的模拟信号变换为数字信号,并设法降低码元速率以提高通信系统的有效性;信道编码则是通过差错控制编码实现差错控制,以提高传输的可靠性。

信道是指介于发送设备和接收设备之间用来传输信号的各种物理媒介,如双绞线、电缆、波导、光纤等有线通道和由自由空间提供的各种频段或波长的电磁波无线通道。信号在传输过程中不可避免地会受到噪声的干扰,传输媒介的固有特性及引入的干扰与噪声直接关系通信的质量。

噪声源不是人为加入的设备,而是通信系统中各种设备以及信道中所固有的,并且是人们不希望有的。噪声的来源是多样的,有内部噪声和外部噪声,而且外部噪声往往是从信道引入的,因此,为了分析方便,把噪声源视为各处噪声的集中表现而抽象加入信道。

接收设备包括解调器、解码器等,其基本功能是完成发送设备的反变换,即从带有干扰的接收信号中正确恢复出与信源发出的消息信号完全相同或基本相同的原始基带信号,对于多路复用信号,还包括解多路复用,实现正确分路。

信宿(受信者)是传输信息的归宿点,可以是人或机器设备。其作用是将复原的电信号转换成相应的原始信息,或执行某个动作,或进行显示。对于信源和信宿来说,不管中间经过什么样的变换和传输,都应该使二者信息内容保持一致。收到和发出信息的相同程度越高越好,表明通信系统的可靠性越高。

按照信道中传输的信号类型不同,通信系统可分为模拟通信系统和数字通信系统。下面分别介绍两种系统的组成。

1.3.2　模拟通信系统的模型

信源发出的信息经变换处理后,送往信道传输的是模拟信号的通信系统称为模拟通信系统,因此模拟通信系统传输和处理的都是模拟信号。模拟通信系统的模型如图 1.4 所示。信源发出的原始电信号是基带信号,基带的含义是指信号的频谱从 0Hz 附近开始,如语音信号为 300~3400Hz,图像信号为 0~6MHz。由于这种信号具有频率很低的频谱分量,一般不宜直接传输,因此需要把基带信号变换成其频带适合在信道中传输的信号,并可在接收端进行反变换。完成这种变换和反变换作用的设备通常是调制器和解调器。经过调制后的信号称为已调信号。已调信号的频谱具有带通形式且中心频率远离 0Hz,因而已调信号又称频带信号。

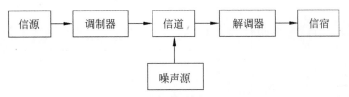

图 1.4 模拟通信系统的模型

从图 1.4 可知,模拟通信系统的模型由信源、调制器、信道、噪声源、解调器和信宿组成。这里仅介绍调制器和解调器两部分的作用,其他组成部分的作用与一般模型中的一样,此处不再重复。

调制器的作用主要是信号变换,把低频频谱搬移到高频段,适合信道传输,提高发射效率和抗干扰能力。解调器的作用也是信号变换,但是它是调制的逆变换。

需要指出的是,消息从发送端到接收端的传递过程中,不仅只有连续消息与基带信号和基带信号与频带信号之间的两种变换,实际通信系统中可能还有滤波、放大、天线辐射、控制等过程,它们只是起到放大信号或改善信号特性的作用,对信号不会发生质的变化,因而被认为是理想的而不予讨论。

例如日常生活中用的收音机就是一个模拟通信系统的例子。在这个系统中,发射装置是广播电视塔,接收装置就是收音机,广播电台发出的无线电波通过空间传播,被收音机接收到。收音机大多是超外差式收音机,从天线接收到的射频信号首先经过射频放大器进行放大,然后经过混频器混频后,再经过中频滤波和中频放大,经过包络检波后,放大音频信号,再从喇叭播放出来。

模拟通信系统的优点是频带利用率较高,简单、易于实现。其缺点是抗干扰能力差,不易保密通信,设备不易大规模集成,不能适应飞速发展的数据通信的要求。

针对模拟通信系统,重点需要研究的问题有基带信号的特性、调制与解调原理、已调信号的特性,以及在有噪声的情况下系统的性能,详细内容将在第 3 章进行分析。

1.3.3　数字通信系统的模型

信源发出的信息经变换处理后,送往信道传输的是数字信号的通信系统称为数字通信系统,因此数字通信系统传输和处理的都是数字信号,其模型如图 1.5 所示。需要说明的是,图 1.5 是数字通信系统的一般模型,实际的数字通信系统不一定包括图中的所有环节。如在某些有线信道中,若传输距离不太远且通信容量不太大时,数字基带信号无须调制,可以直接传送,称为数字信号的基带传输,其模型将在第 4 章加以说明。另外,模拟信号经过数字编码后可以在数字通信系统中传输,数字电话系统就是以数字方式传输模拟语音信号的例子。当然,数字信号也可以在模拟通信系统中传输,如计算机数据可以通过模拟电话线路传输,但这时必须使用调制解调器(MODEM)将数字基带信号进行正弦调制,以适应模拟信道的传输特性。

从图 1.5 可知,数字通信系统的模型由信源、信源编码器、加密器、信道编码器、数字调制器、信道、噪声源、数字解调器、信道译码器、解密器、信源译码器和信宿组成。该模型与

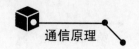

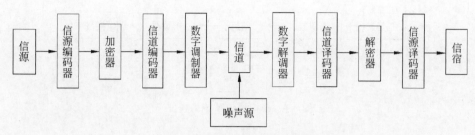

图 1.5 数字通信系统的模型

图 1.4 相比,增加了信源编/译码器、加密/解密器、信道编/译码器和同步这几部分,下面就介绍这几部分的作用。

信源编/译码器主要是在发送方通过信源编码器把信源发出的信号变成合适的数字编码信号,在接收方通过信源译码器把数字编码信号恢复成信源发出的原始的信号。①对于模拟信源,信源编码器将对模拟信号进行抽样、量化、编码,使之完成 A/D 转换;在接收方信源译码器把接收到的已编码信号恢复成信源发出的原始信号。其方法有 PCM、ADPAM、DM 等,详见第 6 章。②对于数字信源,信源编码器的作用是提高数字信号传输的有效性,把数字信号进一步压缩处理;信源译码器是信源编码器的逆过程。其方法有 SBC 等。

信道编/译码器主要是提高传输中的可靠性,对数字信号进行处理,进行检、纠错编/译码,如线性分组码、卷积码、循环码等。详见第 8 章。

加密/解密器,即为提高数字通信的保密性,发送方可通过加密器对数字信号进行逻辑运算加密处理,接收方可通过解密器进行解密恢复出原始数据,例如数据加密、数据扰乱等处理。因此便于实现保密通信是数字通信系统的优势之一,尤其在网络时代,信息的保密性需求激增,数字通信表现出了强大的生命力。

同步是收发两端信号在时间上保持步调一致,即必须严格同步,否则无法恢复正确内容。如载波同步、码元同步、帧同步等。数字通信系统中的同步是一个很重要的环节。同步是保证数字通信系统有序、准确、可靠工作不可缺少的前提条件。同步的方式有很多种,主要包括载波同步、位同步、帧同步(群同步)等,将在第 7 章详细介绍。采取的同步方式不同,同步系统在整个通信系统中的位置也不同,所以图中没有标出。

例如日常生活中用手机打电话就是数字通信系统的例子。简单地说,其原理就是手机把声音这个模拟信号转换为数字信号,并发射到基站,再由基站转到你所拨打的手机上,对方的手机再把数字信号转换成声音,这样就实现了通话。

目前,无论是模拟通信还是数字通信,在不同的通信业务中都得到了广泛的应用。与模拟通信系统相比,数字通信系统具有抗干扰性能好(高可靠性)、便于计算机处理、易于加密处理、传输差错可控(可纠错性)、适合现代数字信号处理、功耗低等优点,可综合传输各种业务,通信功能强,更能适应现代社会对通信技术越来越高的要求。但是,数字通信的许多优点都是用比模拟通信占据更宽的系统频带为代价而换取的。因此其缺点为:①占用较大的传输带宽;②对同步要求较高,因而系统设备较复杂。

以电话为例,一路模拟电话通常只占据 4kHz 带宽,但一路接近同样语音质量的数字电话可能要占据 20～60kHz 的带宽,因此数字通信的频带利用率不高。另外,由于数字通信对同步要求高,因而系统设备比较复杂。不过,随着新的宽带传输信道(如光导纤维)的采用、窄带调制技术和超大规模集成电路的发展,数字通信的这些缺点已经弱化。随着微电子技术和计算机技术的迅猛发展和广泛应用,数字通信在今后的通信方式中将逐步取代模拟通信而占主导地位。

针对数字通信系统,重点需要研究的问题有数字基带信号的特性(A/D变换),数字调制与解调原理,已调信号的特性,数字通信系统的抗干扰性能,信道编/译码(差错控制),加/解密,同步等。

1.4 信息及其度量

1.4.1 信息的基本概念

通信的目的在于传送消息中所包含的信息,消息是指人或事物情况的报道,可以有各种各样的形式,如语音、文字、图片、视频、数据等。消息不一定有用,其中有用部分称为信息,因此信息就是消息中包含的有意义的内容。信号是消息的载体(携带者),通信就是利用电流、电压、无线电波和光波等信号作为载体实现消息的传送。不同形式的消息可包含相同的信息。例如,用语音和文字发送的新闻,所包含的信息内容可以相同。消息中信息的多少可以用"信息量"衡量。那么,如何度量消息中的信息量?

1.4.2 信息的度量方法

度量消息中所含信息量的方法必须能够用来度量任意消息,而与消息的种类无关,与消息的重要程度无关。因此,信息的度量方法应该是对消息的统计特性的一种定量描述。

(1) 信息量:消息中含信息多少的度量,用 I 表示。如何判断消息中包含的信息量?信息量到底与什么因素有关呢?

通常当人们获得消息后,若事前认为消息中所描述事件发生的可能性越小,就认为这个消息带给他的信息量越大。由概率论可知,事件的不确定程度,可用事件出现的概率描述。事件出现(发生)的可能性愈小,则概率愈小;反之,概率愈大。因此,信息量与消息发生的概率成反比,单一符号的信息量计算公式为

$$I = \log_a \frac{1}{P(x)} = -\log_a P(x) \tag{1.2}$$

式中,$P(x)$ 为离散消息发生的概率,a 的定义如式(1.3),通常取 $a=2$,即信息量以 bit 为单位。如果一个事件发生的概率是1,那么它的信息量就是0。

$$a = \begin{cases} 2, & \text{单位: bit} \\ 10, & \text{单位: Hartly} \\ e, & \text{单位: nat} \end{cases} \tag{1.3}$$

通过以上分析,我们知道了单个事件消息的信息量计算,而实际中,一个消息往往由若

干事件组成,那么这样的消息,其信息量又该如何度量呢?

由概率论知识可得,一条消息的产生,意味着若干事件同时发生,如果各事件之间相互独立,那么,所有事件同时发生的概率即各个事件概率的乘积,而消息的信息量与事件的概率存在对数关系,因而不难得出,由若干互相独立事件构成的消息,所含信息量等于各独立事件信息量的和,信息量具有相加性,即

$$I = -\sum_{i=1}^{n} \log_2 P(x_i) \quad (\text{bit}) \tag{1.4}$$

式中,x_i 表示构成消息的第 i 个事件,相应的概率为 $P(x_i)$,且有 $\sum_{i=1}^{n} P(x_i) = 1$。

特别地,当相互独立的若干事件具有相同的概率 $P(x_1) = P(x_2) = \cdots = P(x_n) = P(x)$ 时,式(1.4)可以简化为

$$I = -n \cdot \log_2 P(x) \quad (\text{bit}) \tag{1.5}$$

式中,n 表示构成消息的事件的总数。

当某条消息由若干符号组成时,则该条消息的信息量为

$$I = -\sum n_i \log_2 P_i \quad (\text{bit}) \tag{1.6}$$

式中,n_i 为第 i 个符号出现的次数;P_i 为第 i 个符号出现的概率。

(2) 平均信息量:式(1.5)可用来计算由等概率独立符号组成消息的总信息量,但当每个符号不等概率时,则只能用式(1.4)或式(1.6)计算,这样在计算长消息的信息量时就显得十分烦琐,因此有必要引入平均信息量的概念。

平均信息量定义为每个符号所含信息量的统计平均值,即等于各个符号所包含的信息量乘以各自出现的概率再相加。

Shannon 关于离散消息平均信息量的定义:如离散消息各符号发生的概率如表 1.3 所示。

表 1.3　离散消息各符号发生的概率

符号 X_i	x_1	x_2	⋯	x_n
符号发生的概率 $P(X_i)$	$P(x_1)$	$P(x_2)$	⋯	$P(x_n)$

则每个符号的平均信息量(也称为熵)为 $H(x)$

$$H(x) = -\sum_{i=1}^{n} P(x_i) \log_2 [P(x_i)] \quad (\text{bit/符号}) \tag{1.7}$$

可以证明,当每个符号等概率出现时,平均信息量最大。

等概率离散平均信息量的定义:若序列 $\{x_1, x_2, \cdots, x_m\}$,$m$ 个符号发生的概率相等,每个符号发生的概率为 $1/m$,则这个序列每个符号的平均信息量为 $H = H_{\max} = \log_2 m$。

Shannon 关于连续消息平均信息量的定义:当连续消息出现的概率密度为 $f(x)$ 时,则连续消息的平均信息量为

$$H(x) = -\int_{-\infty}^{\infty} f(x) \log_2 f(x) dx \quad (\text{bit/符号}) \tag{1.8}$$

（3）举例如下。

【例 1.1】 某离散信息源输出为 $x_1,x_2,\cdots,x_8$ 共 8 个不同符号,其中 4 个符号出现的概率分别为 $P(x_1)=P(x_2)=1/16,P(x_3)=1/8,P(x_4)=1/4$,其余符号等概率出现。求信息源的平均信息量 $H(x)$。

解：因为 $P(x_1)=P(x_2)=1/16,P(x_3)=1/8,P(x_4)=1/4$,且其余符号 x_5,x_6,x_7,x_8 等概率出现,则 $P(x_5)=P(x_6)=P(x_7)=P(x_8)=[1-1/16-1/16-1/8-1/4]\div 4=1/8$。所以信源的平均信息量为

$$H=-\sum_{i=1}^{8}P(x_i)\log_2 P(x_i)$$
$$=P(x_1)\log_2 P(x_1)+P(x_2)\log_2 P(x_2)+\cdots+P(x_8)\log_2 P(x_8)$$
$$=-\left[2\times\frac{1}{16}\log_2\frac{1}{16}+5\times\frac{1}{8}\log_2\frac{1}{8}+\frac{1}{4}\times\log_2\frac{1}{4}\right]=\frac{23}{8}=2.875\quad(\text{bit}/\text{符号})$$

【例 1.2】 国际莫尔斯电码用"点"和"划"的序列发送英文字母,"划"用持续 3 个单位的电流脉冲表示,"点"用持续 1 个单位的电流脉冲表示,且"划"出现的概率是"点"出现概率的 1/3。①计算"点"和"划"的信息量;②计算"点"和"划"的平均信息量。

解：① 设点和划出现的概率分别为 $P_点$ 和 $P_划$,由已知条件知 $P_划=1/3P_点$ 且 $P_点+P_划=1$,所以 $P_划=1/4,P_点=3/4$。则"点"的信息量为

$$I_点=\log_2(1/P_点)=\log_2(4/3)=0.415(\text{bit})$$

"划"的信息量为

$$I_划=\log_2(1/P_划)=\log_2(4)=2(\text{bit})$$

② "点"和"划"的平均信息量为

$$H(x)=-[P_点\log_2(1/P_点)+P_划\log_2(1/P_划)]$$
$$=-[3/4\log_2(4/3)+1/4\log_2 4]=0.81(\text{bit}/\text{符号})$$

【例 1.3】 设二进制离散信源,以相等的概率发送符号 0 或 1,且相互独立,则信源输出的每个符号所含信息量为多少?

解：符号 0 和 1 的概率均为 $1/2$,即 $P(1)=P(0)=1/2$,得

$$I(0)=I(1)=\log_2\frac{1}{P(0)}=\log_2 2=1\quad(\text{bit})$$

可见,传送等概率的二进制符号之一的信息量为 1bit。

【例 1.4】 设二进制离散信源,发送 $0,1$ 两种符号,已知符号 1 的概率为 p,则两种符号所含的信息量各为多少?平均信息量又是多少?

解：由题意知符号 1 和 0 的概率分别为

$$P(1)=p,\quad P(0)=1-p$$

符号 1 的信息量为

$$I(1)=\log_2[1/P(1)]=-\log_2 p\quad(\text{bit})$$

符号 0 的信息量为

$$I(0)=\log_2[1/P(0)]=-\log_2(1-p)\quad(\text{bit})$$

平均信息量为

$$H = -[P(0) \log_2 P(0) + P(1) \log_2 P(1)]$$
$$= -p \log_2 p - (1-p) \log_2 (1-p) \quad (\text{bit/符号})$$

可见,不等概率时每个符号的信息量不同。而且当每个符号等概率独立出现时,信源的熵最大。

【例 1.5】 一个离散信源由 0,1,2,3 四个符号组成,它们出现的概率分别为 3/8,1/4, 1/4,1/8,且每个符号的出现都是独立的。试求消息

2010201302130012032101003210100231020020103120321001 20210

的信息量。

解: 此消息中,0 出现 23 次,1 出现 14 次,2 出现 13 次,3 出现 7 次,共有 57 个符号,故该消息的信息量为

$$I = 23 \log_2 \frac{8}{3} + 14 \log_2 4 + 13 \log_2 4 + 7 \log_2 8 = 108 \quad (\text{bit})$$

利用平均信息量计算的总信息量如下:

$$H = -\frac{3}{8} \log_2 \frac{3}{8} - \frac{1}{4} \log_2 \frac{1}{4} - \frac{1}{4} \log_2 \frac{1}{4} - \frac{1}{8} \log_2 \frac{1}{8} = 1.906 \quad (\text{bit/符号})$$

$$I = 57H = 108.64 \quad (\text{bit})$$

可见,两种算法的结果有一定误差,但当消息很长时,用熵的概念计算比较方便。而且随着消息序列长度的增加,两种计算误差将趋于零。

1.5 通信系统的性能指标

通信系统的性能指标有有效性、可靠性、适应性、标准性、经济性、维修性、工艺性和保密性等,其中主要指标是指通信的有效性和可靠性指标。通信的有效性是指系统传输消息的效率,即在给定的信道内能够传输消息的内容的多少。通信的可靠性是指系统传输消息的准确程度,即在给定的信道内接收信号的准确程度。因此,从研究消息传输的角度看,有效性和可靠性是评价通信系统优劣的主要性能指标,也是通信技术讨论的重点。既然通信系统按传输信号的不同可分为模拟通信系统和数字通信系统两类,那么接下来就讨论如何衡量模拟通信系统和数字通信系统的主要性能指标。

1.5.1 模拟通信系统的性能指标

模拟通信系统的有效性可用传输消息时所需的有效传输频带(即带宽)度量,同样的消息用不同的调制方式,需要不同的频带宽度。如占用的频带宽度越窄,则效率越高,有效性也越好。模拟通信系统的可靠性用接收端解调器的输出信噪比 S/N(即信号的平均功率与噪声的平均功率之比)度量。不同调制方式在同样信道条件下所得到的最终解调后的输出信噪比是不同的。输出信噪比大,说明信号的传输质量好,即系统的抗噪声能力强,可靠性高。

1.5.2 数字通信系统的性能指标

1. 有效性指标

在数字通信系统中经常要用到以下几个概念,先在这里解释一下。

码元:在数字通信中常用时间间隔相同的符号表示一位二进制数字,这样的时间间隔内的信号称为二进制码元,而这个间隔被称为码元长度。

符号:即用于表示某数字码型(据位数不同,对应不同的键控调制方式)的一定相位或幅度值的一段正弦载波,其长度即符号长度。

符号速率:即载波信号的参数(如相位)转换速率,实际上是载波状态的变化速率。符号率越高,响应的传输速率也越高,但信号中包含的频谱成分越高,占用的带宽越宽。

波特率:即调制速率或符号速率,指的是信号被调制以后在单位时间内的波特数,即单位时间内载波参数变化(相位或者幅度)的次数。它是对信号传输速率的一种度量,通常以"波特每秒"(b/s)为单位。波特率有时候会同比特率混淆,实际上后者是对信息传输速率(传信率)的度量。波特率可以被理解为单位时间内传输码元符号的个数(传符号率),通过不同的调制方法可以在一个码元上负载多个比特信息。因此,信息传输速率即比特率在数值上和波特率有这样的关系,即波特率=比特率/每符号含的比特数。

信号的带宽取决于波特率,也就是说跟波特率有关。如果编码算法可以使得每个符号(一段载波)能够传送(表示)更多的比特,则传送同样的数据所需要的带宽更窄。

数字通信系统的有效性可用传输速率或频带利用率衡量,传输速率或频带利用率越高,则系统的有效性越好。

传输速率有码元传输速率(传码率)和信息传输速率(传信率)之分。

(1) 码元传输速率:表示每秒钟传输码元的数目,用 R_B 表示,单位为"波特",常用符号 Baud 表示,简写为 B。码元传输速率简称传码率,又称码元速率、波形速率、波特率或符号速率,它是数字通信系统传输速率的一种表示方法。如某系统每秒钟传送 2400 个码元,则该系统的传码率为 2400 波特或 2400B。

数字信号有二进制和多进制之分,但码元速率 R_B 与进制数无关,只与传输的码元宽度 T_B 有关,码元速率 R_B 与码元宽度 T_B 的关系为

$$R_B = \frac{1}{T_B} \tag{1.9}$$

(2) 信息传输速率:数字通信系统的传输速率还可用信息传输速率表征,它表示单位时间内传输的信息量,单位是比特/秒,可记为 bit/s 或 b/s。信息传输速率又称为信息速率、比特率或传信率。

若某信息源每秒钟传送 1200 个符号,而每一符号的平均信息量为 1b,则该信息源的信息速率为 1200b/s。在无特别声明的情况下,每个二进制码元规定含有 1b 信息量。于是,码元速率与信息速率在数值上存在一定的关系,即在二进制下,码元传输速率与信息传输速率在数值上相等,只是单位不同;在 M 进制下,设信息速率为 R_b(b/s),码元速率为 R_{BM}(B),则有

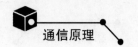

$$R_b = R_{BM} \log_2 M \quad (\text{b/s}) \tag{1.10}$$

若某十六进制系统的码元速率为600B,则该系统的信息速率为2400b/s。

比较不同通信系统的有效性时,仅看它们的传输速率是不够的,还应看在这样的传输速率下所占用的信道的频带宽度。所以,真正衡量数字通信系统传输效率的应当是频带利用率。

(3) 频带利用率:表示单位频带内的码元传输速率(或信息传输速率),即

$$\eta = \frac{R_B}{B} \quad (\text{B/Hz}) \qquad \text{或} \qquad \eta = \frac{R_b}{B} \quad (\text{b/s/Hz}) \tag{1.11}$$

频带利用率是描述数据传输速率和带宽之间关系的一个指标,可见,若码元速率相同,减少带宽 B 就可使频带利用率提高。

2. 可靠性指标

差错率是衡量数字通信系统正常工作时传输消息可靠程度的重要性能指标。差错率有以下几种表述方法。

误码率(即码元差错率)P_e:是指发生差错的码元数在传输总码元数中所占的比例,更确切地说,误码率是码元在传输系统中被传错的概率,即

$$P_e = \frac{\text{错误码元数}}{\text{传输总码元数}} \tag{1.12}$$

例如,语音信号数字化传输时,一般要求误码率小于 0.001。

误信率(即信息差错率)P_b:又称误比特率,是指错误接收的信息量在传输信息总量中所占的比例,或者说,它是码元的信息量在传输系统中被丢失的概率,即

$$P_b = \frac{\text{错误比特数}}{\text{传输总比特数}} \tag{1.13}$$

显然,在二进制中有 $P_e = P_b$。

误组率(误帧率)P_g:是指错误接收的码组数在传输总码组数中所占的比例。即

$$P_g = \frac{\text{错误码组数(帧数)}}{\text{传输总码组数(帧数)}}$$

1.5.3 有效性指标和可靠性指标的关系

在设计通信系统时,通常都希望有效性和可靠性越高越好,但在实际系统中,有效性和可靠性是互相矛盾、互相制约的。例如对于同样的传输媒介,提高系统的有效性,将会降低系统的可靠性;提高系统的可靠性,将会降低系统的有效性。因此不同的通信系统,在设计的时候需要具体问题具体分析,有效性和可靠性的不同要求应合理安排、相互兼顾。

不同的通信系统,其可靠性要求也不同。如在通信网中,语音信号的信噪比要求在 20～40dB 的范围内,而对于电视信号,要求信噪比在 40dB 以上。

有时正是利用有效性与可靠性的互相矛盾解决问题。例如,实际模拟通信系统中采用频率调制得到的调频信号其抗干扰能力比调幅信号强,但调频信号所需传输频带却宽于调幅信号的带宽。如 Shannon 就利用该矛盾提出 Shannon 定理实现了扩频通信,在移动通信

系统中通过扩展频带提高系统的抗干扰能力。

【例1.6】 设一个信号源输出八进制等概率符号,其码元宽度为 $100\mu s$,试求其码元速率和信息速率。

解: 由于码元宽度为 $100\mu s$,则码元速率为

$$R_m = \frac{1}{T} = \frac{1}{100 \times 10^{-6}} = 10^4 \, (\text{B})$$

由 $R_b = R_{BM} \log_2 M(\text{b/s})$,得其信息速率为

$$R_b = R_{BM} \log_2 M = 10^4 \times \log_2 8 = 3 \times 10^4 \, (\text{b/s})$$

【例1.7】 已知某四进制数字传输系统的信息速率为 2400b/s,接收端在 0.5h 内共收到 216 个错误码元,试求该系统的误码率 P_e。

解: 根据 $R_b = R_{BM} \log_2 M(\text{b/s})$,$M=4$,$R_b = 2400\text{b/s}$,则码元速率为

$$R_{BM} = \frac{R_b}{\log_2 M} = \frac{2400}{2} = 1200 \, (\text{B})$$

在 0.5h 内传输的总码元数为

$$1200 \times 0.5 \times 3600 = 2160000$$

因此,误码率为

$$P_e = \frac{216}{2160000} \times 100\% = 0.0001$$

1.6 本章小结

本章首先介绍通信的概念、简史及通信技术的发展趋势。接着介绍通信的方式以及通信系统的分类。然后分别讲述通信系统一般模型的组成和各组成部分的作用;模拟通信系统模型的组成及各部分的作用,模拟通信系统的优缺点以及研究的内容;数字通信系统模型的组成及各部分的作用,数字通信系统的优缺点以及研究的内容。

信息就是消息中包含的有意义的内容。信号是消息的载体(携带者),通信就是利用电流、电压、无线电波和光波等信号作为载体实现消息的传送。消息中信息的多少可以用"信息量"衡量。信息量与消息发生的概率成反比,单一符号的信息量计算公式为 $I = \log_a \frac{1}{P(x)} = -\log_a P(x)$。信息量具有相加性,即 $I = -\sum_{i=1}^{n} \log_2 P(x_i)(\text{bit})$,由若干个互相独立事件构成的消息,所含信息量等于各独立事件信息量的和。Shannon 关于离散消息平均信息量的定义为 $H(x) = -\sum_{i=1}^{n} P(x_i) \log_2 [P(x_i)]$,而且当每个符号等概率出现时,平均信息量最大。Shannon 关于连续消息平均信息量的定义为 $H(x) = -\int_{-\infty}^{\infty} f(x) \log_2 f(x) \mathrm{d}x$。

通信系统的性能指标有有效性、可靠性、适应性、标准性、经济性、维修性、工艺性和保密性等,其中主要指标是指通信的有效性和可靠性。通信的有效性是指系统传输消息的效率,

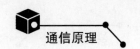

即在给定的信道内能够传输消息的内容的多少。通信的可靠性是指系统传输消息的准确程度,即在给定的信道内接收信号的准确程度。模拟通信系统中,其有效性可用传输消息时所需的有效传输频带度量,其可靠性用接收端解调器的输出信噪比 S/N(即信号的平均功率与噪声的平均功率之比)度量。数字通信系统中,有效性可用传输速率或频带利用率衡量,差错率是衡量数字通信系统正常工作时传输消息可靠程度的重要性能指标,差错率通常用误码率(码元差错率)、误信率(信息差错率)、误组率(误帧率)表示。

1.7 习题

1. 设英文字母 E 出现的概率 P_E 为 0.105,X 出现的概率 P_X 为 0.002。试求字母 E 和 X 的信息量。

2. 一个离散信号源每毫秒发出 4 种符号中的一个,各相互独立符号出现的概率分别为 0.4,0.3,0.2,0.1,求该信号源的平均信息量与信息速率。

3. 如果二进制独立等概率信号,码元宽度为 0.5ms,求传码率 R_{B2};有四进制信号,码元宽度为 0.5ms,求传码率 R_{B4} 和独立等概率时的传信率 R_{b4}。

4. 设二进制数字信号的码元长度为 833×10^{-6}s,如采用 8 电平传送,假定码元长度保持不变,试求码元速率和信息速率。

5. 一个数字系统传送二进制信号,其码元速率为 $R_B = 3600$B,试求该系统的信息速率 R_{b2}。若该系统的码元速率不变,改为传输八进制信号,相应的信息速率 R_{b8} 是多少?

6. 已知某四进制数字传输系统的传信率为 1200b/s,接收端在半小时内共收到 216 个错误码元,试计算该系统的误码率。

7. 某系统经长期测定,它的误码率为 $P_e = 10^{-5}$,系统码元速率为 1200B,问在多长时间内可能收到 360 个错误码元。

1.8 实践项目

1. 什么是模拟通信系统?什么是数字通信系统?数字通信系统有哪些主要优点?数字通信系统能否完全取代模拟通信系统?请谈谈你的看法。

2. 结合日常生活中模拟的和数字的系统,请找出各种信源信号,至少举出三种不同场合使用的信源。

第 2 章　信道与噪声

本章学习目标

- 熟练掌握信道的定义、分类、模型
- 掌握恒参信道、随参信道的特点以及各自对传输特性的影响
- 了解分集接收的原理及应用
- 熟练掌握信道的加性噪声以及分析方法
- 熟练掌握信道容量的有关概念及计算

本章先介绍信道的定义、分类；再介绍信道的模型；接着介绍几种恒参信道、随参信道及其特点，并分析实际恒参信道、随参信道的特点对传输特性的影响；随后介绍分集接收的原理及应用场合；再介绍信道的加性噪声及其分析方法；最后介绍信道容量的有关概念及计算。

2.1　信道及其分类

从 1.3 节介绍的通信系统模型中可知，信道是通信系统中必不可少的重要组成部分，信道的特性和信道中的噪声对通信系统的性能有很大影响，因此研究信道和噪声是研究通信问题的基础。研究信道和噪声的目的是弄清它们对信号传输的影响，寻求提高通信有效性与可靠性的方法。

信道是传输信息的载体或媒介，或是信号传输的通道，主要指各种物理传输媒介，有时包括某些设备，其特性为 $H(\omega)$。信息是抽象的，信道则是具体的。例如：两人对讲时，两人之间的空气就是信道；两人用固定电话通话时，电话线就是信道；在看电视、听收音机时，发射台与电视机或收音机之间的空间就是信道。信道的任务是以信号方式传输信息和存储信息，在通信系统中信道主要用于传输信息。

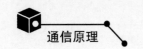

信道根据传输信号类型分为模拟信道和数字信道。模拟信道是传输模拟信号的信道,如电话线;数字信道是传输数字信号的信道,如数字电话信道。

信道根据使用方式分为公用信道和专用信道。公用信道是通过 PSTN 为用户提供信道,如 DDN 等;专用信道是两点或多点之间的线路固定不变,如民航系统、电力系统等。

根据范围大小,信道可分为狭义信道和广义信道,如图 2.1 所示。

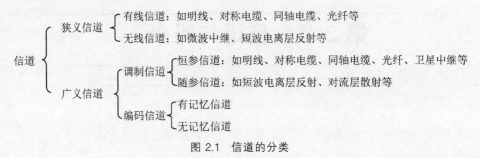

图 2.1 信道的分类

通常按具体媒介的不同类型,信道又分为有线信道和无线信道。有线信道(硬信道)是指明线、双绞线、电缆、光纤等能够看得见的传输媒介,是现代通信网中最常用的信道之一;无线信道(软信道),即凡不属有线信道的媒介均为无线信道的媒介,如短波电离层、对流层散射等。无线信道的传输特性没有有线信道的传输特性稳定和可靠,但无线信道有方便、灵活、通信者可以移动等优点。

广义信道是指媒介与转换器在内的那段通路,也可分为两种,即调制信道和编码信道。调制信道是指从调制器输出端到解调器输入端的所有电路设备和传输媒介,如图 2.2 所示。调制信道可看成传输已调信号的一个整体,它希望知道已调信号经过传输后,在解调器输入端的信号特性,而不必考虑中间的变换过程。调制信道是从研究调制与解调的基本问题出发,它主要用来研究模拟通信系统的调制、解调问题。编码信道是指从编码器输出端至译码器输入端的所有电路设备和传输媒介,如图 2.2 所示。编码信道可细分为无记忆编码信道和有记忆编码信道。编码器着眼于研究编码和解码的问题,从编/译码的角度来看,编码器的输出和译码器的输入都是数字序列,在此之间的所有变换设备及传输媒介可用编码信道加以概括。

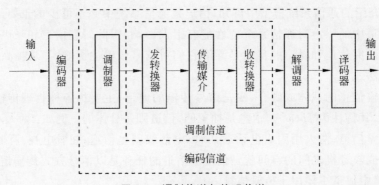

图 2.2 调制信道与编码信道

　　调制信道和编码信道都属于广义信道；编码信道包含调制信道，调制信道越差，即信道特性越不理想、加性噪声越严重，则编码信道发生差错的概率就越大。

2.2 信道的模型

　　为了讨论信道的一般特性，引入信道模型的概念。信道模型是指把信道的共性概括为一个模型的表述，表征信号通过信道后的变化和影响。这里只分析广义信道，因此需要讨论调制信道的模型和编码信道的模型。

2.2.1 调制信道的模型

　　调制信道关心的是调制信道的输入信号形式和已调信号通过调制信道后的最终结果，因此调制信道可以用具有一定输入和输出关系的系统方框图表示。经大量考察发现，调制信道具有以下共性。

　　(1) 具有一对(或多对)输入端和一对(或多对)输出端。

　　(2) 绝大部分信道是线性的，即满足叠加性和齐次性。

　　(3) 信号通过信道需要一定的延迟时间。

　　(4) 信道对信号有损耗(固定损耗或时变损耗)。

　　(5) 即使没有信号输入，在输出端仍有一定的噪声功率输出。

　　调制信道等效为一个输出端上叠加有噪声的二对端(或多对端)线性时变网络，这个网络就称作调制信道模型，如图 2.3 所示，其中图 2.3(a)为二对端信道模型，图 2.3(b)为多对端信道模型。

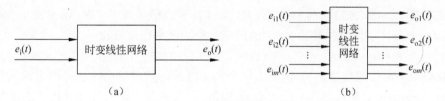

图 2.3　调制信道模型

　　图 2.3(a)二对端的信道模型的输入和输出之间的关系式可表示成

$$e_o(t) = f[e_i(t)] + n(t) \tag{2.1}$$

式中，$e_i(t)$ 为调制信道的输入已调信号；$e_o(t)$ 为调制信道的输出信号；$n(t)$ 为信道噪声；$f[e_i(t)]$ 为已调信号通过信道所发生的时变线性变换，可设想成信号与干扰相乘的形式。因此，式(2.1)可写成

$$e_o(t) = k(t)e_i(t) + n(t) \tag{2.2}$$

式中，$k(t)$ 称为乘性干扰，它依赖于网络的特性，对信号 $e_i(t)$ 影响较大；$n(t)$ 独立于 $e_i(t)$，则称为加性干扰。

　　因此，信道对信号的影响可归纳为两点：一是乘性干扰 $k(t)$ 的影响；二是加性干扰 $n(t)$

的影响。不同的信道,其 $k(t)$ 和 $n(t)$ 是不同的,了解了信道的 $k(t)$ 和 $n(t)$,则信道对信号的影响也就清楚了。

理想信道应具有 $e_o(t)=ke_i(t)$ 的特性,即 $k(t)=$ 常数,$n(t)=0$。实际信道的 $k(t)$ 是一个复杂的函数。经过大量观察表明,有些信道的 $k(t)$ 基本不随时间变化,或者信道对信号的影响是固定的或变化极为缓慢的;但有的信道的 $k(t)$ 是随机快速变化的。因此,调制信道可分为两大类:一类称为恒参信道,其 $k(t)$ 可看成不随时间变化或变化缓慢的一类信道;另一类则称为随参信道,其 $k(t)$ 是随时间随机变化的信道。这两类信道将在 2.3 节和 2.4 节进行更详细的介绍。

2.2.2 编码信道的模型

广义信道中的编码信道是一种离散信道,它的输入信号和输出信号都是离散信号。在数字通信系统中,由于噪声和信道带宽有限,在传输中必定会产生差错。以简单的二进制为例,当输入数字符号为"0"时,经信道传输后,其输出可能因传输差错而变成"1";反之当输入数字符号为"1"时,经信道传输后,其输出可能因传输差错而变成"0"。因此对于编码信道(离散信道)而言,最主要的是数字信号经信道传输后是否出现差错以及出现差错可能性的大小。离散信道的数学模型反映其输出离散信号和输入离散信号之间的关系,通常是一种概率关系,常用输入、输出信号的转移概率描述。

例如,在常见的二进制数字传输系统中,一个简单的编码信道模型如图 2.4 所示。

如图 2.4 所示,假设解调器每个输出码元的差错发生是相互独立的,或者说,这种信道是无记忆的,即一个码元的差错与其前后码元是否发生差错无关。图中 $P(0/0)$、$P(1/0)$、$P(0/1)$、$P(1/1)$ 称为信道转移概率,其中 $P(0/0)$、$P(1/1)$ 称为正确转移概率,$P(0/0)$ 表示当输入为"0"时,输出也为"0"的概率;$P(1/1)$ 表示当输入为"1"时,输出也为"1"的概率。而把 $P(1/0)$、$P(0/1)$ 称为错误转移概率,$P(1/0)$ 表示当输入为"0"时,输出为"1"的概率;$P(0/1)$ 表示当输入为"1"时,输出为"0"的概率。根据概率性质可知

$$P(0/0)=1-P(1/0), \quad P(1/1)=1-P(0/1)$$

转移概率全由编码信道的特性决定,一个特定的编码信道就会有相应确定的转移概率。应当指出,编码信道的转移概率一般需要对实际编码信道做大量的统计分析才能得到。

由无记忆二进制编码信道模型,容易推出无记忆多进制的模型。图 2.5 给出一个无记忆

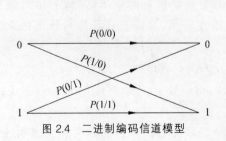

图 2.4 二进制编码信道模型

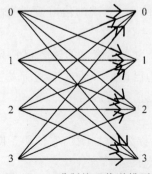

图 2.5 四进制编码信道模型

四进制编码信道模型。

如果编码信道是有记忆的,即信道中码元发生差错的事件是非独立事件,则编码信道模型要复杂得多,信道转移概率表示式也变得很复杂。这些不作讨论。

由于编码信道包含调制信道,且它的特性也紧密依赖调制信道,因此将进一步讨论调制信道。根据图2.1可知,调制信道又分为恒参信道和随参信道,下面分别介绍。

2.3 恒参信道特性及其对传输特性的影响

2.3.1 典型的恒参信道

恒参信道是指恒参信道的乘性干扰基本不随时间变化的信道,可以把乘性干扰看成常数。因此可以认为恒参信道的信道参数不随时间变化,传输稳定可靠,是一种理想的通信信道。恒参信道又分为有线信道和无线信道。

1. 有线信道

有线信道是指传输媒介为明线、双绞线、同轴电缆、光缆及波导等一类能够看得见的媒介。有线信道是现代通信网中较常用的信道之一。

(1) 明线:是指平行而相互绝缘的架空线路,其优点是低频传输、损耗较小,但易受气候和天气的影响,并且对外界噪声干扰较敏感。目前,明线已逐渐被电缆代替。

(2) 双绞线:是把两根相互绝缘的铜导线用一定的方法绞扭在一起而构成的,均匀的绞扭可以减少线对之间的电磁干扰。双绞线是较便宜而且应用较广的有线传输介质,既适用于传输模拟信号又适用于传输数字信号。例如,普通家庭的电话线就是使用一对双绞线传输模拟信号的。家里用的网线也是用双绞线制作成的,用来传输数字信号。

双绞线分为非屏蔽双绞线(Unshielded Twisted Pair,UTP)和屏蔽双绞线(Shielded Twisted Pair,STP)。屏蔽双绞线如图2.6(a)所示,外面是塑料保护套,中间是金属屏蔽层,最里面的是一对绞扭过的双绞线,其输入阻抗为150Ω。当然在同一保护套内也可以有许多对相互绝缘的双绞线,如图2.6(b)所示,是非屏蔽双绞线,中间没有金属屏蔽层,该图中有5对双绞线在同一保护套内,其输入阻抗为100Ω。双绞线的带宽取决于铜线的粗细以及传输距离。屏蔽双绞线的抗干扰性能要比非屏蔽双绞线的强,但是屏蔽双绞线的价格也比非屏蔽双绞线的贵。

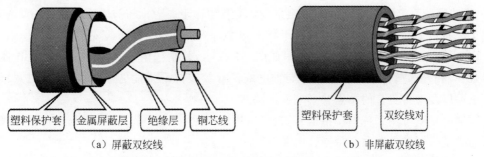

（a）屏蔽双绞线　　　　　　　　　　　　（b）非屏蔽双绞线

图 2.6　双绞线示意图

有关双绞线的类型、布线以及对相关部件的要求都在 ANSI/EIA/TIA-568 标准里作了规定(其中 ANSI(American National Standard Institute)为美国国家标准学会、EIA (Electronic Industry Association)为电子工业联盟、TIA(Telecommunications Industry Association)为电信工业联盟)。该标准定义了常用的五种不同的类型。第一类主要用于传输语音,不用于数据传输。第二类传输频率为 1MHz,用于语音传输和最高传输速率 4Mb/s 的数据传输,常见于使用 4Mb/s 规范令牌传递协议的旧的令牌网。第三类电缆的传输频率为 16MHz,用于语音传输及最高传输速率为 10Mb/s 的数据传输,主要用于 10Base-T。第四类的电缆的传输频率为 20MHz,用于语音传输和最高传输速率为 16Mb/s 的数据传输,主要用于基于令牌的局域网和 10Base-T/100Base-T。第五类的电缆增加了绕线密度,外套一种高质量的绝缘材料,其传输频率为 100MHz,用于语音传输和最高传输速率为 100Mb/s 的数据传输,主要用于 100Base-T 和 10Base-T 网络,这是最常用的以太网电缆。

使用双绞线时,要注意以下几个技术参数。

绞距:把两根绝缘的铜线按照一定密度绞合一个周期的长度称为绞距,单位为 mm、cm,如图 2.7 所示。绞距越短,绞合越均匀,抗干扰性能越好。

图 2.7　双绞线的绞距示意图

插入损耗:是指从发送系统到接收系统的双绞线传输链路上的衰减,单位为 dB。插入损耗越小,性能越好。

近端串扰:是指从一对导体衰减到另一对导体上的信号耦合,即近端发送的信号被近端接收线收到,单位为 dB。近端串扰的数值越大,则相关的串扰噪声越小。

此外,双绞线的铜线越粗,传输距离越远,衰减越小,但是价钱越贵;双绞线的频率越高,衰减越大。所以,在实际应用中要综合考虑,合理选择各种参数。例如:三类非屏蔽双绞线 UTP3,其输入阻抗为 100Ω,传输距离为 100m,传输速率为 10Mb/s,常用于 10Base-T 传统以太网;五类非屏蔽双绞线 UTP5,其输入阻抗为 100Ω,传输距离为 100m,传输速率为 100Mb/s,常用于 100Base-T 快速以太网,目前这类双绞线是较常用的;超五类非屏蔽双绞线 UTP5+,其输入阻抗为 100Ω,传输距离为 80m,传输速率为 1000Mb/s,常用于千兆以太网;六类非屏蔽双绞线 UTP6,其输入阻抗为 100Ω,传输距离为 100m,传输速率为 1000Mb/s,常用于千兆以太网。屏蔽双绞线的抗干扰性能好,但是价格昂贵,布线安装麻烦。

(3) 同轴电缆:同轴电缆的示意图如图 2.8 所示,其结构由内导体、绝缘层、外导体(金属屏蔽层)和外部塑料保护套组成。同轴电缆比双绞线抗干扰性更好、频率范围更宽、传输距离更远以及支持更多的站点共享同一链路等。

同轴电缆既可用于传输模拟信号,也可以用于传输数字信号。根据其频率特性,同轴电缆可分成基带同轴电缆和宽带同轴电缆。

基带同轴电缆:其特性阻抗为 50Ω,通常多用于传输数字基带信号,数据率可达 10Mb/s,

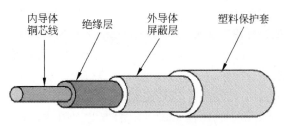

图 2.8 同轴电缆示意图

传输距离为 1km,如局域网中常用基带同轴电缆作为传输介质,又分为粗缆(直径为 10mm)和细缆(直径为 0.5mm),粗缆适用于大型局域网,它的传输距离长,可靠性高,安装时不需要切断电缆,用夹板装置夹在计算机需要连接的位置,粗缆须安装外收发器,安装难度大,总体造价高。细缆安装时需要切断电缆,装上 BNC 接头,然后连接在 T 型连接器两端,因此细缆容易安装,造价低,但传输距离比粗缆要短,局域网内站点数也比粗缆少。在传输数字基带信号时,可以采用不同的编码方法,在计算机通信中常用曼彻斯特编码和差分曼彻斯特编码。

宽带同轴电缆:其特性阻抗为 75Ω,通常多用于传输高频模拟信号,常用于 CATV 的居民小区中,通常在发送端要安装调制器,用于把计算机产生的比特流变成在 CATV 中传输的模拟信号,在接收端要安装解调器,把从电缆中接收到的模拟信号变回计算机能识别的比特流。宽带同轴电缆的带宽取决于电缆的质量,对于带宽为 400MHz 的电缆,其数据率可达 100~150Mb/s,传输距离可达 100km。如果采用频分复用(FDM)等技术,把整个带宽再划分为多个独立的子频带,分别传输数据、语音和视频信号,实现多种通信业务。

与双绞线相比,同轴电缆传输距离长,抗干扰能力强,但价格贵、布线安装麻烦。

(4) 光纤:是光纤通信的传输介质,光纤通信就是利用光纤传递光脉冲进行通信,有光脉冲相当于"1",无光脉冲相当于"0"。光纤是由超细的石英玻璃纤维做成的,由纤芯、包层和外部保护层三层结构组成,如图 2.9 所示,最里面的纤芯采用折射率高的材料,包层使用折射率低的材料,由于包层的折射率比纤芯的折射率低,当光线从高折射率的介质射向低折射率的介质时,若入射角足够大,就会出现全反射,这样光就沿着纤芯不断地向前传输。光纤具有很好的抗电磁干扰特性和很宽的频带,主要用于环型网中,但由于技术发展快,很多点到点线路也使用光纤,其速率可达 100Mb/s、1000Mb/s。

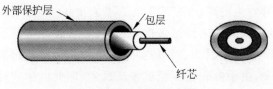

图 2.9 光纤结构示意图

光纤分为单模光纤和多模光纤。①单模光纤只能传输一种模式的光,光沿着纤芯直线传播,单模光纤的纤芯直径为 8.3μm,包层外直径为 125μm。单模光纤模间色散很小,适用

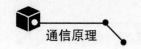

于远程通信,如电话和有线电视等。常规单模 1310nm 波长的光纤在百兆速率下最远可传输 60km,千兆速率下最远可传输 40km;单模 1550nm 波长的光纤最远可传输 160km。因此单模光纤的传输距离远,但对光源的要求比较高。②多模光纤可以传多种模式的光,多条不同入射角的光线在一条光纤中传输,纤芯较粗,直径为 $50\sim62.5\mu m$,包层外直径为 $125\mu m$,其模间色散较大,这就限制了传输数字信号的频率,而且随距离的增加会更加严重。例如:600MHz/km 的光纤在 2km 时则只有 300MHz 的带宽。因此,多模光纤传输的距离比较短,一般只有几千米,但对光源的要求不高。

光纤的工作波长有短波长 $0.85\mu m$、长波长 $1.31\mu m$ 和 $1.55\mu m$,其中后两种波长的衰减较小。由于波长很短,频率很高,因此带宽非常宽。这样光纤的主要特点有频带宽,通信容量大,达几十 Gb/s,甚至 Tb/s;传输损耗小,传输距离远;抗雷电和电磁干扰性能好;无串音干扰,保密性好,不易被窃听或截取数据;体积小,重量轻。光纤的实物图如图 2.10 所示。

图 2.10　光纤的实物图

2. 无线信道

无线信道通常指存在在我们周围的自由空间,在自由空间中传播的电磁波可分为无线电波、微波、红外线和激光。

在无线信道中,短波电离层反射、地面微波中继和卫星通信是三种比较常用的传输方式,下面逐一介绍。

(1) 短波电离层反射:短波是无线电波中应用最广泛的无线信道,短波的波长为 $10\sim100m$,其对应的频率为 $3\sim30MHz$。短波有两种传播方式,一种是地波传播,另一种是天波传播。地波传播就是指电磁波沿着地球表面曲线传播的方式,例如调幅无线电广播就是使用地波通信的;天波传播就是指电磁波通过电离层的反射进行传播的方式。地球被厚厚的大气层包围,在地面上空 50km 到几百 km 的范围内,大气中一部分气体分子由于受到太阳光的照射而丢失电子,即发生电离,产生带正电的离子和自由电子,这层大气就叫作电离层。天波信号在电离层和地球表面之间经过多次反射,使得传输距离很远,可以达到几千千米。其传输速率可达几千比特每秒,因此这种传播方式一般用于低速远距离传输。由于电离层不稳定,会产生衰落现象;由于电磁波要经过多次反射,因此产生多径传播。在实际应用中还需采取一定的抗干扰措施,提高通信质量。

(2) 地面微波中继:在数据通信中是一种重要的通信方式,微波的波长为 1m～1mm,其对应的频率为 300MHz～300GHz,实际应用主要使用 2～40GHz 的频率范围,例如,大多数长途电话业务使用 4～6GHz 的频率范围。目前各国大量使用的微波设备信道容量多为 960

路、1200 路、1800 路和 2700 路。我国多为 960 路。微波是指电磁波基本上沿直线传播的方式，也称为视距传播。由于直线视距传播，因此一般每隔 40～50km 需要加一个中继器，从而实现长距离通信，如图 2.11 所示。

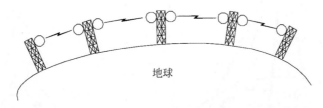

地球

图 2.11　地面微波中继

中继器之间距离的精确计算公式见式(2.3)，微波中继具有传输容量大、发射功率小、长途传输质量稳定、节约有色金属、投资少、维护方便等优点，也有由于直线视距传播中间不能有障碍物、易受气候影响、隐蔽性和保密性差等缺点。其传播时延一般取 $3.3\mu s/km$。

$$d = 7.14\sqrt{Kh} \tag{2.3}$$

式中，d 为中继器之间的距离，单位为 km；K 为折射引起的调整系数，经验值取 $4/3$；h 为天线离地面的高度，单位为 km。

目前微波中继被广泛用来传输多路电话、电报、图像、数据等。

(3) 卫星通信：指利用人造地球卫星作为中继转发站而实现的通信。当人造地球卫星的运行轨道在赤道平面上、距离地面 35860km 时，其绕地球一周的时间为 24h，在地球上看到的该卫星是相对静止的，因此称为地球同步卫星。

若以静止卫星作为中继站，采用三个相差 120° 的静止通信卫星就可以几乎覆盖全球通信(除南北两极盲区外)。图 2.12 是这种卫星通信的概貌。卫星通信由通信卫星、地面站、上行线路及下行线路构成。其中上行与下行线路是地球站至卫星及卫星至地球站的电波传播路径，而信道设备集中于地球站与卫星中继站中。

卫星通信有三个频段，分别为 C 段、Ku 段、Ka 段，如表 2.1 所示。

表 2.1　卫星通信的三个频段

波　　段	频率/GHz	下行频率/GHz	上行频率/GHz
C	4～6	3.7～4.2	5.925/6.425
Ku	11～14	11.7～12.2	14.0～14.5
Ka	20～30	17.7～21.7	27.5～30.5

一个典型的卫星通常拥有 12～20 个转发器，每个转发器的频带宽度为 36～50MHz。一个 50MHz 的转发器可以用来传输速率为 50Mb/s 的数据，或 800 路 64kb/s 的数字语音信道。

同步卫星通信是电磁波直线传播，因此其信道传播性能稳定可靠、传输距离远、容量大、覆盖地域广，广泛应用于传输多路电话、电报、图像数据和电视节目。

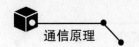

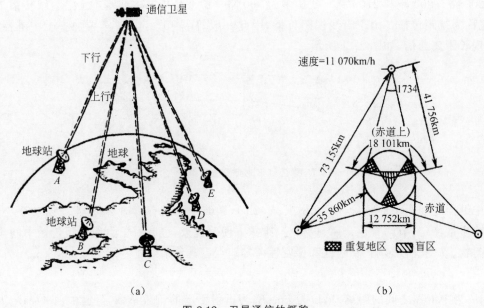

（a）　　　　　　　　　　　　　　（b）

图 2.12　卫星通信的概貌

2.3.2　恒参信道的特性及其对传输特性的影响

1. 恒参信道一般特性

恒参信道对信号传输的影响是确定的或者是变化极其缓慢的，因此，其传输特性可以等效为一个线性时不变网络。从原理上来讲，只要得到这个网络的传输特性，利用信号通过线性系统的分析方法，就可以求得调制信号通过恒参信道后的变化规律。根据 2.2 节介绍，恒参信道的数学模型可以分别从时域和频域上表示为 $e_o(t)=e_i(t)*h(t)+n(t)$，$E_o(\omega)=E_i(\omega)\cdot H(\omega)+N(\omega)$，其中 $H(\omega)$ 就是信道的传输特性函数。

线性网络的传输特性可以用幅度-频率特性（简称幅频特性）和相位-频率特性（简称相频特性）表征，如式（2.4）所示。

$$H(\omega)=|H(\omega)|\,\mathrm{e}^{-\mathrm{j}\varphi(\omega)} \tag{2.4}$$

式中，$|H(\omega)|$ 为幅频特性，$\varphi(\omega)$ 为相频特性。

2. 理想恒参信道

理想恒参信道是指能使信号无失真传输的信道。信号无失真传输是指系统输出信号与输入信号相比，只有信号幅度大小和出现时间先后的不同，而波形上没有变化。信号通过线性系统不失真的条件是该系统的传输函数 $H(\omega)=|H(\omega)|\,\mathrm{e}^{-\mathrm{j}\varphi(\omega)}$ 满足下述条件

$$\begin{cases} |H(\omega)|=k \\ \varphi(\omega)=-\omega t_d \end{cases} \tag{2.5}$$

式中，k 和 t_d 均为常数。

信道的相频特性通常还采用群迟延-频率特性 $\tau(\omega)$ 衡量。所谓群迟延-频率特性，就是

相位-频率特性的导数，即

$$\tau(\omega) = \frac{\mathrm{d}\varphi(\omega)}{\mathrm{d}\omega} \tag{2.6}$$

理想信道的群迟延-频率特性必须满足以下条件

$$\tau(\omega) = \frac{\mathrm{d}\varphi(\omega)}{\mathrm{d}\omega} = \frac{\mathrm{d}(-\omega t_d)}{\mathrm{d}\omega} = -t_d \tag{2.7}$$

理想信道的幅频特性、相频特性和群迟延-频率特性如图 2.13 所示。

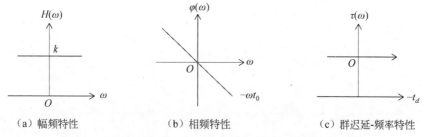

  （a）幅频特性   （b）相频特性   （c）群迟延-频率特性

图 2.13 理想信道的幅频特性、相频特性和群迟延-频率特性

由此可见，理想恒参信道对信号传输的影响通常满足以下条件。

（1）线性网络的幅频特性是一个不随频率变化的常数，即对信号在幅度上产生固定的衰减。

（2）线性网络的相频特性是通过原点的负斜率直线，即与频率成线性关系；或者群时延-频率特性是一个不随频率变化的常数，即对信号在时间上产生固定的迟延。

以上两条也称为信号无失真传输的条件。

3. 实际信道

由理想的恒参信道特性可知，在整个频率范围内，或者在信号频带范围内，其幅频特性为常数，其相频特性为 ω 的线性函数。但任何实际信道都不可能是这种理想形式，实际信道的幅频特性不是常数，于是使信号产生幅度-频率失真；实际信道的相位-频率特性也不是 ω 的线性函数，所以使信号产生相位-频率失真。

1）幅度-频率失真

幅度-频率失真是由实际信道的幅度频率特性的不理想所引起的，这种失真又称为幅频失真。例如，在通常的电话信道中可能存在各种滤波器，尤其是带通滤波器，还可能存在混合线圈、串联电容器和分路电感等，因此电话信道的幅度-频率特性总是不理想的。图 2.14 表示典型音频电话信道的总衰耗—频率特性。图中，低频截止频率约从300Hz 开始；300～1100Hz 衰耗比较平坦；1100～2900Hz 衰耗通常是线性上升的；2900Hz 以上，衰耗增加很快。

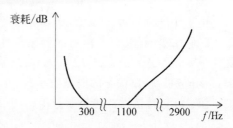

图 2.14 典型音频电话信道的幅度衰减特性

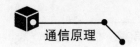

十分明显，上述不均匀衰耗必然使传输信号的幅度-频率特性发生失真，引起信号波形的失真。

2) 相位-频率失真

当信道的相位-频率特性偏离线性关系时，将会使通过信道的信号产生相位-频率失真，图 2.15 给出一个典型的电话信道的相频特性和群迟延-频率特性。可以看出，当非单一频率的信号通过该信道时，信号频谱中的不同频率分量将有不同的群迟延，即它们到达时间是不一样的，从而引起信号的失真。

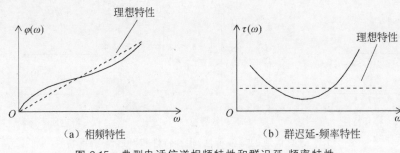

（a）相频特性　　　　　　（b）群迟延-频率特性

图 2.15　典型电话信道相频特性和群迟延-频率特性

幅频失真对语音的影响较大，因为人耳对幅度比较敏感。相频失真则对视频的影响较大，人的视觉很容易觉察相位上的变化。比如电视画面上的重影实际上就是信号到达时间不同而造成的。当然不管是幅频失真还是相频失真，最终都反映到时间波形的变化上。对于模拟信号，将造成信号失真，输出信噪比下降。对于数字信号，则会引起判决错误，误码率增高，同样导致通信质量的下降。

【例 2.1】 如图 2.16 所示网络，求它的频率特性，并判断是否存在幅频失真及相频失真。

解：图 2.16 所示网络的传输函数可以直接写出，即

$$H(\omega) = \frac{1}{1+\mathrm{j}\omega RC} = \frac{1}{\sqrt{1+\omega^2 R^2 C^2}} \mathrm{e}^{-\mathrm{j}\arctan\omega RC}$$

$$\tau(\omega) = \frac{\mathrm{d}\varphi(\omega)}{\mathrm{d}\omega} = -\frac{RC}{1+\omega^2 R^2 C^2}$$

图 2.16　例 2.1 题图

由于 $|H(\omega)|$ 及 $\tau(\omega)$ 均为 ω 的函数，因此该网络存在幅频失真及相频失真。

【例 2.2】 设某恒参信道的传输特性具有相位-频率特性，但无幅度失真。它的传输函数为 $H(\omega) = A\exp[-\mathrm{j}(\omega t_d - b\sin\omega T_0)]$，式中 A、b、T_0、t_d 均为常数。试求确知信号 $s(t)$ 通过该信道后输出信号的时域表示式，并讨论之。（注：$\mathrm{e}^{\mathrm{j}b\sin\omega T_0} \approx 1 + \mathrm{j}b\sin\omega T_0$）

解：该恒参信道的传输函数为

$$H(\omega) = A\exp[-\mathrm{j}(\omega t_d - b\sin\omega T_0)] = A\exp(-\mathrm{j}\omega t_d) \cdot \exp(\mathrm{j}b\sin\omega T_0)$$

$$= A(1+\mathrm{j}b\sin\omega T_0) \cdot \mathrm{e}^{-\mathrm{j}\omega t_d} = A\left[1 + \frac{\mathrm{j}b}{2\mathrm{j}}(\mathrm{e}^{\mathrm{j}\omega T_0} - \mathrm{e}^{-\mathrm{j}\omega T_0})\right]\mathrm{e}^{-\mathrm{j}\omega t_d}$$

$$= A\mathrm{e}^{-\mathrm{j}\omega t_d} + \frac{Ab}{2}\mathrm{e}^{-\mathrm{j}\omega(t_d - T_0)} - \frac{Ab}{2}\mathrm{e}^{-\mathrm{j}\omega(t_d + T_0)}$$

根据信号与系统的知识,可以求得该传输函数的时域,即冲激响应为

$$h(t) = A\delta(t - t_d) + \frac{Ab}{2}\delta(t - t_d + T_0) - \frac{Ab}{2}\delta(t - t_d - T_0)$$

输出信号为

$$y(t) = s(t) * h(t) = As(t - t_d) + \frac{Ab}{2}s(t - t_d + T_0) - \frac{Ab}{2}s(t - t_d - T_0)$$

由于输出信号为几个幅值不同,并且有不同时延信号的叠加,所以确知信号 $s(t)$ 通过该信道后输出信号会产生失真。

4. 其他影响因素

恒参信道通常用它的幅度-频率特性及相位-频率特性表述。这两个特性的不理想将是损害传输信号的因素。此外,恒参信道中还存在其他因素使信道的输出信号产生畸变,如非线性畸变、频率偏移及相位抖动等。非线性畸变主要是由信道中元器件振幅特性的非线性引起的,它造成谐波失真及若干寄生频率等;频率偏移通常是由载波电话(单边带)信道中接收端解调载频与发送端调制载频之间有偏差造成的;相位抖动也是由调制和解调载频的不稳定性造成的。以上的非线性畸变一旦产生,均难以消除。因此,在系统设计时要加以重视。

2.4 随参信道特性及其对传输特性的影响

2.4.1 典型的随参信道

随参信道是指信道传输特性随时间随机快速变化的信道。根据 2.2 节的信道模型可知,随参信道可以用一个时变线性网络等效,其传输特性函数不仅随频率而变化,而且随时间而变化,可以表示为

$$H(\omega, t) = K(\omega, t) e^{-j\omega t_d(\omega, t)} \tag{2.8}$$

因此,随参信道相当于引入了乘性随机干扰。当传输已调波为模拟信号时,对已调信号包络产生不规则模拟干扰;而对数字信号已调波,由于乘性干扰影响导致波形失真及码间干扰,从而使误码率增大。

常见的随参信道有短波电离层反射、超短波流星余迹散射、超短波及微波对流层散射、超短波电离层散射、超短波超视距绕射等信道,本节仅介绍两种较典型的随参信道。

1. 短波电离层反射信道

短波电离层反射信道是利用地面发射的无线电波在电离层与地面之间的一次反射或多次反射所形成的信道。当短波无线电波射入电离层时,由于折射现象会使电波产生反射,返回地面,从而形成短波电离层反射信道。

波长为 10～100m(频率为 30～3MHz)的无线电波称为短波。短波可以沿地面传播,简称为地波传播;也可以由电离层反射传播,简称为天波传播。由于地面的吸收作用,地波传播的距离较短,约为几十 km。而天波传播由于经电离层一次反射或多次反射,传输距离可达几千 km,甚至上万 km。

电离层为距离地面高 60～600km 的大气层。在太阳辐射的紫外线和 X 射线的作用下，大气分子产生电离而形成电离层。电离层是由分子、原子、离子及自由电子组成。电离层厚度有数百 km，可分为 D、E、F_1 和 F_2 四层，如图 2.17 所示。由于太阳辐射的变化，电离层的密度和厚度也随时间随机变化，因此短波电离层反射信道属于随参信道。在白天，由于太阳辐射强，所以 D、E、F_1 和 F_2 四层都存在；在夜晚，由于太阳辐射减弱，D 层和 F_1 层几乎完全消失，因此只有 E 层和 F_2 层存在。由于 D、E 层电子密度小，不能形成反射条件，所以短波电波不会被反射。D、E 层对电波传输的影响主要是吸收电波，使电波能量损耗。F_2 层是反射层，其高度为 250～300km，所以一次反射的最大距离约为 4000km。

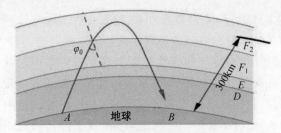

图 2.17 电离层结构示意图

由于电离层密度和厚度随时间随机变化，因此短波电波满足反射条件的频率范围也随时间变化。通常用最高可用频率作为工作频率上限。在白天，电离层较厚，F_2 层的电子密度较大，最高可用频率较高。在夜晚，电离层较薄，F_2 层的电子密度较小，最高可用频率要比白天低。为了使电磁波在 D、E 层的吸收较小，其临界频率 f_0（能从电离层反射的最高频率）为

$$f_0 = \sqrt{80.8 N_{e\max}} \quad (N_{e\max} \text{为电离层电子密度最大值}) \tag{2.9}$$

并且其工作频率应小于最高可用频率 MUF：

$$\text{MUF} = f_0 \sec\varphi_0 \tag{2.10}$$

式中，φ_0 为垂直入射角。

因此，短波电离层反射信道最主要的特征是多径传播，多径传播有以下几种形式。

(1) 电离层反射区高度不同。

(2) 电波从电离层的一次反射和多次反射。

(3) 地球磁场引起的电磁波束分裂成寻常波与非寻常波。

(4) 电离层不均匀引起的漫射现象。

以上 4 种情况分别对应图 2.18(a)、图 2.18(b)、图 2.18(c) 和图 2.18(d)。

多径传播主要会引起衰落，这种衰落又分为快衰落和慢衰落。快衰落使信号的振幅随机变化成瑞利分布。通常采用分集接收方法解决其影响。

短波电离层信道的主要特点分为主要优点和主要缺点。其主要优点包括：①要求的功率较小，终端设备的成本较低；②传播距离远；③受地形限制较小；④有适当的传输频带宽度；⑤不易受人为的破坏，该特点在军事上非常有用。其主要缺点包括：①传输可靠性差；电离层中的异常变化会引起较长时间的通信中断；②需要经常更换工作频率，因而使用较复

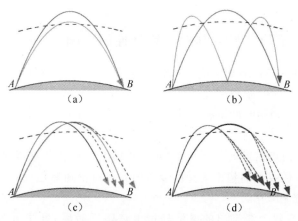

图 2.18 多径传播的 4 种主要形式

杂；③存在快衰落与多径时延失真；④干扰电平高。

短波电离层反射信道无论过去，还是现在，仍然是远距离传输的重要信道之一。

2. 对流层散射信道

对流层是离地面 10～12km 的大气层。在对流层中，由于大气湍流运动等引起大气层的不均匀性，当电磁波射入对流层时，这种不均匀性就会引起电磁波的散射，也就是漫反射，一部分电磁波向接收端方向散射，起到中继的作用。图 2.19 是对流层散射传播路径的示意图，ABCD 所表示的收发天线共同照射区，称为散射体积，其中包含许多不均匀气团。对流层散射信道是一种超视距的传播信道，可工作在超短波和微波波段，通常一跳的通信距离为 100～500km，

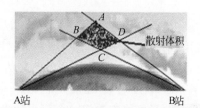

图 2.19 对流层散射的传播路径示意图

对流层的性质受许多因素的影响随机变化。另外，对流层不是一个平面，而是一个散体，电波信号经过对流层散射也会产生多径传播，因此对流层散射信道也是随参信道。

对流层散射信道有以下几个特点。

（1）衰落：散射信号电平不断随时间变化，此变化称为衰落。衰落有两类，即慢衰落和快衰落。慢衰落（长期变化）取决于气象条件，快衰落（短期变化）是由多径传播引起的。

（2）传播损耗：包括自由空间的能量扩散损耗和散射损耗。

（3）信道的允许带宽：散射信道是典型的多径信道。由于信源信号到达终端所经过的路程不同，因而各路径信道到达接收点的时间也不相同，结果信号脉冲被展宽，这种现象称为时间扩散，简称多径时散。信道的允许带宽与最大多径时延差 $\Delta\tau_{max}$ 的关系为

$$B = \frac{1}{\Delta\tau_{max}} \tag{2.11}$$

（4）耦合损耗：天线在自由空间的理论增益与在对流层散射线路上测得的实际增益之差称为天线与媒介之间的耦合损耗。

对流层散射信道的应用包括：①用于干线通信，通常每隔 300km 左右建立一个中继站；

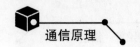

②用于点对点通信,如海岛与陆地、山区与城市之间的通信。

2.4.2　随参信道的特性及其对传输特性的影响

由 2.4.1 节的分析可知,随参信道的传输媒介具有以下 3 个特点。

(1) 信号的衰耗随时间随机变化。

(2) 信号传输的时延随时间随机变化。

(3) 多径传播。

由于随参信道比恒参信道要复杂得多,对信号的影响也要严重得多。接下来,将从多径效应的瑞利衰落和多径效应的频率选择性衰落两方面讨论随参信道对传输信号的影响。

1. 多径效应的瑞利衰落

(1) 信号表示:发射天线发出的电波经过电离层反射后,可能由多条路径到达接收天线。接收天线收到的电波,是各条传播路径到达的总和。现在假设发射波 $f(t)$ 是单频信号,即

$$f(t) = A\cos\omega_c t \tag{2.12}$$

接收端接收到的信号为

$$r(t) = \mu_1(t)\cos\omega_c[t - \tau_1(t)] + \mu_2(t)\cos\omega_c[t - \tau_2(t)] + \cdots + \mu_n(t)\cos\omega_c[t - \tau_n(t)]$$

$$= \sum_{i=1}^{n}\mu_i(t)\cos\omega_c[t - \tau_i(t)] = \sum_{i=1}^{n}\mu_i(t)\cos[\omega_c t - \varphi_i(t)] \tag{2.13}$$

式中,$\varphi_i(t) = \omega_c\tau_i(t)$,$\mu_i(t)$ 是第 i 条路径到达接收端的振幅;$\tau_i(t)$ 是第 i 条路径的传输时延,随 t 变化;$\varphi_i(t)$ 为第 i 条路径信号的随机相位。

(2) 幅度衰落:在实际中观察,$\mu_i(t)$、$\tau_i(t)$ 的变化非常缓慢,其变化周期远远小于载频的周期,又可将它看成一个窄带随机过程。因此,式(2.13)又可以写成

$$r(t) = \sum_{i=1}^{n}\mu_i(t)\cos\varphi_i(t)\cos\omega_c t - \sum_{i=1}^{n}\mu_i(t)\sin\varphi_i(t)\sin\omega_c t$$

$$= X_c(t)\cos\omega_c t - X_s(t)\sin\omega_c t = V(t)\cos[\omega_c t + \phi(t)] \tag{2.14}$$

其中,

$$X_c(t) = \sum_{i=1}^{n}\mu_i(t)\cos\varphi_i(t)$$

$$X_s(t) = \sum_{i=1}^{n}\mu_i(t)\sin\varphi_i(t)$$

$$V(t) = \sqrt{X_c^2(t) + X_s^2(t)}$$

$$\phi(t) = \arctan\frac{X_s(t)}{X_c(t)}$$

由于 $\mu_i(t)$ 和 $\phi_i(t)$ 为随机过程,$r(t)$ 也是一个随机过程,是一个窄带高斯随机过程。由随机过程的理论可知,合成信号的振幅服从瑞利分布,而相位服从均匀分布。也把这种衰落称为多径效应的瑞利衰落。

为什么说多径信号是一个高斯过程?由概率论中的中心极限定理:如果 n 个随机变量

$X_1,X_2,\cdots,X_n$ 相互独立,且具有相同的概率分布函数或概率密度函数,它们的均值、方差都存在,则有随机变量

$$Y = \sum_{i=1}^{n} X_i$$

当 $n \to \infty$ 时,Y 的概率密度函数为高斯分布。在该问题中,以 $X_c(t)$ 为例进行讨论。

$$X_c(t) = \sum_{i=1}^{n} \mu_i(t)\cos\varphi_i(t)$$

这是个随机变量。因为①$X_c(t_1)$ 是 n 个随机变量的和,且是相互独立的;②它们出现的概率相同。所以根据中心极限定理,认为 $X_c(t_1)$ 是高斯变量,同理 $X_s(t_1)$ 也是高斯变量,所以式(2.14)中的 $r(t)$ 则为窄带高斯过程。

由于 $r(t)$ 是窄带高斯过程,则其包络的概率密度函数服从瑞利分布,而相位的概率密度函数服从均匀分布。

2. 多径效应的频率选择性衰落

当发送信号具有一定频带宽度时,多径传播除会使信号产生瑞利型衰落外,还会产生频率选择性衰落。频率选择性衰落是信号频谱中某些分量的一种衰落现象,这是多径传播的又一重要特征。

为了分析方便,以两条路径为例,认为到达接收端的两路信号具有相同的幅度和一个时延差,发射信号为 $f(t)$,接收信号为 $r(t)$,如图 2.20 所示。设 $f(t)\leftrightarrow F(\omega),r(t)\leftrightarrow R(\omega)$。

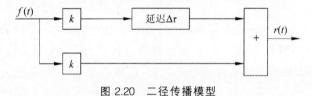

图 2.20 二径传播模型

当信道输入信号为 $f(t)$ 时,输出信号的时域表达式为

$$r(t) = kf(t) + kf[t - \Delta\tau] \tag{2.15}$$

其频域表达式为

$$R(\omega) = kF(\omega) + kF(\omega) \cdot e^{-j\omega\Delta\tau} = kF(\omega)[1 + e^{-j\omega\Delta\tau}] \tag{2.16}$$

信道传输函数为

$$H(\omega) = \frac{R(\omega)}{F(\omega)} = k[1 + e^{-j\omega\Delta\tau}] \tag{2.17}$$

$$|H(\omega)| = |k[1 + e^{-j\omega\Delta\tau}]| = \left|k e^{-j\frac{\omega\Delta\tau}{2}}[e^{j\frac{\omega\Delta\tau}{2}} + e^{-j\frac{\omega\Delta\tau}{2}}]\right|$$

$$= 2k\left|e^{-j\frac{\omega\Delta\tau}{2}}\cos\frac{\omega\Delta\tau}{2}\right|$$

$$= 2k\left|\cos\frac{\omega\Delta\tau}{2}\right| \tag{2.18}$$

由此可见,二径传播的信道传输特性的模将取决于 $|\cos[\omega\Delta\tau/2]|$。这就是说,对不同

的频率,二径传播的结果将有不同的衰减。图 2.21 画出了二径和三径的频谱示意图。从二径图中,可以看出当 $\omega = 2n\pi/\Delta\tau$ 或 $f = n/\Delta\tau$ 时(n 为整数),出现传输极点;当 $\omega = (2n+1)\pi/\Delta\tau$ 或 $f = (n+1/2)/\Delta\tau$ 时(n 为整数),出现传输零点。另外,相对时延差 $\Delta\tau$ 是随时间变化的,故传输特性出现的零点和极点在频率轴上的位置也是随时间而变化的。

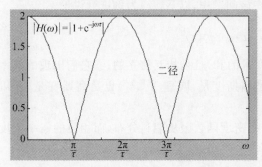 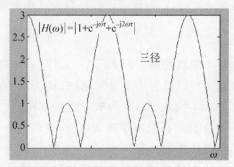

图 2.21　多径频谱示意图

对于一般的多径传播,信道的传输特性将比二径信道传输特性复杂得多,但同样存在频率选择性衰落现象。多径传播时的相对时延差通常用最大多径时延差表征。设信道最大多径时延差为 $\Delta\tau_m$,则定义多径传播信道相关带宽为

$$B_C = \frac{1}{\Delta\tau_m} \tag{2.19}$$

它表示信道传输特性相邻两个零点之间的频率间隔。如果信号的频谱比相关带宽宽,则将产生严重的频率选择性衰落。为了减小频率选择性衰落,就应使信号的频谱小于相关带宽。在工程设计中,为了保证接收信号的质量,通常选择信号带宽 B 为相关带宽的 $1/5 \sim 1/3$,即

$$B = \left(\frac{1}{5} \sim \frac{1}{3}\right)B_C \tag{2.20}$$

因此多径传播的频率选择性衰落的解决方法有:①限制信号带宽,即信号带宽必须小于相关带宽 $\Delta f = 1/\Delta\tau_m$,$\Delta\tau_m$ 为最大多径时延差。根据经验公式,频带范围为 $(1/3 \sim 1/5)/\Delta\tau_m$;②分集接收,即对于多径信号,也可以采用分集接收或扩展频谱的方法改善它的特性。

当在多径信道中传输数字信号时,特别是传输高速数字信号,频率选择性衰落将会引起严重的码间干扰。为了减小码间干扰的影响,就必须限制数字信号传输速率。

由此可知,多径传播对传输信号的影响包括:①瑞利型衰落——使等幅信号变成调幅信号。多径传播使单一频率的正弦信号变成包络和相位受调制的窄带信号,这种信号称为衰落信号,即多径传播使信号产生瑞利型衰落;②频率弥散——使单频信号变成多频信号,从频谱上看,多径传播使单一谱线变成窄带频谱,即多径传播引起了频率弥散;③频率选择性衰落效应——导致信号中某些频率成分或其倍频波随机性严重衰落。

【例 2.3】　某随参信道的二径时延差 $\Delta\tau$ 为 1ms,该信道在哪些频率上传输衰耗最大?在哪些频率上传输衰耗最小?

解：根据二径传播的频率选择性分析可知，$|H(\omega)| = 2k\left|\cos\dfrac{\omega\Delta\tau}{2}\right|$，当出现传输零点时，传输衰耗最大，即令 $\left|\cos\dfrac{\omega\Delta\tau}{2}\right| = 0$，求得 $\omega = (2n+1)\pi/\Delta\tau$（$n$ 为整数），或

$$f = \frac{2n+1}{2\Delta\tau} = \left(n + \frac{1}{2}\right) \quad (\text{kHz}) \quad (n \text{ 为整数})$$

当 $|H(\omega)| = 2k\left|\cos\dfrac{\omega\Delta\tau}{2}\right|$ 出现传输极点时，传输衰耗最小，即令 $\left|\cos\dfrac{\omega\Delta\tau}{2}\right| = 1$，求得 $\omega = 2n\pi/\Delta\tau$（$n$ 为整数），或

$$f = \frac{n}{\Delta\tau} = n \quad (\text{kHz}) \quad (n \text{ 为整数})$$

2.5 分集接收

2.4 节分析了短波电离层反射和对流层散射这两个随参信道，随参信道的多径传播会引起多径衰落、频率弥散、频率选择性衰落等现象，严重影响接收信号质量，使通信系统性能大大降低。为了提高随参信道中信号传输质量，必须采取抗衰落的有效措施。常采用的技术措施有抗衰落性能好的调制解调技术、扩频技术、功率控制技术、与交织结合的差错控制技术、分集接收技术等。分集接收技术是一种有效的抗衰落技术，已在短波通信、移动通信系统中得到广泛应用。

分集接收是指接收端按照某种方式使接收到的携带同一信息的多个信号衰落特性相互独立，并对多个信号进行特定的处理，以降低合成信号电平起伏，减小各种衰落对接收信号的影响。从广义信道的角度看，分集接收可看作随参信道中的一个组成部分，通过分集接收，使包括分集接收在内的随参信道衰落特性得到改善。

分集接收包含两重含义：一是分散接收，使接收端得到多个携带同一信息的、统计独立的衰落信号；二是合并处理，即接收端把收到的多个统计独立的衰落信号进行适当的合并，从而降低衰落的影响，改善系统性能。

2.5.1 分集方式

互相独立或基本独立的一些接收信号，一般可利用不同路径或不同频率、不同角度、不同极化等接收手段获取。于是大致有以下几种分集方式。

1. 空间分集

空间分集是利用场强随空间的随机变化实现的，空间距离越大，多径传播的差异就越大，所接收场强的相关性就越小。经过测试和统计，为了获得满意的分集效果，移动单元两天线间距 d 大于 0.6 个波长，即 $d > 0.6\lambda$，λ 为天线的波长，并且最好选在 1/4 的奇数倍附近。若减小天线间距，即使小到 1/4，也能起到相当好的分集效果。

空间分集分为空间分集发送和空间分集接收两个系统。空间分集接收是指在接收端不同的垂直高度上架设几副天线，用多副天线接收一个发射天线的同一信号，即接收端在不同

位置上接收同一信号,只要各天线位置间的距离足够大(一般在 100 个信号波长以上),所收到信号的衰落就是相互独立的。当某一副接收天线的输出信号很低时,其他接收天线的输出则不一定在这同一时刻也出现幅度低的现象,经相应的合并电路从中选出信号幅度较大、信噪比最佳的一路,得到一个总的接收天线输出信号。这样就降低了信道衰落的影响,改善了传输的可靠性。

空间分集接收的优点是分集增益高,缺点是需要多副独立的接收天线。

2. 频率分集

频率分集是采用两个或两个以上具有一定频率间隔的微波频率同时发送和接收同一信号,然后进行合成或选择,利用位于不同频段的信号经衰落信道后在统计上的不相关特性,即不同频段衰落统计特性上的差异,实现抗频率选择性衰落的功能。实现时可以将待发送的信号分别调制在频率不相关的载波上发射,频率不相关的载波是指只要载波频率之间的间隔足够大(大于相关带宽),则接收端所接收到信号的衰落是相互独立的。实际中,当载波频率间隔大于相关带宽时,则可认为接收到信号的衰落是相互独立的。

频率分集与空间分集相比较,其优点是在接收端可以减少接收天线及相应设备的数量,缺点是要占用更多的频带资源,所以,一般又称它为带内(频带内)分集,并且在发送端可能需要采用多个发射机。

3. 角度分集

由于地形、地貌、接收环境的不同,使得到达接收端的不同路径信号可能来自不同的方向,这样在接收端可以采用方向性天线,分别指向不同的到达方向,而每个方向性天线接收到的多径信号是不相关的。因此角度分集就是利用指向不同的天线波束得到互不相关的衰落信号。例如,在微波抛物面天线上设置若干反射器,产生相关性很小的几个波束。

4. 极化分集

极化分集是利用在同一地点两个极化方向相互正交的天线发出的信号可以呈现不相关的衰落特性进行分集接收,即在收发端天线上安装水平、垂直极化天线,分别接收水平极化和垂直极化波而构成的一种分集方式。就可以把得到的两路衰落特性不相关的信号进行极化分集,这两种波是相关性极小的(在短波电离层反射信道中)。

极化分集实际上是空间分集的特殊情况,只不过分集支路只有两路。

极化分集的优点是结构紧凑、节省空间;其缺点是,由于发射功率要分配到两副天线上,因此有 3dB 的损失,导致极化分集接收效果低于空间分集接收天线。

在上述分集方式中,空间分集和频率分集用得较多。当然,还有其他分集方法,此处不再详述。实际使用中,各种分集方式可以组合使用。

2.5.2 接收方式

各分散的信号进行合并的方式通常有以下几种。

1. 最佳选择式

最佳选择式是从几个分散的信号中设法选择其中信噪比最好的一个作为接收信号。

采用选择式合并技术时,N 个接收机的输出信号先送入选择逻辑,选择逻辑再从 N 个接收信号中选择具有最高基带信噪比的基带信号作为输出。每增加一条分集支路,对选择式分集输出信噪比的贡献仅为总分集支路数的倒数倍。

2. 等增益相加式

等增益相加式是将几个分散的信号以相同的支路增益进行直接相加,相加后的信号作为接收信号。

等增益合并也称为相位均衡,仅仅对信道的相位偏移进行校正而对幅度不做校正。等增益合并不是任何意义上的最佳合并方式,只有假设每一路信号的信噪比相同的情况下,在信噪比最大化的意义上,它才是最佳的。它输出的结果是各路信号幅值的叠加。对 CDMA 系统,它维持了接收信号中各用户信号间的正交性状态,即认可衰落在各个通道间造成的差异,也不影响系统的信噪比。当在某些系统中对接收信号的幅度测量不便时,选用 EGC(等增益合并)。

当 N(分集重数)较大时,等增益合并与最大比值合并后相差不多,仅差 1dB 左右。等增益合并实现比较简单,其设备也简单。

3. 最佳比值相加式

最佳比值相加式是以各支路的信噪比为加权系数,将各支路信号相加后作为接收信号。

在接收端有多个分集支路,经过相位调整后,按照适当的增益系数,同相相加,再送入检测器进行检测。在接收端各个不相关的分集支路经过相位校正,并按适当的可变增益加权再相加后送入检测器进行相干检测,可以设定第 i 个支路的可变增益加权系数为该分集支路的信号幅度与噪声功率之比。

最佳比值相加式在接收端只需对接收信号做线性处理,然后利用最大似然检测即可还原出发送端的原始信息。其译码过程简单、易实现。合并增益与分集支路数 N 成正比。

分析结果表明,不同合并方式的分集效果是不同的,最大比值合并方式性能最好,等增益合并次之,最佳选择式最差。虽然最佳选择式效果最差,但最简单;最佳比值相加式效果最好,但最复杂。

从总的分集效果来说,分集接收主要是改善了衰落特性,使信道的衰落平滑且减小了,因此,采用分集接收方法对随参信道进行改造是十分必要的。

2.6 信道的加性噪声

干扰是指对有用信号有害的各种波形的总称,噪声是指可用随机过程描述的干扰,实际应用中有时干扰与噪声不加区分。根据调制信道的模型可知,调制信道对信号的影响除乘性干扰外,还有加性干扰(即加性噪声),乘性干扰的影响前面已经详细分析,下面讨论信道中的加性噪声。

2.6.1 加性噪声的来源及噪声的种类

1. 加性噪声的来源

信道的加性噪声独立于有用信号,它始终干扰有用信号,因此不可避免地对信道造成危

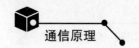

害。信道中加性噪声的来源一般可以分为三方面,即人为噪声、自然噪声和内部噪声。人为噪声来源于由于人类活动造成的其他信号源,例如外台信号、开关接触噪声、工业的点火辐射及荧光灯干扰等;自然噪声是指自然界存在的各种电磁波源带来的干扰,例如闪电、银河系噪声及其他各种宇宙噪声等;内部噪声是系统设备本身产生的各种噪声,例如,在电阻一类的导体中自由电子的热运动、真空管中电子的起伏发射和半导体载流子的起伏变化等。

2. 加性噪声的分类

加性噪声可以分为确知噪声和随机噪声。有些噪声是确知的,例如自激振荡、各种内部谐波干扰和电源噪声等,这类噪声在原理上是可消除的,称为确知噪声。另一些噪声无法准确预测它的波形,统称为随机噪声。在此只讨论随机噪声。随机噪声通常可分为单频噪声、脉冲噪声和起伏噪声三种。

1) 单频噪声

单频噪声是一种连续波的干扰(如外台信号),其频谱集中在某个频率附近较窄的范围之内,主要是指无线电噪声。它通常是一个已调正弦波,但其幅度、频率、相位往往是事先无法预知的,但干扰的频率可以通过实测确定,因而只要采取适当的措施便能防止或削弱其对通信的影响。

2) 脉冲噪声

脉冲噪声是在时间上无规则地突发的短促噪声。脉冲噪声的特点是突发性、持续时间短,但每个突发的脉冲幅度大,相邻突发脉冲之间有较长的平静期,如工业噪声中的电火花、电路开关噪声、天电干扰中的雷电等。

3) 起伏噪声

起伏噪声是最基本的噪声来源,是普遍存在和不可避免的,其波形随时间做不规律的随机变化,且具有很宽的频谱,主要包括信道内元器件所产生的热噪声、散弹噪声和天电噪声中的宇宙噪声。从它的统计特性看,可认为起伏噪声是一种高斯噪声,且在相当宽的频谱范围内具有平坦的功率谱密度,可称为白噪声,因此,起伏噪声又可称为高斯白噪声。

以上三种噪声中,单频噪声不是所有的信道中都有的,且较易防止;脉冲噪声虽然对模拟通信的影响不大,但在数字通信中,一旦出现突发噪声脉冲,由于它的幅度大,会导致一连串误码,造成严重的危害,通常采用纠错编码技术减轻这一危害;起伏噪声是信道所固有的一种连续噪声,既不能避免,又始终起作用,因此必须加以重视。下面介绍几种主要的起伏噪声。

2.6.2 起伏噪声

起伏噪声包括热噪声、散弹噪声及宇宙噪声。这些噪声总是普遍存在,并且是不可避免的,因此它是影响通信质量的主要因素之一。

1. 热噪声

热噪声是在电阻类导体中由于自由电子的布朗运动引起的噪声。电子的这种随机运动会产生一个交流电流成分。这个交流成分称为热噪声。任何电阻(导体)即使不与电源接通,它的两端也仍有电压,这是由导体中组成传导电流的自由电子无规则的热运动而引起的。因为某一瞬间向一个方向运动的电子有可能比向另一个方向运动的电子数目多,也就是说,在任何时刻通过导体每个截面的电子数目的代数和是不等于零的,即自由电子的随机热骚动带来一个大小和方向都不确定(随机)的电流——起伏电流(噪声电流)。但在没有外加电场的情况下,这些起伏电流(或电压)相互抵消,使净电流(或电压)的平均值为零。电阻热噪声的等效电路如图 2.22 所示。

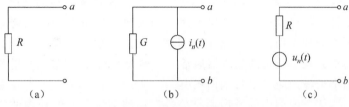

图 2.22　电阻热噪声的等效电路

功率谱密度与 R 和 T 有关,可以用电压功率谱密度或电流功率谱密度表示。

(1) 电压功率谱密度: $P_V(\omega) = 2kTR(\text{J/Hz})$,即 $\overline{V_n^2(t)}$ 表示,这里,$k = 1.38 \times 10^{-23} \text{J/K}$,称为玻尔兹曼常数;$T$ 为环境的热力学温度,单位为 K;R 为电阻,单位为 Ω。

(2) 电流功率谱密度: $P_I(\omega) = 2kTG(\text{J/Hz})$,即 $\overline{I_n^2(t)}$ 表示。

电阻导体上总存在热噪声,可用电压源或电流源表示。给定带宽 B 可计算输出功率,然后求得相应的有效电压值或电流值。

① 用电压源表示: $P = P_V(\omega) 2B = 4kTRB \rightarrow V_n = \sqrt{4kTRB}$,如图 2.22(c)所示。

② 用电流源表示: $P = P_I(\omega) 2B = 4kTGB \rightarrow I_n = \sqrt{4kTGB}$,如图 2.22(b)所示。

【例 2.4】　设一个接收机输入电路的等效电阻等于 600Ω,输入电路的带宽等于 6MHz,环境温度为 27℃,试求该电路产生的热噪声电压有效值。

解:$T = 27 + 273 = 300(\text{K})$,由 $V_n = \sqrt{4kTRB}$ 得到

$$V_n = \sqrt{4 \times 1.38 \times 10^{-23} \times 300 \times 600 \times 6 \times 10^6} \approx 7.72(\mu\text{V})$$

该电路产生的热噪声电压有效值约为 $7.72\mu\text{V}$。

实验结果表明,电阻中热噪声电压始终存在,热噪声电压在从直流到 10^{13} Hz 频率的范围具有均匀的功率谱密度,因此热噪声具有极宽的频谱,服从高斯分布,且具有均匀的功率谱密度。

2. 散弹噪声

散弹噪声是由真空电子管和半导体器件中阴极表面电子发射的不均匀性引起的,在半导体二极管和晶体管中的散弹噪声则是由载流子扩散的不均匀性与电子空穴对产生和复合的随机性引起的。在给定的温度下,每秒发射的电子平均数目是常数,但实际数目随时间是变化的和不可预测的,因此发射电子所形成的电流并不是固定的,而是在一个平均值上下起伏变化的。电子的发射是一个随机过程,因而二极管电流中包含时变分量。

功率谱密度: $P_I(\omega) = I(t) q = I_0 q$,其中,$q = 1.60 \times 10^{-19}(\text{C})$,称为电子的电量。

散弹噪声也服从高斯分布,频带极宽 $0 \sim 10^{10}$ Hz 范围视为均匀谱——高斯白色噪声。

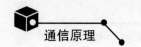

3. 宇宙噪声

宇宙噪声是指天体辐射波对接收机形成的噪声。它在整个空间的分布是不均匀的,最强的来自银河系的中部,其强度与季节、频率等因素有关。实测表明,在 $20\sim300\,\mathrm{MHz}$ 的频率范围,它的强度与频率的三次方成反比。因而,当工作频率低于 $300\,\mathrm{MHz}$ 时,就要考虑它的影响。实践证明,宇宙噪声服从高斯分布;在一般的工作频率范围,具有平坦的功率谱密度。起伏噪声是通信系统中最基本的噪声来源。到达解调器输入端的噪声并不是起伏噪声本身,而是它的某种变换形式——带通型噪声。因为起伏噪声到达解调器之前需经过接收转换器,而接收转换器的作用之一是滤出有用信号并部分地滤除噪声。它的输出噪声是带通型噪声,又称为窄带噪声。带通滤波器通常是一种线性网络,其输入端的噪声是高斯白噪声,所以它的输出窄带噪声应是窄带高斯噪声。

需要注意的是,信道模型中的噪声源是分散在通信系统各处的噪声的集中表示。在后面讨论中,将不再区分散弹噪声、热噪声或宇宙噪声,而集中表示为起伏噪声,并一律定义为高斯白噪声。

2.6.3 高斯白噪声和窄带高斯噪声

如果一个噪声,它的幅度分布服从高斯分布,而它的功率谱密度又是均匀分布的,则称为高斯白噪声。

高斯白噪声中的高斯是指概率分布为正态函数,而白噪声是指它的二阶矩不相关,一阶矩为常数,是指先后信号在时间上的相关性。

当高斯白噪声通过中心角频率为 ω_0 的窄带系统时,就可形成窄带高斯噪声。窄带系统是指系统的频带宽度远远小于其中心频率的系统。窄带高斯噪声的特点是频谱局限在附近很窄的频率范围内,其包络和相位都在做缓慢随机变化。如用示波器观察其波形,它是一个频率近似为包络和相位随机变化的正弦波。

白噪声用 $n(t)$ 表示,根据定义,白噪声是功率谱密度在所有频率上均为常数的噪声。则其功率谱密度 $P_n(f)=\dfrac{n_0}{2}$,$-\infty < f < +\infty$。对 $P_n(f)$ 取傅里叶反变换,可得自相关函数为 $R(\tau)=\dfrac{n_0}{2}\delta(\tau)$。

为了减少干扰,常用滤波器滤除部分噪声,进入通信的白色噪声,就为带限白噪声;白色噪声通过窄带系统,就为窄带高斯噪声,如图 2.23 所示。从频域上进行分析,噪声功率即为噪声功率谱密度在整个频率范围内的积分,也可以等效为两个矩形的面积,因此可以求得噪声等效带宽为

$$B_n=\frac{\int_{-\infty}^{\infty}P_n(f)\mathrm{d}f}{2P_n(f_c)}=\frac{\int_{0}^{\infty}P_n(f)\mathrm{d}f}{P_n(f_c)} \tag{2.21}$$

同理,可以从时域上进行分析,可求得噪声的相关时间为

$$t_n=\frac{\int_{-\infty}^{+\infty}R_n(t)\mathrm{d}t}{2R_n(0)} \tag{2.22}$$

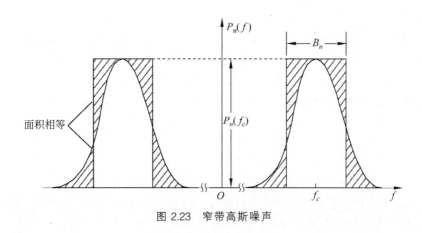

图 2.23 窄带高斯噪声

2.7 信道容量

信道容量是指信道中信息无差错传输的最大速率。在信道模型中,我们定义了两种广义信道,即调制信道和编码信道。调制信道是一种连续信道,可以用连续信道的信道容量表征;编码信道是一种离散信道,可以用离散信道的信道容量表征。下面分别讨论离散信道的信道容量和连续信道的信道容量。

2.7.1 离散信道的信道容量

当信道输入和输出符号都是离散符号时,该信道称为离散信道。当信道中不存在干扰时,离散信道的输入符号 X 与输出符号 Y 之间有一一对应的确定关系,在信道中无损失,收到的信息量与信源的信息量相同,即信道的传输信息速率等于信源发出的信息速率。但若信道中存在干扰时,则输入符号与输出符号之间已不存在一一对应的确定关系,而是存在某种随机性,具有一定的统计相关性,即发送符号以一定的转移概率与接收端符号对应。这种统计相关性取决于转移概率 $P(y_j/x_i)$ 或 $P(x_i/y_j)$,$P(y_j/x_i)$ 是信道输入符号为 x_i 而信道输出符号为 y_j 的条件概率,$P(x_i/y_j)$ 是信道输出符号为 y_j 的情况下输入符号为 x_i 的条件概率。

发送 x_i 收到 y_j 时,获得的信息量为

$$\log_2 \frac{P(x_i/y_j)}{P(x_i)} = \log_2 \frac{P(x_i, y_j)}{P(x_i)P(y_j)} = -\log_2 P(x_i) + \log_2 P(x_i/y_j)$$

发送 x_i 收到 y_j 时,平均信息量为

$$-\sum_{i=1}^{n} P(x_i)\log_2 P(x_i) + \sum_{j=1}^{m} P(y_j)\sum_{i=1}^{n} P(x_i/y_j)\log_2 P(x_i/y_j) = H(x) - H(x/y)$$

假设单位时间内传送的符号数为 r,信源发出的信息量为 $H_t(x) = rH(x)$,其中错误的信息量,也即丢失掉的信息量为 $H_t(x/y) = rH(x/y)$,这样可以求得信息速率 R 为信源发出的信息量减去因出错而丢失的信息量,即 $R = H_t(x) - H_t(x/y) = r[H(x) - H(x/y)]$。

因此可以得到离散信道的信道容量 C 为

$$C = \max[R] = \max[H_t(x) - H_t(x/y)] = r[H(x) - H(x/y)] \qquad (2.23)$$

【例 2.5】 设信息源由符号 0 和 1 组成,顺次选择两符号构成所有可能的消息。如果消息传输速率是每秒 1000 符号,且两符号出现的概率相等。传输中,平均每 100 符号中有 1 个符号不正确,试问这时传输信息的速率是多少?

解: 由题意知

$$H(x) = -\left(\frac{1}{2}\log_2\frac{1}{2} + \frac{1}{2}\log_2\frac{1}{2}\right) = 1 \quad (\text{bit}/\text{符号})$$

$$H(x/y) = -(0.99\log_2 0.99 + 0.01\log_2 0.01) = 0.081 \quad (\text{bit}/\text{符号})$$

$$R_b = r[H(x) - H(x/y)] = 1000(\text{符号}/\text{s}) \times 0.919(\text{bit}/\text{符号}) = 919 \quad (\text{b/s})$$

答: 这时传输信息的速率是 919b/s。

2.7.2 连续信道的信道容量

针对连续信道的情况,假设该信道的带宽为 $B(\text{Hz})$,该信道的输出信号功率为 $S(\text{W})$,输出加性高斯噪声功率为 $N(\text{W})$,则可以证明该信道的信道容量为

$$C = B\log_2\left(1 + \frac{S}{N}\right) \quad (\text{b/s}) \qquad (2.24)$$

式(2.24)就是著名的香农(Shannon)定理。它表明当信号与信道加性高斯噪声的平均功率给定时,在具有一定频带宽度 B 的信道上,单位时间内可能传输的信息量的极限数值。只要传输速率小于或等于信道容量,则总可以找到一种信道编码方法,实现无差错传输;若传输速率大于信道容量,则不可能实现无差错传输。

由于噪声功率 N 与信道带宽 B 有关,故若信道中噪声的单边功率谱密度为 n_o,则在信道带宽 B 内的噪声功率 $N = n_oB$。因此,香农公式的另一形式为

$$C = B\log_2\left(1 + \frac{S}{n_oB}\right) \qquad (2.25)$$

由香农定理可得以下结论。

(1) 增大信号功率 S 可以增加信道容量,若信号功率趋于无穷大,则信道容量也趋于无穷大。

(2) 减小噪声功率 N(或减小噪声功率谱密度 n_o),可以增加信道容量,若噪声功率趋于零,则信道容量趋于无穷大。

(3) 增大信道带宽 B 可以增加信道容量,但不能使信道容量无限制增大。利用关系式

$$\lim_{x \to 0}\frac{1}{x}\log_2(1 + x) = \log_2 e \approx 1.44$$

信道带宽 B 趋于无穷大时,信道容量的极限值为

$$\lim_{B \to \infty}C = \lim_{B \to \infty}B\log_2(1 + S/n_oB) = \frac{S}{n_o}\lim_{B \to \infty}\frac{n_oB}{S}\log_2\left(1 + \frac{S}{n_oB}\right)$$

$$= \frac{S}{n_o}\log_2 e \approx 1.44\frac{S}{n_o} \qquad (2.26)$$

式(2.26)表明,保持一定 S/n_o,即使信道带宽 B 趋于无穷大,信道容量 C 也是有限的,这是因为信道带宽 B 趋于无穷大时,噪声功率也趋于无穷大。

香农定理给出了通信系统所能达到的极限信息传输速率,达到极限信息传输速率的通信系统称为理想通信系统。但是,香农公式只证明了理想通信系统的"存在性",却没有指出这种通信系统的实现方法。

由上可知,当信道容量 C 不变时,$B\uparrow \to S/N \downarrow$,$B\downarrow \to S/N \uparrow$,显然 B 与 S/N 矛盾。这就是第 1 章中讲过的,通信系统的有效性和可靠性指标相互制约、相互矛盾。有时可以利用这一矛盾解决一些技术难题,例如扩频通信就是利用 B 和 S/N 互换的原理扩展了通信的领域。

【例 2.6】 电视图像可以大致认为由 300 000 个小像元组成。对于一般要求的对比度,每一像元大约取 10 个可辨别的亮度电平(如对应黑色、深灰色、浅灰色、白色等)。现假设对于任何像元,10 个亮度电平是等概率出现的,每秒发送 30 帧图像;还已知,为了满意地重现图像,要求信噪比 S/N 为 1000(即 30dB)。在这种条件下,请计算传输上述信号所需的带宽至少为多少。

解: 首先计算每一像元所含的信息量。因为每一像元能以等概率取 10 个亮度电平,所以每个像元的信息量为 $\log_2 10 = 3.32(\text{bit})$;每帧图像的信息量为 $300000 \times 3.32 = 996000\text{bit}$;又因为每秒有 30 帧,所以每秒内传送的信息量为 $996000 \times 30 = 29.9 \times 10^6 \text{bit}$。显然,这就是所需的信息速率 R_b。为了传输这个信号,信道容量 C 至少必须等于 $R_b = 29.9 \times 10^6 \text{b/s}$。且 S/N 已知,根据 $C = B\log_2\left(1 + \dfrac{S}{N}\right)$ 得

$$B = \frac{C}{\log_2\left(1 + \dfrac{S}{N}\right)} \geq \frac{29.9 \times 10^6}{\log_2(1 + 1000)} \approx 3.02 \times 10^6 (\text{Hz})$$

因此,所需带宽 B 至少为 3MHz。

2.8 本章小结

信道是通信系统中必不可少的重要组成部分,信道的特性和信道中的噪声对通信系统的性能有很大影响。研究信道和噪声的目的是弄清它们对信号传输的影响,寻求提高通信有效性与可靠性的方法。

信道按照范围的大小有狭义信道和广义信道之分。

狭义信道是指信号的传输媒介,一般可分为有线信道和无线信道两种。有线信道包括明线、双绞线、同轴电缆和光纤。明线传输损耗较小,但易受外界干扰;电缆通信具有传输性能稳定、噪声低和易保密等优点;光纤通信具有重量轻、频带宽和不受电磁干扰等优点。无线信道包括中长波地面传输、短波传输、超短波和微波(包括人造卫星中继)的视距传播等途径组成的信道。短波无线电传播,由于衰落较大,目前只在一些特殊的场合应用。超短波和微波需要采用中继接力的方式延伸距离,它主要用于干线通信,目前广泛用来传输多路电话

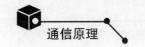

和电视,具有传输容量大、通信稳定和所需功率小等优点。

广义信道是指从研究消息传输的观点出发,把信道范围加以扩大后的信道,一般可分为调制信道和编码信道。

调制信道是指从调制器输出端到解调器输入端的所有电路设备和传输媒介。调制信道内传输的是已调连续信号,它是一种模拟信道,可等效为线性时变网络。

编码信道是指从编码器输出端到解码器输入端的所有电路设备和传输媒介。编码信道内传输的是编码后的数字序列,它是一种数字信道,可用转移概率描述。

按信道参数特点的不同,调制信道可分为恒参信道和随参信道。

恒参信道是指信道传输参数恒定不变或变化缓慢的信道,它可以等效为线性时不变网络,因此可用线性系统分析的方法进行分析。理想恒参信道的幅频特性是水平直线,相频特性也是直线。在实际恒参信道中存在电感、电容等元件,导致传输特性与频率有关,出现频率失真和相位失真。在通信系统设计中可采用均衡技术减少这些失真。

随参信道是指信道传输参数随时间随机变化的信道。它有两个特点:信道传输特性随机变化和多径传播,从而使传输信号产生瑞利型衰落和频率弥散,当传输信号的频带宽度较宽时,还会产生频率选择性衰落。在随参信道中,可采用分集接收技术对抗衰落。

加性噪声是叠加在传输信号上的噪声。起伏噪声是加性噪声的典型代表,主要包括热噪声、散弹噪声和宇宙噪声,它们均是高斯白噪声。信道中的加性噪声经过接收端带通滤波器的滤波后,成为加性高斯窄带噪声,如果它的单边功率谱密度为 n_0,则解调器输入端的噪声功率为 $N_i = n_0 B$,式中 B 的大小随不同调制系统而不同。

信道容量是指信道中信息无差错传输的最大速率。

离散信道的信道容量为

$$C = \max R = \max[H_t(x) - H_t(x/y)] = r[H(x) - H(x/y)]$$

连续信道的信道容量由香农定理给出,即

$$C = B \log_2\left(1 + \frac{S}{N}\right) \quad (\text{b/s})$$

2.9 习题

1. 什么是调制信道?什么是编码信道?说明调制信道和编码信道的关系。

2. 什么是恒参信道?什么是随参信道?目前常见的信道中,哪些属于恒参信道?哪些属于随参信道?

3. 设一恒参信道的幅频特性和相频特性分别为

$$|H(\omega)| = K_0$$
$$\varphi(\omega) = -\omega t_d$$

其中,K_0 和 t_d 都是常数。试确定信号 $s(t)$ 通过该信道后的输出信号的时域表示式,并讨论。

4. 设某恒参信道的传输特性为 $H(\omega) = [1 + \cos\omega T_0]e^{-j\omega t_d}$,其中,$t_d$ 为常数。试确定信

号 $s(t)$ 通过该信道后的输出信号表达式,并讨论。

5. 有两个恒参信道,其等效模型分别如图 2.24 所示。试求这两个信道的群时延-频率特性并画出它们的群时延曲线,并说明信号通过它们时有无群时延失真。

图 2.24　习题 5 图

6. 什么是相关带宽?如果传输信号的带宽宽于相关带宽,对信号有什么影响?

7. 试根据随参信道的传输特性,定性解释快衰落和频率选择性衰落现象。

8. 试定性说明采用频率分集技术可以改善随参信道传输特性的原理。

9. 某随参信道的二径时延差 $\Delta\tau$ 为 0.5ms,试问该信道在哪些频率上传输损耗最小?哪些频率上传输损耗最大?

10. 设某随参信道的最大多径时延差等于 3ms,为了避免发生选择性衰落,试估算在该信道上传输的数字信号的码元脉冲宽度。

11. 信道中常见的起伏噪声有哪些?它们的主要特点是什么?

12. 二进制无记忆编码信道模型如图 2.25 所示,如果信息传输速率是每秒 1000 符号,且 $P(x_1)=P(x_2)=1/2$,试求

(1) 信息源熵及损失熵。

(2) 信道传输信息的速率。

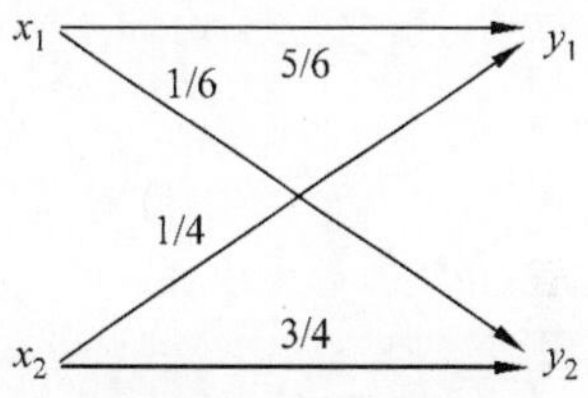

13. 什么是信道的加性噪声?它主要来源于哪些方面?

14. 常见的随机噪声分为哪几类?

图 2.25　习题 12 图

15. 设高斯信道的带宽为 4kHz,信号与噪声的功率比为 63,试确定利用这种信道的理想通信系统的传信率和差错率。

16. 具有 6.5MHz 带宽的某高斯信道,若信道中信号功率与噪声功率谱密度之比为 45.5MHz,试求其信道容量。

17. 已知电话信道的带宽为 3.4kHz,试求

(1) 接收信噪比 $S/N=30$dB 时的信道容量。

(2) 若要求该信道能传输 4800b/s 的数据,则要求接收端最小信噪比 S/N 为多少 dB?

18. 已知彩色电视图像由 5×10^5 像素组成。设每像素有 64 种彩色度,每种彩色度有 16 个亮度等级。如果所有彩色度和亮度等级的组合机会均等,并统计独立。

(1) 试计算每秒传送 100 个画面所需要的信道容量。

(2) 如果接收信噪比为 30dB,为了传送彩色图像所需信道带宽为多少?

2.10　实践项目

1. 在传输线长度、工作频率、速度系数、特性阻抗以及负载阻抗等条件都给定的情况下，利用 MATLAB 表现有损耗线路内的阻抗变化情况。

2. 根据收发信号双方距离的变化以及用户的不同要求，利用 MATLAB 显示接收功率与发射功率的比值变化。考虑自由空间损耗，接收机距离发射机 20～100km。

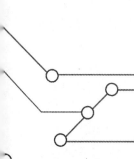

第3章　模拟调制系统

本章学习目标

- 熟练掌握线性调制的原理
- 掌握线性调制系统的抗噪声性能
- 了解非线性调制的原理及非线性调制系统的抗噪声性能
- 了解频分复用和多级调制的概念

本章先向读者介绍模拟调制的概念、功能和分类,再介绍几种常用线性调制(AM、DSB、SSB、VSB)的原理,并分析各种线性调制系统的抗噪声性能,然后简要介绍非线性调制的原理以及非线性调制系统的抗噪声性能,并对各种模拟调制系统加以比较,最后介绍频分复用和多级调制的概念。

3.1　线性调制(幅度调制)的原理

虽然数字通信得到迅速发展,而且有逐步替代模拟通信的趋势,但目前模拟通信仍然非常多,在相当一段时间内还将继续使用,而且模拟调制是其他调制的基础,因此本章将介绍模拟调制。

模拟调制是指利用来自信源的基带模拟信号 $m(t)$ 调制载波的某个参数,使该参数随着基带模拟信号 $m(t)$ 的规律而变化的过程。模拟调制模型可以用图 3.1 表示,这里的基带模拟信号 $m(t)$ 通常具有较低的频率成分,称为调制信号;而载波通常指余弦波(正弦波) $c(t)$,以余弦波作为载波的调制称为连续波(CW)调制;调制器的输出称为已调信号。

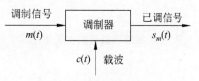

图 3.1　模拟调制模型

从频域角度看,模拟调制过程可以看成一个频谱搬移过程,它可以细分为以下几个功

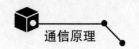

能。①进行频率变换：为使各个无线电台发出的信号互不干扰，每个电台都分配不同的频率。这样利用调制技术把各种语音、音乐、图像等基带信号调制到不同的载频上，以便用户任意选择各个电台，收听所需节目。②实现信道复用：如果传输信道的通带较宽，可以用一个信道同时传输多路基带信号，只要把各个基带信号分别调制到不同的频带内，然后将它们合为一起送入信道传输即可。这种在频域上实行的多路复用称为频分复用(FDM)。③提高抗干扰性：不同的调制系统会具有不同的抗噪声性能，通过选择合适的调制系统可以提高系统的抗干扰性能。④适合信道传输：将基带信号转换成适合信道传输的已调信号(频带信号)。⑤实现有效辐射：为了充分发挥天线的辐射能力，一般要求天线的尺寸和发送信号的波长在同一个数量级。一般天线的长度应为所传信号波长的1/4。如果把语音基带信号(0.3～3.4kHz)直接通过天线发射，可以计算出天线的长度应为

$$l = \frac{\lambda}{4} = \frac{c}{4f} = \frac{3 \times 10^8}{4 \times 3.4 \times 10^3} \approx 22\text{km}$$

长度(高度)为22km的天线显然是不可能的，也是无法实现的。但是如果把语音信号的频率首先进行频谱搬移，搬移到较高频段处，则天线的高度可降低，从而实现有效辐射。

模拟调制可以分为线性调制(幅度调制)和非线性调制(角度调制)两大类。幅度调制是指用调制信号控制高频载波的振幅，使载波的振幅随着调制信号的规律而变化的过程。幅度调制属于线性调制，它通过改变载波的幅度，实现调制信号频谱的搬移。幅度调制常分为标准调幅(AM)、抑制载波双边带(DSB-SC)调制、单边带(SSB)调制和残留边带(VSB)调制等。角度调制是指用调制信号控制载波的频率或相位，使高频载波的频率或相位随着调制信号的规律而变化的过程，分别称为频率调制(FM)或相位调制(PM)，简称为调频或调相。因为频率或相位的变化都可以看成载波角度的变化，故调频和调相又统称为角度调制。角度调制与线性调制不同，已调信号的频谱不再是原调制信号频谱的线性搬移，而是频谱的非线性变换，会产生与频谱搬移不同的新的频率成分，故又称为非线性调制。

模拟调制常应用于军事通信、短波通信、微波中继、模拟移动通信、模拟调频广播和模拟调幅广播等。

3.1.1　线性调制的基本原理

前面已经介绍过，幅度调制是指余弦载波的振幅随着模拟基带信号的规律而变化的过程。调制前后的信号频谱从形状上看没有发生根本变化，仅仅是频谱的幅度和位置发生了变化。输出已调信号的频谱和输入调制信号的频谱之间满足线性搬移关系，也称为线性调制。

幅度调制器的一般模型如图3.2所示。

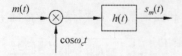

图 3.2　幅度调制器的一般模型

设调制信号 $m(t)$ 的频谱为 $M(\omega)$，滤波器传输特性为 $H(\omega)$，其冲激响应为 $h(t)$，输出已调信号的时域和频域表达式为

$$s_m(t) = [m(t) \cdot \cos\omega_c t] \cdot h(t) \tag{3.1}$$

$$S_m(\omega) = \frac{1}{2}\big[M(\omega + \omega_c) + M(\omega - \omega_c)\big] \cdot H(\omega) \tag{3.2}$$

式中，ω_c 为载波角频率，$H(\omega) \Leftrightarrow h(t)$。

由此可见，对于幅度调制信号，在时域波形上，已调信号的幅度随基带信号的规律而变化；在频谱结构上，已调信号的频谱是基带信号频谱在频域内的简单的搬移，因此满足线性性；选择滤波器的特性 $H(\omega)$，可以得到各种幅度调制信号，如 AM、DSB、SSB 及 VSB 等。

接下来，从以下几方面分析几种典型的幅度调制 AM，DSB，SSB，VSB。

①模型；②信号的时间表达式和时间波形；③频谱表达式和频谱图；④功率分配；⑤解调方式；⑥特点及应用；⑦调幅波的仿真。

3.1.2 振幅调制及仿真

1. 振幅调制（AM）的模型

AM 的实现条件为输入的调制信号为 $A_0 + m(t)$，而 $h(t)$ 为理想的带通滤波器，AM 调制模型如图 3.3 所示。

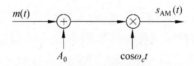

图 3.3 AM 调制模型

2. AM 信号的时间表达式和时间波形

AM 信号的时间表达式为

$$s_{AM}(t) = [A_0 + m(t)]\cos\omega_c t = A_0\cos\omega_c t + m(t)\cos\omega_c t \tag{3.3}$$

式(3.3)中，右边第一项称为载波项，右边第二项称为边带项；A_0 为外加的直流分量；$m(t)$ 为输入调制信号，它的最高频率为 f_m，无直流分量；ω_c 为载波的角频率。为了实现线性调幅，必须要求满足线性调幅条件，如式(3.4)。否则将会出现过调幅现象，在接收端采用包络检波法解调时，会产生严重的失真。

$$|m(t)|_{\max} \leqslant A_0 \tag{3.4}$$

通常将调制信号幅度与载波信号幅度之比定义为 AM 的调幅指数 β_{AM}，如式(3.5)。

$$\beta_{AM} = \frac{|m(t)|_{\max}}{A_0} \leqslant 1 \tag{3.5}$$

AM 信号的时间波形如图 3.4 所示，其中 $m(t)$ 为调制信号，已调 AM 信号 $s_{AM}(t)$ 的包络完全反映了该调制信号的变化规律。从图中可以清楚地看出已调 AM 信号 $s_{AM}(t)$ 的包络线与调制信号完全相

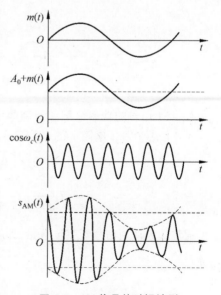

图 3.4 AM 信号的时间波形

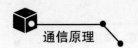

似,AM 信号的解调可以采用包络检波的方法恢复原始调制信号。

3. AM 信号的频谱表达式和频谱图

对式(3.3)进行傅里叶变换,就可以得到 AM 信号的频谱 $S_{AM}(\omega)$ 如式(3.6)

$$S_{AM}(\omega) = \mathscr{F}^{-1}[s_{AM}(t)]$$

$$= \frac{1}{2}[M(\omega+\omega_c)+M(\omega-\omega_c)] + \pi A_0[\delta(\omega+\omega_c)+\delta(\omega-\omega_c)] \quad (3.6)$$

式(3.6)中,$M(\omega)$ 是调制信号 $m(t)$ 的频谱;右边第一项称为边带项,第二项称为载波项。

将 AM 信号的频谱 $S_{AM}(\omega)$ 画成频谱图,如图 3.5 所示,通过 AM 信号的频谱图可以得出以下结论。

① 调制前后信号频谱形状没有变化,仅仅是信号频谱的位置和幅度发生了变化。

② AM 信号的频谱是调制信号频谱的平移(幅度减半)再加上载频频谱,包含载频频谱分量、上边带频谱分量以及下边带频谱分量。其中上、下边带频谱分量呈镜像分布,且上边带和下边带包含同样的信息。一般把频率的绝对值大于载波频率的信号频谱称为上边带(Up SideBand,USB),把频率的绝对值小于载波频率的信号频谱称为下边带(Low SideBand,LSB)。

③ 从频谱图中可知,已调 AM 信号占据的频带宽度(信号带宽)为调制信号带宽的 2 倍。假设调制前的基带信号的频带宽度为 f_m,调制后 AM 信号的频带宽度为 B_{AM},则

$$B_{AM} = 2f_m \quad (3.7)$$

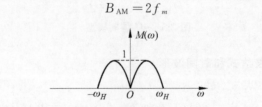

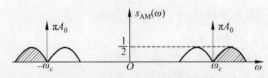

图 3.5   AM 调制的频谱示意图

4. AM 信号的功率分配和调制效率

AM 信号在 1Ω 电阻上的平均功率等于 $s_{AM}(t)$ 的均方值,即

$$P_{AM} = \overline{s_{AM}^2(t)} = \overline{[A_0 + m(t)]^2 \cos^2 \omega_c t}$$

$$= \overline{A_0^2 \cos^2 \omega_c t} + \overline{m^2(t)\cos^2 \omega_c t} + \overline{2A_0 m(t)\cos^2 \omega_c t} \quad (3.8)$$

通常认为调制信号无直流分量,即 $\overline{m(t)} = 0$。由于 $\cos^2\omega_c t = \frac{1}{2}(1+\cos 2\omega_c t)$,而 $\overline{\cos 2\omega_c t} = 0$,因此

$$P_{AM} = \frac{A_0^2}{2} + \frac{\overline{m^2(t)}}{2} = P_C + P_M \quad (3.9)$$

式(3.9)中,$P_C = A_0^2/2$ 为载波功率,$P_M = \overline{m^2(t)}/2$ 为边带功率。

由此可见,AM 信号的总功率包括载波功率和边带功率两部分。其中,只有边带功率才与调制信号有关,也就是说,载波分量不携带信息。

为了表征 AM 信号的功率利用程度,通常把边带功率 P_M 与总平均功率 P_{AM} 之比定义为调制效率,用符号 η_{AM} 表示,即

$$\eta_{AM} = \frac{P_M}{P_{AM}} = \frac{\overline{m^2(t)}}{A_0^2 + \overline{m^2(t)}} \tag{3.10}$$

在不出现过调幅的情况下,$\beta_{AM} = 1$ 时,如果 $m(t)$ 为常数,则最大可以得到 $\eta_{AM} = 0.5$;如果 $m(t)$ 为正弦波时,可以得到最大的调制效率为 $\eta_{AM} = 1/3$。一般情况下,β_{AM} 不一定都能达到 1,因此 η_{AM} 是比较低的,这是振幅调制的最大缺点。

5. AM 信号的解调

AM 信号的解调一般有两种方法,一种是相干解调法,也叫同步解调法;另一种是非相干解调法,也叫包络检波法。由于包络检波法电路很简单,而且又不需要本地提供同步载波,因此,对 AM 信号的解调大都采用包络检波法。

AM 信号的相干解调原理如图 3.6 所示。相干解调法一般由带通滤波器(BPF)、乘法器、低通滤波器(LPF)组成。相干解调法的工作原理是:AM 信号经信道传输后,必定叠加有噪声,进入 BPF 后,BPF 一方面使 AM 信号顺利通过,另一方面抑制带外噪声。AM 信号 $s_{AM}(t)$ 通过 BPF 后与本地载波 $\cos\omega_c t$ 相乘,进入 LPF。LPF 的截止角频率设定为 ω_m,因此 LPF 的输出仅为所需要的调制信号,则有

$$s_{AM}(t) = [A_0 + m(t)]\cos\omega_c t$$

$$s_p(t) = s_{AM}(t)\cos\omega_c t = [A_0 + m(t)]\cos\omega_c t \cdot \cos\omega_c t$$

$$= \frac{1}{2}(1 + \cos2\omega_c t)[A_0 + m(t)] = \frac{1}{2}[A_0 + m(t)] + \frac{1}{2}[A_0 + m(t)] \cdot \cos2\omega_c t$$

$$m_o(t) = \frac{A_0}{2} + \frac{1}{2}m(t) \tag{3.11}$$

式(3.11)中,常数 $A_0/2$ 为直流成分,用一个隔直电容就可以方便地除去。

相干解调的优点是接收性能好,但要求在接收端提供一个与发送端同频同相的载波 $\cos\omega_c t$。

AM 信号的非相干解调原理如图 3.7 所示,它由 BPF、线性包络检波器(Linear Envelope Detector,LED)和 LPF 组成。图中 BPF 的作用与相干解调法中的 BPF 的作用完全相同; LED 把 AM 信号的包络直接提取出来,即把一个高频信号直接变成低频信号;LPF 起平滑作用。

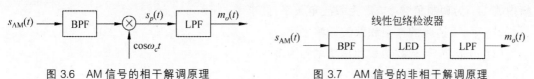

图 3.6 AM 信号的相干解调原理   图 3.7 AM 信号的非相干解调原理

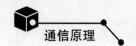

6. 特点及应用

包络检波法的优点是实现简单、成本低、不需要同步载波,但系统抗噪声性能较差(存在门限效应)。AM 调制主要应用于无线 AM 广播系统中。

7. AM 波形的仿真

用 MATLAB 画 AM 信号波形的程序代码如下,其仿真图如图 3.8 所示。

```
%AM.m
%单音调制常规调幅波形
clear
t=0:0.01:2;                         %波形的时间长度
Ac=1;                               %载波幅度
Beta=0.5;                           %调制指数
fm=1;                               %调制信号频率
fc=8;                               %载波频率
wmt=2 * pi * fm * t;
wct=2 * pi * fc * t;
SAM=Ac * (1+Beta * cos(wmt)). * cos(wct);%常规调幅信号
plot(t,SAM,'g');
```

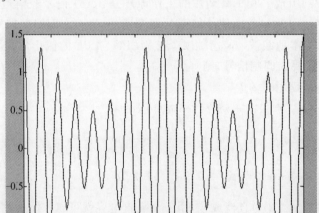

图 3.8 AM 波形仿真示意图

【例 3.1】 已知 AM 信号的表达式为 $s_{AM}(t)=A(1+\beta_{AM}\cos\omega_m t)\cos\omega_c t$,其中,$\beta_{AM}$ 为调幅指数,ω_m 为调制角频率,ω_c 为载波角频率,试求

(1) 上、下边频的振幅和载波振幅之比。

(2) 边带功率、载波功率和总功率各为多少?

(3) 如果载波功率为 500W,最大边带功率为多少?

(4) AM 信号的频谱表达式。

解：(1) 由题意可知

$$s_{\mathrm{AM}}(t)=A(1+\beta_{\mathrm{AM}}\cos\omega_m t)\cos\omega_c t=A\cos\omega_c t+A\beta_{\mathrm{AM}}\cos\omega_m t\cos\omega_c t$$

$$=A\cos\omega_c t+\frac{A\beta_{\mathrm{AM}}}{2}\cos(\omega_c-\omega_m)t+\frac{A\beta_{\mathrm{AM}}}{2}\cos(\omega_c+\omega_m)t$$

其中第一项 $A\cos\omega_c t$ 为载波项，其振幅为 A；第二项 $\dfrac{A\beta_{\mathrm{AM}}}{2}\cos(\omega_c-\omega_m)t$ 为下边频项，其振幅 为 $\dfrac{A\beta_{\mathrm{AM}}}{2}$；第三项 $\dfrac{A\beta_{\mathrm{AM}}}{2}\cos(\omega_c+\omega_m)t$ 为上边频项，其振幅为 $\dfrac{A\beta_{\mathrm{AM}}}{2}$。因此上、下边频的振幅和 载波振幅之比为

$$\frac{\dfrac{A\beta_{\mathrm{AM}}}{2}}{A}=\frac{\beta_{\mathrm{AM}}}{2}$$

(2) 边带功率：$P_{\mathrm{USB}}=P_{\mathrm{LSB}}=\overline{\left(\dfrac{A\beta_{\mathrm{AM}}}{2}\cos(\omega_c\pm\omega_m)t\right)^2}=\dfrac{A^2\beta_{\mathrm{AM}}^2}{8}$

载波功率：$P_c=\overline{(A\cos\omega_c t)^2}=\dfrac{A^2}{2}$

总功率：$P_{\mathrm{AM}}=P_c+P_M=P_c+P_{\mathrm{USB}}+P_{\mathrm{LSB}}=\dfrac{A^2}{2}+\dfrac{A^2\beta_{\mathrm{AM}}^2}{8}+\dfrac{A^2\beta_{\mathrm{AM}}^2}{8}=\dfrac{A^2}{2}+\dfrac{A^2\beta_{\mathrm{AM}}^2}{4}$

(3) 由(2)可知，当 $\beta_{\mathrm{AM}}=1$ 时，有最大边带功率，且已知 $P_c=\dfrac{A^2}{2}=500\mathrm{W}$，则

$$P_{M\ \max}=\frac{A^2}{4}=\frac{1}{2}\cdot\frac{A^2}{2}=\frac{1}{2}\cdot 500=250(\mathrm{W})$$

(4) $S_{\mathrm{AM}}(\omega)=A\pi[\delta(\omega+\omega_c)+\delta(\omega-\omega_c)]+\dfrac{A\beta_{\mathrm{AM}}}{2}\pi[\delta(\omega+\omega_c-\omega_m)+\delta(\omega-\omega_c+\omega_m)]$

$$+\frac{A\beta_{\mathrm{AM}}}{2}\pi[\delta(\omega+\omega_c+\omega_m)+\delta(\omega-\omega_c-\omega_m)]$$

3.1.3 双边带调制及仿真

AM 信号的调制效率低，主要原因是 AM 信号中有一个载波，它消耗了大部分发射功率。为了提高调制效率，把载波抑制掉，仅传输边带信号，因此人们提出一种称为抑制载波双边带(Double SideBand-Suppressed Carrier，DSB-SC)的调制系统，下面作简要介绍。

1. DSB 调制器的模型图

DSB 信号调制器由乘法器和 BPF 组成，把 DSB 看成 AM 中直流分量为零的一种特例，因此 DSB 调制模型如图 3.9 所示。

图 3.9 中，$m(t)$ 为输入的调制信号，$\cos\omega_c t$ 为载波信号，乘法器把这两个信号相乘，然后经过 BPF，其输出信号即为已调的 DSB 信号 $s_{\mathrm{DSB}}(t)$。

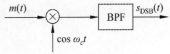

图 3.9 DSB 调制模型

2. DSB 信号的时间表达式和时间波形

从图 3.9 可知，$m(t)$ 为输入调制信号，它的最高频率为 f_m，ω_c 为载波的角频率，已调信号的时域表达式为

$$s_{\text{DSB}}(t) = m(t)\cos\omega_c t \tag{3.12}$$

相应的时间信号波形如图 3.10 所示。

3. 频谱表达式和频谱图

对式(3.12)求傅里叶变换，即可得已调信号的频域表达式，即

$$s_{\text{DSB}}(\omega) = \mathscr{F}[s_{\text{DSB}}(t)] = \frac{1}{2}[M(\omega+\omega_c) + M(\omega-\omega_c)] \tag{3.13}$$

根据式(3.13)画出相应的频谱示意图如图 3.11 所示，最上面的是载波信号的频谱示意图，中间的是调制信号的频谱示意图，最下面的是已调 DSB 信号的频谱示意图。由图可知，DSB 信号的频谱是由位于载频处两边的边带(即上边带和下边带)组成，且上、下边带均包含基带信号的全部信息，各边带信号的幅度是原调制信号的一半。DSB 与 AM 信号的频谱区别在于，在载频处没有冲激函数，即没有载频分量。从图 3.11 可知，DSB 信号的频带宽度为

$$B_{\text{DSB}} = 2f_m \tag{3.14}$$

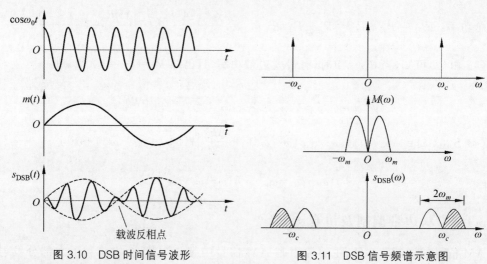

图 3.10 DSB 时间信号波形   图 3.11 DSB 信号频谱示意图

4. DSB 信号的功率分配

DSB 信号的平均功率 P_{DSB} 可以用式(3.15)计算，即

$$P_{\text{DSB}} = \overline{s_{\text{DSB}}^2(t)} = \overline{[m(t)\cos\omega_c t]^2} = \frac{1}{2}\overline{m^2(t)} = P_M \tag{3.15}$$

DSB 信号的平均功率只有边带功率 P_M，没有载波功率 P_c，因此 DSB 调制效率 η_{DSB} 为

$$\eta_{\text{DSB}} = \frac{P_M}{P_{\text{DSB}}} = \frac{\overline{m^2(t)}/2}{\overline{m^2(t)}/2} = 100\% \tag{3.16}$$

5. 解调方式

从图 3.10 可以看出，DSB 信号的时间波形的包络已不再与原调制信号的形状一致，若

用简单的包络检波器恢复信号,将产生严重失真。所以 DSB 信号的解调不能用非相干解调法(即包络检波法),只能采用相干解调法。相干解调法接收 DSB 信号的原理如图 3.12 所示。DSB 信号经信道传输后,必定叠加有噪声,进入 BPF 后,BPF 一方面使 DSB 信号顺利通过,另一方面抑制带外噪声。DSB 信号 $s_{\text{DSB}}(t)$ 通过 BPF 后与本地载波 $\cos\omega_c t$ 相乘,得到 $s_p(t)$,然后进入 LPF,滤除高频倍频分量。LPF 的截止角频率设定为 ω_m,因此 LPF 的输出仅为所需要的调制信号。

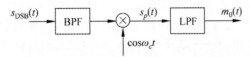

图 3.12　相干解调法接收 DSB 信号的原理

$$s_{\text{DSB}}(t)=m(t)\cdot\cos\omega_c t$$

$$s_p(t)=s_{\text{DSB}}(t)\cdot\cos\omega_c t=m(t)\cdot\cos\omega_c t\cdot\cos\omega_c t=\frac{1}{2}m(t)\cdot(1+\cos2\omega_c t)$$

$$m_0(t)=\frac{1}{2}m(t) \tag{3.17}$$

式(3.17)表明从时域上分析,DSB 信号可以正确地被解调。

$$s_{\text{DSB}}(\omega)=\frac{1}{2}[M(\omega+\omega_c)+M(\omega-\omega_c)]$$

$$S_p(\omega)=\frac{1}{2\pi}\{S_{\text{DSB}}(\omega)\cdot\pi[\delta(\omega+\omega_c)+\delta(\omega-\omega_c)]\}=\frac{1}{2}[S_{\text{DSB}}(\omega+\omega_c)+S_{\text{DSB}}(\omega-\omega_c)]$$

$$=\frac{1}{2}M(\omega)+\frac{1}{4}M(\omega-2\omega_c)+\frac{1}{4}M(\omega+2\omega_c)$$

$$M_0(\omega)=S_p(\omega)\cdot H(\omega)=\frac{1}{2}M(\omega) \tag{3.18}$$

式(3.18)表明从频域上分析,DSB 信号同样可以正确地被解调。

6. 特点及应用

DSB 调制的优点是调制效率高,达到 100%,其缺点是占用频带宽,DSB 调制信号的频谱由上、下两个边带组成,而且上、下边带携带的信息完全一样;主要用于无线通信、立体声、FM 广播等。

7. DSB 信号的仿真

用 MATLAB 画 DSB 信号波形的程序代码如下所示。

```
%DSB.m
%单音调制抑制载波双边带调幅波形
clear
t=0:0.01:2;                    %波形的时间长度
Ac=1;                          %载波幅度
fm=1;                          %调制信号频率
fc=8;                          %载波频率
```

```
wmt=2 * pi * fm * t;
wct=2 * pi * fc * t;
SAM=Ac * cos(wmt) * cos(wct);  %常规调幅信号
plot(t,SDSB,'g');
```

3.1.4　单边带调制

AM、DSB 信号传输的缺点：带宽是信号的 2 倍，降低了有效性。上、下两个边带所包含的信息相同，传送一个边带即可传送全部信息。因此，只需选择其中一个边带传输即可。如果双边带中其中一个边带用滤波器滤掉，只传输一个边带，则可以节省一半的发射功率。这样就提出了单边带(SSB)调制，SSB 就是指在传输信号的过程中，只传输上边带或下边带部分，而达到节省发射功率和系统频带的目的。下面简要讲述其原理。

为了讲述单边带(SSB)的原理，先简要介绍希尔伯特变换。

希尔伯特(Hilbert)变换：将一个信号波形中的全部频率分量相移±90°(对正频率产生-90°的相移，对负频率产生+90°的相移)后所得的时间信号就叫作原信号的希尔伯特变换$\hat{f}(t)$，其时域与频域的表达式如式(3.19)。

$$\hat{f}(t) = \frac{1}{\pi} \int_{-\infty}^{\infty} \frac{f(\tau)}{t-\tau} \mathrm{d}\tau = f(t) \times \frac{1}{\pi t} \qquad \hat{F}(\omega) = -\mathrm{jsgn}(\omega)F(\omega) \tag{3.19}$$

希尔伯特变换的性质：信号和其希尔伯特变换有相同的能量谱密度或功率谱密度。根据此性质可以得出以下推论。①信号和它的希尔伯特变换的能量(或功率)相同；②信号和它的希尔伯特变换具有相同的自相关函数；③信号和它的希尔伯特变换互为正交。

希尔伯特变换的主要用途：①在 SSB 中，用来实现相位选择，以产生单边带信号；②给出最小相移网络的幅频特性和相频特性之间的关系。

1. SSB 调制的模型

用乘法器产生一个双边带信号，然后通过一个边带滤波器，保留所需要的一个边带，滤除不要的边带，其模型如图 3.13 所示。其中 $h_{\mathrm{SSB}}(t)$ 是单边带滤波器的冲激响应，其传输特性为 $H_{\mathrm{SSB}}(\omega)$，如图 3.14 所示。以下边带为例，

$$H_{\mathrm{SSB下}}(\omega) = \frac{1}{2}\big[\mathrm{sgn}(\omega+\omega_c) - \mathrm{sgn}(\omega-\omega_c)\big] \tag{3.20}$$

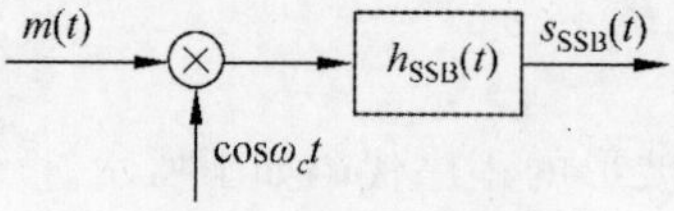

图 3.13　SSB 信号模型

前面讲过的 AM、DSB 在时域、频域都比较直观，而 SSB 则在频域比较直观，如图 3.14 所示，时域则比较难理解，因此，下面先从频域分析 SSB 信号，SSB 信号的频谱示意图如图 3.15 所示。

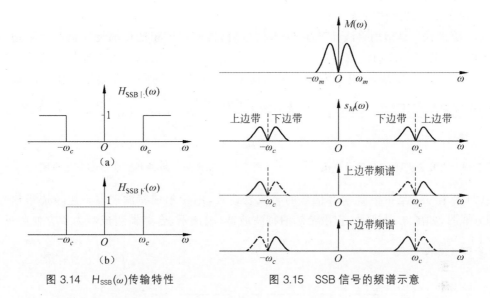

图 3.14　$H_{\mathrm{SSB}}(\omega)$ 传输特性　　　　图 3.15　SSB 信号的频谱示意

2. SSB 信号的频域分析

SSB 信号下边带的频域表达式可以表示为

$$S_{\mathrm{SSB下}}(\omega) = S_{\mathrm{DSB}}(\omega) \cdot H_{\mathrm{SSB下}}(\omega)$$

$$= \frac{1}{2}\left[M(\omega+\omega_c) + M(\omega-\omega_c)\right] \cdot \frac{1}{2}\left[\mathrm{sgn}(\omega+\omega_c) - \mathrm{sgn}(\omega-\omega_c)\right]$$

$$= \frac{1}{4}\left[M(\omega+\omega_c) + M(\omega-\omega_c)\right]$$

$$+ \frac{1}{4}\left[M(\omega+\omega_c) \cdot \mathrm{sgn}(\omega+\omega_c) - M(\omega-\omega_c) \cdot \mathrm{sgn}(\omega-\omega_c)\right] \quad (3.21)$$

从频谱图中可知,SSB 信号的带宽为

$$B_{\mathrm{SSB}} = f_m \quad (3.22)$$

3. SSB 信号的时域分析

对式(3.21)求傅里叶反变换,可得 SSB 信号下边带的时域表达式为

$$s_{\mathrm{SSB下}}(t) = \frac{1}{2}m(t) \cdot \cos\omega_c t + \frac{1}{2}\hat{m}(t) \cdot \sin\omega_c t$$

同理,可以求得 SSB 上边带的时域表达式为

$$s_{\mathrm{SSB上}}(t) = \frac{1}{2}m(t) \cdot \cos\omega_c t - \frac{1}{2}\hat{m}(t) \cdot \sin\omega_c t$$

则 SSB 信号上、下边带的时域表达式为

$$s_{\mathrm{SSB}}(t) = \frac{1}{2}m(t) \cdot \cos\omega_c t \pm \frac{1}{2}\hat{m}(t) \cdot \sin\omega_c t \quad (3.23)$$

式(3.23)中,$\hat{m}(t)$ 是将 $m(t)$ 中所有频率成分相移±90°(对正频率产生−90°的相移,对负频率产生+90°的相移)后得到的结果,即 $\hat{m}(t)$ 是 $m(t)$ 的希尔伯特变换。

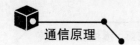

4. SSB 信号的产生方法

（1）滤波法：是指用乘法器产生 DSB 信号后，再使用理想的低通滤波器产生下边带信号，或再使用理想的高通滤波器产生上边带信号，如图 3.16 所示。由于理想的滤波器的陡峭特性实际上无法实现，因此也常用多级调制实现，如图 3.17 所示，就是用二级调制实现。

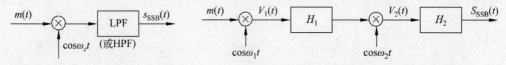

图 3.16　滤波法实现 SSB 信号框图　　　图 3.17　滤波法二级调制实现 SSB 信号框图

（2）相移法：是指根据 SSB 信号的时域表达式，用希尔伯特滤波器产生单边带信号的原理方框图，如图 3.18 所示，它由希尔伯特滤波器、乘法器、合路器组成。为了方便起见，框图中省略了系数 $\frac{1}{2}$。

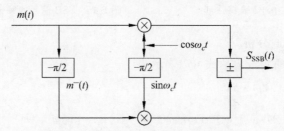

图 3.18　相移法产生单边带信号框图

（3）混合法：由于电路复杂，用途不广，所以在这里不作介绍。

5. SSB 信号的平均功率

SSB 信号产生的工作过程是将双边带调制中的一个边带完全抑制掉，所以它的发射功率是双边带调制时的一半，即单边带发送功率为

$$P_{\text{SSB}} = \frac{1}{2}P_{\text{DSB}} = \frac{1}{4}\overline{m^2(t)} \tag{3.24}$$

当然也可以根据式（3.23）代入平均功率的计算公式，同样可以得到相同的结果，即

$$P_{\text{SSB}} = \overline{s_{\text{SSB}}^2(t)} = \overline{\left[\frac{1}{2}m(t)\cos\omega_c t \pm \frac{1}{2}\hat{m}(t)\sin\omega_c t\right]^2} = \frac{1}{4}\overline{m^2(t)}$$

6. SSB 信号的解调

SSB 信号的包络没有直接反映出基带调制信号的波形，所以 SSB 信号的解调只能用相干解调法。相干解调法原理框图如图 3.19 所示，可得

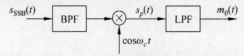

图 3.19　SSB 信号的相干解调法原理框图

$$s_{SSB}(t) = \frac{1}{2}m(t) \cdot \cos\omega_c t \pm \frac{1}{2}\hat{m}(t) \cdot \sin\omega_c t$$

$$s_p(t) = s_{SSB}(t) \cdot \cos\omega_c t = \left[\frac{1}{2}m(t) \cdot \cos\omega_c t \pm \frac{1}{2}\hat{m}(t) \cdot \sin\omega_c t\right] \cdot \cos\omega_c t$$

$$= \frac{1}{4}m(t) + \frac{1}{4}m(t) \cdot \cos2\omega_c t \pm \frac{1}{4}\hat{m}(t) \cdot \sin(\cos2\omega_c t)$$

$$m_0(t) = \frac{1}{4}m(t) \tag{3.25}$$

从式(3.25)可知,SSB 信号能够正确被解调。

7. 特点及应用

SSB 信号的带宽即为原始调制信号的带宽,因此信道利用率高;但电路实现起来复杂。其主要应用于载波通信、微波通信、保密通信、短波无线电等。

【例 3.2】 设调制信号 $m(t)$ 为一个单音余弦波 $m(t) = A_m\cos\omega_m t$,求经单边带调制后 SSB 信号的时域表达式和频域表达式。

解: 已知 $m(t) = A_m\cos\omega_m t$,则 $\hat{m}(t) = A_m\sin\omega_m t$,因此 SSB 信号的时域表达式为

$$s_{SSB}(t) = \frac{1}{2}m(t) \cdot \cos\omega_c t \pm \frac{1}{2}\hat{m}(t) \cdot \sin\omega_c t$$

$$= \frac{1}{2}A_m\cos\omega_m t \cdot \cos\omega_c t \pm \frac{1}{2}A_m\sin\omega_m t \cdot \sin\omega_c t$$

$$= \frac{1}{2}A_m\cos(\omega_c \pm \omega_m)t$$

且

$$s_{SSB上}(t) = \frac{1}{2}A_m\cos(\omega_c + \omega_m)t \qquad s_{SSB下}(t) = \frac{1}{2}A_m\cos(\omega_c - \omega_m)t$$

分别对 SSB 上、下边带信号求傅里叶变换,即可得 SSB 上、下边带的频域表达式为

$$S_{SSB上}(\omega) = \frac{A\pi}{2}[\delta(\omega - \omega_c - \omega_m) + \delta(\omega + \omega_c + \omega_m)]$$

$$S_{SSB下}(\omega) = \frac{A\pi}{2}[\delta(\omega - \omega_c + \omega_m) + \delta(\omega + \omega_c - \omega_m)]$$

3.1.5 残留边带调制

残留边带(Vestigial Side Band,VSB)调制是从 SSB 调制派生出来的、介于 SSB 与 DSB 之间的一种调制方式,它既克服了 DSB 信号占用频带宽的缺点,又解决了 SSB 滤波器难以实现的问题。残留边带调制允许滤波器有过渡带,其中一个边带损失恰好被另外一个边带残留部分补偿。

1. VSB 调制模型

VSB 信号是由双边带信号经过残留边带滤波器后得到的,其调制模型如图 3.20(a)所示,残留边带滤波器的传输特性用 $H_{VSB}(\omega)$ 表示。

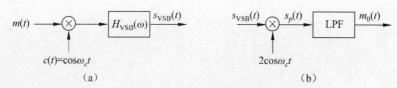

（a）　　　　　　　　　　　（b）

图 3.20　VSB 调制和解调模型

2. 对 $H_{VSB}(\omega)$ 的要求

为了讨论对残留边带滤波器的要求,从接收端恢复出原信号的思路分析。残留边带调制也只能用相干解调,其解调模型如图 3.20(b)所示。

从图 3.20 可知,$s_p(t) = s_{VSB}(t) \cdot \cos\omega_c t$,$s_{VSB}(t)$ 的频谱为 $S_{VSB}(\omega)$,有

$$S_{VSB}(\omega) = \frac{1}{2}[M(\omega - \omega_c) + M(\omega + \omega_c)] \cdot H_{VSB}(\omega),$$

则有 $s_p(t)$ 的频谱 $S_p(\omega)$ 为

$$S_p(\omega) = \frac{1}{2}[S_{VSB}(\omega - \omega_c) + S_{VSB}(\omega + \omega_c)]$$

$$= \frac{1}{4}[M(\omega) + M(\omega - 2\omega_c)] \cdot H_{VSB}(\omega - \omega_c)$$

$$+ \frac{1}{4}[M(\omega) + M(\omega + 2\omega_c)] \cdot H_{VSB}(\omega + \omega_c)$$

经过 LPF 后,把 $S_p(\omega)$ 中的二次谐波项滤掉,则 LPF 输出信号 $m_0(t)$ 的频谱为

$$M_0(\omega) = \frac{1}{4}M(\omega)[H_{VSB}(\omega - \omega_c) + H_{VSB}(\omega + \omega_c)] \tag{3.26}$$

因此,只要式(3.26)满足条件

$$H_{VSB}(\omega - \omega_c) + H_{VSB}(\omega + \omega_c) = 常数,|\omega \leqslant \omega_m| \tag{3.27}$$

就有 $M_0(\omega) = \frac{c}{4}M(\omega)$,且 $m_0(t) = \frac{c}{4}m(t)$,就能正确恢复出基带信号 $m(t)$。

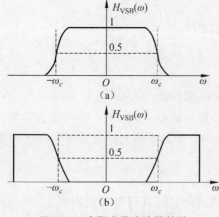

图 3.21　残留边带滤波器特性

因此,式(3.27)就是对残留边带滤波器的传输特性的要求,即在载波频率 ω_c 处具有互补对称特性。

残留边带滤波器特性如图 3.21 所示,图 3.21(a)为残留部分上边带的滤波器特性,图 3.21(b)为残留部分下边带的滤波器特性,可以看到,残留边带滤波器的特性是让一个边带的绝大部分顺利通过,仅衰减靠近附近的一小部分信号,同时抑制另一个边带的绝大部分信号,只保留靠近附近的一小部分。如果在解调中让残留的那部分边带补偿衰减的那部分边带,那么解调后的输出信号是不会失真的。

66

3. VSB 的特点

VSB 信号的功率值和频带宽度介于单边带和双边带信号功率与频带宽度之间,即

$$P_{SSB} \leqslant P_{VSB} \leqslant P_{DSB}$$
$$B_{SSB} \leqslant B_{VSB} \leqslant B_{DSB}$$

或者

$$B_{VSB} = (1 \sim 2)f_m$$

VSB 信号的产生方法、VSB 信号的时域表达式都与 SSB 信号的类似。

4. VSB 的应用

VSB 信号主要用于电视信号广播系统、传真等。

【例 3.3】 已知调制信号 $m(t) = \cos(2000\pi t)$,载波为 $2\cos 10^4\pi t$,外加直流分量为 A_0,分别写出 AM、DSB、USB、LSB 信号的表示式,并画出频谱图。

解:AM 信号为

$$s_{AM}(t) = 2[A_0 + \cos(2000\pi t)] \cdot \cos 10^4\pi t$$
$$= 2A_0\cos 10^4\pi t + \cos(1.2 \times 10^4\pi t) + \cos(0.8 \times 10^4\pi t)$$

DSB 信号为

$$s_{DSB}(t) = 2\cos(2000\pi t) \cdot \cos 10^4\pi t$$
$$= \cos(1.2 \times 10^4\pi t) + \cos(0.8 \times 10^4\pi t)$$

USB 信号为 $s_{USB}(t) = \cos(1.2 \times 10^4\pi t)$;LSB 信号为 $s_{LSB}(t) = \cos(0.8 \times 10^4\pi t)$。
其频谱图分别如图 3.22(a)、图 3.22(b)、图 3.22(c)、图 3.22(d)所示。

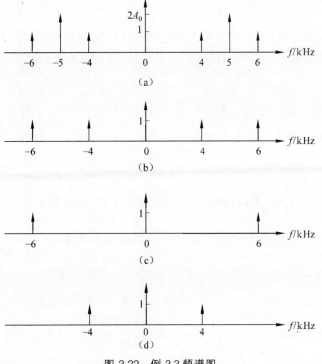

图 3.22 例 3.3 频谱图

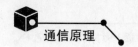

通信原理

3.2 非线性调制（角度调制）的原理

线性调制（幅度调制）的优点是实现简单,传输信号所需的频带窄（如 SSB）。由于传送的消息内容从语言扩展到了音乐,对音质、音色及抗干扰性有要求,只有非线性调制（角度调制）才能解决这个问题。线性调制使载波的幅度随着调制信号发生线性变化,在频域上已调信号的频谱是基带调制信号的简单线性频谱搬移。而非线性调制除了进行频谱搬移外,它所形成的信号频谱不再保持原来基带信号频谱形状。也就是说,已调信号频谱与基带信号频谱之间存在非线性变换关系,出现许多新的频率分量。非线性调制通常是通过改变载波的频率或相位达到的,而频率或相位的变化都可以看成载波角度的变化,故这种调制又称角度调制。因此角度调制就是频率调制和相位调制的统称。频率调制简称调频,记为 FM（Frequency Modulation）;相位调制简称调相,记为 PM（Phase Modulation）。

3.2.1 角度调制的基本概念

假设载波信号为 $A\cos(\omega_c t+\varphi_0)$,则角度调制信号的一般表达式为

$$s_m(t)=A\cos[\omega_c t+\varphi(t)]=A\cos\theta(t) \tag{3.28}$$

式(3.28)中,A 是载波的恒定振幅;$\theta(t)=\omega_c(t)+\varphi(t)$ 是已调信号的瞬时相位,而 $\varphi(t)$ 为瞬时相位偏移;$\mathrm{d}[\omega_c(t)+\varphi(t)]/\mathrm{d}t$ 为信号的瞬时角频率,$\mathrm{d}\varphi(t)/\mathrm{d}t$ 为瞬时角频率偏移,即相对于 ω_c 的瞬时角频率偏移 $\Delta\omega$。

1. 调频波

调频是指载波的振幅不变,用基带调制信号 $m(t)$ 控制载波的瞬时频率的一种调制方法。调频信号的瞬时频率随着调制信号的大小变化,或者说调频信号的瞬时频偏与 $m(t)$ 成正比关系,即

$$\mathrm{d}\varphi(t)/\mathrm{d}t=k_{FM}m(t),\quad \varphi(t)=k_{FM}\int_{-\infty}^{t}m(\tau)\mathrm{d}\tau \tag{3.29}$$

式中,k_{FM} 称为调频灵敏度。将式(3.29)中的 $\varphi(t)$ 代入式(3.28),可得调频波的表达式

$$s_{FM}(t)=A\cos[\omega_c t+\varphi(t)]=A\cos[\omega_c t+k_{FM}\int_{-\infty}^{t}m(\tau)\mathrm{d}\tau] \tag{3.30}$$

式中,$\omega_c t+k_{FM}\int_{-\infty}^{t}m(\tau)\mathrm{d}\tau$ 为瞬时相位,$\omega_c+k_{FM}m(t)$ 为瞬时频率,

$k_{FM}\int_{-\infty}^{t}m(\tau)\mathrm{d}\tau$ 为瞬时相位偏移,$k_{FM}m(t)$ 为瞬时频率偏移,

$k_{FM}\left|\int_{-\infty}^{t}m(\tau)\mathrm{d}\tau\right|_{max}$ 为最大相偏,$k_{FM}|m(t)|_{max}$ 为最大频偏。

对于单音频调制,$m(t)=A_m\cos\omega_m t$,代入式(3.30),得出调频波的表达式为

$$s_{FM}(t)=A\cos\left[\omega_c t+\frac{k_{FM}A_m}{\omega_m}\sin\omega_m t\right]=A\cos[\omega_c t+\beta_{FM}\sin\omega_m t]$$

其中,

68

$$\beta_{FM} = \frac{k_{FM}A_m}{\omega_m} \tag{3.31}$$

β_{FM} 称为调频指数,即为调频波的最大相位偏移 $\Delta\theta_{FM}$。

最大频率偏移为

$$\Delta\omega = K_{FM}|m(t)|_{max} = K_{FM}A_m$$

因此,

$$\beta_{FM} = \frac{\Delta\omega}{\omega_m} = \frac{\Delta f}{f_m} \tag{3.32}$$

2. 调相波

相位调制是指载波的振幅不变,载波的瞬时相位随着基带调制信号的大小而变化,或者说载波瞬时相位偏移与调制信号成比例关系。即

$$\varphi(t) = k_{PM}m(t) \tag{3.33}$$

式中,k_{PM} 为调相灵敏度。调相信号的表达式为

$$s_{PM}(t) = A\cos[\omega_c t + k_{PM}m(t)] \tag{3.34}$$

式中,$\omega_c t + k_{PM}m(t)$ 为瞬时相位,$\omega_c + k_{PM}[dm(t)/dt]$ 为瞬时频率,

$k_{PM}m(t)$ 为瞬时相位偏移,$k_{PM}[dm(t)/dt]$ 为瞬时频率偏移,

$k_{PM}|m(t)|_{max}$ 为最大相偏,$k_{PM}|dm(t)/dt|_{max}$ 为最大频偏。

对于单音频调制,$m(t) = A_m\cos\omega_m t$,代入式(3.33),得出 PM 波的表达式为

$$s_{PM}(t) = A\cos[\omega_c t + k_{PM}m(t)] = A\cos[\omega_c t + k_{PM}A_m\cos\omega_m t]$$

其中,

$$\beta_{PM} = k_{PM}A_m \tag{3.35}$$

β_{PM} 称为调相指数,即为调相波的最大相位偏移 $\Delta\theta_{PM}$。从式(3.35)可知,调相指数仅取决于调制信号的幅度,而与调制频率无关。

3. 调频与调相的关系

调频与调相相同的地方都属于角度调制,均是等幅波。如果单从表达式(3.30)和式(3.34)看,调频波与调相波虽然各有不同的形式,但是本质上没有什么区别。例如载波相位的任何变化都会引起频率的变化,反之亦然,但是频率和相位的变化规律是不同的。两者还可以相互转换,例如在调频中,可以用直接调频的方法得到调频波,如图3.23(a)所示,也可以先将调制信号积分后再对载波进行调相而得到调频波,如图3.23(b)所示;反之,在调相中,可以用直接调相的方法得到调相波,如图3.23(c)所示,也可以先将调制信号微分后再对载波进行调频而得到调相波,如图3.23(d)所示。

在实际应用中,由于调频用得比较多,下面主要讨论调频。

3.2.2 调频信号的带宽

根据调制前后信号带宽的相对变化,可将调频信号分为窄带调频和宽带调频两种。为求得调频信号带宽,需求调频信号的频谱,但直接从调频信号的时域表达式求频域表达式比较困难。如果对调频信号的最大相偏加以限制,问题就会简单得多,因此调频信号的带宽取

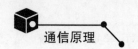

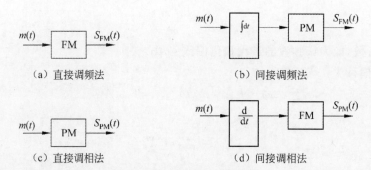

图 3.23 FM 与 PM 的关系

决于瞬时相位偏移的大小。

调频信号中,如果满足式(3.36)的条件时,即由调频引起的最大瞬时相位偏移远远小于 $\frac{\pi}{6}$ 时,则调频信号的频谱宽度比较窄,称为窄带调频(Narrow Band FM,NBFM)。

$$\left|\varphi(t)\right|_{\max} = \left|k_{\mathrm{FM}}\int m(t)\mathrm{d}t\right|_{\max} \ll \frac{\pi}{6} \quad (\text{或}\ 0.5) \tag{3.36}$$

否则,如果最大相位偏移比较大,相应的最大频率偏移也比较大,这时调频信号的频谱比较宽,就称为宽带调频(Wide Band FM,WBFM)。

下面分别讨论 NBFM 和 WBFM 的频带宽度。

1. NBFM 的频带宽度

把式(3.30)的 FM 表达式利用三角函数公式展开,并把 NBFM 的条件代入,则 FM 信号的表达式可近似为

$$s_{\mathrm{NBFM}}(t) = A\cos\omega_c t - k_{\mathrm{FM}}A\int_{-\infty}^{t} m(\tau)\mathrm{d}\tau \cdot \sin\omega_c t \tag{3.37}$$

由式(3.37)可知,窄带调频信号由同相分量和正交分量组成。对式(3.37)进行傅里叶变换,可得

$$S_{\mathrm{NBFM}}(\omega) = \pi A\left[\delta(\omega+\omega_c)+\delta(\omega-\omega_c)\right] + \frac{Ak_{\mathrm{FM}}}{2}\left[\frac{M(\omega-\omega_c)}{(\omega-\omega_c)} - \frac{M(\omega+\omega_c)}{(\omega+\omega_c)}\right] \tag{3.38}$$

可以看出,NBFM 信号的频谱由 $\pm\omega_c$ 处的载频和位于载频两侧的边频组成。与 AM 信号的频谱很相似,不同的是 NBFM 的两个边频在正频域内乘了一个系数 $1/(\omega-\omega_c)$,在负频域内乘了一个系数 $1/(\omega+\omega_c)$,而负频域的边带频谱相位倒转 $180°$。NBFM 信号的频带宽度与 AM 信号一样,为

$$B_{\mathrm{NBFM}} = 2f_m \tag{3.39}$$

2. WBFM 的频带宽度

由于 WBFM 不能像 NBFM 那样对表达式展开并进行简化,因此 WBFM 信号的频谱分析比较困难。接下来以单音调制信号为例,讨论 WBFM 信号的带宽。设单音调制信号为 $m(t)=\cos\omega_m t$,则

$$\varphi(t) = k_{FM} \int_{-\infty}^{t} m(\tau) \mathrm{d}\tau = \frac{k_{FM}}{\omega_m} \sin\omega_m t = m_f \sin\omega_m t \tag{3.40}$$

式中，$m_f = k_{FM}/\omega_m$ 是调频信号的最大相位偏移，又称调频指数。把式(3.40)代入式(3.30)，并利用三角公式对式(3.30)进行展开，可得调频信号为

$$s_{FM}(t) = A\left[\cos\omega_c t \cdot \cos(m_f \sin\omega_m t) - \sin\omega_c t \cdot \sin(m_f \sin\omega_m t)\right] \tag{3.41}$$

将上式中的两个因子 $\cos(m_f \sin\omega_m t)$ 和 $\sin(m_f \sin\omega_m t)$ 分别展开成傅里叶级数形式，并用三角公式变换式(3.41)，可得

$$s_{FM}(t) = A\sum_{-\infty}^{\infty} J_n(m_f)\cos(\omega_c + n\omega_m)t \tag{3.42}$$

式(3.42)中，$J_n(m_f)$ 称为第一类 n 阶贝塞尔函数，它是调频指数 m_f 的函数，其展开式为

$$J_n(m_f) = \sum_{j=0}^{\infty} \frac{(-1)^j (m_f/2)^{2j+n}}{j!\,(n+j)!} \tag{3.43}$$

由式(3.42)可知，即使在单音调制情况下，调频波也是由无限多个频率分量所组成，即调频信号的频谱可以扩展到无限宽。但如果把幅度小于 0.1 倍载波幅度的边频忽略不计，则可以得到调频信号的带宽为

$$B_{NBFM} \approx 2(m_f + 1)f_m = 2(\Delta f + f_m) \tag{3.44}$$

式中，$\Delta f = m_f \cdot f_m$ 称为最大频偏。

3.2.3 调频信号的产生与解调

1. 调频信号的产生方法

调频信号的产生方法有两种，即直接调频法和间接调频法。

直接调频法框图如图 3.23(a)所示，是用调制信号控制振荡器的振荡频率，如果被控制的是 LC 振荡器，由于振荡频率取决于回路参数 L 或 C，所以只要设法使 L 或 C 受调制信号控制，就能达到直接调频的目的。L 或 C 可控的元件有电抗管和变容管，变容管由于电路简单，性能良好，目前在调频器中广泛采用。

间接调频法框图如图 3.23(b)所示，是先将调制信号进行积分，然后对载波的相位进行控制，由于相位控制是在载波振荡器后的调相器中进行的，所以振荡器可以采用晶振，这样间接调频与直接调频相比，载波频率容易达到较高的稳定度。而实现间接调频的关键是相位调制。相位调制有矢量合成法实现调相、利用调制信号控制谐振回路或移相网络的电抗或电阻元件实现调相，以及采用可变时延电路或时延线实现调相三种方法。

2. 调频信号的解调

调频信号的解调有相干解调和非相干解调两种。相干解调仅适用于窄带调频信号，因为窄带调频信号可近似表示成同相分量和正交分量。由于同步解调的原理与前面所述的线性调制同步解调法相同，在此不再详细讨论。调频信号的另一种解调法是非相干解调法，它适用于窄带和宽带调频信号，而且不需要同步信号，因而是 FM 系统的主要解调方法。

调频信号解调的目的是产生正比于输入信号频率的输出电压，或者说产生正比于基带调制信号的输出电压，因为调频信号频率是正比于基带调制信号的。最简单的非相干解调

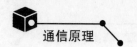

器是具有频率-电压转换特性的鉴频器,如图 3.24 所示。

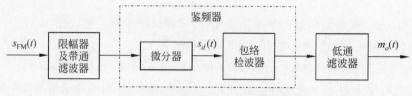

图 3.24 调频信号非相干解调框图

在图 3.24 中,限幅器及带通滤波器的主要作用是利用限幅器消除调频波在传输过程中引起的幅度变化,变成固定幅度的调频波;利用带通滤波器滤除带外噪声,仅让调频信号通过。理想鉴频器可看成带微分器的包络检波器。因为当输入信号为正弦波时,经微分后,其频率信息就会提到振幅中,再通过包络检波器,就可把所需频率信息提取出来,过程如下。

输入调频信号为

$$s_{FM}(t) = A\cos\left[\omega_c t + k_{FM}\int_{-\infty}^{t} m(\tau)\mathrm{d}\tau\right]$$

对输入信号微分后,得

$$s_d(t) = -A[\omega_c + k_{FM}m(t)]\sin\left[\omega_c t + k_{FM}\int_{-\infty}^{t} m(\tau)\mathrm{d}\tau\right] \tag{3.45}$$

这是一个包络和频率均含有调制信号的调幅调频信号,用包络检波器将其包络取出,并滤去直流分量后的输出信号为

$$m_o(t) = k_d k_{FM} m(t) \tag{3.46}$$

式中,k_d 为鉴频器灵敏度。

3.3 模拟调制系统的抗噪声性能

3.3.1 抗噪声性能分析的一般模型

模拟调制系统的抗噪声性能分析是指分析解调器输出信号的信噪比,即通信系统的可靠性。解调是调制的逆过程,要在接收端解调器的输出端恢复出原始基带调制信号,也就是从已调信号的频谱中,将位于载波频率的信号频谱再搬回来。

由于发送端产生的已调信号,通常都要经过信道传输到接收端,信道中通常有噪声存在,信道的这种加性噪声主要取决于起伏噪声,而起伏噪声又可视为高斯白噪声。信道存在加性高斯白噪声只对已调信号的接收产生影响。为了分析解调器的抗噪声性能,首先画出分析解调器的抗噪声性能的一般模型,如图 3.25 所示。

图 3.25 解调器抗噪声性能分析的一般模型

图 3.25 中,$s_m(t)$ 为已调信号,$n(t)$ 为传输过程中叠加的高斯白噪声。带通滤波器的作用是滤除已调信号频带以外的噪声,因此,经过带通滤波器后,到达解调器输入端的信号仍可认为是 $s_m(t)$,噪声为 $n_i(t)$。解调器输出的有用信号为 $m_o(t)$,输出噪声为 $n_o(t)$。

对于不同的调制系统,将有不同的 $s_m(t)$,但 $n_i(t)$ 形式是相同的,它是由均值为零的平稳高斯白噪声经过带通滤波器而得到的。带通滤波器带宽即已调信号的带宽,中心频率即载波的中心频率,这样带通滤波器常常满足窄带条件,即带宽远小于其中心频率,因此 $n_i(t)$ 即平稳高斯窄带噪声。由随机过程知识可知,$n_i(t)$ 可以表示为

$$n_i(t) = n_c(t)\cos\omega_c t - n_s(t)\sin\omega_c t$$

或者

$$n_i(t) = V(t)\cos[\omega_c t + \theta(t)] \tag{3.47}$$

其中,$n_c(t)$ 和 $n_s(t)$ 分别为 $n_i(t)$ 的同相分量和正交分量,$V(t)$ 和 $\theta(t)$ 分别为 $n_i(t)$ 的随机包络和随机相位。而且窄带噪声 $n_i(t)$ 及 $n_c(t)$、$n_s(t)$ 的均值都为 0,且具有相同的平均功率,即

$$\overline{n_i^2(t)} = \overline{n_c^2(t)} = \overline{n_s^2(t)} = N_i \tag{3.48}$$

式中,N_i 为解调器输入噪声 $n_i(t)$ 的平均功率。若白噪声的双边功率谱密度为 $n_o/2$,则

$$N_i = 2 \times \frac{n_o}{2} \times B = n_o B \tag{3.49}$$

评价一个模拟通信系统质量的好坏,最终要看解调器的输出信噪比。输出信噪比定义为

$$\frac{S_o}{N_o} = \frac{\text{解调器输出有用信号的平均功率}}{\text{解调器输出噪声的平均功率}} = \frac{\overline{m_o^2(t)}}{\overline{n_o^2(t)}} \tag{3.50}$$

也可用输出信噪比和输入信噪比的比值 G 衡量模拟调制系统的质量,即

$$G = \frac{S_o/N_o}{S_i/N_i} \tag{3.51}$$

G 称为调制制度增益。式中 S_i/N_i 为输入信噪比,定义为

$$\frac{S_i}{N_i} = \frac{\text{解调器输入已调信号的平均功率}}{\text{解调器输入噪声的平均功率}} = \frac{\overline{s_m^2(t)}}{\overline{n_i^2(t)}} \tag{3.52}$$

显然,G 越大,表明解调器的抗噪声性能越好。

输出信噪比与调制方式有关,也与解调方式有关。因此在已调信号平均功率相同,信道噪声功率谱密度也相同的情况下,输出信噪比反映了系统的抗噪声性能。

下面在给出基带调制信号带宽 f_m、已调信号 $s_m(t)$ 和单边噪声功率谱密度 n_o 的情况下,推导出各种解调器的输入及输出信噪比,并在此基础上对各种调制系统的抗噪声性能作出评价。

3.3.2 相干解调系统的抗噪声性能

相干解调系统的方框图如图 3.26 所示。相干解调属于线性解调,故在解调过程中,输入信号及噪声可以分别单独解调。

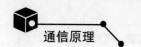

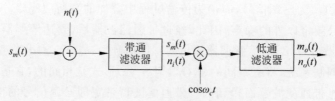

图 3.26　相干解调系统方框图

1. DSB 调制系统的抗噪声性能

1）输入信噪比

解调器输入信号 $s_m(t)$ 为

$$s_m(t) = s_{\mathrm{DSB}}(t) = m(t)\cos\omega_c t$$

由此可得输入信号功率 $S_{i\,\mathrm{DSB}}$ 为

$$S_i = \overline{s_{\mathrm{DSB}}{}^2(t)} = \frac{1}{2}\,\overline{m^2(t)}$$

解调器输入噪声 $n_i(t)$ 为均值为零、单边带功率谱密度为 n_o 的窄带平稳高斯噪声，因此输入噪声功率 N_i 为

$$N_i = n_o B_{\mathrm{DSB}}$$

因此可得解调器输入信噪比为

$$\left(\frac{S_i}{N_i}\right)_{\mathrm{DSB}} = \frac{\dfrac{1}{2}\overline{m^2(t)}}{n_o B_{\mathrm{DSB}}} = \frac{\overline{m^2(t)}}{2n_o B_{\mathrm{DSB}}} = \frac{\overline{m^2(t)}}{2n_o 2f_m} = \frac{\overline{m^2(t)}}{4n_o f_m} \tag{3.53}$$

2）输出信噪比

由 3.1 节中的式（3.17）可知解调器输出信号为

$$m_o(t) = \frac{1}{2}m(t)$$

由此可得输出信号功率为

$$S_o = \frac{1}{4}\,\overline{m^2(t)}$$

解调 DSB 时，接收机的带通滤波器的中心频率与调制载频相同，因此输入噪声的表达式为

$$n_i(t) = n_c(t)\cos\omega_c t - n_s(t)\sin\omega_c t$$

它与本地载波 $\cos\omega_c t$ 相乘后得

$$n_i(t)\cdot\cos\omega_c t = [n_c(t)\cos\omega_c t - n_s(t)\sin\omega_c t]\cdot\cos\omega_c t$$

$$= \frac{1}{2}n_c(t) + \frac{1}{2}[n_c(t)\cos2\omega_c t - n_s(t)\sin2\omega_c t]$$

经 LPF 后，得出解调器输出噪声为

$$n_o(t) = \frac{1}{2}n_c(t)$$

由此可得输出噪声功率为

$$N_o = \frac{1}{4}\overline{n_c^2(t)} = \frac{1}{4}\overline{n_i^2(t)} = \frac{1}{4}n_o B_{DSB} = \frac{1}{4}n_o 2f_m = \frac{1}{2}n_o f_m$$

因此可求得解调器输出信噪比为

$$\left(\frac{S_o}{N_o}\right)_{DSB} = \frac{\frac{1}{4}\overline{m^2(t)}}{\frac{1}{4}n_o B_{DSB}} = \frac{\overline{m^2(t)}}{n_o B_{DSB}} = \frac{\overline{m^2(t)}}{2n_o f_m} \qquad (3.54)$$

3）调制制度增益

DSB 的调制制度增益 G 为

$$G_{DSB} = \frac{\left(\dfrac{S_o}{N_o}\right)_{DSB}}{\left(\dfrac{S_i}{N_i}\right)_{DSB}} = \frac{\dfrac{\overline{m^2(t)}}{2n_o f_m}}{\dfrac{\overline{m^2(t)}}{4n_o f_m}} = 2 \qquad (3.55)$$

DSB 调制系统的调制制度增益为 2，这就是说，DSB 信号的解调器使信噪比改善一倍。这是因为采用相干解调，使输入噪声中的一个正交分量 $n_s(t)$ 被消除。

【**例 3.4**】 对抑制载波的双边带信号进行相干解调，设接收端解调器输入信号功率为 4W，载波为 100kHz，并设调制信号 $m(t)$ 的频带限制在 4kHz，信道噪声双边功率谱密度为 $2\mu W/Hz$。

（1）求该理想带通滤波器的传输特性 $H(f)$。

（2）求解调器输入端的信噪功率比。

（3）求解调器输出端的信噪功率比。

（4）求解调器输出端的噪声功率谱密度，并用图表示。

解：（1）为保证信号顺利通过及尽可能地滤除噪声，带通滤波器的带宽应等于已调信号的带宽，即 $B = 2f_m = 2 \times 4 = 8kHz$，其中心频率为 100kHz，故有

$$H(f) = \begin{cases} K, & 96kHz \leqslant |f| \leqslant 104kHz \\ 0, & 其他 \end{cases}$$

其中，K 为常数。

（2）已知解调器的输入信号功率 $S_i = 4W$，输入噪声功率为

$$N_i = 2n_o B = 2 \times 2 \times 10^{-6} \times 8 \times 10^3 = 32 \times 10^{-3} W$$

故输入信噪比为

$$\frac{S_i}{N_i} = 125$$

（3）因为 DSB 调制制度增益 $G_{DSB} = 2$，故解调器的输出信噪比为

$$\frac{S_o}{N_o} = 2 \times \frac{S_i}{N_i} = 250$$

（4）根据相干解调器的输出噪声与输入噪声功率关系，即

$$N_o = \frac{1}{4}N_i = 8 \times 10^{-3} W$$

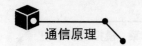

又因解调器中低通滤波器的截止频率等于调制信号的最高频率,即 $f_H = 4\text{kHz}$,故输出噪声的功率谱密度为

$$n_o(f) = \frac{N_o}{2f_H} = \frac{8 \times 10^{-3}}{8 \times 10^3} = 1(\mu\text{W/Hz})(\text{双边})$$

其功率谱密度如图 3.27 所示。

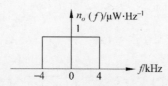

图 3.27　例 3.4 输出端噪声功率谱密度

2. AM 调制系统的抗噪声性能

AM 调制系统性能分析方法与 DSB 调制系统性能分析方法一样,在此不再详细介绍分析过程,只给出分析结果如下。

1) 输入信噪比

$$S_i = \overline{s_{\text{AM}}^2(t)} = A_0^2/2 + \overline{m^2(t)}/2$$
$$N_i = n_o B_{\text{AM}} = 2n_o f_m \tag{3.56}$$
$$\left(\frac{S_i}{N_i}\right)_{\text{AM}} = \frac{A_0^2/2 + \overline{m^2(t)}/2}{2n_o f_m} = \frac{A_0^2 + \overline{m^2(t)}}{4n_o f_m}$$

2) 输出信噪比

$$S_o = \overline{m^2(t)}/4$$
$$N_o = n_o B_{\text{AM}}/4 = n_o f_m/2 \tag{3.57}$$
$$\left(\frac{S_o}{N_o}\right)_{\text{AM}} = \frac{\overline{m^2(t)}/4}{n_o f_m/2} = \frac{\overline{m^2(t)}}{2n_o f_m}$$

3) 调制制度增益

$$G_{\text{AM}} = \frac{\left(\frac{S_o}{N_o}\right)_{\text{AM}}}{\left(\frac{S_i}{N_i}\right)_{\text{AM}}} = \frac{\frac{\overline{m^2(t)}}{2n_o f_m}}{\frac{\left(A_0^2 + \overline{m^2(t)}\right)}{4n_o f_m}} = \frac{2\overline{m^2(t)}}{A_0^2 + \overline{m^2(t)}} \tag{3.58}$$

如果调制信号为单音信号 $A_m\cos\omega_m t$,那么 $\overline{m^2(t)} = A_m^2/2$,如果采用 100% 调制,即 $A_0 = A_m$,此时 G_{AM} 为最大,即

$$G_{\text{max}} = \frac{2A_m^2/2}{A_0^2 + A_m^2/2} = \frac{2}{3} \tag{3.59}$$

式(3-59)表明 AM 调制系统的调制制度增益在单音调制时最大为 $\frac{2}{3}$。因此 AM 系统的抗噪声性能没有 DSB 系统的抗噪声性能好。

3. SSB 调制系统性能

同理给出 SSB 调制系统的抗噪声性能分析结果如下。

1）输入信噪比

$$S_i = \overline{s_{SSB}^2(t)} = \overline{m^2(t)}/4$$
$$N_i = n_o B_{SSB} = n_o f_m$$
$$\left(\frac{S_i}{N_i}\right)_{SSB} = \frac{\overline{m^2(t)/4}}{n_o B_{SSB}} = \frac{\overline{m^2(t)}}{4n_o f_m}$$

(3.60)

2）输出信噪比

$$S_o = \overline{m^2(t)}/16$$
$$N_o = n_o B_{SSB}/4 = n_o f_m/4$$
$$\left(\frac{S_o}{N_o}\right)_{SSB} = \frac{\overline{m^2(t)/16}}{n_o B_{SSB}/4} = \frac{\overline{m^2(t)}}{4n_o f_m}$$

(3.61)

3）调制制度增益

$$G_{SSB} = \frac{\left(\frac{S_o}{N_o}\right)_{SSB}}{\left(\frac{S_i}{N_i}\right)_{SSB}} = \frac{\dfrac{\overline{m^2(t)}}{4n_o f_m}}{\dfrac{\overline{m^2(t)}}{4n_o f_m}} = 1$$

(3.62)

SSB 调制系统的调制制度增益为 1，这是因为在 SSB 系统中，信号和噪声的表示形式中，均有正交分量，所以，相干解调过程中，信号和噪声的正交分量均被抑制掉，所以信噪比没有改善。

由以上分析可知，DSB 系统的制度增益是 SSB 系统的 2 倍，这并不能说明双边带系统的抗噪声性能比单边带系统好。因为双边带已调信号的平均功率是单边带信号的 2 倍，所以两者的输出信噪比是在不同的输入信号功率情况下得到的。如果在相同的输入信号功率、相同输入噪声功率谱密度、相同基带信号带宽条件下，对这两种调制方式进行比较，可以发现它们的输出信噪比是相等的，因此两者的抗噪声性能是相等的，但双边带信号所需的传输带宽是单边带的 2 倍。

4. VSB 调制系统的抗噪声性能

VSB 调制系统的抗噪声性能的分析方法与上面的相似。但是由于采用的 VSB 滤波器的频率特性形状不同，所以抗噪声性能的计算是比较复杂的。但是 VSB 不是太大的时候，近似认为与 SSB 调制系统的抗噪声性能相同。

3.3.3 非相干解调系统的抗噪声性能

非相干解调主要用在 AM 调制系统和 FM 调制系统。下面分别分析 AM 和 FM 的非相干解调系统的抗噪声性能。

1. AM 调制系统的抗噪声性能

AM 信号除了可以用相干解调，还可以用非相干解调，因此非相干解调系统性能分析实质就是 AM 信号的性能分析。AM 信号非相干解调系统方框图如图 3.28 所示。

1）输入信噪比

AM 信号非相干解调与相干解调时的输入信噪比是一样的，即

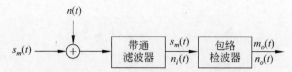

图 3.28 AM 信号非相干解调系统方框图

$$\left(\frac{S_i}{N_i}\right)_{\mathrm{AM}} = \frac{[A_0^2 + \overline{m^2(t)}]/2}{n_o B_{\mathrm{AM}}} = \frac{A_0^2 + \overline{m^2(t)}}{4 n_o f_m} \qquad (3.63)$$

2) 输出信噪比

为计算包络检波器的输出信噪比,首先得求出包络检波器的输出信号(包括有用信号及噪声信号),而包络检波器的输出信号就是输入信号的包络,所以,首先得求出包络检波器输入端有用信号与噪声信号合成以后的信号包络。输入端的合成信号为

$$
\begin{aligned}
s_{\mathrm{AM}}(t) + n_i(t) &= [A_0 + m(t)]\cos\omega_c t + n_c(t)\cos\omega_c t - n_s(t)\sin\omega_c t \\
&= [A_0 + m(t) + n_c(t)]\cos\omega_c t - n_s(t)\sin\omega_c t \qquad (3.64)\\
&= V(t)\cos[\omega_c t + \varphi(t)]
\end{aligned}
$$

其中合成包络为

$$V(t) = \sqrt{[A_0 + m(t) + n_c(t)]^2 + n_s^2(t)} \qquad (3.65)$$

合成相位为

$$\varphi(t) = \arctan\frac{n_s(t)}{[A_0 + m(t) + n_c(t)]} \qquad (3.66)$$

这个合成信号输入给包络检波器,包络检波器就能把合成信号的包络 $V(t)$ 提取出来。所以包络检波器的输出信号就是 $V(t)$。由式(3.66)可知 $V(t)$ 中既有有用信号,又有噪声信号,两者不是简单的线性相加,所以无法完全分开。因此,计算输出信噪比是件困难的事。为简化分析过程,我们考虑两种特殊情况,一种是大输入信噪比情况,另一种是小输入信噪比情况。

(1) 大输入信噪比情况:大输入信噪比条件下,输入信号幅度远大于噪声幅度,即

$$
\begin{aligned}
&[A_0 + m(t)] \gg n_i(t) = \sqrt{n_c^2(t) + n_s^2(t)}\\
&[A_0 + m(t)] \gg n_c(t) \qquad (3.67)\\
&[A_0 + m(t)] \gg n_s(t)
\end{aligned}
$$

把式(3.67)的条件代入式(3.65),$V(t)$ 可近似简化成

$$V(t) \approx A_0 + m(t) + n_c(t) \qquad (3.68)$$

式(3.68)中第一项 A_0 是直流分量,可以滤除;第二项 $m(t)$ 是有用信号;第三项 $n_c(t)$ 是噪声。因此大输入信噪比情况下,解调器输出端信号平均功率为

$$S_o = \overline{m^2(t)}$$

解调器输出端噪声平均功率为

$$N_o = \overline{n_c^2(t)} = \overline{n_i^2(t)} = n_o B_{\mathrm{AM}} = 2 n_o f_m$$

故解调器输出信噪比为

$$\left(\frac{S_o}{N_o}\right)_{\text{AM}} = \frac{\overline{m^2(t)}}{n_o B_{\text{AM}}} = \frac{\overline{m^2(t)}}{2n_o f_m} \tag{3.69}$$

调制制度增益为

$$G_{\text{AM}} = \frac{(S_o/N_o)_{\text{AM}}}{(S_i/N_i)_{\text{AM}}} = \frac{\dfrac{\overline{m^2(t)}}{n_o B_{\text{AM}}}}{\dfrac{[A_0 + \overline{m^2(t)}]}{2n_o B_{\text{AM}}}} = \frac{2\overline{m^2(t)}}{A_0 + \overline{m^2(t)}} \tag{3.70}$$

与相干解调时的结果相同。这说明在大信噪比情况下,采用包络检波法对 AM 信号进行解调和采用相干解调法对 AM 信号进行解调的抗噪声性能近乎相同。

(2) 小输入信噪比情况:小输入信噪比条件下,输入信号幅度远小于噪声幅度,即

$$[A_0 + m(t)] \ll n_i(t) = \sqrt{n_c^2(t) + n_s^2(t)}$$
$$[A_0 + m(t)] \ll n_c(t) \tag{3.71}$$
$$[A_0 + m(t)] \ll n_s(t)$$

把式(3.71)的条件代入式(3.65),$V(t)$ 可近似变换成

$$V(t) \approx N(t) + [A_0 + m(t)]\cos\theta(t) \tag{3.72}$$

式中

$$N(t) = \sqrt{n_c^2(t) + n_s^2(t)}, \theta(t) = \arctan\left[\frac{n_s(t)}{n_c(t)}\right] \tag{3.73}$$

这个结果表明,在解调器输入端没有单独的信号项,只有受到 $\cos\theta(t)$ 调制的 $m(t)\cos\theta(t)$ 项,而 $\cos\theta(t)$ 是一个依赖于噪声的随机函数,因而,有用信号 $m(t)$ 已被噪声扰乱,致使 $m(t)\cos\theta(t)$ 也只能看作噪声。因此,输出信噪比急剧下降,这种现象称为"门限效应"。所谓门限效应,就是当包络检波器的输入信噪比降低到一个特定的数值后,检波器输出信噪比出现急剧恶化的一种现象,该特定的输入信噪比值称为"门限值",如图 3.29 所示。

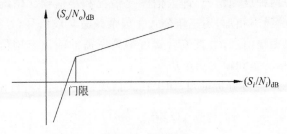

图 3.29 门限效应

如果用相干解调法解调各种线性调制信号时,由于解调过程可视为信号与噪声分别解调,故解调器输出端总是单独存在有用信号项的,因而,相干解调不存在门限效应。

由以上分析可知,在大信噪比情况下,AM 信号包络检波器的性能几乎与同步检测器相同。但随着输入信噪比的减小,包络检波器将在一个特定输入信噪比值上出现门限效应。一旦出现门限效应,解调器的输出信噪比将急剧下降。

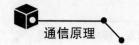

2. FM 调制系统的抗噪声性能

FM 调制系统的抗噪声性能的分析方法和分析模型与 AM 调制系统相似,如图 3.30 所示。

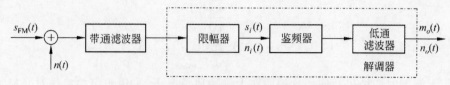

图 3.30　FM 调制系统的非相干解调方框图

图 3.30 中的限幅器的作用是消除接收信号在幅度上可能出现的畸变。带通滤波器的作用是抑制信号带宽以外的噪声,$n(t)$ 是均值为零、单边功率谱密度为 n_o 的高斯白噪声,经过带通滤波器变为窄带高斯噪声。

1) 输入信噪比

输入调频信号为

$$s_{FM}(t) = A\cos\left[\omega_c t + k_{FM}\int_{-\infty}^{t} m(\tau)\mathrm{d}\tau\right]$$

因而输入信号功率为

$$S_i = \overline{s_{FM}^2(t)} = A^2/2$$

输入噪声功率为 $N_i = n_o B_{FM}$。此处的 B_{FM} 是调频信号带宽。

所以输入信噪比为

$$(S_i/N_i)_{FM} = A^2/2n_o B_{FM} \tag{3.74}$$

2) 输出信噪比

由于非相干解调不满足叠加性,无法分别计算信号与噪声功率,因此,也和 AM 信号的非相干解调一样,考虑两种极端情况,即大信噪比情况和小信噪比情况,分析思路如下。将调频信号与窄带高斯白噪声相加,用三角公式化成余弦波合成信号,经微分将频率信息提到振幅处,再经包络提取振幅信息,去直流后就可得到所需的输出有用信号和输出噪声信号,进一步可求得输出信号功率和输出噪声功率。

(1) 大信噪比情况:经过分析可知,如果在大信噪比情况下,可得输出信号为

$$m_o(t) = \frac{k_{FM}}{2\pi}m(t)$$

所以输出信号功率为

$$S_o = \overline{m_o^2(t)} = \frac{k_{FM}^2}{4\pi^2}\overline{m^2(t)}$$

解调器输出噪声为

$$n_o(t) = \frac{1}{2\pi A}\cdot\frac{\mathrm{d}n_s(t)}{\mathrm{d}t} = \frac{1}{2\pi A}n_s'(t) \tag{3.75}$$

由随机过程的知识可知,随机过程通过线性系统,其输出功率谱密度为输入功率谱密度与功率传输函数取模的平方的乘积,即 $P_o(\omega) = |H(\omega)|^2 P_i(\omega)$。由于 $\mathrm{d}n_s(t)/\mathrm{d}t$ 实际上

就是 $n_s(t)$ 通过微分电路后的输出,故它的功率谱密度应等于 $n_s(t)$ 的功率谱密度乘以理想微分电路的功率传输函数。

设 $n_s(t)$ 的功率谱密度为 $P_i(f)$,则 $P_i(f)$ 为

$$P_i(f) = \begin{cases} n_o, & |f| \leqslant \dfrac{B_{FM}}{2} \\ 0, & \text{其他} \end{cases}$$

理想微分电路的功率传输函数为

$$|H(\omega)|^2 = |j\omega|^2 = \omega^2$$

则 $dn_s(t)/dt$ 的功率谱密度 $P_o(f)$ 为

$$P_o(f) = \omega^2 n_o = (2\pi f)^2 n_o, \qquad |f| \leqslant \frac{B_{FM}}{2}$$

非相干解调时的输出端噪声功率谱如图 3.31 所示。

由此可见,$dn_s(t)/dt$ 的功率谱密度在频带内不再是均匀的,而是与 f^2 成正比。现假设解调器中的低通滤波器的截止频率为 f_m,且有 $f_m < \dfrac{B_{FM}}{2}$,此时再利用式(3.75)可求得输出噪声功率为

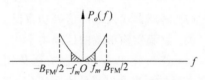

图 3.31 非相干解调时的输出端噪声功率谱

$$N_o = \overline{n_s^2(t)} = \frac{\overline{n_s'^2(t)}}{4\pi^2 A^2} = \frac{1}{4\pi^2 A^2} \int_{-f_m}^{f_m} P_o(f) df = \frac{2n_o}{3A^2} f_m^3$$

所以解调器输出信噪比为

$$\left(\frac{S_o}{N_o}\right)_{FM} = \frac{3A^2 k_{FM}^2 \overline{m^2(t)}}{8\pi^2 n_o f_m^3} \tag{3.76}$$

如果调制信号为单频余弦波时,即 $m(t) = \cos\omega_m t$,输出信噪比为

$$\left(\frac{S_o}{N_o}\right)_{FM} = \frac{3}{2} m_f^2 \frac{A^2/2}{n_o f_m} \tag{3.77}$$

FM 的调制制度增益为

$$G_{FM} = \frac{S_o/N_o}{S_i/N_i} = \frac{3}{2} m_f^2 \frac{B_{FM}}{f_m} \tag{3.78}$$

把 $B_{FM} = 2(m_f+1)f_m$ 代入式(3.78)得

$$G_{FM} = 3m_f^2(m_f+1) \approx 3m_f^3 \tag{3.79}$$

式(3.79)表明,大信噪比时调频系统的调制制度增益是很高的,它与调频指数的立方成正比。

(2) 小信噪比情况:经过分析可知,当输入信噪比减小到一定程度时,解调器的输出中不存在单独的有用信号项,信号被噪声扰乱,因而输出信噪比急剧下降,这种情况与 AM 包络检波时相似,称为"门限效应"。

综合以上分析可知,调频系统的抗噪声性能比较好,但付出的代价是系统占据的带宽比

较宽,而且带宽越宽,即 m_f 越大,输出信噪比也越大,也就是所谓的用带宽换取信噪比。但这种以带宽换取输出信噪比并不是无止境的。随着带宽的增加,输入噪声功率将增大,在输入信号功率不变的条件下,输入信噪比下降,当输入信噪比降到一定程度时,就会出现门限效应,输出信噪比将急剧恶化。

在实际中,改善门限效应有许多种方法,目前用得较多的有锁相环解调器和反馈解调器等。

另外也可采用"预加重"和"去加重"技术改善解调器输出信噪比。

【例3.5】 设一个宽带频率调制系统,载波振幅为 100V,频率为 100MHz,调制信号 $m(t)$ 的频带限制在 5kHz, $\overline{m^2(t)}=5000\text{V}^2$, $k_{\text{FM}}=500\pi$ rad/(s·V),最大频偏 $\Delta f=75$kHz,并设信道中噪声功率谱密度是均匀的, n_o 为 10^{-3} W/Hz(单边谱),试求

(1) 接收机输入端理想带通滤波器的传输特性 $H(f)$。

(2) 解调器输入端的信噪功率比。

(3) 解调器输出端的信噪功率比。

(4) 若 $m(t)$ 以振幅调制方法传输,并以包络检波器检波,试比较在输出信噪比和所需带宽方面与频率调制系统有何不同。

解:(1) FM 信号带宽为 $B_{\text{FM}}=2(\Delta f+f_m)=2\times(75+5)=160$kHz。

接收机输入端理想带通滤波器的传输特性为

$$H(f)=\begin{cases}1, & 99.92\text{MHz}\leqslant |f|\leqslant 100.08\text{MHz}\\0, & \text{其他}\end{cases}$$

(2) 解调器输入信号功率为

$$S_i=\frac{1}{2}A^2=\frac{1}{2}\times 100^2=5000(\text{W})$$

解调器输入噪声功率为

$$N_i=n_oB_{\text{FM}}=10^{-3}\times 160\times 10^3=160(\text{W})$$

解调器输入信噪比为

$$S_i/N_i=5000/160=31.25$$

(3) 解调器输出信号功率为

$$S_o=\frac{k_{\text{FM}}^2}{4\pi^2}\overline{m^2(t)}=\frac{(500\pi)^2}{4\pi^2}\times 5000=3125\times 10^5(\text{W})$$

解调器输出噪声功率为

$$N_o=\frac{2n_o}{3A^2}f_m^3=\frac{2\times 10^{-3}}{3\times 100^2}\times(5\times 10^3)^3=83.3\times 10^2(\text{W})$$

解调器输出信噪比为

$$(S_o/N_o)_{\text{FM}}=3125\times 10^5/(83.3\times 10^2)\approx 37515$$

(4) AM 信号包络检波输出信噪比为

$$(S_o/N_o)_{\text{AM}}=\frac{\overline{m^2(t)}}{\overline{n_c^2(t)}}=\frac{5000}{2\times 10^{-3}\times 5\times 10^3}=500$$

$$\frac{(S_o/N_o)_{\text{FM}}}{(S_o/N_o)_{\text{AM}}}=75, \quad \frac{B_{\text{FM}}}{B_{\text{AM}}}=16$$

这说明,频率调制系统抗噪声性能的提高是以增加传输带宽(降低有效性)作为代价的。

3.3.4　各种模拟调制系统的性能比较

前面详细介绍了各种模拟调制系统的调制解调原理,并分析了各种模拟调制系统的性能。模拟调制系统有 AM、DSB、SSB、VSB、FM,下面分别从有效性、可靠性方面对各种调制方式进行比较。

为了能够有效地比较,给定在相同的解调器输入信号功率 S_i、相同噪声功率谱密度 n_o、相同基带信号带宽 f_m 的条件下,一一比较。

1. 有效性比较

模拟通信系统的有效性指标是用有效传输频带度量的,而各种模拟调制系统的频带宽度分别为

$$B_{\text{AM}}=2f_m$$
$$B_{\text{DSB}}=2f_m$$
$$B_{\text{SSB}}=f_m$$
$$B_{\text{VSB}}=(1\sim2)f_m$$
$$B_{\text{FM}}=2(m_f+1)f_m$$

2. 可靠性比较

模拟通信系统的可靠性指标是用解调器输出端的输出信噪比衡量的,各种模拟调制系统的输出信噪比分别为

$$\left(\frac{S_o}{N_o}\right)_{\text{AM}}=\frac{1}{3}\cdot\frac{S_i}{n_o f_m}$$

$$\left(\frac{S_o}{N_o}\right)_{\text{DSB}}=\frac{S_i}{n_o f_m}$$

$$\left(\frac{S_o}{N_o}\right)_{\text{SSB}}=\frac{S_i}{n_o f_m}$$

$$\left(\frac{S_o}{N_o}\right)_{\text{VSB}}\approx\frac{S_i}{n_o f_m}$$

$$\left(\frac{S_o}{N_o}\right)_{\text{FM}}=\frac{3}{2}m_f^3\cdot\frac{S_i}{n_o f_m}$$

把各种调制系统的输出信噪比画成曲线,如图 3.32 所示。

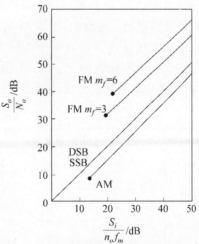

图 3.32　各种模拟调制系统的抗噪声性能

3. 结论

就有效性看,SSB 的带宽最窄,其频带利用率最高;其次是 VSB;接下来是 DSB 和 AM;WBFM 的带宽最宽,有效性最差。但就可靠性看,WBFM 的输出信噪比最大,抗噪声性能最好;其次是 DSB、SSB、VSB;AM 抗噪声性能最差。图 3.32 示出各种模拟调制系统的性能

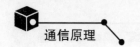

曲线,图中的圆点表示门限点。门限点以下,曲线迅速下降;门限点以上,DSB、SSB 的信噪比比 AM 高 4.7dB,而 FM($m_f=6$)的信噪比比 AM 高 22dB。从图 3.32 中也可看出,FM 的调频指数 m_f 越大,抗噪声性能越好,但占据的带宽将越宽,频带利用率也将越低。

4. 特点与应用

AM 调制的优点是接收设备简单;缺点是功率利用率低,抗干扰能力差,在传输中如果载波受到信道的选择性衰落,则在包络检波时会出现过调失真,信号频带较宽,频带利用率不高。因此 AM 调制用于通信质量要求不高的场合,目前主要用于中波和短波的调幅广播中。

DSB 调制的优点是功率利用率高,但带宽与 AM 相同,接收要求相干解调,设备较复杂;只用于点对点的专用通信,运用不太广泛。

SSB 调制的优点是功率利用率和频带利用率都较高,抗干扰能力和抗选择性衰落能力均优于 AM,而带宽只有 AM 的一半;其缺点是发送和接收设备都复杂。鉴于这些特点,SSB 调制普遍用在频带比较拥挤的场合,如短波波段的无线电广播和频分复用系统中。

VSB 调制的优点在于部分抑制了发送边带,同时又利用平缓滚降滤波器补偿了被抑制部分。VSB 的性能与 SSB 相当。VSB 解调原则上也需要相干解调,但在某些 VSB 系统中,附加一个足够大的载波,就可用包络检波法解调,这种方式综合了 AM、SSB 和 DSB 三者的优点。所有这些特点,使 VSB 对商用电视广播系统特别具有吸引力。

FM 波的幅度恒定不变,这使它对非线性的器件不甚敏感,给 FM 带来了抗快衰落能力。利用自动增益控制和带通限幅还可以消除快速衰落造成的幅度变化效应。这些特点使 NBFM 对微波中继通信系统颇具吸引力。WBFM 的抗干扰能力强,可以实现带宽与信噪比的互换,因此 WBFM 广泛应用于长距离高质量的通信系统中,如卫星通信系统、调频立体声广播、短波和超短波电台中,WBFM 的缺点是频带利用率低,存在门限效应,因此在接收信号弱、干扰大的情况下适宜采用 NBFM,这就是小型通信机常采用 NBFM 的原因。另外,NBFM 采用相干解调时不存在门限效应。

各种模拟调制系统的比较如表 3.1 所示。

表 3.1 各种模拟调制系统的比较

调制方式	信号带宽	调制制度增益	S_o/N_o	设备复杂度	主要应用
DSB	$2f_m$	2	$\dfrac{S_i}{n_o f_m}$	中等	低速数传系统
SSB	f_m	1	$\dfrac{S_i}{n_o f_m}$	复杂	短波无线电广播、语音频分多路
VSB	$(1\sim2)f_m$	近似 1	$\approx\dfrac{S_i}{n_o f_m}$	复杂	商用电视广播
AM	$2f_m$	2/3	$\dfrac{1}{3}\dfrac{S_i}{n_o f_m}$	简单	中短波无线电广播
FM	$2(m_f+1)f_m$	$3m_f^2(m_f+1)$	$\dfrac{3}{2}m_f^2\dfrac{S_i}{n_o f_m}$	中等	超短波小功率电台(NBFM) 微波中继、FM 立体声广播(WBFM)

3.4 频分复用和多级调制

3.4.1 频分复用

1. 基本概念

(1) 多路复用：是指将多路独立信号在同一信道中传输的方式，当传输一路信号所需的资源远远小于信道可利用的资源时，就可以采用多路复用的方法，因此多路复用可以充分利用信道的资源。

(2) 复用方式：根据对资源分割单位的不同，可分为频分复用(FDM)、时分复用(TDM)和码分复用(CDM)。本节只讲频分复用，其他几种复用在后续章节中再介绍。

(3) 频分复用(Frequency Division Multiplexing，FDM)：是利用频率作为分割单位，多路信号在频域上互不重叠、互不干扰的传输方式。实现信号多路复用的基本途径之一是采用调制技术，把多路信号调制在不同的副载波上，再将它们合并起来(调制某一高频载波)通过信道传送，接收端将各信号用相应的滤波器过滤出来，解调后恢复出原信号。

(4) FDM 的工作原理：在发送端，频分复用是将信道带宽分割成互不重叠的许多小频带，每个小频带能顺利通过一路信号。这样可以利用前面介绍的调制技术，把不同的信号搬移到相应的频带上，随后把它们合在一起发送出去。

如图 3.33 所示，将 n 路信号复用到一个信道中传输，假设每路信号的角频率为 ω_m，带宽为 f_m；第 i 路调制信号的载波角频率为 ω_i，载波频率为 f_i；防护频带角频率为 ω_g，频率为 f_g；复用后信号的总带宽为

$$B_{\text{FDM}} = n \cdot f_m + (n-1)f_g \tag{3.80}$$

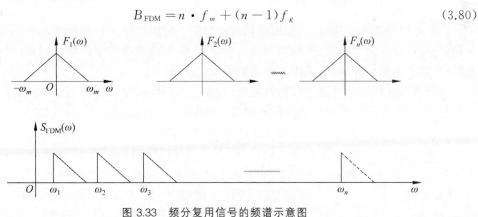

图 3.33 频分复用信号的频谱示意图

在接收端，频分复用将接收到的合路信号，通过解调技术，即把合路高频信号搬回到低频信号，把合路信号分成 n 路信号，即恢复出原始基带信号。

2. 频分复用的实现

图 3.34 是一个实现 n 路信号频分复用的系统组成方框图，在频分复用系统的发送端，各路信号采用 SSB 调制实现频谱搬移，当然也可以采用 DSB、VSB、FM 等调制方式。发送

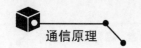

通信原理

端每路信号调制前的低通滤波器(LPF)的作用是限制基带信号的频带宽度,避免信号在合路后产生频率相互重叠。

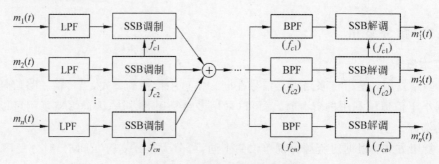

图 3.34　频分复用系统实现框图

在频分复用系统的接收端,可以利用相应的带通滤波器(BPF)区分各路信号频谱,然后通过各自的相干解调器恢复各路调制信号。

频分复用系统的最大优点是信道复用率高,允许复用的路数多,同时分路也很方便。因此,它成为目前模拟通信中主要的一种复用方式,特别是在有线和微波通信系统中,应用十分广泛。频分复用系统的主要缺点是设备生产较为复杂,另一缺点是滤波器特性不够理想和信道内存在非线性而产生路间干扰。

频分复用后的信号原则上可以在信道中传输,但有时为了更好地利用信道的传输特性,也可以再进行一次或多次调制,即复合调制和多级调制。

3.4.2　复合调制和多级调制

在实际通信系统中,除单独采用前面讨论过的各种幅度调制和频率调制外,还会遇到复合调制和多级调制。例如在模拟调制系统中,为了解决边带滤波器的设计困难,可采用多次调制;在数字通信系统中,常采用复合调制系统。

复合调制就是指信号经过某种调制后,再经过另一种调制。例如,对一个调频波再进行一次振幅调制,所得结果就变成调频调幅波。例如,数字微波通信中,数字信号先对 70MHz 载波进行 PSK 调制,再一次对已调 $S_{PSK}(t)$ 进行 FM,如 PSK/FM、SSB/FM 等。

多级调制是指调制一次后的已调信号,再次进行同类调制。例如,单边带信号,为了解决边带滤波器的困难而采用的方法,如 FM/FM、SSB/SSB 等。

【例 3.6】　设有一个频分多路复用系统,副载波用 SSB 调制,主载波用 FM 调制。如果有 60 路等幅的音频输入通路,且每路频带限制在 3.3kHz 以下,防护频带为 0.7kHz。

(1) 如果最大频偏为 800kHz,试求传输信号的带宽。

(2) 试分析与第 1 路相比,第 60 路输出信噪比降低的程度(假定鉴频器输入的噪声是白噪声,且解调器中无去加重电路)。

解:(1) 60 路 SSB 信号的带宽为

$$B = [60 \times (3.3 + 0.7)] = 240\text{kHz}$$

调频器输入信号的最高频率为

$$f_H = f_L + B$$

当频分复用 SSB 信号的最低频率 $f_L = 0$ 时，$f_H = B = 240\text{kHz}$，即 $f_m = 240\text{kHz}$，所以 FM 信号带宽为

$$B_{\text{FM}} = 2(\Delta f + f_m) = [2 \times (800 + 240)] = 2080\text{kHz}$$

（2）因为鉴频器输出噪声功率谱密度与频率平方成正比，可简单表示成 kf^2，所以接收端各个带通滤波器输出噪声功率不同，带通滤波器的通频带越高，输出噪声功率越大。鉴频器输出的各路 SSB 信号功率与它们所处的频率位置无关，因此各个 SSB 解调器输出信噪比不同。第 1 路 SSB 信号位于整个频带的最低端，第 60 路 SSB 信号处于频带的最高端。故第 60 路 SSB 解调器输出信噪比最小，而第 1 路信噪比最高。

对第 1 路，频率范围为 $0 \sim 4\text{kHz}$，因而噪声功率为

$$N_{o1} = k \int_0^4 f^2 \, \mathrm{d}f$$

对第 60 路，频率范围为 $236 \sim 240\text{kHz}$，因而噪声功率为

$$N_{o60} = k \int_{236}^{240} f^2 \, \mathrm{d}f$$

两者之比为

$$\frac{N_{o60}}{N_{o1}} = \frac{240^3 - 236^3}{4^3} = \frac{679744}{64}$$

故与第 1 路相比，第 60 路输出信噪比降低的分贝数为

$$\left(10\lg \frac{679744}{64} \right)\text{dB} = (10\lg 10621)\text{dB} \approx 40\text{dB}$$

【例 3.7】 某单音调制信号的频率为 15kHz，首先进行 SSB 调制，SSB 调制所用载波的频率为 38kHz，然后取下边带信号作为 FM 调制器的调制信号，形成 SSB/FM 发送信号。设调频所用载波的频率为 f_0，调频后发送信号的幅度为 200V，调频指数 $m_f = 3$，若接收机的输入信号在加至解调器（鉴频器）之前，先经过一个理想带通滤波器，该理想带通滤波器的带宽为 200kHz，信道衰减为 60dB，$n_o = 4 \times 10^{-9} \text{W/Hz}$。

（1）写出 FM 已调波信号的表达式。

（2）求 FM 已调波信号的带宽 B_{FM}。

（3）求鉴频器输出信噪比。

解：（1）因为 $f_m = 15\text{kHz}$，单音调制信号 $m(t) = A_m\cos\omega_m t = A_m\cos 2\pi \times 15 \times 10^3 t$，首先进行 SSB 调制，取下边带，则得

$$S_{\text{LSB}}(t) = \frac{A_m}{2}\cos\omega_c t \cos\omega_m t + \frac{A_m}{2}\sin\omega_c t \sin\omega_m t = \frac{A_m}{2}\cos(\omega_c - \omega_m)t$$

$$= \frac{A_m}{2}\cos 2\pi(38 - 15) \times 10^3 t = \frac{A_m}{2}\cos 2\pi \times 23 \times 10^3 t$$

将此信号作为第二次 FM 调制器的调制信号，即

$$m'(t) = \frac{A_m}{2}\cos 2\pi \times 23 \times 10^3 t = A'_m\cos\omega'_m t$$

此时 FM 已调波的表达式为

$$S_{\text{FM}}(t) = A\cos\left[\omega_0 t + m_f \sin\omega'_m t\right] = 200\cos\left[\omega_0 t + 3\sin 2\pi \times 23 \times 10^3 t\right]$$

（2）由 $m_f = 3, f'_m = 23 \times 10^3\,\text{Hz}$，得

$$B_{\text{FM}} = 2(m_f + 1)f'_m = 2(3+1) \times 23 \times 10^3\,\text{Hz} = 184\text{kHz}$$

（3）先求鉴频器输入信噪比，信号在发送端输出功率为

$$S_{\text{发}} = \frac{200^2}{2} = 20\,000\,(\text{W})$$

经过信道衰减 60dB，设鉴频器输入端功率为 S_i，即

$$10\log_{10}\frac{S_{\text{发}}}{S_i} = 60，求得 \quad S_i = 20\,000 \times 10^{-6}\,\text{W} = 0.02\,(\text{W})$$

噪声功率为

$$N_i = n_o B_{\text{BPF}} = 4 \times 10^{-9} \times 200 \times 10^3 = 0.8\,(\text{mW})$$

则

$$\frac{S_i}{N_i} = \frac{0.02}{0.8 \times 10^{-3}} = 25 \quad 或 \quad \frac{S_i}{N_i} = 13.9\,(\text{dB})$$

由于调制信号为单音信号，故有 $G_{\text{FM}} = 3m_f^2(m_f + 1) = 108$，则

$$\frac{S_o}{N_o} = G_{\text{FM}}\frac{S_i}{N_i} = 108 \times 25 = 2700，\quad 或 \quad \frac{S_o}{N_o} = 10\log_{10}2700 = 34.3\,(\text{dB})$$

3.5　本章小结

本章讨论了模拟调制系统的调制、解调原理和技术。模拟调制又分为线性调制（幅度调制）和非线性调制（角度调制），线性调制是通过用基带调制信号控制载波的幅度来实现的，已调信号的频谱是调制信号频谱在频率轴上的线性搬移。非线性调制就是用基带调制信号控制载波的频率和相位，已调信号的频谱已不再是基带调制信号频谱的简单搬移，而是发生了根本性变化，出现了频率扩展或增生。

线性调制又可分为 AM、DSB、SSB、VSB 四种，通过给出调制模型，研究了已调信号的时域表达式和时间波形、频域表达式和频谱图、带宽及功率分配、调制与解调的方法，并对其抗噪声性能进行了分析与比较。

非线性调制又分为 FM、PM 两种，讨论了已调信号的时域表达式，定义了一些基本概念，重点介绍了 FM，FM 又分为 NBFM 和 WBFM 两类，分别讨论了频谱及带宽，并介绍了 FM 信号的产生及解调。最后分析了 FM 系统的抗噪声性能。

接着，分别从有效性、可靠性方面对各种调制方式进行比较。

模拟调制系统通常应用在模拟通信系统中，通常在频分多路复用技术中，使用各种模拟调制技术实现频谱的搬移。因此最后介绍了频分复用技术的原理及实现的过程，同时还介绍了复合调制和多级调制的概念，并举例说明了复合调制和多级调制的应用。

3.6 习题

1.填空题。

(1) 在模拟通信系统中,有效性与已调信号带宽的定性关系是( ),可靠性与解调器输出信噪比的定性关系是( )。

(2) 鉴频器输出噪声的功率谱密度与频率的定性关系是( ),采用预加重和去加重技术的目的是( )。

(3) 在 AM、DSB、SSB、FM 4 个通信系统中,可靠性最好的是( ),有效性最好的是( ),有效性相同的是( ),可靠性相同的是( )。

(4) 在 VSB 系统中,无失真传输信息的两个条件是:( )、( )。

(5) 某调频信号的时域表达式为 $10\cos(2\pi \times 10^{6}t + 5\sin 10^{3}\pi t)$,此信号的载频是( ) Hz,最大频偏是( )Hz,信号带宽是( )Hz,当调频灵敏度为 5kHz/V 时,基带信号的时域表达式为( )。

2.根据图 3.35 所示的调制信号波形,试画出 DSB 及 AM 信号的波形图,并比较它们分别通过包络检波器后的波形差别。

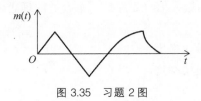

图 3.35 习题 2 图

3.已知调制信号 $m(t) = \cos(1000\pi t) + \cos(3000\pi t)$,载波为 $\cos 10^{4}\pi t$,进行单边带调制,求该单边带信号的表示式,并画出该单边带信号的频谱图。

4.已知 $m(t)$ 的频谱如图 3.36 所示,试画出单边带调制相移法中各点频谱变换关系。

5.将调幅波通过残留边带滤波器产生残留边带信号。若此信号的传输函数 $H(\omega)$ 如图 3.37 所示(斜线段为直线)。当调制信号为 $m(t) = A[\sin(100\pi t) + \sin(6000\pi t)]$ 时,试确定所得残留边带信号的表达式。

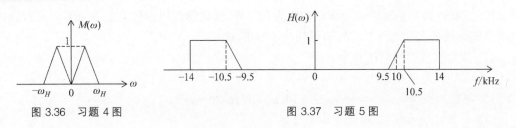

图 3.36 习题 4 图   图 3.37 习题 5 图

6.设某信道具有均匀的双边噪声功率谱密度 0.5×10^{-3} W/Hz,在该信道中传输抑制载波的双边带信号,并设调制信号 $m(t)$ 的频带限制在 5kHz,而载波为 100kHz,已调信号的功率为 10kW。若接收机的输入信号在加至解调器之前,先经过一个理想带通滤波器滤波,

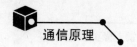

试问

(1) 该理想带通滤波器应具有怎样的传输特性 $H(\omega)$？

(2) 解调器输入端的信噪功率比为多少？

(3) 解调器输出端的信噪功率比为多少？

(4) 求解调器输出端的噪声功率谱密度，并用图形表示。

7. 若对某一信号用 DSB 进行传输，设加至接收机的调制信号 $m(t)$ 的功率谱密度为

$$P_m(f) = \begin{cases} \dfrac{n_m}{2} \cdot \dfrac{|f|}{f_m}, & |f| \leqslant f_m \\ 0, & |f| > f_m \end{cases}$$

试求

(1) 接收机的输入信号功率。

(2) 接收机的输出信号功率。

(3) 若叠加于 DSB 信号的白噪声具有双边功率谱密度为 $n_0/2$，设解调器的输出端接有截止频率为 f_m 的理想低通滤波器，那么，输出信噪功率比为多少？

8. 设某信道具有均匀的双边噪声功率谱密度 0.5×10^{-3} W/Hz，在该信道中传输振幅调制信号，并设调制信号 $m(t)$ 的频带限制在 5kHz，而载频是 100kHz，边带功率为 10kW。载波功率为 40kW。若接收机的输入信号先经过一个合适的理想带通滤波器，然后再加至包络检波器进行解调。试求

(1) 解调器输入端的信噪功率比。

(2) 解调器输出端的信噪功率比。

(3) 调制制度增益 G。

9. 设某信道具有均匀的双边噪声功率谱密度 0.5×10^{-3} W/Hz，在该信道中传输抑制载波的单边（上边带）带信号，并设调制信号 $m(t)$ 的频带限制在 5kHz，而载频是 100kHz，已调信号功率是 10kW。若接收机的输入信号在加至解调器之前，先经过一个理想带通滤波器滤波，试问

(1) 该理想带通滤波器应具有怎样的传输特性 $H(\omega)$？

(2) 解调器输入端的信噪功率比为多少？

(3) 解调器输出端的信噪功率比为多少？

10. 某线性调制系统的输出噪声功率为 10^{-9} W，该机的输出信噪比为 20dB，由发射机输出端到解调器输入端之间总的传输损耗为 100dB，试求

(1) 双边带发射机输出功率。

(2) 单边带发射机输出功率。

11. 某角调波为 $s_m(t) = 10\cos(2 \times 10^6 \pi t + 10\cos 2000\pi t)$。

(1) 计算其最大频偏，最大相偏和带宽。

(2) 试确定该信号是 FM 信号还是 PM 信号。

12. 设调制信号 $m(t) = \cos 4000\pi t$，对载波 $c(t) = 2\cos 2 \times 10^6 \pi t$ 分别进行调幅和窄带调频。

（1）写出已调信号的时域和频域表示式。

（2）画出频谱图。

（3）讨论两种方式的主要异同点。

13. 已知调频信号 $s_m(t) = 10\cos[(10^6\pi t) + 8\cos(10^3\pi t)]$，调制器的频偏 $k_f = 200\,\text{Hz/V}$，试求

（1）载频 f_c、调频指数和最大频偏。

（2）调制信号 $m(t)$。

14. 有一个宽带调频系统，相应参数为 $n_o = 10^{-6}\,\text{W/Hz}$、$f_c = 1\text{MHz}$、$f_m = 5\text{kHz}$、$S_i = 1\text{kW}$，此外，$\overline{m^2(t)} = 50\text{V}^2$、$k_f = 1.5\pi \times 10^4\,\text{rad/(s} \cdot \text{V)}$、$\Delta f = 75\text{kHz}$，试求

（1）带通滤波器的中心频率与带宽。

（2）解调器输入端信噪比。

（3）调制制度增益。

（4）解调器输出端信噪比。

15. 已知调制信号是 8MHz 的单频余弦信号，若要求输出信噪比为 40dB，试比较制度增益为 2/3 的 AM 系统和调频指数为 5 的 FM 系统的带宽和发射功率。设信道噪声单边功率谱密度 $n_o = 5 \times 10^{-15}\,\text{W/Hz}$，信道损耗为 60dB。

16. 设有某两级调制系统，共有 60 路音频信号输入，每路信号功率相同，带宽为 4kHz（含防护带）。这 60 路信号先对副载波作单边带调制（取上边带，且第一副载波频率为 312kHz），形成频分复用信号后再对主载波作 FM 调制。若系统未采用预加重技术，接收机采用时域微分鉴频器解调，且鉴频器输入噪声为白噪声，试计算在接收机解调输出端，第 60 路信噪比相对于第 1 路信噪比的比值。

3.7　实践项目

1.（1）首先利用 MATLAB 软件及其相关程序 SIMULINK 对各种系统进行建模和仿真。在这里

$$s_{\text{AM}}(t) = [A_0 + m(t)]\cos\omega_c t = [A_0 + A_m\cos\omega_m t]\cos\omega_c t = A_0[1 + \beta_{\text{AM}}\cos\omega_m t]\cos\omega_c t$$

要求大家利用 SIMULINK 对方程式进行仿真，式中调幅指数 $\beta_{\text{AM}} \leqslant 1$。

（2）然后查阅资料，利用晶体管作为乘法器设计高电平调幅电路，并制作实物，得到调幅波。

2. DSB 信号的产生实际是完成一次乘法运算，因此一般的乘法器就能用来产生 DSB 信号。利用平衡调制器或环型调制器作为乘法器实现 DSB 信号。

3. 参照调频无线电广播电路，实现简单的 FM 调制解调器。

第4章 数字基带传输系统

本章学习目标
- 熟练掌握数字基带信号及其传输系统的模型
- 熟练掌握数字基带信号的常用波形和传输码型
- 了解数字基带信号的功率谱密度
- 了解码间干扰的概念,熟悉无码间干扰的基带传输特性及其抗噪声性能分析
- 了解眼图和时域均衡等知识

本章先介绍数字基带信号的波形、码型和谱特性,再介绍如何设计数字基带传输总特性,以及数字基带信号的功率谱密度;然后介绍码间干扰的概念,以及如何消除码间干扰,提高数字基带信号传输系统的抗噪声性能;最后介绍一种利用实验手段估计系统性能的方法——眼图,并提出改善措施——部分响应系统和时域均衡技术。

4.1 数字基带信号及其传输系统模型

数字基带信号是指未经调制的数字信号,通常指来自计算机、数据终端等信源输出的低频信号。例如,在二进制编码中,符号"1"和"0"用相应的电脉冲波形的"正"和"负"或脉冲的"有"和"无"表示,这些都属于数字基带信号。

数字基带信号不经过调制直接送到信道上的传输方法称为数字基带传输。例如,市区内利用电传机直接进行电报通信,局域网、数字用户环路或者利用中继方式在长距离上直接传输 PCM 信号等应用都属于数字基带传输。因此,数字基带传输是数字通信中不可缺少的环节。

数字基带信号传输系统的模型如图 4.1 所示,由信道信号形成器、信道(含加性噪声)、接收滤波器和抽样判决器组成。假定信道信号形成器的传输特性为 $G_T(\omega)$,信道的特性为

$C(\omega)$，接收滤波器的特性为 $G_R(\omega)$，则该基带传输系统的总传输特性 $H(\omega)$ 为

$$H(\omega) = G_T(\omega) \cdot C(\omega) \cdot G_R(\omega) \tag{4.1}$$

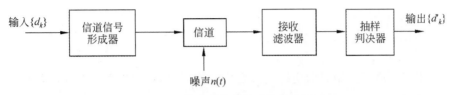

图 4.1　数字基带传输系统模型图

在图 4.1 中，在发送端输入脉冲序列，用符号 $\{d_k\}$ 表示。为了使输入脉冲序列的频谱和信道的传输特性相匹配，需要经过信道信号形成器（也称为发送滤波器），变换成适合在信道中传输的某种脉冲波形，并将其带宽限制在信道要求的范围内。在信道中还会引入各种噪声 $n(t)$，当信号传输到接收端，在接收端有接收滤波器，用于抵消接收信号波形的失真和滤除带外噪声。最后进行抽样判决，恢复出原始序列 $\{d_k'\}$。

从上述可知，数字基带信号传输的基本思想可以归结为基带信号与信道信号的匹配。一方面由于数字信源输出的基带信号频率很低，且有直流分量，这不仅要消耗传输功率，也会导致传输质量下降，如何选择基带脉冲的波形是必须要解决的问题。另一方面由于实际信道都有频带限制，如何选择合适的基带传输码型使得它能适合在信道中传输也是必须要解决的问题。因此要实现这个匹配就必须要解决两大问题，即基带脉冲（信号波形）的选择和数字基带传输码型的选择。

4.2　数字基带信号的常用波形和传输码型

在数字通信系统中，为了传输信息，通常用二进制或多进制代码的电波形式代表"0"或"1"等码元进行传输，这种单个码元的波形通常有矩形脉冲、升余弦脉冲、高斯脉冲、三角波等。我们平时接触的以矩形脉冲为多，所以下面以矩形脉冲为例介绍几种基本基带信号波形。

在这里先介绍占空比的概念，占空比是指脉冲宽度 τ 与码元宽度 T_s 之比 $\left(\dfrac{\tau}{T_s}\right)$，如图 4.2 所示。例如，占空比为 1，说明脉冲宽度正好是码元宽度。

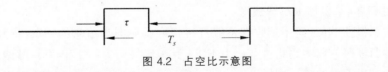

图 4.2　占空比示意图

4.2.1　几种基本基带信号波形及仿真

1. 单极性不归零（单极性 NRZ）码波形

单极性是指只有正电压（或者负电压），用 +EV（或 −EV）表示一种状态，用 0V 表示另

一种状态;不归零是指占空比为1。其编码规则为:"1"码发正脉冲(或负脉冲),"0"码不发脉冲(或 0 电平)。以给出码元序列 10000110000010 为例,画出单极性 NRZ 码波形,如图 4.3(a)所示。此方法中"1"和"0"分别对应为正电压和零电压,而且在一个码元时间内信号电压的取值表示不变。

单极性 NRZ 的特点包括:①简单、易实现;②有直流分量;③接收端不能直接提取码元同步信息。

该码波形只适合于近距离内实行波形变换时使用,用导线连接的各点之间作近距离传输,例如在印刷电路板内和机箱内等。

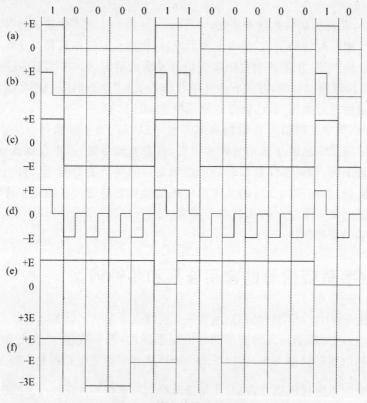

图 4.3 基本基带信号波形

2. 单极性归零(单极性 RZ)码波形

为了克服单极性 NRZ 码中接收端不能直接提取码元同步信息的缺点,将其作些改进,就提出单极性归零码。归零码指占空比小于1。其编码规则为:"1"码发正脉冲(或相反)后回到 0 电平;"0"码不发脉冲。同样以给出码元序列 10000110000010 为例,画出单极性归零码波形,如图 4.3(b)所示。在传输"1"码时发送一个宽度小于码元宽度的归零脉冲,传输"0"码时不发送脉冲。其特征是所用脉冲宽度比码元宽度窄,即还没到一个码元的终止时刻就回到零值。

单极性 RZ 的缺点是有直流分量,其主要优点是能直接提取位同步信号。

单极性 RZ 码是其他码型提取同步信号时需要采取的一个过渡码型,即它适合信道传输,但不能直接提取位同步信号的码型,可将其变换为单极性 RZ 码后提取位同步信号。

3. 双极性不归零(双极性 NRZ)码波形

双极性是指既有正电压、又有负电压,用+EV 表示一种状态,用-EV 表示另一种状态。不归零是指占空比为 1。其编码规则为:"1"码发正脉冲(或相反),"0"码发负脉冲(或相反)。同样以给出码元序列 10000110000010 为例,画出双极性 NRZ 码波形,如图 4.3(c)所示。它与单极性 NRZ 码的波形形状很相像,只是其"1"和"0"分别对应为正电压和负电压,没有零电压。它的电脉冲之间无间隔。

双极性 NRZ 码和单极性 NRZ 码相比,有以下一些重要的优点。

(1) 单极性 NRZ 码有直流成分,不适合在交流信道中传输(例如有变压器时直流就无法通过)。而双极性 NRZ 码波形在"0"和"1"等概率出现时,不含直流成分。

(2) 双极性 NRZ 码节约能源。单极性 NRZ 码的瞬时功率等于 E^2,而双极性 NRZ 码的瞬时功率为 $E^2/4$。当"0""1"等概率出现时,单极性 NRZ 码的平均功率为 $E^2/2$,而双极性 NRZ 码的平均功率仍为 $E^2/4$。

(3) 在接收端对每个码元做判决时,对于单极性 NRZ 码,判决电平一般应取"1"码电平的一半,由于接收波形的振幅随信道衰减特性的变化而变。因此判决电平不能稳定在最佳电平上,抗噪声性能不好。而双极性 NRZ 码判决电平为 0,容易设定且稳定,因此抗干扰能力强。

单极性 NRZ 码和双极性 NRZ 码共有的缺点是都不能从中提取位同步信号。

双极性 NRZ 码可以在电缆等无接地的传输线上传输,因此双极性 NRZ 码应用极广。例如,在 CCITT 的 V 系列接口标准、RS232 接口标准中使用。

4. 双极性归零(双极性 RZ)码波形

为了克服双极性 NRZ 码不能直接提取位同步信号的缺点,提出双极性 RZ 码。其编码规则为:"1"码发正脉冲(或负脉冲)后回到 0 电平;"0"码发负脉冲(或正脉冲)后回到 0 电平。同样以给出码元序列 10000110000010 为例,画出双极性归零码波形,如图 4.3(d)所示。双极性 RZ 码波形在传输"1"和"0"时分别对应正、负脉冲,且相邻脉冲间必有 0 电平区域存在,即正负电平持续时间宽度小于一个码元宽度。

双极性 RZ 码属于自同步方式,抗干扰强,不含直流成分。因此这种码型除具有双极性 NRZ 码的一般优点外,还有个优点是可以通过简单变换电路(全波整流电路),变换为单极性 RZ 码,从而可以提取位同步信号。

双极性 RZ 码由于具有自同步方式的特点而得到广泛应用。

5. 差分波形

差分码的电平与"1"和"0"之间不存在绝对的对应关系,而是用电平的相对变化传输信息,即用二进制脉冲序列中的"1"和"0"反映相邻信号码元的相对电压极性变化,是一种相对码。差分码可以用"1"差分码,也可以用"0"差分码。其编码规则为:"1"差分码(1——相邻码之间电平变,0——相邻码之间电平不变);"0"差分码(0——相邻码之间电平变,1——相邻码之间电平不变)。同样以给出码元序列 10000110000010 为例,假定占空比为 1,画出差

分波形,如图 4.3(e)所示。所谓的"1"差分码是指"1"出现时电压发生跳变,"0"出现时电压不变。此规定也可相反,即"0"差分码是指"0"出现时电压发生跳变,"1"出现时电压不发生变化。

这种码型的波形与码元本身的极性无关,因此即使接收端接收到的码元极性与发送端的完全相反,也能正确判决。

差分波形应用于 PSK 调制中消除相位模糊问题。

6. 多进制码

前面讨论的都是二进制码,一个二进制符号对应一个脉冲码元。实际上还存在多进制码,一个多进制符号对应一个脉冲码元的情形。多进制码是指四进制、八进制、十六进制……以四进制为例,其编码规则为:四进制的数字基带信号的波形,可以是单极性的,如图 4.3(a)只有正电平(0V、1V、2V 和 3V 四种电平);也可以是双极性的,如图 4.3(b)既有正电平($+3V$,$+1V$),又有负电平($-1V$,$-3V$)。假定占空比为 1,同样以给出码元序列 10000110000010 为例,其电压的可能取值为 $-3V$、$-1V$、$+1V$、$+3V$,分别表示为 00、01、10 和 11。画出四进制波形如图 4.3(f)所示。

采用四进制码,每个码元含有 2bit 的信息量。采用 N 进制码,每个码元携带的信息量为 $\log_2 N$,所以多进制码适用于高速数字通信系统中。

以上各种基带信号波形,还可以用 MATLAB 仿真实现,由于篇幅有限,这里以双极性 NRZ 码为例,首先输入如下程序源代码,然后进行仿真,在命令窗口中键入"t=[1 0 0 1 1 0 0 0 0 1 0 1];dnrz(t);",即得到仿真波形如图 4.4 所示。其他几个波形可自己动手试试。

```
function y=dnrz(x)
%本函数实现将输入的一段二进制代码编为相应的双极性 NRZ 码输出
%输入 x 为二进制码,输出 y 为编出的双极性 NRZ 码
t0=300;
t=0:1/t0:length(x);
for i=1:length(x)          %计算码元的值
    if(x(i)==1)            %如果信息为 1
        for j=1:t0         %该码元对应的点值取 1
            y((i-1)*t0+j)=1;
        end
    else
        for j=1:t0         %反之,信息为 0,码元对应点值取-1
            y((i-1)*t0+j)=-1;
        end
    end
end
y=[y,x(i)];                %为了画图,注意要将 y 序列加上最后一位
M=max(y);
m=min(y);
subplot(2,1,1)
```

```
plot(t,y);grid on;
axis([0,i,m-0.1,M+0.1]);
%使用title命令标记各码元对应的二元信息
title('1 0 0 1 1 0 0 0 0 1 0 1');
```

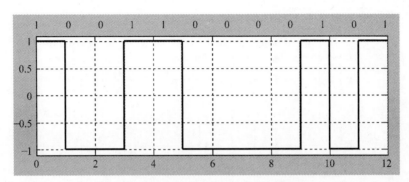

图 4.4 双极性 NRZ 的 MATLAB 仿真结果

4.2.2 数字基带信号的传输码型及仿真

为了适合信道传输,除 4.2.1 节的各种波形外,还要在发送端进行码型变换,使编码后的信息码变成适合信道传输要求的传输码型(又叫线路码型)。数字基带信号传输系统的信道对数字基带信号的传输码型有什么要求呢?各种不同的码型有不同的频谱特性,归纳起来对基带信号的传输码型的要求包括如下几方面。

(1) 不应包含直流分量,只有很小的低频分量。(2)要有足够的位同步信息,以便直接提取位同步信息。(3)应有内在的检错能力和较强的抗噪声能力。(4)具有透明传输特性,即对任何比特结构的序列都可以正确地传输。(5)尽可能提高传输码型的传输效率。(6)较小或没有误码扩散。(7)要求编译码设备尽量简单。

实际数字通信系统中符合上述要求的码型有很多种,接下来介绍二进制系统中比较常用的传输码型。

1. AMI 码

AMI(Alternative Mark Inversion)码的全称是传号交替反转码,"1"码通常称为传号,"0"码则为空号,这是沿用了早期电报通信中的叫法。其编码规则是:"0"码仍与 0 电平对应,"1"码发送极性交替的正负电平,即传号"1"码极性交替反转变成$+1$、-1,相当于把原来的二进制码变成三种电平,因此也称为伪三元序列。假定占空比为 1,同样以给出码元序列 10000110000010 为例,画出 AMI 码波形图如图 4.5(a)所示,写出序列如下。

信息码序列　　1 0 0 0 0　1　1 0 0 0 0 0　1 0
　AMI 码　　$+1$ 0 0 0 0　-1　$+1$ 0 0 0 0 0　-1 0

上述的$+1$、-1分别表示正负电压,0 则表示 0 电压。由于$+1$和-1交替出现,因此其直流分量为 0,低频分量也很小,而且不受信源统计特性的影响。在传输过程中如果发生错码,很容易发现,其编码方法也很简单,因此它是一种基本的线路码型。这种码即使收与

发的码元极性完全相反,也能正确判决。当"1"码相连时,AMI 码含有较多的交变信息,全波整流后就可以变为单极性归零码,便于提取位同步信息。

北美系列的一、二、三次群接口码均使用经扰码后的 AMI 码。

AMI 码的一个缺点是,当出现较多连"0"码时,就会影响到位同步信号的提取。因此,在 AMI 码的基础上又提出了 HDB3 码。

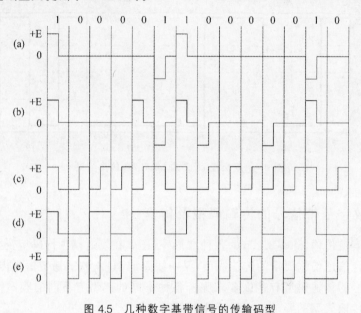

图 4.5　几种数字基带信号的传输码型

2. HDB3 码

HDB3(High Density Bipolar of Order 3 code)码的全称是三阶高密度双极性码。三阶高密度是指其连"0"个数最多不能超过 3 个。它是在 AMI 码的基础上,除保持 AMI 码的优点外,还增加了使连"0"串减少到最多 3 个的优点,即有利于位同步信号的提取。它的编码规则概括如下。

(1) 连"0"数≤3 个,按 AMI 编码规则编码。

(2) 若连"0"数＞3,则按"0000"分节,称为破坏节,破坏节的第 4 个"0"码变为"1"码,发"V"脉冲,第一个 V 脉冲的极性与前一个"1"码相同。

(3) 相邻的 V 脉冲要极性相反。

(4) 补奇变"1"。当 V 脉冲之间为偶数个"1"码时,在后一个破坏节中的第一个"0"码变为"1"码,称为 B 脉冲,且 B 脉冲的极性与后一个破坏节的 V 脉冲极性一致。

假定占空比为 1,同样以给出码元序列 10000110000010 为例,画出 HDB3 码波形图如图 4.5(b)所示。写出序列如下。

信息码序列	1	0	0	0	0	1	1	0	0	0	0	0	1	0
HDB3 码	+1	0	0	0	+V	−1	+1	−B	0	0	−V	0	+1	0

【例 4.1】　给出二进制序列 01000001100001011,请分别画出相应的 AMI 码和 HDB3

码的波形图。

解：AMI 码和 HDB3 码的波形图如图 4.6 所示。

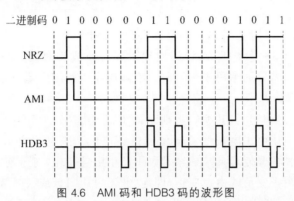

图 4.6　AMI 码和 HDB3 码的波形图

HDB3 码除无直流分量、低频成分少、保持 AMI 码的优点外，由于它的连"0"个数减少到最多 3 个，且与信息源的统计特性无关，因此对于长连"0"串的信息码元序列也能提取位同步信号；HDB3 码的编码电路比较复杂，但译码很简单，只要找到与前一非"0"码极性相同的，即为破坏节，则可断定该位及其前面 3 位均为"0"码，再将所有"−1"变成"＋1"即可恢复原信息码序列。

HDB3 码是 CCITT 推荐使用的码型之一，常作为欧洲系列一、二、三次群的接口码型。

3. PST 码

PST (Pair Selected Ternary) 码称为成对选择三进码，也称为 2B2T 码，其编码规则为：把两位二进制码变成两位三进制码，有＋模式和−模式，且当一个码组中只有一个脉冲时，两模式交替使用。＋模式和−模式的定义如表 4.1 所示。

表 4.1　＋模式和−模式

二进制代码	＋模式	−模式	二进制代码	＋模式	−模式
00	−＋	−＋	10	＋0	−0
01	0＋	0−	11	＋−	＋−

PST 码能提供足够的定时位同步信息，且无直流成分，其编码过程也较简单。但是这种编码在识别时需要提供"分组"信息，即需要建立帧同步。帧同步的概念将在第 7 章介绍。

4. 曼彻斯特码

曼彻斯特 (Manchester) 码的编码规则为："1"码用正、负脉冲表示，如"1"→"10"；"0"码用负、正脉冲表示，如"0"→"01"。它将每个二进制代码变换成相位不同的一个方波周期。消息码"1"码对应的相位为 0，"0"码对应的相位为 π，所以又称为双相码 (Biphase Code)。同样以给出码元序列 10000110000010 为例，画出曼彻斯特码波形图如图 4.5(c) 所示，写出序列如下。

信息码序列　1　0　0　0　0　1　1　0　0　0　0　0　1　0
曼彻斯特码　10　01　01　01　01　10　10　01　01　01　01　01　10　01

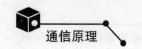

曼彻斯特码的优点是没有直流分量,而且包含丰富的位同步信号,编码方法也很简单;缺点是占用的频带宽度加倍。

曼彻斯特码适用于 DTE 中速、短距离上传输,如以太网中。

由于该码在极性反转时会引起译码错误,所以又引入差分曼彻斯特码。差分曼彻斯特码是指绝对码→相对码→曼彻斯特码,即把绝对码转换成相对码,也就是说先进行差分编码,然后再按照曼彻斯特码的编码规则编码。实际应用中常用到差分曼彻斯特编码。

5. 密勒(Miller)码

密勒码又称为延迟调制码,其编码规则为:"1"码用在码元宽度中点处的电压的突变表示,即用在中点处的电压由正电位变负电位或由负电位变正电位表示,即"1"码用 01 或 10表示。"0"码分为两种情况处理,即单个"0"码不产生电位变化,对于连"0"码则在相邻"0"码的边界使电平突变,由正变负或由负变正,即连"0"码可用"11"或"00"表示,这种码不会出现多于 4 个连码的情况。同样以给出码元序列 10000110000010 为例,画出密勒码如图 4.5(d)所示。

由图 4.5(d)不难看出,当两个"1"码之间有一个"0"码时,将出现持续时间最长的码元宽度,它等于两倍信息码的长度。这一性质也可以用来检测误码。比较图 4.5 中的曼彻斯特码和密勒码的波形还可以看出,曼彻斯特码的下降沿正好对应密勒码的突变沿。因此用曼彻斯特码的下降沿触发一个双稳态触发器就可以得到密勒码。

密勒码常用于气象卫星和磁记录,也用于低速基带数传机。

6. CMI 码

CMI(Coded Mark Inversion)码的全称是传号反转码。其编码规则是:"1"码交替用正和负电压表示,即交替用"11"和"00"表示;"0"码用"01"表示。同样以给出码元序列10000110000010 为例,画出 CMI 码如图 4.5(e)所示。

CMI 编译码电路的实现框图分别如图 4.7(a)、图 4.7(b)所示,其编译码电路框图中的各点波形如图 4.7(c)所示,可以用 FPGA 实现,也可以用 MATLAB 实现。

CMI 码无直流分量,含有位同步信号,用负跳变可直接提取位同步信号,不会产生相位不确定问题。由于在正常情况下,"10"不可能在波形中出现,连续的"00"和"11"也不可能出现,这种相关性可用来检测因信道而产生的部分错误。

CCITT 推荐 CMI 码为 PCM 四次群的接口码型和光纤传输。

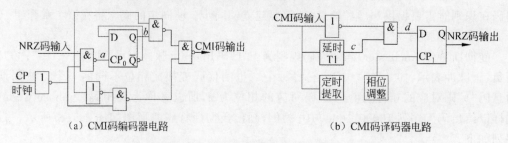

(a) CMI码编码器电路　　　　　　　　　　　(b) CMI码译码器电路

图 4.7　CMI 编/译码器及各点波形

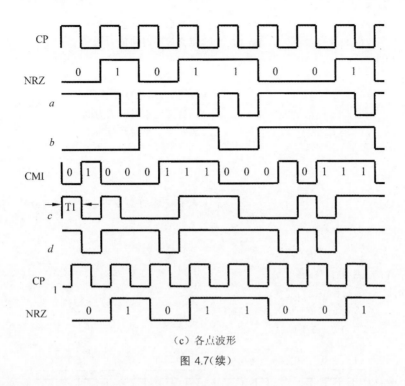

（c）各点波形

图 4.7（续）

7. nBmB 码

nBmB 码是一类分组码,把 n 位二进制码字编成 m 位二进制码字,$m > n$,后者有 2^m 种不同组合,由于 $m > n$,所以后者会多出$(2^m - 2^n)$种组合。在 2^m 种组合中,可以选择特定部分 2^n 种组合为可用码组,而这多出的$(2^m - 2^n)$种组合作为禁用码组,以获得好的编码特性。

上述曼彻斯特码、密勒码和 CMI 码等都可以看作 1B2B 码。在光纤通信系统中,常选用 $m = n + 1$,如 5B6B 码等。除 nBmB 码外,还有 nBmT 码等。nBmT 码表示将 n 个二进制码元变成 m 个三进制码元。

CCITT 推荐 nBmB 码为 PCM 四次群的接口码型和光纤传输。

以上各种数字基带信号的传输码型,同样可以用 MATLAB 仿真实现,由于篇幅有限,这里以曼彻斯特码为例,首先输入如下程序源代码,然后进行仿真,在命令窗口中键入"t=[1 0 0 1 1 0 0 0 0 1 0 1];manchester(t);",即得到仿真波形如图 4.8 所示。其他几个波形可自己动手试试。

```
function y =manchester(x)
%本函数实现将输入的一段二进制代码编为相应的曼彻斯特码输出
%输入 x 为二进制码,输出 y 为编出的曼彻斯特码
t0=300;
t=0:1/t0:length(x);
for i=1:length(x)          %计算码元的值
    if(x(i)==1)            %如果信息为 1
        for j=1:t0        %该码元对应的点值取 1
```

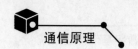

```
            y((2*i-2)*t0/2+j)=1;        %定义前半时间值为1
            y((2*i-1)*t0/2+j)=0;        %定义后半时间值为0
        end
    else
        for j=1:t0                      %反之,如果信息为0
            y((2*i-2)*t0/2+j)=0;        %码定义前半时间值为0
            y((2*i-1)*t0/2+j)=1;        %码定义后半时间值为1
        end
    end
end
y=[y,x(i)];                             %为了画图,注意要将y序列加上最后一位
M=max(y);
m=min(y);
subplot(2,1,1)
plot(t,y);grid on;
axis([0,i,m-0.1,M+0.1]);
%使用title命令标记各码元对应的二元信息
title('1 0 0 1 1 0 0 0 0 1 0 1');
```

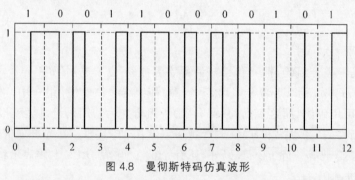

图 4.8 曼彻斯特码仿真波形

4.3 数字基带信号的功率谱

前面介绍了数字基带信号码波形以及数字基带传输码型,仅仅从画时间波形角度讨论问题,那么是否能用数学表达式来表示呢?下面将详细介绍。

4.3.1 数字基带信号的数学描述

数字基带信号通常是一个随机脉冲序列,用数学描述,可以写出其时域表达式,如式(4.2)。

$$s(t) = \sum_{n=-\infty}^{\infty} a_n g(t - nT_s) \quad a_n \text{是第} n \text{个信息符号所对应的电平值}$$

$$g(t-nT_s)=\begin{cases}g_1(t-nT_s) & \text{出现第 1 种符号时,概率为 } P_1 \\ g_2(t-nT_s) & \text{出现第 2 种符号时,概率为 } P_2 \\ \quad\vdots \\ g_M(t-nT_s) & \text{出现第 } M \text{ 种符号时,概率为 } P_M\end{cases} \tag{4.2}$$

其中,$P_1+P_2+\cdots+P_M=1$。

以二进制为例,并假定条件:基带脉冲序列都是一个平稳的随机过程,"1"码、"0"码出现的概率分别为 P 和 $1-P$,且统计独立。

任意随机二进制脉冲序列的波形图如图 4.9 所示。其中,"1"码用波形 $g_1(t)$ 表示,"0"码用波形 $g_2(t)$ 表示,$g_1(t)$ 和 $g_2(t)$ 分别用不同幅度的三角波形表示。

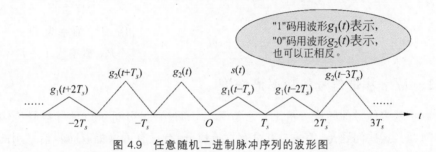

图 4.9　任意随机二进制脉冲序列的波形图

为了求功率谱密度,接下来先在时域上分别讨论对于任意随机二进制脉冲序列的一般表达式、截短函数的表达式、稳态波和交变波的数学表达式。

1. 一般表达式

$$s(t)=\sum_{n=-\infty}^{\infty}s_n(t) \quad s_n(t)=\begin{cases}g_1(t-nT_s),\text{概率为 } P \\ g_2(t-nT_s),\text{概率为 } 1-P\end{cases} \tag{4.3}$$

2. 截短函数

$$s_T(t)=\sum_{n=-N}^{N}s_n(t) \tag{4.4}$$

其中,截短长度 $T=(2N+1)T_s$,N 要求足够大。

3. 稳态波和交变波

截短函数可以用稳态波和交变波之和表示,如式(4.5),即

$$s_T(t)=\sum_{n=-N}^{N}s_n(t)=v_T(t)+u_T(t) \tag{4.5}$$

其中,$v_T(t)=\sum_{n=-N}^{N}v_n(t)$ 为稳态波,$u_T(t)=\sum_{n=-N}^{N}u_n(t)$ 为交变波。

稳态波 $v_T(t)$ 可以看成 $s_T(t)$ 的统计平均值,根据式(4.3)求其统计平均值,得到

$$v_T(t)=\sum_{n=-N}^{N}Pg_1(t-nT_s)+\sum_{n=-N}^{N}(1-P)g_2(t-nT_s)$$

$$=\sum_{n=-N}^{N}[Pg_1(t-nT_s)+(1-P)g_2(t-nT_s)]=\sum_{n=-N}^{N}v_n(t) \tag{4.6}$$

即

$$v_n(t) = Pg_1(t-nT_s) + (1-P)g_2(t-nT_s) \tag{4.7}$$

$$u_T(t) = s_T(t) - v_T(t) = \sum_{n=-N}^{N}[s_n(t)-v_n(t)] = \sum_{n=-N}^{N}u_n(t) \tag{4.8}$$

将式(4.3)的 $s_n(t)$ 和式(4.7)的 $v_n(t)$ 代入式(4.8)，可以得到

$$u_n(t) = \begin{cases} g_1(t-nT_s) - Pg_1(t-nT_s) - (1-P)g_2(t-nT_s) \\ = (1-P)[g_1(t-nT_s) - g_2(t-nT_s)], \text{概率为 } P \\ g_2(t-nT_s) - Pg_1(t-nT_s) - (1-P)g_2(t-nT_s) \\ = -P[g_1(t-nT_s) - g_2(t-nT_s)], \text{概率为 } 1-P \end{cases}$$

或写成

$$u_n(t) = a_n[g_1(t-nT_s) - g_2(t-nT_s)] \qquad a_n = \begin{cases} 1-P, \text{概率为 } P \\ -P, \text{概率为 } 1-P \end{cases} \tag{4.9}$$

4.3.2　数字基带信号的功率谱密度

研究数字基带信号的频谱分析是非常有用的，通过频谱分析可以理解信号传输中一些很重要的问题。这些问题是，信号中有没有直流成分、有没有可供提取同步信号用的离散分量和信号带宽等。

研究数字基带信号的频谱，主要研究其功率谱密度。为了求功率谱密度，通常分别求出稳态波和交变波的功率谱密度，然后将两者相加，就得到基带信号总的功率谱密度。

1. 计算稳态波的功率谱密度

令式(4.6)中的 $N \to \infty$，则 $v_T(t) \to v(t)$，且有

$$v(t) = \sum_{n=-\infty}^{\infty}[Pg_1(t-nT_s) + (1-P)g_2(t-nT_s)] \tag{4.10}$$

由式(4.10)可知，$v(t+T_s) = v(t)$，因此 $v(t)$ 是以 T_s 为周期的周期函数，周期函数可以展开成傅里叶级数，则有

$$v(t) = \sum_{m=-\infty}^{+\infty} C_m e^{j2\pi m f_s t}$$

其中

$$\begin{aligned} C_m &= \frac{1}{T_s}\int_{-\frac{T_s}{2}}^{+\frac{T_s}{2}} v(t)e^{-j2\pi m f_s t}\,\mathrm{d}t \\ &= \frac{1}{T_s}\int_{-\frac{T_s}{2}}^{+\frac{T_s}{2}} \sum_{n=-\infty}^{+\infty}[Pg_1(t-nT_s) + (1-P)g_2(t-nT_s)]e^{-j2\pi m f_s t}\,\mathrm{d}t \\ &= \frac{1}{T_s}\sum_{n=-\infty}^{+\infty}\int_{-nT_s-\frac{T_s}{2}}^{nT_s+\frac{T_s}{2}}[Pg_1(t) + (1-P)g_2(t)]e^{-j2\pi m f_s(t+nT_s)}\,\mathrm{d}t \\ &= f_s\int_{-\infty}^{+\infty}[Pg_1(t) + (1-P)g_2(t)]e^{-j2\pi m f_s t}\,\mathrm{d}t \\ &= f_s[PG_1(mf_s) + (1-P)G_2(mf_s)] \end{aligned} \tag{4.11}$$

则 $v(t)$ 的功率谱密度 $P_v(f)$ 为

$$P_v(f) = \sum_{m=-\infty}^{+\infty} |C_m|^2 \delta(f - mf_s),$$

将式(4.11)的 C_m 代入,得到

$$P_v(f) = \sum_{m=-\infty}^{+\infty} |f_s[PG_1(mf_s) + (1-P)G_2(mf_s)]|^2 \delta(f - mf_s),$$

由于稳态波的功率谱密度由一些离散分量组成,所以通常把它称为离散谱。

2. 计算交变波的功率谱密度 $P_u(f)$

为了求交变波 $u_T(t)$ 的功率谱密度 $P_u(f)$,首先根据式(4.8)和式(4.9)中 $u_T(t)$ 的时域表达式,求出其频域表达式 $U_T(f)$,可得

$$\begin{aligned}
U_T(f) &= \int_{-\infty}^{+\infty} u_T(t) e^{-j2\pi ft} dt \\
&= \int_{-\infty}^{+\infty} \sum_{n=-N}^{+N} a_n [g_1(t-nT_s) - g_2(t-nT_s)] e^{-j2\pi ft} dt \\
&= \sum_{n=-N}^{+N} a_n \int_{-\infty}^{+\infty} [g_1(t-nT_s) - g_2(t-nT_s)] e^{-j2\pi ft} dt \\
&= \sum_{n=-N}^{+N} a_n e^{-j2\pi fnT_s} [G_1(f) - G_2(f)]
\end{aligned}$$

$$\begin{aligned}
|U_T(f)|^2 &= U_T(f) U_T^*(f) \\
&= \sum_{m=-N}^{+N} \sum_{n=-N}^{+N} a_m a_n e^{j2\pi f(n-m)T_s} [G_1(f) - G_2(f)][G_1^*(f) - G_2^*(f)]
\end{aligned}$$

$$E|U_T(f)|^2 = \sum_{m=-N}^{+N} \sum_{n=-N}^{+N} E[a_m a_n] e^{j2\pi(n-m)T_s} |G_1(f) - G_2(f)|^2 \qquad (4.12)$$

$$E[a_m a_n] = \begin{cases} P(1-P) + (1-P)P^2 = P(1-P), & m = n \\ 0, & m \neq n \end{cases}$$

则 $E|U_T(f)|^2 = |G_1(f) - G_2(f)|^2 \sum_{n=-N}^{N} P(1-P)$,且有

$$\begin{aligned}
P_u(f) &= \lim_{N\to\infty} \frac{|G_1(f) - G_2(f)|^2 \sum_{n=-N}^{+N} P(1-P)}{(2N+1)T_s} \\
&= \frac{P(1-P)}{T_s} |G_1(f) - G_2(f)|^2 = f_s P(1-P) |G_1(f) - G_2(f)|^2
\end{aligned}$$

可见,交变波的功率谱密度为连续谱。

3. 计算数字基带信号的总功率谱密度 $P_s(f)$

数字基带信号总的功率谱密度为交变波功率谱密度与稳态波功率谱密度之和,即有

$$\begin{aligned}
P_s(f) &= P_u(f) + P_v(f) \\
&= f_s P(1-P) |G_1(f) - G_2(f)|^2
\end{aligned}$$

$$+ \sum_{m=-\infty}^{+\infty} \left| f_s \left[PG_1(mf_s) + (1-P)G_2(mf_s) \right] \right|^2 \delta(f-mf_s), \qquad (4.13)$$
$$-\infty < f < +\infty$$

或者

$$P_s(f) = 2f_s P(1-P) \left| G_1(f) - G_2(f) \right|^2 + f_s^2 \left| PG_1(0) + (1-P)G_2(0) \right|^2 \delta(f)$$
$$+ 2 \sum_{m=1}^{+\infty} \left| f_s \left[PG_1(mf_s) + (1-P)G_2(mf_s) \right] \right|^2 \delta(f-mf_s), \quad f \geqslant 0 \quad (4.14)$$

式(4.13)表示双边功率谱密度,式(4.14)表示单边功率谱密度。

4. 数字基带信号功率谱密度计算举例

接下来考虑两种特殊情形,即单极性信号和双极性信号。

(1) 单极性信号:以单极性不归零信号为例,令 $g_1(t)=0$,$g_2(t)=g(t)$,$P=1/2$,且有

$$g(t) = \begin{cases} 1, & |t| \leqslant T_s/2 \\ 0, & \text{其他} \end{cases} \Rightarrow G(f) = T_s \text{Sa}(\pi f T_s), \text{且有 } G_1(f)=0, G_2(f)=G(f)$$

代入式(4.13),可以得到

$$P_s(f) = \frac{T_s}{4} \text{Sa}^2(\pi f T_s) + \frac{1}{4}\delta(f), \quad -\infty < f < +\infty \qquad (4.15)$$

(2) 双极性信号:以双极性不归零信号为例,令 $g_1(t)=-g_2(t)=g(t)$,$P=1/2$,且有

$$g(t) = \begin{cases} 1, & |t| \leqslant T_s/2 \\ 0, & \text{其他} \end{cases} \Rightarrow G(f) = T_s \text{Sa}(\pi f T_s), \text{且有 } G_1(f)=0, G_2(f)=G(f)$$

代入式(4.13),可以得到

$$P_s(f) = T_s \text{Sa}^2(\pi f T_s), \quad -\infty < f < +\infty \qquad (4.16)$$

5. 功率谱密度的分析及应用

根据前面得出数字基带信号的功率谱密度,可以进行以下分析:①判断某个数字基带信号是否存在直流分量? 根据式(4.13)的功率谱密度公式,取其离散谱,令 $m=0$,求 $\delta(f)$ 前面的系数,如果系数为0,说明无直流分量;否则就有直流分量。②判断某个数字基带信号是否存在位同步信号可直接提取,或是否存在 $f=f_s$ 的频率分量? 根据式(4.13)的功率谱密度公式,取其离散谱,令 $m=1$,求 $\delta(f-f_s)$ 前面的系数,如果系数为0,说明无位同步信号可直接提取,或不存在 $f=f_s$ 的频率分量;否则就有位同步信号可直接提取,或存在 $f=f_s$ 的频率分量。③求功率,对式(4.13)在整个频率范围内的积分,即为功率。

因此,由功率谱密度可以了解信号中有无直流成分,有没有可供位同步信号提取用的离散频谱分量(对于没有离散线谱分量的信号,在接收端则需要对其进行某种变换,使其频谱中含有离散分量)、信号频谱分布规律(功率主要集中在什么频率范围)、信号带宽等问题。经过以上分析,得出以下结论。

单极性不归零信号:有直流分量,没有位同步信号可直接提取。

单极性归零信号:有直流分量,有位同步信号可直接提取,或存在 $f=f_s$ 的频率分量。

双极性不归零信号:等概率时,无直流分量,没有位同步信号可直接提取;不等概率时,有直流分量,无定时分量。

双极性归零信号:等概率时,无直流分量,没有位同步信号可直接提取;不等概率时,有直流分量,有位同步信号可直接提取,或存在 $f = f_s$ 的频率分量。

4.4 数字基带传输系统与码间干扰

本节主要解决两个问题:①基带信号的传输过程;②码间干扰的概念及产生机理。

4.4.1 数字基带传输系统的组成及数学分析

由基本电路理论可知,信号经过一个纯电阻网络传输后,其波形保持不变,仅仅产生衰减;只有当信号经过一个含电抗的网络传输后才发生波形失真,以及失真造成的相邻码元之间的互相干扰,由于实际信道并不是理想的信道,而是可以把它等效成一个含有电抗元件的带宽有限的滤波器(例如电缆,通常有分布电容和电感)。图 4.10 给出了一个典型的数字基带传输系统的组成模型。

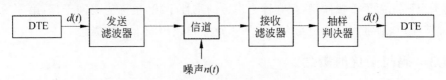

图 4.10 数字基带传输系统的组成模型

在数字基带传输系统的发送端,$d(t)$ 可以是来自信源等 DTE 的输出信号,其基本波形是矩形脉冲,其功率谱密度的范围很宽,经过发送滤波器(其传输特性函数为 $G_T(\omega)$)后,将其带宽限制在信道要求的范围内,变成适合在信道(其传输特性函数为 $C(\omega)$)中传输的某种脉冲波形。一般 $d(t)$ 都是随机序列(二进制或多进制)波形所对应的代码序列,不同代码对应的信号强度不同。

信道中还会引入各种噪声,在接收端也有一个接收滤波器(其传输特性函数为 $G_R(\omega)$),滤除带外噪声。抽样判决器每来一个抽样脉冲就对接收滤波器的输出进行判决一次,把带有噪声的数据波形恢复成标准的基带信号。抽样判决器输出信号即为与发送端信源等 DTE 输出信号一致的代码序列,送给接收端的 DTE。

设从发送滤波器输入端至接收滤波器输出端整个数字基带传输系统的总的传输特性函数为 $H(\omega)$,由图 4.10 可知,有 $H(\omega) = G_T(\omega)C(\omega)G_R(\omega)$,$h(t) = F^{-1}[H(\omega)]$ 为基带系统的冲激响应。接下来要对整个数字基带传输系统的传输特性 $H(\omega)$ 进行数学分析,为了便于分析,把图 4.10 的方框图简化成图 4.11 所示的数字基带信号系统数学模型图。

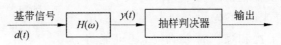

图 4.11 数字基带信号系统数学模型图

由图 4.11 可知

$$d(t) = \sum_{k=-\infty}^{\infty} a_k \delta(t - kT_s) \qquad h(t) = F^{-1}[H(\omega)] = \frac{1}{2\pi} \int_{-\infty}^{+\infty} H(\omega) e^{j\omega t} \, d\omega$$

$$y(t) = d(t) * h(t) + n_R(t) = \sum_{k=-\infty}^{+\infty} a_k h(t - kT_s) + n_R(t) \tag{4.17}$$

接收滤波器输出信号 $y(t)$ 送入抽样判决器进行判决,假定在 $t = jT_s + t_0$ 时刻抽样判决,jT_s 表示第 j 个发送码元的起始时刻,T_s 为码元周期,t_0 为系统传输引起的时延,根据式(4.17),在第 j 个码元抽样判决时刻接收滤波器输出为

$$y(jT_s + t_0) = \sum_{k=-\infty}^{+\infty} a_k h[(j-k)T_s + t_0] + n_R(jT_s + t_0)$$
$$\tag{4.18}$$
$$= a_j h(t_0) + \sum_{\substack{k=-\infty \\ k \neq j}}^{+\infty} a_k h[(j-k)T_s + t_0] + n_R(jT_s + t_0)$$

从式(4.18)中可以看出,等式右边第一项为第 j 个码元在 $k = j$ 判决时刻的值,是正好要接收的基带信号;第二项为除第 j 个码元外,其他所有码元在第 $k = j$ 判决时刻取值的总和,对第 j 个码元起了干扰作用,把它称为信道的乘性干扰,也称为码间干扰;第三项为信道的随机加性噪声,通常为高斯白噪声。接下来重点讨论码间干扰的概念。

4.4.2 码间干扰的概念

对数字通信而言,我们关注的是对接收到的信号波形在抽样时刻是否能进行正确判决,因此要讨论数字基带传输系统必须满足怎样的条件才能实现接收端能正确恢复原始数字信号,以及码间干扰对传输系统的影响。

由频谱分析理论可知,任何频谱受限的信号,其时域波形都不可能受限。同样,基带传输系统中的每个码元信号由于频谱受限,其时域波形一定也是无限延伸的。在基带传输系统的输入端都是按一定时间间隔发送码元,经过传输后无限延伸的各码元波形一定会相互叠加,抽样时刻点所获取的信号也将是各码元波形叠加的结果,该结果可能造成判决器做出错误判决,并产生误码输出。因此由于系统信道带宽的限制,码脉冲在传输过程中引起了变形,其前后码元波形延伸对抽样点造成影响判决的干扰,这种干扰就称为码间干扰(Inter System Interference,ISI)。

例如,图 4.12 中的波形,先确定判决规则。假定判决门限为 V_0,当 $y(jT_s + t_0) \geqslant V_0$ 时,则判 a_k 为"1";当 $y(jT_s + t_0) < V_0$ 时,则判 a_k 为"0"。发送端发送的是"101"序列,由于在传输过程中,码脉冲变形延伸,导致在判决点 2 时,抽样判决器前的值大于判决门限 V_0,就判为"1"。这样,就把原来的"0"码元误判为"1"码元,造成误码。因此当码间干扰和噪声都较大时,就可能将"1"错判为"0",或将"0"错判为"1"。这就是码间干扰所造成的影响。

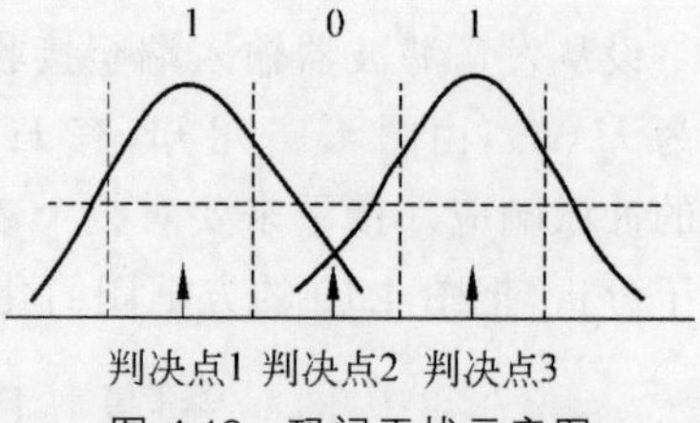

图 4.12 码间干扰示意图

4.5 无码间干扰的基带传输特性

从式(4.18)中可知,第二项为码间干扰。那么现在的问题是如何消除码间干扰呢? 对应式(4.17),可以得出以下无码间干扰的条件。

(1) 基带信号经过传输后,在抽样点上应满足

$$h(kT_s) = \begin{cases} 1, & k = 0 \\ 0, & k \neq 0 \end{cases} \tag{4.19}$$

即 $h(t)$ 在 $t = 0$ 处抽样不为 0,而其他抽样时刻值均为 0,就满足无码间干扰。

(2) $h(t)$ 尾部衰减要快,上述条件我们把它称为是时域上的无码间干扰条件。接下来将从频域角度讨论无码间干扰的基带传输特性 $H(\omega)$ 应满足什么样的条件。

为了便于理解,首先回顾一下已经学过的知识。根据傅里叶级数的概念,任何周期为 T_s 的周期函数 $F(\omega)$ 都可以用无穷级数表示,即有

$$\begin{cases} F(\omega) = \sum_{k=-\infty}^{+\infty} f_k e^{-j\frac{2\pi k\omega}{\omega_s}} = \sum_{k=-\infty}^{+\infty} f_k e^{-jT_s k\omega} \\ f_k = \frac{1}{\omega_s} \int_{-\frac{\omega_s}{2}}^{+\frac{\omega_s}{2}} F(\omega) e^{j\frac{2\pi k\omega}{\omega_s}} d\omega = \frac{T_s}{2\pi} \int_{-\frac{\pi}{T_s}}^{+\frac{\pi}{T_s}} F(\omega) e^{jT_s k\omega} d\omega \end{cases} \tag{4.20}$$

并且称 f_k 为 $F(\omega)$ 的指数型傅里叶级数的系数。

现在假定 $h(t)$ 的频域为 $H(\omega)$,即这两者互为傅里叶变换对,则有

$$h(t) = \frac{1}{2\pi} \int_{-\infty}^{\infty} H(\omega) e^{j\omega t} d\omega$$

令 $t = kT_s$,

$$h(kT_s) = \frac{1}{2\pi} \int_{-\infty}^{\infty} H(\omega) e^{j\omega kT_s} d\omega$$

把 $H(\omega)$ 以间隔 $2\pi/T_s$ 分段积分求和,得

$$h(kT_s) = \frac{1}{2\pi} \sum_{i=-\infty}^{+\infty} \int_{\frac{(2i-1)\pi}{T_s}}^{\frac{(2i+1)\pi}{T_s}} H(\omega) e^{j\omega kT_s} d\omega$$

令 $\omega' = \omega - \frac{2i\pi}{T_s}$,得

$$h(kT_s) = \frac{1}{2\pi} \sum_{i=-\infty}^{+\infty} \int_{-\frac{\pi}{T_s}}^{\frac{\pi}{T_s}} H\left(\omega' + \frac{2\pi i}{T_s}\right) e^{j\omega' kT_s} e^{j2\pi ik} d\omega'$$

令 $\omega = \omega'$,得

$$h(kT_s) = \frac{1}{2\pi} \sum_{i=-\infty}^{+\infty} \int_{-\frac{\pi}{T_s}}^{\frac{\pi}{T_s}} H\left(\omega + \frac{2\pi i}{T_s}\right) e^{j\omega kT_s} e^{j2\pi ik} d\omega$$

根据一致收敛性,积分与求和可互换,可得

$$h(kT_s) = \frac{T_s}{2\pi} \int_{-\frac{\pi}{T_s}}^{\frac{\pi}{T_s}} \frac{1}{T_s} \sum_{i=-\infty}^{+\infty} H\left(\omega + \frac{2\pi i}{T_s}\right) e^{j\omega kT_s} d\omega \tag{4.21}$$

对比式(4.20)和式(4.21)可知，$h(kT_s)$ 是 $\dfrac{1}{T_s}\displaystyle\sum_{i=-\infty}^{+\infty} H\left(\omega+\dfrac{2\pi i}{T_s}\right)$ 的指数型傅里叶级数的系数。且有

$$\frac{1}{T_s}\sum_{i=-\infty}^{+\infty} H\left(\omega+\frac{2\pi i}{T_s}\right)=\sum_{i=-\infty}^{+\infty} h(kT_s)\,\mathrm{e}^{-\mathrm{j}\omega kT_s} \tag{4.22}$$

将式(4.19)的时域条件代入式(4.22)，即要求 $h(t)=h(kT_s)$ 仅在 $k=0$ 时有值，其他 k 时 $h(kT_s)=0$，因此可得

$$\frac{1}{T_s}\sum_{i=-\infty}^{+\infty} H\left(\omega+\frac{2\pi i}{T_s}\right)=1,\quad |\omega|\leqslant\frac{\pi}{T_s}$$

或

$$\sum_{i=-\infty}^{+\infty} H\left(\omega+\frac{2\pi i}{T_s}\right)=T_s\,(\text{常数}),\quad |\omega|\leqslant\frac{\pi}{T_s} \tag{4.23}$$

因此，式(4.23)即为无码间干扰的基带传输特性所应满足的条件，其物理意义是，把一个系统特性 $H(\omega)$ 按 $2\pi/T_s$ 分成 i 段，各段都搬到 $[-\pi/T_s，\pi/T_s]$ 内叠加，若合成的频率特性 $H_{\mathrm{eq}}(\omega)$ 是一个理想低通时，则满足无码间干扰特性要求。

奈奎斯特第一准则把上述的无码间干扰条件等效为理想低通系统，即

$$H_{\mathrm{eq}}(\omega)=\begin{cases}\displaystyle\sum_{i} H\left(\omega+\dfrac{2\pi i}{T_s}\right)=T_s,&|\omega|\leqslant\dfrac{\pi}{T_s}\\[2mm] 0,&|\omega|>\dfrac{\pi}{T_s}\end{cases} \tag{4.24}$$

得出无码间干扰的基带传输特性后，接下来分析两种无码间干扰的基带传输特性。

4.5.1　理想低通特性的基带传输系统

对于理想低通特性的基带传输系统，其传输函数 $H(\omega)$ 具有理想矩形特性，如图 4.13(a)所示，即

$$H(\omega)=\begin{cases}1\ \text{或常数},&|\omega|\leqslant\omega_s/2\\ 0,&\text{其他}\end{cases} \tag{4.25}$$

其冲激响应为

$$h(t)=\frac{1}{2\pi}\int_{-\infty}^{\infty} H(\omega)\mathrm{e}^{\mathrm{j}\omega t}\,\mathrm{d}\omega=\int_{-\pi f_s}^{\pi f_s}\frac{1}{2\pi}\mathrm{e}^{\mathrm{j}\omega t}\,\mathrm{d}\omega=f_s\,\mathrm{Sa}(\pi f_s t) \tag{4.26}$$

从以上分析可以得出，理想低通特性的基带系统，传输带宽 $B=1/2T_s$(Hz)；传码率 $R_B=1/T_s$(Baud)；频带利用率 $\eta=\dfrac{R_B}{B}=\dfrac{\dfrac{1}{T_s}}{\dfrac{1}{2T_s}}=2$ (Baud/Hz)。

由式(4.26)可知，该 $h(t)$ 是 $\sin x/x$ 函数，它相邻零点间隔等于 T_s，只有原点左右第一个零点之间的间隔等于 $2T_s$，其曲线图如图 4.13(b)所示。当系统输入 $d(t)=\displaystyle\sum_{n=-\infty}^{\infty} a_n\delta(t-nT_s)$，即

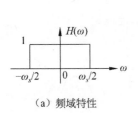
（a）频域特性

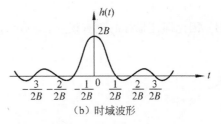
（b）时域波形

图 4.13　理想低通特性

间隔等于 T_s 的冲激串,输出 $r(t)=\sum\limits_{n=-\infty}^{\infty}a_n h(t-nT_s)$。在第 n 时刻抽样点上的抽样值等于本时刻的码元值 a_n,相邻码元的脉冲的抽样值均为 0,它满足式(4.19)无码间干扰的时域条件。

从频域、时域均可验证,当以 f_s 速率传输时,能够实现无码间干扰,且能够达到性能极限。

系统冲激响应 $h(t)$ 波形如图 4.13 所示,其"尾巴"起伏振荡较大,因为 $h(t)\propto\dfrac{1}{t}$,收敛太慢,一旦接收端的抽样时刻稍有偏差,就会有一长串码元的许多"尾巴"的残值在一个抽样点上叠加,定时有偏差即产生码间干扰,从而严重影响抽样值的正确判决。此外,$H(\omega)$ 特性的物理实现很困难。

4.5.2　升余弦滚降特性

为了解决上述问题,奈奎斯特第一准则,即式(4.24)给出一条解决途径。系统传输函数可以不必为理想低通矩形特性,而允许有缓慢下降边沿的过渡带,只要此传输函数满足奇对称特性,就可以实现无码间干扰传输。

定义滚降系数 $\alpha=W_2/W_1$,其中 W_1 是无滚降时的截止频率(即等效成理想低通型的截止频率),W_2 为滚降部分的截止频率,α 越大,过渡带越宽。

下面给出一个在实际数字通信系统中常用的符合奈奎斯特准则的例子,即具有余弦滚降特性的传输函数。

当 $\alpha(0<\alpha<1)$ 取一般值时,按余弦滚降的 $H(\omega)$ 可表示成

$$H(\omega)=\begin{cases}T_s, & |\omega|\leqslant(1-\alpha)\pi/T_s \\ \dfrac{T_s}{2}\left[1+\sin\dfrac{T_s}{2\alpha}\left(\dfrac{\pi}{T_s}-\omega\right)\right], & (1-\alpha)\pi/T_s<|\omega|\leqslant(1+\alpha)\pi/T_s \\ 0, & |\omega|>(1+\alpha)\pi/T_s\end{cases} \quad (4.27)$$

而相应的 $h(t)$ 为

$$h(t)=\mathrm{Sa}(\pi f_s t)\cdot\dfrac{\cos(\pi f_s t)}{1-(2f_s t)^2} \quad (4.28)$$

实际的 $H(\omega)$ 和对应的 $h(t)$ 可按不同的 α 选取。对于 $\alpha=0$、$\alpha=0.5$ 和 $\alpha=1.0$ 三种情况,由式(4.27)和式(4.28)计算出的曲线分别如图 4.14(a)和图 4.14(b)所示。当 $\alpha=1.0$ 时,

在图 4.14(a)中 $H(\omega)$ 曲线具有升余弦形,称为升余弦特性。此时其波形 $r(t)$ 的旁瓣很小,小于 31.5dB。因此即使抽样时刻有误差,也不会使码间干扰很大。

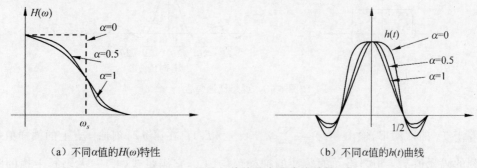

（a）不同 α 值的 $H(\omega)$ 特性   （b）不同 α 值的 $h(t)$ 曲线

图 4.14　不同 α 值的升余弦滚降特性

从以上分析可以得出:升余弦滚降特性的基带系统,传输带宽 $B=(1+\alpha)f_s/2$;传码率 $R_B=1/T_s=f_s$(Baud);频带利用率 $\eta=2/(1+\alpha)$。

可见,当传码率 R_B 一定时,该传输特性需要的带宽 B 比理想低通时的大,拖尾衰减比理想低通时要快。其频带利用率也比理想低通时小。

接下来讨论取 $\alpha=1$ 时的特例,这种情况比较常用。令 $\alpha=1$,则由式(4.27)和式(4.28)得到 $H(\omega)$ 和 $h(t)$ 分别如式(4.29)和式(4.30),即

$$H(\omega)=\begin{cases}0, & |\omega|>2\pi/T_s \\ \dfrac{T_s}{2}\left[1+\cos\dfrac{\omega T_s}{2}\right], & |\omega|\leqslant 2\pi T_s\end{cases} \tag{4.29}$$

$$h(t)=\mathrm{Sa}(\pi f_s t)*\frac{\cos(\alpha\pi f_s t)}{1-(2\alpha f_s t)^2} \tag{4.30}$$

传输带宽 $B=1/T_s$;传码率 $R_B=1/T_s$;频带利用率 $\eta=1$(Baud/Hz),由式(4.30)可以看出采用余弦滚降特性时 $h(t)\propto\dfrac{1}{t^2}$,拖尾衰减快,当定时不准时对码间干扰的影响比较小,而且 $H(\omega)$ 频谱是缓慢截止的,容易实现。

由上述讨论可知,当传码率 R_B 给定时,衡量一个数字基带系统传输特性的好坏主要是从三个方面看,即频带利用率的大小,从 $h(t)$ 时域看拖尾衰减的快慢,以及从 $H(\omega)$ 频域看易实现程度。

4.6　无码间干扰基带传输系统的抗噪声性能分析

1. 信号的传输和噪声

影响数据可靠传输的因素有两个。

(1) 码间干扰:4.5 节讨论了码间干扰的基带传输特性,说明码间干扰可消除。

(2) 信道噪声:基带系统中噪声时时刻刻存在,由于这种加性高斯噪声的影响,造成接

收端的错误判决,即"1"错判为"0",或"0"错判为"1",如图 4.15(b)所示。

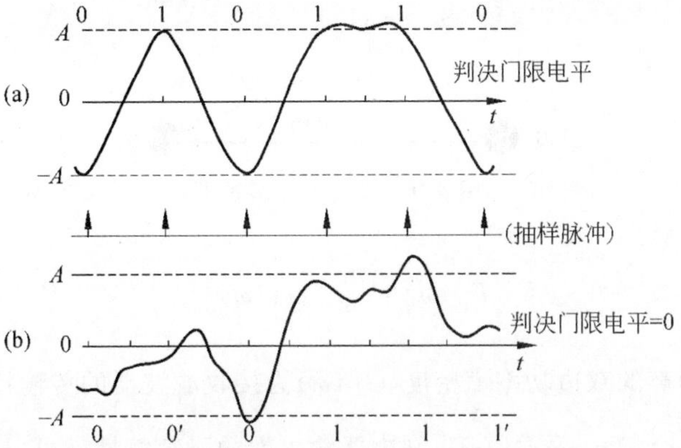

图 4.15　无噪声及有噪声时判决电路的判决

如果基带传输系统无码间干扰又无噪声,则通过连接在接收滤波器后的判决电路,就能无差错地恢复出原发送的基带信号。但当存在加性噪声时,即使无码间干扰,判决电路也很难保证"无差错"恢复。

例如,假定图 4.15 中的判决门限电平为 0,其判决规则是:样值大于 0 电平,判为"1";样值小于 0 电平,判为"0"。无噪声时,加入识别电路的波形如图 4.15(a)所示,显然,判决不会产生误码。有噪声时,加入识别电路的波形如图 4.15(b)所示,仍按上述规则进行判决,可知第 2 个码元,"1"码错判为"0"码,最后一个码元,"0"码错判为"1"码。

接下来讨论(无码间干扰)基带传输系统的误码率。

2. 误码率公式的推导

为了推导误码率公式,首先假定满足两个条件:①无码间干扰;②高斯白噪声 $n(t)$,均值为 0,方差为 σ_n^2。

然后以二进制信道模型为例,得出误码率的一般公式。

从图 4.16 可知,正确的概率为:$P(1/1)$,$P(0/0)$;错误的概率为:$P(0/1)$,$P(1/0)$,则总的误码率为

$$P_e = P(1) \cdot P(0/1) + P(0) \cdot P(1/0) = P(1) P_{e1} + P(0) P_{e0}$$
$$= P(1) \cdot P(V < V_d) + P(0) \cdot P(V \geqslant V_d) \tag{4.31}$$

其中,V_d 为判决门限电平,假定 $f_1(x)$、$f_0(x)$ 为发 1、0 时的一维概率密度函数,则式(4.31)可以写成式(4.32)的形式,即为误码率的一般公式。

$$P_e = P(1)P_{e1} + P(0)P_{e0} = P(1)\int_{-\infty}^{V_d} f_1(x)\mathrm{d}x + P(0)\int_{V_d}^{\infty} f_0(x)\mathrm{d}x \tag{4.32}$$

现在,计算图 4.13(b)所示波形在抽样判决时所造成的错误概率(或称误码率)。大家知道,判决电路输入端的随机噪声就是信道加性噪声通过接收滤波器后的输出噪声。因为信道噪声通常被假设成平稳高斯白噪声,而接收滤波器又是一个线性网络,故判决电路输入噪声 $n_R(t)$ 也是平稳高斯随机噪声,且它的功率谱密度 $P_n(\omega)$ 为

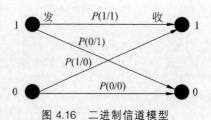

图 4.16　二进制信道模型

$$P_n(\omega) = \frac{n_o}{2}\left|G_R(\omega)\right|^2$$

式中，$\frac{n_o}{2}$ 为信道白噪声的双边功率谱密度，$G_R(\omega)$ 为接收滤波器的传输特性。

由此看出，只要给定 n_o 及 $G_R(\omega)$，判决器输入端的噪声特性就可以确定。为简明起见，把这个噪声特性假设为均值为零、方差为 σ_n^2。于是，这个噪声的瞬时值 V 的统计特性，可由下述一维高斯概率密度函数描述，即

$$f(V) = \frac{1}{\sqrt{2\pi}\,\sigma_n}\mathrm{e}^{-\frac{V^2}{2\sigma_n^2}} \tag{4.33}$$

1）双极性基带信号的误码率公式

对于双极性基带信号，"1"码发一个正脉冲，"0"码发一个负脉冲，加上信道中引入的加性高斯白噪声，这样，在一个码元宽度内，抽样判决器输入端得到的波形可表示为

$$x(t) = \begin{cases} A + n_R(t), & \text{发送"1"时} \\ -A + n_R(t), & \text{发送"0"时} \end{cases}$$

由于 $n_R(t)$ 是高斯过程，故当发送"1"时，随机过程 $A + n_R(t)$ 的一维概率密度函数为

$$f_1(x) = \frac{1}{\sqrt{2\pi}\,\sigma_n}\mathrm{e}^{-\frac{(x-A)^2}{2\sigma_n^2}}$$

而当发送"0"时，随机过程 $-A + n_R(t)$ 的一维概率密度函数为

$$f_0(x) = \frac{1}{\sqrt{2\pi}\,\sigma_n}\mathrm{e}^{-\frac{(x+A)^2}{2\sigma_n^2}}$$

它们相应的曲线分别如图 4.17(a) 和图 4.17(b) 所示。这时，若令判决门限为 V_d，则得"1"错判为"0"的概率 p_{e1} 及将"0"错判为"1"的概率 p_{e0} 可以分别表示为

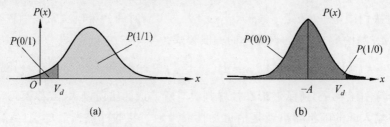

图 4.17　双极性 $x(t)$ 的概率密度曲线

$$p_{e1} = P(x < V_d) = \int_{-\infty}^{V_d} f_1(x)\,dx = \int_{-\infty}^{V_d} \frac{1}{\sqrt{2\pi}\sigma_n} e^{-\frac{(x-A)^2}{2\sigma_n^2}}\,dx = \frac{1}{2} + \frac{1}{2}\mathrm{erf}\left(\frac{V_d-A}{\sqrt{2}\sigma_n}\right) \qquad (4.34)$$

$$p_{e0} = P(x > V_d) = \int_{V_d}^{\infty} f_0(x)\,dx = \int_{V_d}^{\infty} \frac{1}{\sqrt{2\pi}\sigma_n} e^{-\frac{(x+A)^2}{2\sigma_n^2}}\,dx = \frac{1}{2} - \frac{1}{2}\mathrm{erf}\left(\frac{V_d+A}{\sqrt{2}\sigma_n}\right) \qquad (4.35)$$

将式(4.34)、式(4.35)代入式(4.32),可得

$$P_e = P(1)\int_{-\infty}^{V_d} \frac{1}{\sqrt{2\pi}\sigma_n} e^{-\frac{(x-A)^2}{2\sigma_n^2}}\,dx + P(0)\int_{V_d}^{\infty} \frac{1}{\sqrt{2\pi}\sigma_n} e^{-\frac{(x+A)^2}{2\sigma_n^2}}\,dx$$

$$= P(1)\left[\frac{1}{2} + \frac{1}{2}\mathrm{erf}\left(\frac{V_d-A}{\sqrt{2}\sigma_n}\right)\right] + P(0)\left[\frac{1}{2} - \frac{1}{2}\mathrm{erf}\left(\frac{V_d+A}{\sqrt{2}\sigma_n}\right)\right] \qquad (4.36)$$

通常,把使总误码率最小的判决门限电平称为最佳门限电平。若令 $\dfrac{dP_e}{dV_d}=0$

则可求得最佳门限电平为

$$V_d^* = \frac{\sigma_n^2}{2A}\ln\frac{P(0)}{P(1)} \qquad (4.37)$$

若 $P(0)=P(1)=1/2$,代入式(4.37),则 $V_d^*=0$,再代入式(4.36),可得误码率为

$$P_e = \frac{1}{2}p_{e1} + \frac{1}{2}p_{e0} = \frac{1}{2}\left[1 - \mathrm{erf}\left(\frac{A}{\sqrt{2}\sigma_n}\right)\right] = \frac{1}{2}\mathrm{erfc}\left(\frac{A}{\sqrt{2}\sigma_n}\right) \qquad (4.38)$$

注意,$\mathrm{erf}(x) = \dfrac{2}{\sqrt{\pi}}\int_0^x e^{-z^2}\,dz$,$\mathrm{erfc}(x) = \dfrac{2}{\sqrt{\pi}}\int_x^{+\infty} e^{-z^2}\,dz$,且有 $\mathrm{erf}(x) + \mathrm{erfc}(x) = 1$。

式(4.38)就是发送"1"码与"0"码的概率相等且在最佳判决门限电平下,双极性基带传输系统总的误码率表示式。从该式可见,系统的总误码率依赖于信号峰值 A 与噪声均方根值 σ_n 之比。若比值 A/σ_n 越大,则 P_e 就越小。显然,这是符合客观实际的。

2) 单极性基带信号的误码率公式

对于单极性基带信号,"1"码发一个正脉冲,"0"码不发脉冲,即为 0 电平,加上信道中引入的加性高斯白噪声,这样,在一个码元宽度内,抽样判决器输入端得到的波形可表示为

$$x(t) = \begin{cases} A + n_R(t), & \text{发送"1"时} \\ n_R(t), & \text{发送"0"时} \end{cases}$$

由于 $n_R(t)$ 是高斯过程,故当发送"1"时,随机过程 $A+n_R(t)$ 的一维概率密度函数为

$$f_1(x) = \frac{1}{\sqrt{2\pi}\sigma_n} e^{-\frac{(x-A)^2}{2\sigma_n^2}}$$

而当发送"0"时,即为随机过程 $n_R(t)$ 的一维概率密度函数为

$$f_0(x) = \frac{1}{\sqrt{2\pi}\sigma_n} e^{-\frac{x^2}{2\sigma_n^2}}$$

它们相应的曲线如图 4.18 所示。这时,若令判决门限为 V_d,则得"1"错判为"0"的概率 p_{e1} 及将"0"错判为"1"的概率 p_{e0} 可以分别表示为

$$P_e = P(1)\int_{-\infty}^{V_d} \frac{1}{\sqrt{2\pi}\sigma_n} e^{-\frac{(x-A)^2}{2\sigma_n^2}}\,dx + P(0)\int_{V_d}^{\infty} \frac{1}{\sqrt{2\pi}\sigma_n} e^{-\frac{x^2}{2\sigma_n^2}}\,dx$$

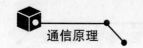

$$= P(1)\left[1 + \mathrm{erf}\left(\frac{V_d - A}{\sqrt{2}\,\sigma_n}\right)\right] + P(0)\,\frac{1}{2}\mathrm{erfc}\left(\frac{V_d}{\sqrt{2}\,\sigma_n}\right) \qquad (4.39)$$

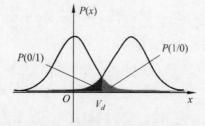

图 4.18 单极性 $x(t)$ 的概率密度曲线

同理,令 $\dfrac{\mathrm{d}P_e}{\mathrm{d}V_d} = 0$,则可求得最佳门限电平为

$$V_d^* = \frac{A}{2} + \frac{\sigma_n^2}{A}\ln\frac{P(0)}{P(1)} \qquad (4.40)$$

若 $P(0) = P(1) = 1/2$,代入式(4.40),则 $V_d^* = \dfrac{A}{2}$,再代入式(4.39),可得误码率为

$$P_e = \frac{1}{2}p_{e1} + \frac{1}{2}p_{e0} = \frac{1}{2}\times\frac{1}{2}\left[1 - \mathrm{erf}\left(\frac{A}{2\sqrt{2}\,\sigma_n}\right)\right] + \frac{1}{2}\times\frac{1}{2}\mathrm{erfc}\left(\frac{A}{2\sqrt{2}\,\sigma_n}\right)$$

$$= \frac{1}{2}\mathrm{erfc}\left(\frac{A}{2\sqrt{2}\,\sigma_n}\right) \qquad (4.41)$$

由式(4.38)与式(4.41)比较可见,在单极性与双极性基带波形的峰值 A 相等、噪声均方根值也相同时,单极性基带系统的抗噪声性能不如双极性基带系统。

4.7 眼图与时域均衡

4.7.1 眼图

实际应用的基带数字信号传输系统,由于滤波器性能不可能设计得完全符合要求,线路传输特性不固定(线路长度变化)和不稳定(线路周围环境的不断变化)等,不可能完全做到无码间干扰的要求。因此在实际应用时要通过实验的方法估计和通过调整可调元件以改善传输系统的性能,使码间干扰的影响尽量减小。眼图正是实验方法的一个有用的工具。眼图分析法就是利用实验手段通过示波器估计系统性能的一种方法,估计噪声和码间干扰的强弱。

1. 眼图的概念

用示波器测量基带系统输出波形时,由于扫描的余晖使示波器上呈现出像人眼一样的波形,因此称为眼图。

实验时将基带传输系统接收滤波器的输出信号加到示波器的输入端,使用外同步,调节示波器的水平扫描周期,使它与信号码元的周期同步,此时可以从示波器上显示出一个像人眼一样的图形,从这个称为眼图的图形上可以估计出系统的性能(即码间干扰和噪声的大小)。另外也可以用此图形对接收滤波器的特性加以调整,以减小码间干扰和改善系统的传输性能。

先讨论无噪声、无码间干扰的理想情况。假设在 $0 \sim 8T_s$ 时间内发送一个二进制代码为11010001,采用双极性升余弦脉冲波形,即在 $0 \sim T_s$ 间的"1"码经过理想的信道传输后在接收滤波器输出一个正的升余弦脉冲波形,而"0"码在接收滤波器输出一个负的升余弦脉冲,如图 4.19(a)所示,合成后实际输出眼图如图 4.19(c)所示。从波形来看,收到连"1"码时,有一个持续的正电平,而收到连"0"码时有一个持续的负电平。当"1""0"码交替时不会出现持续的正负电平。而从眼图看,上面的一根水平线由连"1"码引起的持续的正电平产生,下面的一根水平线由连"0"码引起的持续的负电平产生,中间部分由"1""0"码交替产生。

接下来看有噪声、有码间干扰的情况,其基带信号波形如图 4.19(b)所示,其眼图如图 4.19(d)所示。与图 4.19(c)相比,线条不清晰,交叉多,眼睛张开小,说明干扰严重。图 4.19(d)的眼图是由好几条线交织在一起组成,不如图 4.19(c)无码间干扰时那样只有一根迹线组成那样清晰。眼图越端正,表示码间干扰越小,反之几条迹线越分散,且眼图越不端正,表示码间干扰越大。而受噪声的影响,则会使原来清晰端正的细线,变成比较模糊的带状的线,而且不是很端正,噪声越大,线条越宽,越模糊。

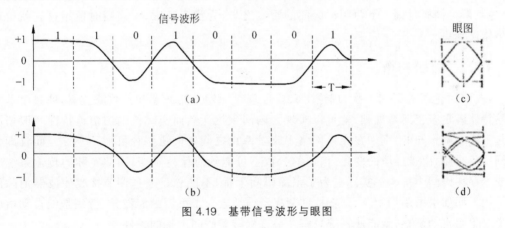

图 4.19 基带信号波形与眼图

通常,对于二进制来说,纵向只看到一个眼睛,对于 M 进制来说,纵向可以看到 $M-1$ 只眼睛。同理,如果扫描周期为 T_s,水平方向只看到一只眼睛,如果扫描周期为 $nT_s(n$ 为整数),水平方向可以看到 n 只眼睛。

2. 眼图模型

眼图对数字基带信号传输系统的性能给出很多有用的情况,可以从中看出码间干扰和噪声的大小。眼图可以用来指示接收滤波器的调整,以减小码间干扰,为了说明眼图和系统性能的关系,可以把眼图简化为图 4.20 所示的形状,称为眼图的模型。

根据眼图的模型可知,眼图的参数有最佳抽样时刻、判决门限电平、幅度畸变范围、过零点失真、定时误差灵敏度(斜边)和噪声容限,从图 4.20 中可以得出。

(1)最佳抽样时刻应选择在眼图中"眼睛"张开的最大处。

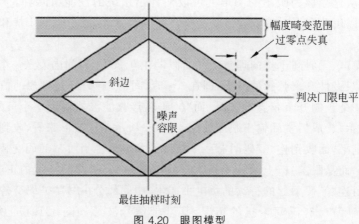

图 4.20　眼图模型

(2) 中间水平横线表示最佳判决门限电平。

(3) 阴影区的垂直高度表示幅度畸变范围。

(4) 定时误差的灵敏度,由斜边斜率决定,斜率越大,定时误差就越灵敏。

(5) 在无噪声情况下,"眼睛"张开的程度,即离门限电平最近的一根线迹至门限的距离,也就是在抽样时刻上下两阴影区间的距离之半,为噪声容限,噪声瞬时值超过它就可能发生错误判决。

4.7.2　时域均衡

4.5 节讨论了无码间干扰,理论上只要合理设计发送滤波器和接收滤波器,使整个基带传输特性满足奈奎斯特准则,就可以实现无码间干扰。然而实际传输的信道特性一般情况下是不能准确预知的,例如在交换网络中收发两点之间的信道路径可能不一样。而且即使是同一条线路,由于环境的变化,信道的参数不可能绝对保持不变,因此实际的传输系统或多或少存在码间干扰。在实际中为了消除码间干扰,不能总是通过调节接收滤波器消除码间干扰。那如果采用均衡器,即在抽样判决器前插入一个可调的滤波器,特别是能自动适应信道变化而自动调整,就能使系统总特性一直保持无码间干扰的条件。

均衡技术就是在基带系统中,在接收滤波器之后、抽样判决器之前插入一种可调(或不可调)的滤波器(或在数字调制系统中,在解调器的低通滤波器之后、抽样判决器之前插入一种可调(或不可调)的滤波器),用来达到减少或消除码间干扰的技术。而起这种补偿作用的横向滤波器就称为均衡器。

均衡器可分为时域均衡器和频域均衡器(包括幅度均衡器、相位或时延均衡器)。时域均衡器是指利用均衡器产生的时间波形直接校正已畸变的波形,使包括均衡器在内的整个系统 $h(t)$ 满足无码间干扰条件。而频域均衡器通过校正系统的频率特性,使包括均衡器在内的整个系统的 $H(\omega)$ 满足无码间干扰条件。按调节的方法,均衡器还可分为固定均衡器和可变均衡器。可变均衡器又可分为手动均衡器和自适应(自动)均衡器。由于目前数字信号基带传输系统中主要采用时域均衡器,因此本节主要讨论时域均衡器的基本原理。

1. 理想的时域均衡器

4.5 节给出基带数字系统总的传输特性 $H(\omega) = G_T(\omega)C(\omega)G_R(\omega)$，当它因为信道特性 $C(\omega)$ 的变化而不满足奈奎斯特准则时，在接收滤波器和抽样判决器之间接入时域均衡器。令时域均衡器传输特性为 $T(\omega)$，其冲激响应为 $h_T(t) = \mathrm{F}^{-1}[T(\omega)]$。合理设计 $T(\omega)$，使 $H'(\omega) = H(\omega)T(\omega)$，新的传输特性满足式(4.24)的奈奎斯特准则，图 4.21(a)为其结构方框图。

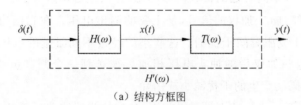

（a）结构方框图

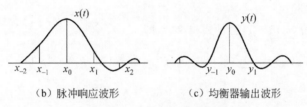

（b）脉冲响应波形　　　　　　（c）均衡器输出波形

图 4.21　时域均衡器原理图

假设在均衡器的输入端发送一个单脉冲 $\delta(t)$，经过 $H(\omega)$ 传输后，输出单脉冲响应波形 $x(t) = h(t)$，如图 4.21(b)所示。对于数字通信系统来说，只对各抽样时刻上的抽样值感兴趣，$x(t)$ 各抽样点的抽样值为 x_i，i 取整数，由图可见，在 $i \neq 0$ 处 x_i 不为 0，这是由于 $H(\omega)$ 传输特性的不理想造成的码间干扰。因此如果通过均衡器 $T(\omega)$ 后能得到的波形 $y(t)$ 如图 4.21(c)所示，此时各抽样点除 $y_0 \neq 0$ 外，其余都为 0，即码间干扰被消除。

由于信道参数不是恒定的，因此实际的均衡器要能对信号 $x(t)$ 各抽样时刻的值进行灵活调节，即它能随信道参数的变化而使该码元时刻的抽样值最大，而其余抽样时刻的抽样值为零。为此采用如图 4.22 所示由横向滤波器组成的均衡器，其冲激响应为

$$h_T(t) = \sum_{n=-\infty}^{\infty} C_n \delta(t - nT_s) \tag{4.42}$$

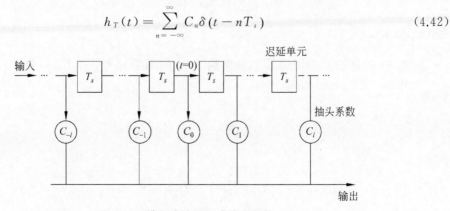

图 4.22　横向滤波器组成的均衡器

该网络是由无限多个横向排列的延迟单元和抽头系数组成的,因此称为横向滤波器。它的功能是将输入端抽样时刻上有码间干扰的响应波形变换成(利用它产生的无限多响应波形之和)抽样时刻上无码间干扰的响应波形。由于横向滤波器的均衡原理是建立在响应波形上的,故把这种均衡称为时域均衡。

该横向滤波器的抽头系数是可调的,相邻抽头间的时延是 T_s,即一个码元脉冲宽度。在各个抽头上得到经过不同时延的接收信号码元,它们经过系数 $\{C_n\}$ 加权后的这些信号中,中间的那个信号,即经过 C_0 加权的信号,是主要的输出电压。在它两边的各个抽头的输出信号电压很小,是用于克服码间干扰的。这些小的经过不同时延的电压也可以看作经过不同时延的"回波"。这些加权后的抽头电压相加后被送到一个判决电路,控制各加权系数 $\{C_n\}$ 的调整,使相邻码元产生的干扰减小或消除。

下面证明为了使系统总特性满足无码间干扰,在接收滤波器后面插入的横向滤波器,其冲激响应即为式(4.43)。

要使 $H'(\omega)=H(\omega)T(\omega)$ 满足式(4.24),即

$$H'_{eq}(\omega) = \sum_{i=-\infty}^{\infty} H\left(\omega + \frac{2\pi}{T_s}i\right) = 常数(或 T_s) \quad |\omega| \leqslant \frac{\pi}{T_s} \tag{4.43}$$

对式(4.43),因为

$$\sum_i H'\left(\omega + \frac{2\pi}{T_s}i\right) = \sum_i H\left(\omega + \frac{2\pi}{T_s}i\right)T\left(\omega + \frac{2\pi}{T_s}i\right) \tag{4.44}$$

于是,如果 $T\left(\omega + \frac{2\pi}{T_s}i\right)$ 对不同的 i 有相同的函数形式,即 $T(\omega)$ 为以 $2\pi/T_s$ 为周期的周期函数,则当 $T(\omega)$ 在 $(-\pi/T_s, \pi/T_s)$ 内有

$$T(\omega) = \frac{T_s}{\sum_i H\left(\omega + \frac{2\pi}{T_s}i\right)} \quad |\omega| \leqslant \frac{\pi}{T_s} \tag{4.45}$$

就有

$$\sum_i H'\left(\omega + \frac{2\pi}{T_s}i\right) = T_s \tag{4.46}$$

也就是式(4.43)成立。

既然 $T(\omega)$ 是按式(4.45)开拓的周期为 $\frac{2\pi}{T_s}$ 的周期函数,则 $T(\omega)$ 可用傅里叶级数表示,即

$$T(\omega) = \sum_{n=-\infty}^{\infty} C_n \mathrm{e}^{-jnT_s\omega} \tag{4.47}$$

式中

$$C_n = \frac{T_s}{2\pi} \int_{-\frac{\pi}{T_s}}^{\frac{\pi}{T_s}} T(\omega) \mathrm{e}^{-jnT_s\omega} \mathrm{d}\omega \tag{4.48}$$

或

$$C_n = \frac{T_s}{2\pi} \int_{-\frac{\pi}{T_s}}^{\frac{\pi}{T_s}} \frac{T_s}{\sum_i H\left(\omega + \frac{2\pi}{T_s}i\right)} e^{jnT_s\omega} d\omega \tag{4.49}$$

由式(4.49)可见,傅里叶系数 C_n 由 $H(\omega)$ 决定。

再对式(4.47)进行傅里叶反变换,则可求出其单位冲击响应 $h_T(t)$ 为

$$h_T(t) = \mathscr{F}^{-1}[T(\omega)] = \sum_{n=-\infty}^{\infty} C_n \delta(t - nT_s) \tag{4.50}$$

这就是需要证明的式(4.42)。

由上述证明过程可知,给定一个系统的传输函数 $H(\omega)$ 就可以唯一地确定 $T(\omega)$。于是就找到清除码间干扰的新的总传输函数 $H'(\omega)$(即包括了 $T(\omega)$ 的基带系统)。

以上分析表明,借助横向滤波器实现时域均衡是可能的。并指出只要用无限长的横向滤波器,就能做到(至少在理论上)消除码间干扰的影响。然而,使横向滤波器的抽头无限多是不现实的。实际上,均衡器的长度不仅受经济条件的限制,并且还受每一系数 C_i 调整的准确度的限制。如果 C_i 的调整准确度得不到保证,则增加长度所获得的效益也不会显示出来。因此,实际应用的都是有限长横向滤波器。下面对有限长横向滤波器进行讨论。

2. 有限长的时域均衡器

设在基带系统接收滤波器与判决电路之间插入一个具有 $2N+1$ 个抽头的横向滤波器,如图 4.23 所示。设它的输入波形为 $x(t)$,$x(t)$ 被认为是被均衡的对象,并设它不附加噪声。

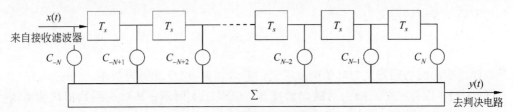

图 4.23　有限长的时域均衡器

若设有限长横向滤波器的单位冲激响应为 $e(t)$,相应的频率特性为 $E(\omega)$,则

$$e(t) = \sum_{i=-N}^{N} C_i \delta(t - iT_s) \tag{4.51}$$

其相应的频率特性为

$$E(\omega) = \sum_{i=-N}^{N} C_i e^{jiT_s\omega} \tag{4.52}$$

由此看出,$E(\omega)$ 被 $2N+1$ 个 C_i 所确定。显然,不同的 C_i 将对应有不同的 $E(\omega)$。

现在考察均衡器的输出波形。因为横向滤波器的输出 $y(t)$ 是 $x(t)$ 和 $e(t)$ 的卷积,故利用式(4.51)的特点,不难看出。

$$y(t) = x(t) * e(t) = \sum_{i=-N}^{N} C_i x(t - iT_s)$$

于是,在抽样时刻 $kT_s + t_0$,t_0 即是如图 4.21(b)所示的 x_0 出现的时刻,就有

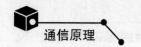

$$y(kT_s + t_0) = \sum_{i=-N}^{N} C_i x(kT_s + t_0 - iT_s) = \sum_{i=-N}^{N} C_i x\left[(k-i)T_s + t_0\right]$$

或者简写为

$$y_k = \sum_{i=-N}^{N} C_i x_{k-i} \tag{4.53}$$

式(4.53)说明,均衡器在第 k 抽样时刻上得到的样值 y_k 将由 $2N+1$ 个 C_i 与 x_{k-i} 乘积之和确定。

当采用有限抽头数的横向滤波器时,就不可能达到理想情况的码间干扰被完全消除。那么,此时的均衡效果如何衡量呢? 这时一般采用峰值畸变准则和均方畸变准则衡量。如果均衡器按最小峰值畸变准则或最小均方畸变准则设计,则认为这时的均衡效果是最佳的。

这两种准则都是根据图4.21(b)均衡器输出的单脉冲响应规定的。峰值畸变被定义为

$$D = \frac{1}{y_0} \sum_{k=-\infty}^{\infty}{}' |y_k| \tag{4.54}$$

式(4.54)中,符号 $\sum\limits_{k=-\infty}^{\infty}{}'$ 表示 $\sum\limits_{\substack{k=-\infty \\ k \neq 0}}^{\infty}$ 。由式(4.54)可看出,峰值畸变 D 表示所有抽样时刻得到的码间干扰最大可能值(峰值)与 $k=0$ 时刻的样值之比。显然,对于完全消除码间干扰的均衡器而言,由于除 $k=0$ 外有 $y_k=0$,故有 D 等于零;对于码间干扰不为零的场合,则 D 有最小值。

均方畸变准则的定义为

$$\varepsilon^2 = \frac{1}{y_0^2} \sum_{k=-\infty}^{\infty}{}' y_k^2 \tag{4.55}$$

这一准则所指出的物理意义与峰值畸变准则的非常相似,这里就不再赘述。

【例4.2】 设有一个三抽头的横向滤波器,如图4.24所示,其抽头系数依次为 $C_{-1}=-1/4, C_0=1, C_{+1}=-1/2$;$x(t)$ 在各抽样值依次为 $x_{-1}=1/4, x_0=1, x_{+1}=1/2$,其余都为零。求输出波形 $y(t)$ 在各抽样时刻的值、峰值畸变 D 和均方畸变 ε^2。

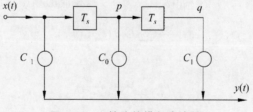

图 4.24 三抽头的横向滤波器

解:由公式(4.53)可得,$y(t)$ 在各抽样时刻的值

$$y_{-2} = \left(-\frac{1}{4}\right) \times \frac{1}{4} = -\frac{1}{16}$$

$$y_{-1} = \left(-\frac{1}{4}\right) \times 1 + \frac{1}{4} = 0$$

$$y_0 = \left(-\frac{1}{4}\right) \times \frac{1}{2} + 1 \times 1 + \left(-\frac{1}{2}\right) \times \frac{1}{4} = \frac{3}{4}$$

$$y_{+1} = 1 \times \frac{1}{2} - \frac{1}{2} \times 1 = 0$$

$$y_{+2} = \left(-\frac{1}{2}\right) \times \frac{1}{2} = -\frac{1}{4}$$

而其他时刻的抽样值均为 0。此外,由式(4.54)和式(4.55)可得

$$D = \left(\frac{1}{16} + \frac{1}{4}\right) \Big/ \frac{3}{4} = \frac{5}{12}$$

$$\varepsilon^2 = \left[\left(\frac{1}{16}\right)^2 + \left(\frac{1}{4}\right)^2\right] \Big/ \left(\frac{3}{4}\right)^2 = \frac{17}{144}$$

在分析横向滤波器时,均把输出波形的时间原点($t=0$)假设在滤波器中心点处(即 C_0 处)。如果时间参考点选择在别处,则滤波器的波形形状是相同的,所不同的仅仅是整个波形的提前或推迟。

由例题 4.2 可见,除 y_0 外,得到 y_{-1} 及 y_1 为零,但 y_{-2} 及 y_2 不为零。这说明,用有限长的横向滤波器减小码间干扰是可能的,但完全消除是不可能的。

3. 均衡器的实现

(1) 预置式自动均衡器:带可调抽头的横向滤波器结构图,如图 4.25 所示。

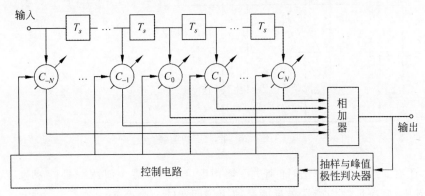

图 4.25 带可调抽头的横向滤波器结构图

在输出端将每个 y_k 依次进行抽样并进行极性判决,判决的两种可能结果以"极性脉冲"表示,并加到控制电路。控制电路将在某一规定时刻(如测试信号的终止时刻)将所有"极性脉冲"分别作用到相应的抽头,让它们作增加 Δ 或下降 Δ 的改变。这样,经过多次调整,就能达到均衡的目的。这种均衡器的 Δ 愈小,精度就愈高,但需要的调整时间就愈长。

(2) 自适应均衡器:如图 4.26 所示,自适应均衡器直接从传输的实际数字信号 $x(t)$ 中根据某种算法不断调整增益,因而能适应信道的随机变化,使均衡器总是保持最佳的工作状态,从而有更好的失真补偿性能。

自适应均衡器一般包含两种工作模式,即训练模式和跟踪模式。首先,发送端发送一个

已知的定长的训练序列,以便接收端处的均衡器可以做出正确的设置。典型的训练序列是一个二进制伪随机信号或是一串预先指定的数据比特,而紧跟在训练序列后被传送的是用户数据,接收端处的均衡器将通过递归算法评估信道特性,并且修正滤波器系数以对信道做出补偿。在设计训练序列时,要求做到即使在最差的信道条件下,均衡器也能通过这个训练序列获得正确的滤波系数。这样就可以在收到训练序列后,使得均衡器的滤波系数已经接近于最佳值。而在接收数据时,均衡器的自适应算法就可以跟踪不断变化的信道,自适应均衡器将不断改变其滤波特性。均衡器从调整参数至形成收敛,整个过程是均衡器算法、结构和通信变化率的函数。为了能有效地消除码间干扰,均衡器需要周期性地做重复训练。在数字通信系统中用户数据是被分为若干段并被放在相应的时间段中传送的,每当收到新的时间段,均衡器将用同样的训练序列进行修正。均衡器一般被放在接收端的基带或中频部分实现,基带包络的复数表达式可以描述带通信号波形,所以信道响应、解调信号和自适应算法通常都可以在基带部分被仿真和实现。

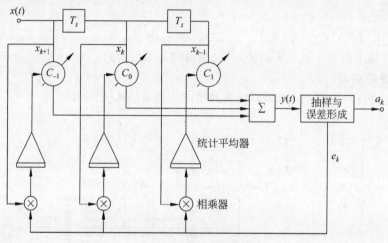

图 4.26   自适应均衡器

此外,还有非线性均衡算法,即判决反馈均衡(DFE)、最大似然符号检测和最大似然序列估值。其中,判决反馈均衡器被证明是解决该问题的一个有效途径。

4.8   扰码和解码

在设计数字通信系统时,通常假定信源序列是随机序列,而实际信源发出的序列不一定满足这个条件,特别是出现长连"0"串时,给接收端提取定时信号带来一定的困难。解决这个问题的办法,除前面介绍的码型编码方法外,也常用 m 序列对信源序列进行"加乱"处理,有时也称为扰码,以使信源序列随机化。在接收端再把"加乱"的序列,用同样的 m 序列"解乱",即进行解扰,恢复原有的信源序列。

从更广泛的意义说,扰码能使数字传输系统对各种数字信息具有透明性。这不但因为扰码能改善定时恢复的质量,而且它还能使信号频谱分布均匀,能改善有关子系统的性能。

由于扰码的原理基于 m 序列的伪随机性,因此本节先介绍正交编码的基本概念,然后再讨论 m 序列的产生和性质,最后介绍扰码和解码的原理。

4.8.1 正交编码

在数字通信技术中,正交编码是十分重要的技术。正交编码不仅可用作纠错码,而且可用来实现码分多址通信等。

若两个周期为 T 的模拟信号 $s_1(t)$ 和 $s_2(t)$ 互相正交,那么

$$\int_0^T s_1(t)s_2(t)\mathrm{d}t = 0 \qquad (4.56)$$

同理,若 M 个周期为 T 的模拟信号 $s_1(t),s_2(t),\cdots,s_M(t)$ 构成一个正交信号集合,就有

$$\int_0^T s_i(t)s_j(t)\mathrm{d}t = 0 \quad i \neq j; \quad i,j=1,2,\cdots,M \qquad (4.57)$$

对于二进制数字信号,也有上述模拟信号这种正交性。由于数字信号是离散的,可以把它看成是一个码字,并且用数字序列表示这个码字。这样的码字种类很多,这里只讨论码长相同的二进制码字的集合。这时,两个码字的正交性可用互相关系数表述。

设长为 n 的码字集合中码元取值为 $+1$ 和 -1,以及 x 和 y 是其中两个码字,即

$$x = (x_1,x_2,\cdots,x_n) \qquad y = (y_1,y_2,\cdots,y_n)$$

其中 x_i 和 y_i 取值为 $+1$ 和 -1,$i=1,2,\cdots,n$,则 x 和 y 间的互相关系数定义为

$$\rho(x,y) = \frac{1}{n}\sum_{i=1}^n x_i y_i \qquad (4.58)$$

若码字 x 和 y 正交,则必有 $\rho(x,y)=0$。例如图 4.27 所示的 4 个数字信号可看作如下 4 个码字:

$$\left.\begin{array}{l} s_1(t):(+1,+1,+1,+1) \\ s_2(t):(+1,+1,-1,-1) \\ s_3(t):(+1,-1,-1,+1) \\ s_4(t):(+1,-1,+1,-1) \end{array}\right\} \qquad (4.59)$$

按式(4.58)计算可知,这 4 个码字中任意两者之间的相关系数都为零,也就是说这 4 个码字两两正交,这种两两正交的编码就称为正交编码。

类似上述互相关系数的定义,还可以对于一个长为 n 的码字 x 定义其自相关系数为

$$\rho_x(j) = \frac{1}{n}\sum_{i=1}^n x_i x_{i+j} \quad j=0,1,\cdots,n-1 \qquad (4.60)$$

式中,x 的下标按模 n 运算,即有 $x_{n+k} \equiv x_k$。

在二进制编码理论中,经常采用二进制数字"0"和"1"表示码元的可能取值,这时,若规定用二进制数字"0"代替上述码组中的"+1",用二进制数字"1"代替"-1",则上述互相关

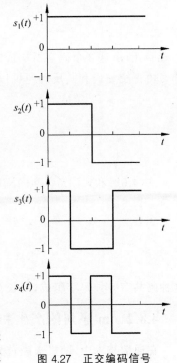

图 4.27 正交编码信号

系数定义式(4.58)将变为

$$\rho(x,y)=\frac{A-D}{A+D} \tag{4.61}$$

式中,A 为 x 和 y 中对应位码元相同的个数;D 为 x 和 y 中对应位码元不同的个数。这样式(4.59)可以写成

$$\left.\begin{aligned}s_1(t):(0,0,0,0)\\s_2(t):(0,0,1,1)\\s_3(t):(0,1,1,0)\\s_4(t):(0,1,0,1)\end{aligned}\right\} \tag{4.62}$$

将其代入式(4.61),计算出的互相关系数仍为零。

式(4.61)中,若用 x 的 j 次循环移位代替 y,就得到 x 的自相关系数 $\rho_x(j)$。即令

$$x=(x_1,x_2,\cdots,x_n), \quad y=(x_{1+j},x_{2+j},\cdots,x_n,x_1,x_2,\cdots,x_j)$$

代入式(4.61),就得到自相关系数 $\rho_x(j)$。

有了正交编码的概念,可以引入超正交码和双正交码的概念。前面讲过,相关系数 ρ 的取值范围在 -1 到 $+1$。若两个码字间的相关系数 $\rho<0$,则称这两个码字互相超正交。如果一种编码中任意两码字间都是超正交的,则称这种编码为超正交编码。例如,在式(4.62)中,若仅取后 3 个码字,并且删去其第一位,构成如下新的编码,即

$$\left.\begin{aligned}s_1{}'(t):(0,1,1)\\s_2{}'(t):(1,1,0)\\s_3{}'(t):(1,0,1)\end{aligned}\right\} \tag{4.63}$$

不难验证,由这 3 个码字所构成的编码是超正交码。

由正交编码和其反码便可以构成双正交编码。例如,式(4.62)中正交码的反码为

$$\left.\begin{aligned}(1,1,1,1)\\(1,1,0,0)\\(1,0,0,1)\\(1,0,1,0)\end{aligned}\right\} \tag{4.64}$$

式(4.62)和式(4.64)共同构成如下双正交码

$$\left.\begin{aligned}(0,0,0,0)\quad(1,1,1,1)\\(0,0,1,1)\quad(1,1,0,0)\\(0,1,1,0)\quad(1,0,0,1)\\(0,1,0,1)\quad(1,0,1,0)\end{aligned}\right\} \tag{4.65}$$

这种码共有 8 种码字组成,码长为 4,任两组码字间的相关系数为 0 或 -1。

4.8.2 m 序列的产生和性质

在通信技术中,随机噪声首先是作为有损通信质量的因素受到人们重视的。在许多章节中都已指出,信道中存在的随机噪声会使模拟信号产生失真,或使数字信号解调后出现误码;同时它还是限制信道容量的一个重要因素。因此,人们最早设法消除或减少通信系统中

的随机噪声。但是,有时人们也希望获得随机噪声。例如,在实验室中对通信设备或系统进行测试时,有时要故意加入一定的随机噪声,这时则需要产生它。

在 20 世纪 40 年代末,香农指出,在某些情况下,为了实现有效的通信,应采用具有白噪声统计特性的信号。另外,为了实现高可靠的保密通信,也希望利用随机噪声。但是,利用随机噪声的最大困难是它难以重复产生和处理。直到 20 世纪 60 年代,伪随机噪声的出现才使这一困难得到解决。

伪随机噪声具有类似于随机噪声的一些统计特性,同时又便于重复产生和处理。由于它具有随机噪声的优点,又避免了随机噪声的缺点,因此得到广泛的实际应用。被广泛应用的伪随机噪声都是由数字电路产生的周期序列得到的,这种周期序列称为伪随机序列。

通常产生伪随机序列的电路为一反馈移位寄存器。它又分为线性反馈移位寄存器和非线性反馈移位寄存器两类。由线性反馈移位寄存器产生的周期最长的二进制数字序列称为最大长度线性反馈移位寄存器序列,通常简称为 m 序列。由于它的理论比较成熟,实现比较简便,实际应用也较广泛,所以这里主要讨论 m 序列。

m 序列是由带线性反馈的移位寄存器产生的序列,并且具有最长的周期。

由 n 级串接的移位寄存器和反馈逻辑线路可组成动态移位寄存器,如果反馈逻辑线路只用模 2 和构成,则称为线性反馈移位寄存器;如果反馈线路中包含"与""或"等运算,则称为非线性反馈移位寄存器。

带线性反馈逻辑的移位寄存器设定初始状态后,在时钟的触发下,每次移位后各级寄存器状态会发生变化。其中任何一级寄存器的输出,随着时钟节拍的推移都会产生一个序列,该序列称为移位寄存器序列。

以图 4.28 所示的 4 级移位寄存器为例,图中线性反馈逻辑服从以下递归关系式

$$a_4 = a_1 \oplus a_0 \tag{4.66}$$

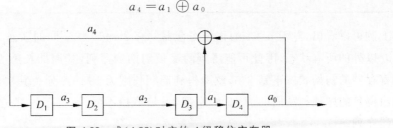

图 4.28　式(4.66)对应的 4 级移位寄存器

即第 3 级与第 4 级输出的模 2 和运算结果反馈到第 1 级去,假设这 4 级移位寄存器的初始状态为 0001,即第 4 级为 1 状态,其余 3 级均为 0 状态。随着移位时钟节拍,各级移位寄存器的状态转移流程图如表 4.2 所示。在第 15 节拍时,移位寄存器的状态与第 0 节拍的状态(即初始状态)相同,因而从第 16 节拍开始必定重复第 1~15 节拍的过程。这说明该移位寄存器的状态具有周期性,其周期长度为 15。如果从末级输出,选择 3 个 0 为起点,便可得到如下序列

$$a_0 = 000100110101111$$

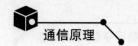

表 4.2 m 序列发生器状态转移流程图

移位时钟节拍	第 1 级 a_3	第 2 级 a_2	第 3 级 a_1	第 4 级 a_0	反馈值 $a_4 = a_1 \oplus a_0$
0	0	0	0	1	1
1	1	0	0	0	0
2	0	1	0	0	0
3	0	0	1	0	1
4	1	0	0	1	1
5	1	1	0	0	0
6	0	1	1	0	0
7	1	0	1	1	0
8	0	1	0	1	1
9	1	0	1	0	0
10	1	1	0	1	1
11	1	1	1	0	1
12	1	1	1	1	0
13	0	1	1	1	0
14	0	0	1	1	0
15	0	0	0	1	1
16	1	0	0	0	0

由上例可以看出,对于 $n=4$ 的移位寄存器共有 $2^4=16$ 种不同的状态,上述序列中出现了除全 0 以外的所有状态,因此可能得到的最长周期的序列,其周期长度为 $2^4-1=15$。只有移位寄存器的初始状态不是全 0,就能得到周期长度为 15 的序列。其实,从任何一级寄存器的输出得到的序列都是周期为 15 的序列,只是节拍不同,这些序列都是最长线性反馈移位寄存器序列。

将图 4.28 中线性逻辑反馈改为

$$a_4 = a_2 \oplus a_0 \tag{4.67}$$

如图 4.29 所示,如果 4 级移位寄存器的初始状态仍为 0001,可得末级输出序列为

$$a_0 = 000101$$

其周期为 6。如果将初始状态改为 1011,输出序列是周期为 3 的循环序列,即

$$a_0 = 011$$

当初始状态为 1111 时,输出序列是周期为 6 的循环序列,其中的一个周期为

$$a_0 = 111100$$

以上 4 种不同的输出序列说明,n 级线性反馈移位寄存器的输出序列是一个周期序列,

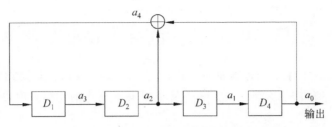

图 4.29　式(4.67)对应的 4 级移位寄存器

其周期长短由移位寄存器的级数、线性反馈逻辑和初始状态决定。但在产生最长线性反馈移位寄存器序列时,只要初始状态非全 0 即可,关键要有合适的线性反馈逻辑。

n 级线性反馈移位寄存器如图 4.30 所示。图中 c_i 表示反馈线的两种可能连接状态,$c_i=1$ 表示连接线接通,第 $n-i$ 级输出加入反馈中;$c_i=0$ 表示连接线断开,第 $n-i$ 级输出未参加反馈。

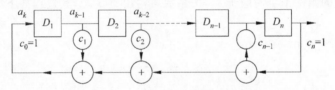

图 4.30　n 级线性反馈移位寄存器

设已知序列的前 n 个元素 $a_1a_2a_3\cdots a_n$,或 n 级 D 触发器的初态和反馈系数 c_i,就可以用公式计算下一个状态序列的输出 a_k(即 $k=n+1$)。设第一级触发器 D_1 的反馈输入为 a_k,则 D_1 输出为 a_{k-1},D_2 输出 a_{k-2},D_n 输出为 a_{k-n},则求 a_k 的递推公式为

$$a_k = \sum_{i=1}^{n} c_i a_{k-i} \pmod 2 \tag{4.68}$$

定义一个与上式相对应的多项式

$$F(x) = \sum_{i=1}^{n} c_i x^i \tag{4.69}$$

其中 x 的幂次表示元素相应的位置。式(4.69)称为线性反馈移位寄存器的特征多项式,特征多项式与输出序列的周期有密切关系。可以证明,当 $F(x)$ 满足下列 3 个条件时,就一定能产生 m 序列。

(1) $F(x)$ 是不可约的,即不能再分解因式。

(2) $F(x)$ 可整除 x^p+1,这里 $p=2^n-1$。

(3) $F(x)$ 不能整除 x^q+1,这里 $q<p$。

满足上述条件的多项式称为本原多项式。这样,产生 m 序列的充要条件就变成如何寻找本原多项式。以前面提到的 4 级移位寄存器为例,4 级移位寄存器所能产生的 m 序列,其周期为 $2^4-1=15$,其特征多项式 $F(x)$ 应能整除 $x^{15}+1$。将 $x^{15}+1$ 进行因式分解,有

$$x^{15}+1 = (x^4+x+1)(x^4+x^3+1)(x^4+x^3+x^2+x+1)(x^2+x+1)(x+1)$$

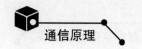

以上共得到 5 个不可约因式,其中有 3 个 4 阶多项式,而 $x^4+x^3+x^2+x+1$ 可整除 x^5+1,即

$$x^5+1=(x^4+x^3+x^2+x+1)(x+1)$$

故不是本原多项式。其余 2 个是本原多项式,而且是互逆多项式,只要找到其中的一个,另一个就可以写出。例如 $F_1(x)=x^4+x^3+1$ 就是图 4.28 对应的特征多项式,另一个 $F_2(x)=x^4+x+1$ 是与其互逆的多项式。

寻求本原多项式是一件烦琐的工作,计算得到的结果列于表 4.3。表中给出其中部分结果,每一个 n 只给出一个本原多项式。为了使 m 序列发生器尽量简单,常用的是只有 3 项的本原多项式,此时发生器只需要一个模 2 和加法器。但对于某些 n 值,不存在 3 项的本原多项式。表中列出的本原多项式都是项数最少的,为简便起见,用八进制数字表示本原多项式的系数,由系数写出本原多项式非常方便。例如 $n=4$ 时,本原多项式系数的八进制数字表示为 23,将 23 写成二进制数字 010 和 011,从左向右第一个 1 对应于 c_0,按系数可写出 $F_1(x)$;从右向左的第一个 1 对应于 c_0,按系数可写出 $F_2(x)$,其过程如下。

$$
\begin{array}{ccccccc}
& 2 & & & 3 & & \\
0 & 1 & 0 & 0 & 1 & 1 & \\
c_0 & c_1 & c_2 & c_3 & c_4 & & F_1(x)=x^4+x^3+1 \\
c_4 & c_3 & c_2 & c_1 & c_0 & & F_2(x)=x^4+x+1
\end{array}
$$

$F_1(x)$ 和 $F_2(x)$ 为互逆多项式。

表 4.3　本原多项式系数表

n	本原多项式系数的八进制表示	代　数　式	n	本原多项式系数的八进制表示	代　数　式
2	7	x^2+x+1	12	10123	$x^{12}+x^6+x^4+x+1$
3	13	x^3+x+1	13	20033	$x^{13}+x^4+x^3+x+1$
4	23	x^4+x+1	14	42103	$x^{14}+x^{10}+x^6+x+1$
5	45	x^5+x^2+1	15	100003	$x^{15}+x+1$
6	103	x^6+x+1	16	210013	$x^{16}+x^{12}+x^3+x+1$
7	211	x^7+x^3+1	17	400011	$x^{17}+x^3+1$
8	435	$x^8+x^4+x^3+x^2+1$	18	1000201	$x^{18}+x^7+1$
9	1021	x^9+x^4+1	19	2000047	$x^{19}+x^5+x^2+x+1$
10	2011	$x^{10}+x^3+1$	20	4000011	$x^{20}+x^3+1$
11	4005	$x^{11}+x^2+1$			

m 序列具有如下性质。

(1) 由 n 级移位寄存器产生的 m 序列,其周期为 2^n-1。

(2) 除全 0 状态外,n 级移位寄存器可能出现的各种不同状态都在 m 序列的一个周期内出现,而且只出现一次。因此,m 序列中 1 和 0 出现的概率大致相同,1 码只比 0 码多 1 个。

(3) 在一个序列中连续出现的相同码称为一个游程,连码的个数称为游程的长度。m 序列中共有 2^{n-1} 个游程,其中长度为 1 的游程占 1/2,长度为 2 的游程占 1/4,长度为 3 的游程占 1/8,以此类推,长度为 k 的游程占 2^{-k}。其中最长的游程是 n 个连 1 码,次长的游程是 $n-1$ 个连 0 码。

(4) m 序列的自相关函数只有两种取值。周期为 p 的 m 序列的自相关函数为

$$R(j) = \frac{A-D}{A+D} = \frac{A-D}{p} \tag{4.70}$$

式中,A、D 分别是 m 序列与其 j 次移位的序列在一个周期中对应元素相同和不相同的数目。可以证明,一个周期为 p 的 m 序列与其任意次移位后的序列模 2 相加,其结果仍是周期为 p 的 m 序列,只是原序列某次移位后的序列。所以对应元素相同和不相同的数目就是移位相加后 m 序列中 0 和 1 的数目。由于一个周期中 0 比 1 的个数少 1,因此 j 为非零整数时 $A-D=-1$;j 为零时 $A-D=p$,这样可得到

$$R(j) = \begin{cases} 1, & j=0 \\ -\dfrac{1}{p}, & j=\pm 1, \pm 2, \cdots, \pm(p-1) \end{cases} \tag{4.71}$$

m 序列的自相关函数在 j 为整数的离散点上只有两种取值,所以它是一种双值自相关序列。$R(j)$ 是周期长度与 m 序列周期 p 相同的周期性函数。将自相关函数的离散值用虚线连接,便得到图 4.31 所示的图形。

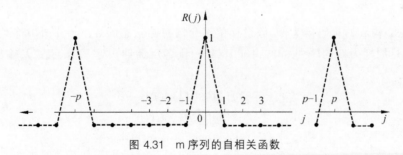

图 4.31　m 序列的自相关函数

由以上特性可知,m 序列是一个周期性确定序列,又具有类似随机二元序列的特性,故常把 m 序列称为伪随机序列或伪噪声序列,记作 PN 序列。由于 m 序列有很强的规律性和伪随机性,因此得到广泛的应用。

4.8.3　扰码和解码原理

扰码原理是以线性反馈移位寄存器理论作为基础的。以 5 级线性反馈移位寄存器为例,在反馈逻辑输出与第一级寄存器输入之间引入一个模 2 和相加电路,以输入序列作为模 2 和相加电路的另一个输入端,即可得到如图 4.32(a)所示的扰码电路,相应的解扰电路如图 4.32(b)所示。

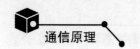

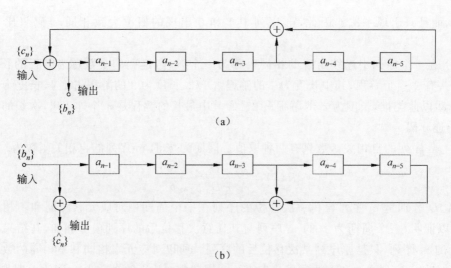

（a）

（b）

图 4.32　5 级移位寄存器构成的扰码电路和解扰电路

若输入序列$\{c_n\}$是信源序列，扰码电路输出序列为$\{b_n\}$，则 b_n 可以表示为

$$b_n = c_n \oplus a_{n-3} \oplus a_{n-5} \tag{4.72}$$

经过信道传输，接收序列为 $\{\hat{b}_n\}$，解扰电路输出序列为$\{\hat{c}_n\}$，$\hat{c}_n$ 可表示为

$$\hat{c}_n = \hat{b}_n \oplus a_{n-3} \oplus a_{n-5} \tag{4.73}$$

当传输无差错时，有 $b_n = \hat{b}_n$，由式（4.72）和式（4.73）可得$\hat{c}_n = c_n$，这说明扰码和解码是互逆运算。

以图 4.32 构成的扰码器为例，假设移位寄存器初始状态除 $a_{n-3} = 1$ 外其余均为 0，设输入序列$\{c_n\}$是周期为 6 的序列 $000111000111\cdots$，则各反馈抽头处 a_{n-3}、a_{n-5} 及输出序列$\{b_n\}$如下所示

$$
\begin{array}{ll}
c_n & 0001110001110001111\cdots \\
a_{n-3} & 0001000100100001101\cdots \\
a_{n-5} & 1000010001001001011\cdots \\
b_n & 1000100100011010011\cdots
\end{array}
$$

b_n 是周期为 186 的序列，这里只列出开头的一段。由此例可知，输入周期性序列经扰码器后变为周期较长的伪随机序列。如果输入序列中有连 1 或连 0 串时，输出序列也会呈现伪随机性。如果输入序列为全 0，只要移位寄存器初始状态不为全 0，扰码器就是一个线性反馈移位寄存器序列发生器，当有合适的反馈逻辑时，就可以得到 m 序列伪随机码。

扰码器和相应的解码器的一般形式分别如图 4.33（a）和图 4.33（b）所示。接收端采用的是一种前馈移位寄存器结构，可以自动地将扰码后的序列恢复为原始的数据序列。

由于扰码器能使包括连 0 或连 1 在内的任何输入序列变为伪随机码，所以在基带传输系统中作为码型变换使用时，能限制连 0 码的个数。

采用扰码方法的主要缺点是对系统的误码性能有影响。在传输扰码序列过程中产生的

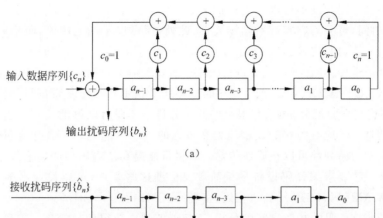

（a）

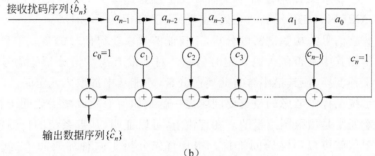

（b）

图 4.33 扰码器和解码器的一般形式

单个误码会在接收端解扰器的输出端产生多个误码,这时因为解扰时会导致误码的增值。误码增值是由反馈逻辑引入的,反馈项数越多,差错扩散也越多。

　　m 序列是周期的伪随机序列。在调试数字设备时,m 序列可作为数字信号源使用。如果 m 序列经过发送设备、信道和接收设备后仍为原序列,则说明传输是无误的;如果有错误,则需要进行统计。在接收设备的末端,由同步信号控制,产生一个与发送端相同的本地 m 序列。将本地 m 序列与接收端解调出的 m 序列逐位进行模 2 加运算,一旦有错,就会出现 1 码,用计数器计数,便可统计错误码元的个数和比率。发送端 m 序列发生器及接收端的统计部分组成的成套设备称为误码测试仪。

4.9　本章小结

　　本章讨论数字基带信号的特性和数字基带传输系统。未经调制的数字信号统称为数字基带信号,通常指来自计算机、数据终端等信源输出的低频信号。数字基带传输的基本思想可以归结为基带信号与信道信号的匹配。一方面由于数字信源输出的基带信号频率很低,且有直流分量,这不仅要消耗传输功率,也会导致传输质量下降,如何选择基带脉冲的波形是必须要解决的问题。另一方面由于实际信道都有频带限制,如何选择合适的基带传输码型使得它能适合在信道中传输也是必须要解决的问题。因此要实现这个匹配就必须要解决两大问题,即基带脉冲(信号波形)的选择和数字基带传输码型的选择。

　　单个码元的波形通常有矩形脉冲、升余弦脉冲、高斯脉冲、三角波等,我们平时接触到的

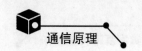

以矩形脉冲为多。码元波形可以有不同的表示方法：按电压极性,可分为单极性和双极性波形;按持续时间,可分为归零和不归零波形;此外,还可以不用电压值,而是用电压变化与否表示码元的取值,如差分码等。为了提高传输效率,有时还用多进制码。

为了适合信道传输,在发送端要进行码型变换,使编码后的信息码变成适合信道传输要求的传输码型(又叫线路码型)。数字基带传输系统的信道对数字基带信号的传输码型的要求包括:①不应包含直流分量,只有很小的低频分量。②要有足够的位同步信息,以便直接提取位同步信息。③应有内在的检错能力和较强的抗噪声能力。④具有透明传输特性,即对任何比特结构的序列都可以正确地传输。⑤尽可能提高传输码型的传输效率。⑥较小或没有误码扩散。⑦要求编译码设备尽量简单。根据这些要求,可以设计出多种传输码型。常见的码型有 AMI 码、HDB3 码、双相码、密勒码、CMI 码和 $nBmB$ 码。

对于基带数字信号的功率谱密度分析,不仅能够从中获得信号的带宽信息,还可以从有无离散谱分量得知其中是否包含码元定时信息。对于没有离散谱分量的信号,在接收端则需要对其进行某种变换,使其谱中含有此离散分量,才能从中提取码元定时。

基带传输系统设计中考虑的最重要问题之一就是如何消除或减少码间干扰。在实际中码间干扰的大小通常是用眼图测量的。在理论上,可以证明,基带系统的传输特性若满足奈奎斯特准则的要求就可以消除码间干扰。本章首先分析了两种无码间干扰的基带传输系统,即理想低通特性传输系统和升余弦滚降特性传输系统;然后分析了无码间干扰时的基带传输系统的抗噪声性能。

但是,由于信道特性不稳定且难于预计,实际中往往不能完全消除码间干扰,因此为了消除或减小码间干扰必须用均衡器进行补偿。文中重点讲述实用的均衡器,即由横向滤波器构成的时域均衡器。

在设计数字通信系统时,通常假定信源序列是随机序列,而实际信源发出的序列不一定满足这个条件,特别是出现长连"0"串时,给接收端提取定时信号带来一定的困难。解决这个问题的办法,除了前面介绍的码型编码方法外,也常用 m 序列对信源序列进行"加乱"处理,有时也称为扰码,以使信源序列随机化。在接收端再把"加乱"的序列,用同样的 m 序列"解乱",即进行解扰,恢复原有的信源序列。

扰码能使数字传输系统对各种数字信息具有透明性。这不但因为扰码能改善定时恢复的质量,而且它还能使信号频谱分布均匀,能改善有关子系统的性能。

由于扰码的原理基于 m 序列的伪随机性。因此介绍正交编码的基本概念,然后再讨论 m 序列的产生和性质,最后介绍扰码和解扰码的原理。

4.10　习题

1. 设二进制符号序列为 110010001110,试以矩形脉冲为例,分别画出相应的单极性码波形、双极性码波形、单极性归零码波形、双极性归零码波形、二进制差分码波形及八电平码波形。

2. 设随机二进制序列中的 0 和 1 分别由 $g(t)$ 和 $-g(t)$ 组成,它们的出现概率分别为 p

及$(1-p)$。

(1) 求其功率谱密度及功率。

(2) 若$g(t)$为如图 4.34(a)所示波形，T_s为码元宽度，问该序列是否存在离散分量$f_s=1/T_s$？

(3) 若$g(t)$改为图 4.34(b)，请重新回答问题(2)。

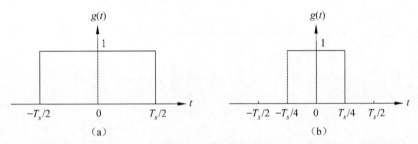

图 4.34 习题 2 图

3. 设某二进制数字基带信号的基本脉冲为三角形脉冲，如图 4.35 所示。图中 T_s 为码元间隔，数字信息"1"和"0"分别用 $g(t)$ 的有无表示，且"1"和"0"出现的概率相等。

(1) 求该数字基带信号的功率谱密度，并画出功率谱密度图。

(2) 能否从该数字基带信号中提取码元同步所需的频率 $f_s=1/T_s$ 分量？若能，试计算该分量的功率。

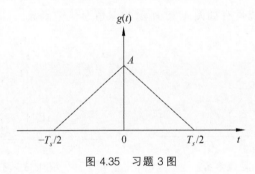

图 4.35 习题 3 图

4. 设某二进制数字基带信号中，数字信息"1"和"0"分别由 $g(t)$ 及 $-g(t)$ 表示，且"1"与"0"出现的概率相等，$g(t)$是升余弦频谱脉冲，即

$$g(t)=\frac{1}{2}\frac{\cos\left(\frac{\pi t}{T_s}\right)}{1-\frac{4t^2}{T_s^2}}\text{Sa}\left(\frac{\pi t}{T_s}\right)$$

(1) 写出该数字基带信号的功率谱密度表示式，并画出功率谱密度图。

(2) 从该数字基带信号中能否直接提取频率 $f_s=1/T_s$ 的分量？

(3) 若码元间隔 $T_s=10^{-3}$s，试求该数字基带信号的传码率及频带宽度。

5. 设某双极性数字基带信号的基本脉冲波形如图 4.36 所示。它是高度为 1、宽度为 $\tau=$

$T_s/3$ 的矩形脉冲,且已知数字信息"1"的出现概率为 $3/4$,"0"的出现概率为 $1/4$。

(1) 写出该双极信号的功率谱密度的表示式,并画出功率谱密度图。

(2) 由该双极性信号中能否直接提取频率为 $f_s=1/T_s$ 的分量? 若能,试计算该分量的功率。

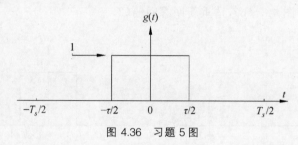

图 4.36　习题 5 图

6. 已知信息代码为 100000000011,求相应的 AMI 码、HDB3 码及双相码。

7. 已知信息代码为 1010000011000011,试确定相应的 AMI 码及 HDB3 码,并分别画出它们的波形图。

8. 某基带传输系统接收滤波器输出信号的基本脉冲为如图 4.37 所示的三角形脉冲。

(1) 求该基带传输系统的传输函数 $H(\omega)$。

(2) 假设信道的传输函数 $C(\omega)=1$,发送滤波器和接收滤波器具有相同的传输函数,即 $G_T(\omega)=G_R(\omega)$,试求这时 $G_T(\omega)$ 或 $G_R(\omega)$ 的表示式。

9. 设某基带传输系统具有如图 4.38 所示的三角形传输函数。

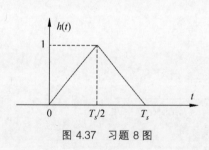

图 4.37　习题 8 图

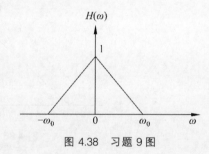

图 4.38　习题 9 图

(1) 求该系统接收滤波器输出基本脉冲的时间表示式。

(2) 当数字基带信号的传码率 $R_B=\omega_0/\pi$ 时,用奈奎斯特准则验证该系统能否实现无码间干扰传输。

10. 设基带传输系统的发送滤波器、信道及接收滤波器组成的总特性为 $H(\omega)$,若要求以 $2/T_s$ 波特的速率进行数据传输,试检验图 4.39 中各种 $H(\omega)$ 是否满足消除抽样点上码间干扰的条件?

11. 设某数字基带传输的传输特性 $H(\omega)$ 如图 4.40 所示。其中 α 为某个常数($0 \leqslant \alpha \leqslant 1$)。

(1) 试检验该系统能否实现无码间干扰传输?

(2) 试求该系统的最大码元传输速率为多少? 这时的系统频带利用率为多大?

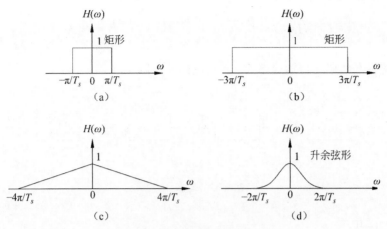

图 4.39 各种$H(\omega)$特性

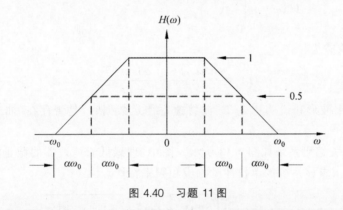

图 4.40 习题 11 图

12. 为了传送码元速率为 $R_B = 10^3 (\text{B})$ 的数字基带信号，试问系统采用图 4.41 中所画的哪一种传输特性较好？并简要说明理由。

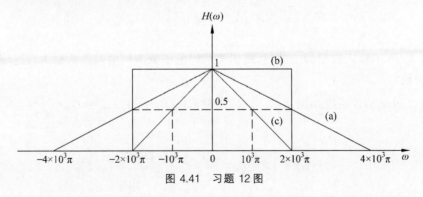

图 4.41 习题 12 图

13. 设二进制基带系统的分析模型如图 4.42 所示，现已知

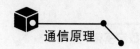

$$H(\omega)=\begin{cases}\tau_0\left(1+\cos\omega\tau_0\right), & |\omega|\leqslant\dfrac{\pi}{\tau_0}\\[2mm]0, & \text{其他}\end{cases}$$

试确定该系统最高的码元传输速率 R_B 及相应码元间隔 T_s。

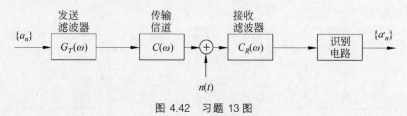

图 4.42　习题 13 图

14. 若题 13 中

$$H(\omega)=\begin{cases}\dfrac{T_s}{2}\left(1+\cos\dfrac{\omega T_s}{2}\right), & |\omega|\leqslant\dfrac{2\pi}{T_s}\\[2mm]0, & \text{其他}\end{cases}$$

试证其单位冲击响应为

$$h(t)=\frac{\sin\pi t/T_s}{\pi t/T_s}\cdot\frac{\cos\pi t/T_s}{1-4t^2/T_s^2}$$

并画出 $h(t)$ 的示意波形和说明用 $1/T_s$ 波特速率传送数据时,是否存在(抽样时刻上)码间干扰?

15. 设一个相关编码系统如图 4.43 所示。图中,理想低通滤波器的截止频率为 $1/2T_s$,通带增益为 T_s。试求该系统的单位冲激响应和频率特性。

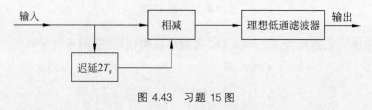

图 4.43　习题 15 图

16. 若题 15 中输入数据为二进制,则相关编码电平数为何值?若数据为四进制,则相关电平数为何值?

17. 若二进制基带系统如图 4.42 所示,并设 $C(\omega)=1,G_T(\omega)=G_R(\omega)=\sqrt{H(\omega)}$。现已知

$$H(\omega)=\begin{cases}\tau_0\left(1+\cos\omega\tau_0\right), & |\omega|\leqslant\dfrac{\pi}{\tau_0}\\[2mm]0, & \text{其他}\end{cases}$$

(1) 若 $n(t)$ 的双边功率谱密度为 $n_0/2(\mathrm{W/Hz})$,试确定 $G_R(\omega)$ 的输出噪声功率。

(2) 若在抽样时刻 $KT(K$ 为任意正整数),接收滤波器的输出信号以相同概率取 0、A 电平,而输出噪声取值 V 服从下述概率密度分布的随机变量

$$f(V) = \frac{1}{2\lambda} e^{-\frac{|V|}{\lambda}} \quad \lambda > 0 (常数)$$

试求系统最小误码率 P_e。

18. 某二进制数字基带系统所传送的是单极性基带信号,且数字信息"1"和"0"的出现概率相等。

(1) 若数字信息为"1"时,接收滤波器输出信号在抽样判决时刻的值 $A=1(V)$,且接收滤波器输出噪声是均值为 0,均方根值为 0.2(V)的高斯噪声,试求此时的误码率 P_e。

(2) 若要求误码率 P_e 不大于 10^{-5},试确定 A 至少应该是多少?

19. 若将题 18 中的单极性基带信号改为双极性基带信号,而其他条件不变,重做题 18 中的各问。

20. 一个随机二进制序列为 10110001…,符号"1"对应的基带波形为升余弦波形,持续时间为 T_s;符号"0"对应的基带波形恰好与"1"相反。

(1) 当示波器扫描周期 $T_0 = T_s$ 时,试画出眼图。

(2) 当 $T_0 = 2T_s$ 时,试重画眼图。

(3) 比较以上两种眼图的 3 个指标,即最佳抽样判决时刻、判决门限电平及噪声容限值。

21. 设有一个三抽头的时域均衡器,如图 4.44 所示。$x(t)$ 在各抽样点的值依次为 $x_{-2} = 1/8, x_{-1} = 1/3, x_0 = 1, x_{+1} = 1/4, x_{+2} = 1/16$(在其他抽样点均为零)。试求输入波形 $x(t)$ 峰值的畸变值及时域均衡器输出波形 $y(t)$ 峰值的畸变值。

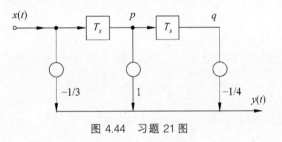

图 4.44 习题 21 图

22. 已知某线性反馈移位寄存器的特征多项式系数的八进制表示为 107,若移位寄存器的初始状态为全 1。

(1) 求末级输出序列。

(2) 输出序列是否为 m 序列,为什么?

23. 已知移位寄存器的特征多项式系数为 51,若移位寄存器的初始状态为 10000。

(1) 求末级输出序列。

(2) 验证输出序列是否符合 m 序列的性质。

24. 设计一个周期为 1023 的 m 序列发生器,画出它的方框图。

25. 设计一个由 5 级移位寄存器组成的扰码和解码系统。

(1) 画出扰码器和解码器方框图。

(2) 若输入为全 1 码,求扰码器输出序列。

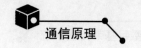

4.11　实践项目

设数字基带传输系统如图 4.10 所示，假设传输信道为理想信道，即 $C(\omega)=1$，且不考虑噪声的影响。试设计发送滤波器和接收滤波器使它们满足无码间干扰的传输特性，即 $H(\omega)=G_T(\omega)G_R(\omega)$，令滚降系数 $\alpha=0.15$。请用 MATLAB 设计发送滤波器和接收滤波器。

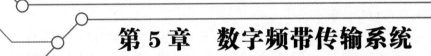

第 5 章　数字频带传输系统

本章学习目标

- 熟练掌握 2ASK、2FSK、2PSK/2DPSK 二进制数字调制系统的原理
- 了解 2ASK、2FSK、2PSK/2DPSK 二进制数字调制系统的抗噪声性能
- 掌握二进制数字调制系统的性能比较
- 了解多进制数字调制系统和现代数字调制技术

本章先介绍数字频带传输系统的概念,重点阐述各种二进制数字调制系统的原理,分析各种二进制数字调制系统的抗噪声性能,并对各种二进制数字调制系统从多方面加以性能比较,最后介绍多进制数字调制系统的概念,以及现代数字调制技术。

5.1　二进制数字调制的原理

通过借助载波调制进行频谱搬移,将数字基带信号变换成适合信道传输的数字频带信号进行传输,这种传输方式称为数字信号的频带传输。二进制数字调制是指用二进制数字基带信号改变正弦载波的幅度、频率或相位中的某个参数的过程,从而产生相应的二进制数字振幅调制(2ASK)、二进制数字频率调制(2FSK)和二进制数字绝对相位调制/相对相位调制(2PSK/2DPSK)这几种基本形式。因此数字调制和模拟调制在原理上并无本质区别,模拟调制是指对载波参数的连续调制,而数字调制仅用载波的某些参数的离散状态表征传送的信息。

与模拟调制不同的是,由于数字基带信号具有离散取值的特点,所以调制后的载波参量只有有限的几个数值,因而数字调制在实现的过程中常采用键控的方法,就像用数字信息控制开关一样,从几个具有不同参量的独立振荡源中选择参量,由此产生的 3 种基本调制方式分别称为振幅键控(Amplitude-Shift Keying,ASK)、频移键控(Frequency-Shift Keying,FSK)和相移键控(Phase-Shift Keying,PSK)或差分相移键控(Differential Phase-Shift Keying,DPSK)。

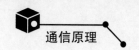

与模拟调制相同的是,数字调制也有线性调制和非线性调制之分,线性调制如 ASK、PSK,非线性调制如 FSK。

ASK 由于其抗噪声能力比较弱,所以应用较少。根据 ITU-T 建议,FSK 常用于低速数据传输设备中,一般数据率不超过 1200Baud 的系统,通常采用 2FSK;当数据率在 1200～2400Baud 的系统,通常采用 2PSK;当数据率超过 2400Baud 的系统,通常需要采用多进制的 MPSK,或改进型的调制方式 QAM 等。

接下来每小节基本上从以下五方面内容分别讨论 2ASK、2FSK、2PSK/2DPSK 的原理,即时域表达式、波形图、产生方法(调制方法)、功率谱及带宽和解调方法。二进制数字调制原理是学习数字通信的基础,应牢固掌握。

5.1.1 二进制振幅键控

振幅键控是正弦波的幅度随数字基带信号而变化的数字调制。

1. 时域表达式

当数字基带信号为二进制信号时,正弦波的幅度随数字信号"0"和"1"在两个不同电平之间转换,从而构成了二进制振幅键控(2ASK)。设消息源发出的是由二进制符号"0""1"组成的序列,发送"0"的概率为 p,发送"1"的概率为 $1-p$,二者彼此独立。根据第 3 章中的幅度调制原理,一个二进制振幅键控信号可以表示为一个二进制数字基带信号与一个正弦型载波的乘积,即

$$e_{2ASK}(t) = s(t)\cos\omega_c t \tag{5.1}$$

根据第 4 章,二进制数字基带信号 $s(t)$ 可表示为一个单极性矩形随机脉冲序列,即

$$s(t) = \sum_n a_n g(t - nT_s), \quad a_n = \begin{cases} 0, & \text{概率为 } p \\ 1, & \text{概率为 } 1-p \end{cases}$$

因此,有

$$e_{2ASK}(t) = \left[\sum_n a_n g(t - nT_s) \right] \cos\omega_c t$$

或

$$e_{2ASK}(t) = \begin{cases} \cos\omega_c t, & \text{发"1"时} \\ 0, & \text{发"0"时} \end{cases} \tag{5.2}$$

这里,T_s 是二进制基带信号的码元宽度,且 $T_s = 1/f_s$,$g(t)$ 是码元宽度为 T_s 的矩形脉冲。式(5.2)即为 2ASK 的时域表达式。

2. 波形图

$g(t)$、$s(t)$ 及 $e_{2ASK}(t)$ 的时间波形如图 5.1 所示,由图 5.1 可以看出,2ASK 信号的时间波形 $e_{2ASK}(t)$ 随二进制基带信号 $s(t)$ 的通断变化,所以又称为通断键控(OOK)信号。

3. 产生方法(调制方法)

2ASK 信号的产生方法(调制方法)通常有两种,如图 5.2 所示。图 5.2(a)是采用一般模拟幅度调制方法的原理框图,图 5.2(b)是采用数字键控方法的原理框图,图中开关电路受 $s(t)$ 控制。

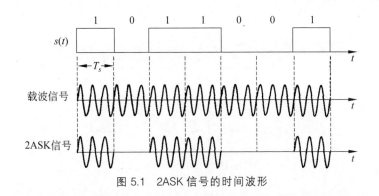

图 5.1　2ASK 信号的时间波形

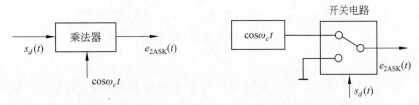

（a）采用一般模拟幅度调制方法　　　　（b）采用数字键控方法

图 5.2　2ASK 信号调制原理框图

4. 功率谱密度与带宽

由于 2ASK 信号是随机、功率型信号,所以在频域要分析其功率谱密度。2ASK 信号表达式与双边带模拟调制信号时域表示式类似,所以二者应有类似的功率谱密度表示式,信号通过乘法器后,输出信号功率谱为输入信号功率谱的 1/4 频移,即有

$$P_{2ASK}(f) = \frac{1}{4}\left[P_s(f+f_c) + P_s(f-f_c)\right] \tag{5.3}$$

式中,$P_{2ASK}(f)$ 为 2ASK 信号 $e_{2ASK}(t)$ 的功率谱密度,$P_s(f)$ 为数字基带信号 $s(t)$ 的功率谱密度,因为 $s(t)$ 为单极性矩形随机脉冲序列,由第 4 章可知,其功率谱密度表达式为

$$P_s(f) = f_s p(1-p)|G(f)|^2 + f_s^2(1-p)^2 \sum_{m=-\infty}^{\infty} |G(mf_s)|^2 \delta(f-mf_s) \tag{5.4}$$

式中,$G(f)\Leftrightarrow g(t)$,$G(f)=T_s S_a(\pi f T_s)e^{-j\pi f T_s}$ 代入式(5.3),并假定 $p=1/2$,可得

$$P_{2ASK}(f) = \frac{T_s}{16}\left[\left|\frac{\sin\pi(f+f_c)T_s}{\pi(f+f_c)T_s}\right|^2 + \left|\frac{\sin\pi(f-f_c)T_s}{\pi(f-f_c)T_s}\right|^2\right] + \frac{1}{16}\left[\delta(f+f_c)+\delta(f-f_c)\right]$$
$$\tag{5.5}$$

根据式(5.5),可画出 2ASK 信号的功率谱如图 5.3 所示。

通过研究 2ASK 信号的功率谱,可以得出结论:①2ASK 信号的功率谱由连续谱和离散谱两部分组成,且连续谱是基带信号线性调制后的双边带谱,离散谱是由载波确定;②2ASK 信号的带宽是基带脉冲波形带宽的 2 倍,即

$$B_{2ASK} = 2f_s\left(f_s = \frac{1}{T_s}\right) \tag{5.6}$$

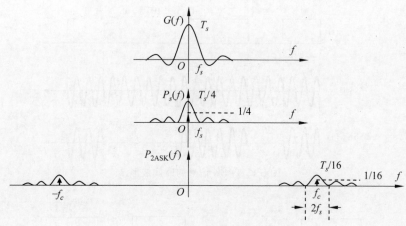

图 5.3　2ASK 信号的功率谱

5. 解调方法

与模拟调制中 AM 信号的解调相同,2ASK 信号也有非相干解调(包络检波)和相干解调(同步检测)两种方式,相应的接收系统组成方框图分别如图 5.4(a)和图 5.4(b)所示。与模拟 AM 信号的接收系统对比可知,这里增加了一个"抽样判决器",这对于提高数字信号的接收性能是必要的。以非相干解调为例,2ASK 信号非相干解调过程的时间波形如图 5.5 所示。假定数字基带信号序列为 11001000101,则接收端从信道接收到已调的 2ASK 信号的时间波形 $e_{2ASK}(t)$,先送入图 5.4(a)中的带通滤波器(BPF),带通滤波器输出端的信号波形 a 如图 5.5 中的 a 波形;经过全波整流器后的输出波形如图 5.5 中的 b 波形,即把负半波反到正半波;再经低通滤波器(LPF)后,其输出波形如图 5.5 中的 c 波形,此时已滤除高频成分;最后送到抽样判决器根据定时脉冲进行抽样判决,抽样判决后的波形如图 5.5 中的 d 波形。

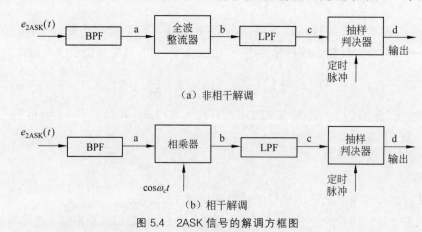

（a）非相干解调

（b）相干解调

图 5.4　2ASK 信号的解调方框图

5.1.2　二进制频移键控

频移键控是用数字基带信号控制正弦载波的频率,使之按其规律变化的数字调制方式。

144

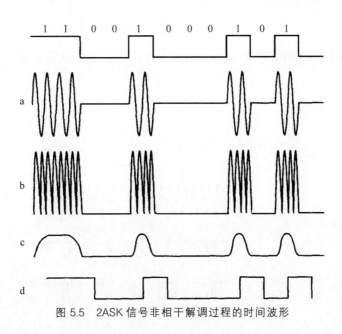

图 5.5　2ASK 信号非相干解调过程的时间波形

二进制频移键控(2FSK),就是控制正弦载波频率,使之随二进制基带信号在 f_{c1} 和 f_{c2} 两个频率上变化。

1. 时域表达式

当数字基带信号为二进制信号时,正弦波的频率随数字信号"0"和"1"在两个不同频率之间转换,从而构成 2FSK。设消息源发出的是由二进制符号"0""1"组成的序列,发送"0"的概率为 p,发送"1"的概率为 $1-p$,二者彼此独立。二进制基带信号的"1"码对应于载波频率 f_{c1},"0"码对应于载波频率 f_{c2},这样可以把 2FSK 信号看成两个不同载波频率的 2ASK 信号的叠加,因此可写出 2FSK 信号时域表达式为

$$e_{2FSK}(t) = \sum_n a_n g(t-nT_s)\cos(\omega_{c1}t+\varphi_n) +$$

$$\sum_n \overline{a_n} g(t-nT_s)\cos(\omega_{c2}t+\theta_n)$$

这里,$\omega_{c1}=2\pi f_{c1}$,$\omega_{c2}=2\pi f_{c2}$,$\overline{a_n}$ 是 a_n 的反码,a_n 和 $\overline{a_n}$ 可表示为

$$a_n = \begin{cases} 0, & 概率为 p \\ 1, & 概率为 1-p \end{cases} \qquad \overline{a_n} = \begin{cases} 1, & 概率为 p \\ 0, & 概率为 1-p \end{cases}$$

$g(t)$ 是码元宽度为 T_s 的不归零矩形脉冲,φ_n 和 θ_n 分别代表频率为 f_{c1} 和 f_{c2} 的第 n 个载波码元的初相位,在 2FSK 信号中,φ_n 和 θ_n 不携带信息,通常可令其为 0,于是

$$e_{2FSK}(t) = \sum_n a_n g(t-nT_s)\cos\omega_{c1}t + \sum_n \overline{a_n} g(t-nT_s)\cos\omega_{c2}t \qquad (5.7)$$

因此,式(5.7)即为 2FSK 信号的时域表达式。

2. 波形图

2FSK 信号的时间波形如图 5.6 所示,其中 a_k 为二进制基带信号,$s(t)$ 为 a_k 用矩形脉

冲表示的波形,即 $s(t) = \sum_n a_n g(t - nT_s)$,$\overline{s(t)}$ 则为 $\overline{a_k}$ 所对应的波形,即 $\overline{s(t)} = \sum_n \overline{a_n} g(t - nT_s)$,波形 c 为频率 f_{c1} 的载波 1,波形 d 为频率 f_{c2} 的载波 2,波形 e 为 $s(t)$ 与载波 1 的乘积,波形 f 为 $\overline{s(t)}$ 与载波 2 的乘积,波形 g 可看成波形 e 和波形 f 的合成,即 2FSK 信号的叠加,即为 2FSK 信号的时域波形图。

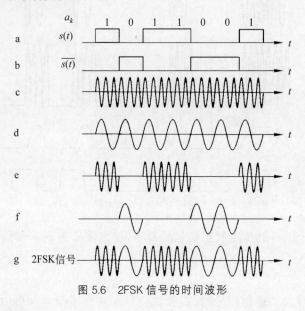

图 5.6 2FSK 信号的时间波形

3. 产生方法(调制方法)

2FSK 信号的产生通常有两种方法,一是采用模拟调频电路实现,即用模拟调频法实现数字调频,如图 5.7(a)所示;二是采用数字键控的方法实现,即用数字矩形脉冲序列开关电路对两个不同频率(分别为 f_1 和 f_2)的载波进行选通,根据二进制"1""0"符号序列交替输出频率为 f_1 或 f_2 的载波,如图 5.7(b)所示。

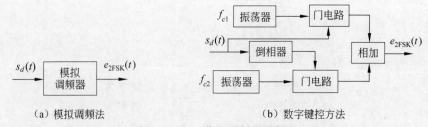

（a）模拟调频法   （b）数字键控方法

图 5.7 2FSK 信号调制原理框图

4. 功率谱密度与带宽

下面讨论 2FSK 信号的频谱。由于 2FSK 调制常属于非线性调制,因此,一般地讨论其频谱特性比较困难,这里仅介绍一种方法,即把 2FSK 信号看成是两个 2ASK 信号的叠加的方法,通常称这种频移键控信号为相位不连续的频移键控信号,即前后码元载波间的相位是不连续的。根据式(5.7)中相位不连续 2FSK 信号的表达式,若设

$$s_1(t) = \sum_n a_n g(t - nT_s)$$

$$s_2(t) = \sum_n \overline{a_n} g(t - nT_s)$$

则 2FSK 信号的时域表达式为

$$e_{2FSK}(t) = s_1(t)\cos\omega_{c1}t + s_2(t)\cos\omega_{c2}t = e_{2ASK,1}(t) + e_{2ASK,2}(t)$$

而其功率谱密度表达式为

$$P_e(f) = P_{e1}(f) + P_{e2}(f)$$

$$= \frac{1}{4}\big[P_{s1}(f+f_{c1}) + P_{s2}(f-f_{c1})\big] + \frac{1}{4}\big[P_{s2}(f+f_{c2}) + P_{s2}(f-f_{c2})\big]$$

(5.8)

这里 $P_{e1}(f)$ 和 $P_{e2}(f)$ 分别是两个 2ASK 信号的功率谱，$P_{s1}(f)$ 和 $P_{s2}(f)$ 分别是二进制数字基带信号 $s_1(t)$ 和 $s_2(t)$ 的功率谱，令概率 $p=1/2$，并将全占空矩形脉冲 $g(t)$ 的功率谱密度公式代入式(5.8)，最后得

$$P_{2FSK}(f) = \frac{T_s}{16}\left[\left|\frac{\sin\pi(f+f_{c1})T_s}{\pi(f+f_{c1})T_s}\right|^2 + \left|\frac{\sin\pi(f-f_{c1})T_s}{\pi(f-f_{c1})T_s}\right|^2\right] +$$

$$\frac{1}{16}\big[\delta(f+f_{c1}) + \delta(f-f_{c1})\big] +$$

$$\frac{T_s}{16}\left[\left|\frac{\sin\pi(f+f_{c2})T_s}{\pi(f+f_{c2})T_s}\right|^2 + \left|\frac{\sin\pi(f-f_{c2})T_s}{\pi(f-f_{c2})T_s}\right|^2\right] +$$

$$\frac{1}{16}\big[\delta(f+f_{c2}) + \delta(f-f_{c2})\big]$$

(5.9)

设两个载频的中心频率为 f_c，频差为 Δf，即

$$f_c = \frac{f_{c1}+f_{c2}}{2} \qquad \Delta f = |f_{c2}-f_{c1}|$$

定义调制指数(或频移指数)h 为

$$h = \frac{|f_{c2}-f_{c1}|}{R_B} = \frac{\Delta f}{R_B} = \frac{\Delta f}{f_s}$$

式中，R_B 是数字基带信号的码元速率，且 $R_B = f_s = 1/T_s$。图 5.8 为 2FSK 信号的功率谱示意图，图中给出 $h=0.5$，$h=0.7$，$h=1.5$ 时 2FSK 信号的功率谱，且仅画出了正半轴。

当 Δf 较小时，如小于 f_s，如图 5.8 中 $h=0.5$，连续谱为单峰；随着 Δf 增大，f_{c1} 和 f_{c2} 之间距离增大，如图 5.8 中 $h=0.7$，连续谱将出现双峰，但仍然有重叠部分；继续增加 f_{c1} 和 f_{c2} 之间距离，如图 5.8 中 $h=1.5$，此时连续谱出现两个不重叠的双峰，可以看成两个 ASK 信号功率谱的线性叠加。若以 2FSK 信号功率谱第一个零点间的频率间隔计算 2FSK 信号带宽，则其值为

$$B_{2FSK} = |f_{c2}-f_{c1}| + 2f_s$$

(5.10)

从以上分析可以得出结论：①2FSK 信号的功率谱由连续谱和离散谱两部分组成，连续谱是中心位于 f_{c1} 和 f_{c2} 的两个双边功率谱的叠加，离散谱由载频 f_{c1} 和 f_{c2} 确定；②2FSK 信号的频谱结构与载频之差有关；③2FSK 信号的带宽如式(5.10)。

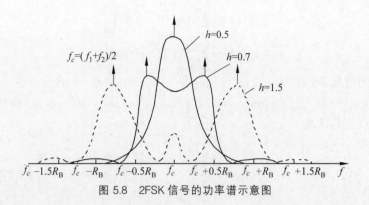

图 5.8　2FSK 信号的功率谱示意图

5. 解调方法

2FSK 信号的解调方法有很多,常用的解调方法是采用如图 5.9 所示的非相干解调法和相干解调法。如图 5.9(a)所示,非相干解调原理是将收到的 2FSK 信号先经上、下两个带通滤波器(中心频率分别为 f_{c1} 和 f_{c2})分路,产生上、下两路二进制振幅键控信号,再分别进行解调,然后通过对上、下两路的抽样进行比较判决,还原出数字基带信号。非相干解调过程各点的时间波形如图 5.10 所示。

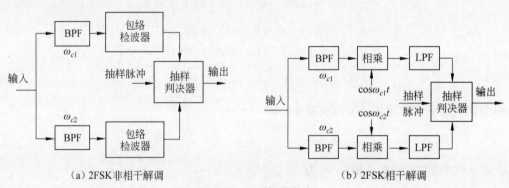

图 5.9　2FSK 解调方法

2FSK 信号还有其他解调方法,比如鉴频法、过零检测法及差分检测法等,这里仅以过零检测法为例,简单说明 2FSK 在该方法中的解调原理。图 5.11 为过零检测法的方框图和各点时间波形,解调的基本原理是:2FSK 信号的过零点数随载波频率的不同而异,因此可通过检测接收信号的过零点数而得到其频率的变化,从而反映数字基带信号的"0""1"码元。在图 5.11 中,输入信号经限幅后产生矩形脉冲序列,经微分、整流形成与频率变化相应的尖脉冲序列,这个序列就反映了调频波的过零点,脉冲形成电路再将其变换成具有一定宽度的矩形脉冲序列,并经低通滤波器滤除高次谐波,便恢复出对应于原数字信号的基带脉冲信号。

5.1.3　二进制相移键控及二进制差分相移键控

相移键控是用控制载波的相位变化传递消息的调制方式,它分为绝对相移和相对(差

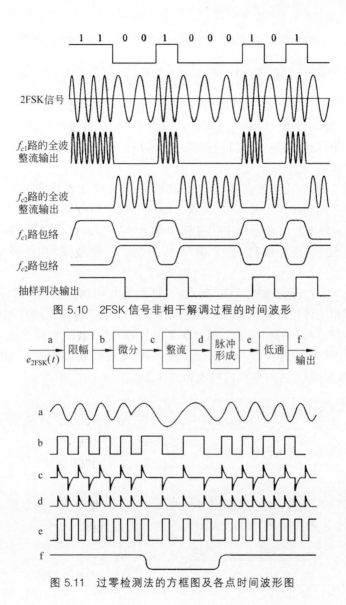

图 5.10　2FSK 信号非相干解调过程的时间波形

图 5.11　过零检测法的方框图及各点时间波形图

分)相移两种方式。

1. 时域表达式

二进制相移键控(2PSK)是用二进制数字基带信号控制载波的相位,使之离散变化,例如用已调信号载波的初相位 0 和 π 分别表示二进制数字基带信号的"0"和"1"码,则 2PSK 信号的时域表达式为

$$e_{2\text{PSK}}(t) = \left[\sum_n a_n g(t - nT_s)\right] \cos\omega_c t \qquad (5.11)$$

式(5.11)中,中括号内应为双极性数字基带信号,即

$$a_n = \begin{cases} +1, & \text{概率为 } p \\ -1, & \text{概率为 } 1-p \end{cases}$$

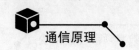

如前所述,$g(t)$是幅度为1、宽度为T_s的矩形脉冲,所以2PSK信号又可以表示为

$$e_{2PSK}(t) = \begin{cases} \cos\omega_c t, & \text{概率为 } p \\ -\cos\omega_c t, & \text{概率为 } 1-p \end{cases} \tag{5.12}$$

由式(5.12)可看出,当发送二进制码元"0"时($a_n = +1$),已调信号$e_{2PSK}(t)$取0相位;发送二进制码元"1"时($a_n = -1$),$e_{2PSK}(t)$取π相位。这种以载波的不同相位直接表示相应二进制数字信号的相位键控,称为绝对相移键控。常用式(5.11)或式(5.12)表示二进制2PSK信号的时域表达式。

采用绝对相移方式,由于发送端是以载波的某一个相位作为基准的,因此在接收端也必须有一个同样的基准相位作为参考,如果接收端这个参考相位发生变化(0相位变π相位或π相位变0相位),则恢复出来的数字信息就会发生"0"变为"1"或"1"变为"0"情况,从而造成错误的反相恢复,这种现象称为2PSK方式的"倒π"现象或"相位模糊"现象,限制了2PSK的运用。

二进制差分(相对)相移键控(2DPSK)在二进制绝对相移的基础上作了改进,即用前后码元载波的相对相位传送数字信息,这样就可以解决"倒π"现象。相对相位指本码元载波初相与前一码元载波初相的相位差。例如基带信号的"1"码载波相位变化π,即与前一码元载波初相相差π;"0"码载波相位不变化,即与前一码元载波初相相同。2DPSK信号的时域表达式,可以写成如式(5.11),也可以写成如式(5.13)。

$$e_{2DPSK}(t) = \begin{cases} \cos(\omega_c t + \Delta\phi) \\ \cos(\omega_c t + \Delta\phi) \end{cases} = \begin{cases} \cos\omega_c t, & \text{发"0"码} \\ -\cos\omega_c t, & \text{发"1"码} \end{cases} \tag{5.13}$$

其中,$\Delta\phi$ 表示本码元与前一码元相位之差,$\begin{cases} \Delta\phi = \pi, & \text{发"1"码} \\ \Delta\phi = 0, & \text{发"0"码} \end{cases}$

2. 波形图

2PSK和2DPSK的波形图,要根据矢量图画,CCITT规定两种矢量图,如图5.12所示,图5.12(a)为方式A的矢量图,图5.12(b)为方式B的矢量图。

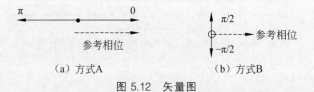

（a）方式A　　　　　　　　（b）方式B

图 5.12　矢量图

(1) 参考相位:若是绝对相移,它是未调制载波的相位;若是相对相移,它是前一码元载波的相位。

(2) 在每个码元含有整数个载波且采用相对相移时,方式B的相邻两个码元的相位必然发生跳变,检测此相位的变化可得到码元定时信息。

接下来,假定按照图5.12(a)的方式A,根据式(5.12),当发送二进制码元"0"时($a_n = +1$),已调信号$e_{2PSK}(t)$取0相位;发送二进制码元"1"时($a_n = -1$),$e_{2PSK}(t)$取π相位。以二进制序列00111001为例,画出2PSK信号的波形,如图5.13中的2PSK波形。

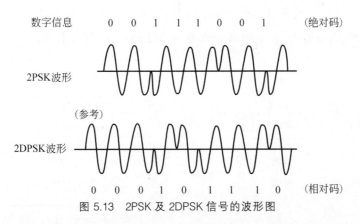

数字信息　　　0　0　0　1　1　1　0　0　1　（绝对码）

2PSK波形

（参考）

2DPSK波形

0　0　0　1　0　1　0　1　1　1　0　（相对码）

图 5.13　2PSK 及 2DPSK 信号的波形图

根据式(5.13)，举例说明数字信息序列与 2DPSK 信号的载波相位关系如表 5.1 所示。依此规律画出的 2DPSK 信号波形如图 5.13 所示，相对相移又称为差分相移。

表 5.1　2DPSK 信号的载波相位

数 字 信 息	0	0	1	1	1	0	0	1
2DPSK 信号相位	0（参考）　0	0	π	0	π	π	π	0

由图 5.13 可以看出，2DPSK 的波形与 2PSK 不同，2DPSK 波形中码元本身的载波相位并不直接表示数字消息符号，因为同一相位并不对应相同的符号，而只有前后码元的相对相位才唯一决定消息符号。由此可见，在解调 2DPSK 信号时，只需要鉴别这一相对相位关系，就可正确恢复数字消息，而不需要如前所述的 2PSK 信号那样，解调时在接收端必须有一个与发送端同样的基准相位作为参考。这也是相对相移方式得到广泛应用的原因。

另外，在图 5.13 中最上面一行为数字序列，也称绝对码（常用 $\{a_n\}$ 表示），2PSK 波形是绝对码序列经绝对相移方式获得的已调波；2DPSK 波形则是该序列经相对相移方式获得的已调波，这说明，收到相移键控信号后，还须已知相移键控方式是绝对的还是相对的，才能正确确定原信息。同时，图 5.13 的最下面一行为另一数字信号序列，称为相对码，也称差分码（常用 $\{b_n\}$ 表示），它是按相邻码电平不变表示"0"码，相邻码元的电平改变表示"1"的编码规则是由绝对码变换而来的。这个编码规则可表示为 $b_n = a_n \oplus b_{n-1}$，$\oplus$ 为模 2 加。而 2DPSK 信号也可以看作是由相对码序列经绝对相移方式获得，因此可以得出这样的结论，即相对相移本质上就是经过相对码变换后的数字信号序列 $\{b_n\}$ 的绝对相移，这个概念在产生 2DPSK 信号时得到运用。

因此，2DPSK 解决了 2PSK 的倒相问题，从波形上看，无法与 2PSK 区分。2DPSK 可以由另一序列（相对码）经绝对相移而成。

3. 产生方法（调制方法）

2PSK 和 2DPSK 信号的调制方框图如图 5.14 所示。图 5.14(a)是产生 2PSK 信号的模拟调制法框图；图 5.14(c)是 2DPSK 信号的模拟调制法框图，首先是通过差分编码对原数字序列进行码变换，然后对变换所得的相对码序列进行绝对调相，从而获得 2DPSK 信号。

图 5.14(b)和图 5.14(d)分别是产生 2PSK 信号和 2DPSK 信号的键控法框图,这两个图仅相差一个差分编码,如前所述,它是用来完成绝对码波形 $s_d(t)$ 到相对码波形的变换。

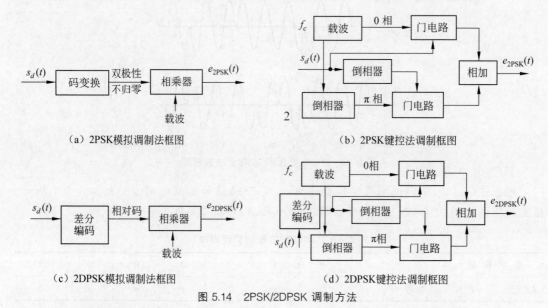

(a) 2PSK模拟调制法框图 (b) 2PSK键控法调制框图

(c) 2DPSK模拟调制法框图 (d) 2DPSK键控法调制框图

图 5.14 2PSK/2DPSK 调制方法

4. 功率谱密度与带宽

接下来讨论 2PSK 信号及 2DPSK 信号的频谱。先讨论 2PSK 信号功率谱。将式(5.11)所示的 2PSK 信号表达式与式(5.2)所示的 2ASK 信号表达式相比较,二者在形式上是相同的,但不同的是,2PSK 信号是双极性不归零码的双边带调制,而 2ASK 信号是单极性不归零码的双边带调制。由于双极性不归零码没有直流分量,所以 2PSK 信号是抑制载波的双边带调制。这样,2PSK 信号的功率谱与 2ASK 信号的功率谱形状相同,只是少了一个离散的载波分量。因而二者应具有相同结构形状的功率谱和相同的信号带宽。则 2PSK 信号的功率谱为

$$P_{2\text{PSK}}(f) = \frac{1}{4}\left[P_s(f+f_c) + P_s(f-f_c)\right]$$

代入双极性基带信号功率谱可得

$$P_{2\text{PSK}}(f) = f_s p(1-p)\left[\,|\,G(f+f_c)\,|^2 + |\,G(f-f_c)\,|^2\,\right] +$$
$$\frac{1}{4}f_s^2(1-2p)^2\,|\,G(0)\,|^2\left[\delta(f+f_c) + \delta(f-f_c)\right]$$

$g(t)$ 波形同前规定,且 $p=1/2$ 时,则 2PSK 信号功率谱简化为

$$P_{2\text{PSK}}(f) = \frac{1}{4}f_s\left[\,|\,G(f+f_c)\,|^2 + |\,G(f-f_c)\,|^2\,\right]$$

$$= \frac{T_s}{4}\left\{S_a^2\left[\pi(f+f_c)T_s\right] + S_a^2\left[\pi(f-f_c)T_s\right]\right\}$$

$$= \frac{T_s}{4}\left[\left|\frac{\sin\pi(f+f_c)T_s}{\pi(f+f_c)T_s}\right|^2 + \left|\frac{\sin\pi(f-f_c)T_s}{\pi(f-f_c)T_s}\right|^2\right] \qquad (5.14)$$

根据式(5.14)画出频谱示意图,如图 5.15 所示。可见,2PSK 信号的功率谱一般情况下也应包含连续谱和离散谱,其形状结构与 2ASK 信号功率谱类似,当二进制基带信号 0、1 等概率出现时,不存在离散谱。2PSK 信号带宽也是数字基带信号的 2 倍,即

$$B_{2PSK} = 2f_s \tag{5.15}$$

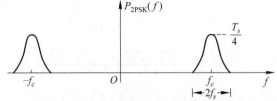

图 5.15 2PSK/2DPSK 信号的频谱示意图

对于 2DPSK 信号的功率谱,不难看出,只要将式(5.11)中的中括号部分表示为经码变换后的相对码数字序列,则式(5.11)即变成为 2DPSK 信号的时域表达式,因此 2DPSK 与 2PSK 具有相同的功率谱和相同的带宽。2DPSK 信号带宽也是数字基带信号的 2 倍为

$$B_{2DPSK} = 2f_s \tag{5.16}$$

5. 解调方法

由于 2DPSK 信号的功率谱中无载波分量,所以必须采用相干解调的方式,其相应的方框图如图 5.16(a)所示。由于相干解调在这里实际上起鉴相作用,故图中的"相乘"和"低通"方块可用各种鉴相器替代,如图 5.16(b)所示。图中的解调过程,实质上是输入已调信号与本地载波进行极性比较的过程,故此解调法又称为极性比较法。

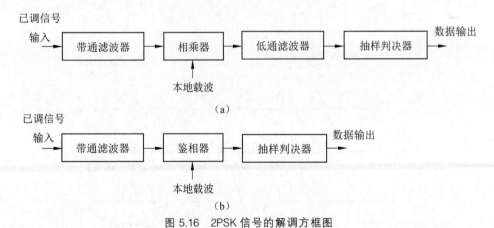

图 5.16 2PSK 信号的解调方框图

2DPSK 信号的解调,常采用相干解调(或称极性比较法)和差分相干解调(或称相位比较法)两种方式,其解调方框图和各点波形如图 5.17(a)和图 5.17(b)所示。图 5.17(a)为相干解调方框图及各点波形,其解调过程为:先对 2DPSK 信号进行相干解调恢复出相对码(如同对 2PSK 信号进行相干解调恢复出绝对码),再通过码反变换器变换为绝对码,从而恢复出原数字信息。其中,码反变换器的功能是 $a_n = b_n \oplus b_{n-1}$,即输出码元是输入两相邻码元的异或运算。差分相干解调器的方框图及各点波形如图 5.17(b)所示,其解调原理为:直接

通信原理

比较前后码元的相位差,从而恢复原数字信息。由于解调的同时完成了码反变换,故解调器中不需要码反变换器。由于差分相干解调方式不需要专门的相干载波,因而属于非相干解调方式,同时也是一个简单实用的解调方法。

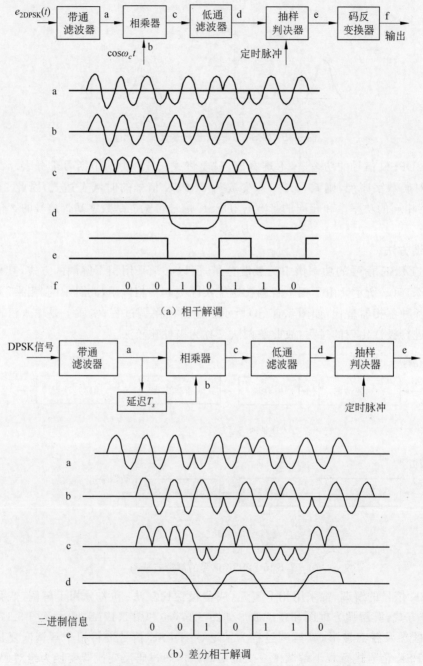

图 5.17　2DPSK 相干解调和差分相干解调方框图及各点波形

154

5.1.4 2FSK 调制的仿真实现

上述二进制数字调制还可以用 MATLAB 软件仿真,以 2FSK 为例,可以产生 2FSK 波形,源程序代码和仿真结果波形(见图 5.18)如下。

```
function fskdigital(s,f0,f1)
%本程序实现 FSK 调制
%s——输入二进制序列,f0,f1——两个载波信号的频率
%调用举例:(f0 和 f1 必须是整数)fskdigital([1 0 1 1 0],1,2)
t =0:2*pi/99:2*pi;                    %初始定义
cp =[ ];mod =[ ];bit =[ ];
for n =1:length(s);
    if s(n) ==0;
        cp1 =ones(1,100);
        c =sin(f0*t);
        bit1 =zeros(1,100);
    else s(n) ==1;
        cp1 =ones(1,100);
        c =sin(f1*t);
        bit1 =ones(1,100);
    end
    cp =[cp cp1];
    mod =[mod c];
    bit =[bit bit1];
end
fsk =cp.*mod;
```

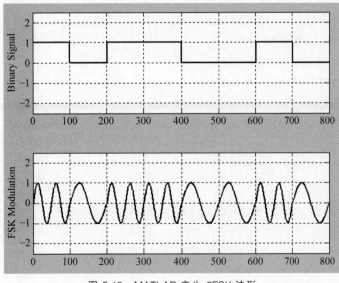

图 5.18 MATLAB 产生 2FSK 波形

```
subplot(2,1,1);
plot(bit,'LineWidth',1.5);grid on;      %分别画出原信号、已调信号示意图
ylabel('Binary Signal');
axis([0 100*length(s) -2.5 2.5]);
subplot(2,1,2);
plot(fsk,'LineWidth',1.5);grid on;
ylabel('FSK Modulation');
axis([0 100*length(s) -2.5 2.5]);
    %fskdigital([1 0 1 1 0 0 1 0],1,2)
```

5.2　二进制数字调制系统的抗噪声性能

通信系统的抗噪声性能是指系统克服加性噪声影响的能力。在数字通信系统中,衡量系统抗噪声性能的重要指标是误码率,因此,分析二进制数字调制系统的抗噪声性能,实际上是讨论在信道等效加性高斯白噪声的干扰下系统的总误码率。

在以下的抗噪声分析中,均假设信道特性为恒参信道,在接收信号的频带范围内具有理想低通的传输特性,噪声为等效加性高斯白噪声,其均值为零,方差为 σ_n^2。

5.2.1　2ASK 的抗噪声性能

先给出抗噪声性能的分析思路。

①画出解调方框图;②写出抽样判决器输入端的合成信号表达式;③写出发"1""0"时的一维概率密度函数;④根据判决规则,求出错误判决的概率 $P(1/0)$、$P(0/1)$;⑤根据总误码率 $P_e = P(1) \cdot P(0/1) + P(0) \cdot P(1/0)$,先令 $\partial P_e / \partial V_d = 0$,求得最佳判决门限电平 $V_d{}^*$,然后代入 P_e,即可求得最小误码率 P_e。

2ASK 有两种解调方法,即包络检波(非相干解调)和相干解调。不同的解调方法,其性能也不相同。接下来分别进行讨论。

1. 包络检波法的系统抗噪声性能

根据以上的分析思路,首先画出解调系统方框图,如图 5.19 所示。其次,写出抽样判决器输入端的合成信号表达式 $V(t)$。

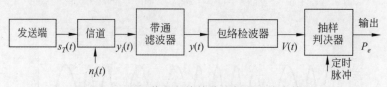

图 5.19　2ASK 信号包络检波法解调系统方框图

从图 5.19 可知

$$s_T(t) = \begin{cases} A\cos\omega_c t, & \text{发送"1"时} \\ 0, & \text{发送"0"时} \end{cases}$$

$$y(t) = \begin{cases} a\cos\omega_c t + n(t), & \text{发送"1"时} \\ n(t), & \text{发送"0"时} \end{cases}$$

则有 $n(t) = n_c(t)\cos\omega_c t - n_s(t)\sin\omega_c t$

$$y(t) = \begin{cases} a\cos\omega_c t + n_c(t)\cos\omega_c t - n_s(t)\sin\omega_c t \\ n_c(t)\cos\omega_c t - n_s(t)\sin\omega_c t \end{cases}$$

$$= \begin{cases} [a + n_c(t)]\cos\omega_c t - n_s(t)\sin\omega_c t, & \text{发送"1"时} \\ n_c(t)\cos\omega_c t - n_s(t)\sin\omega_c t, & \text{发送"0"时} \end{cases} \tag{5.17}$$

包络检波器的功能是检测输入波形的包络变化,显然波形 $y(t)$ 经包络检波器及低通滤波器后的输出应为

$$v(t) = \begin{cases} \sqrt{[a + n_c(t)]^2 + n_s^2(t)}, & \text{发送"1"时} \\ \sqrt{n_c^2(t) + n_s^2(t)}, & \text{发送"0"时} \end{cases} \tag{5.18}$$

在第 k 个码元的抽样时刻 $t = kT_s$ 上,对其进行抽样所得的样值为

$$v = \begin{cases} \sqrt{(a + n_c)^2 + n_s^2}, & \text{发送"1"时} \\ \sqrt{n_c^2 + n_s^2}, & \text{发送"0"时} \end{cases} \tag{5.19}$$

式(5.19)表示,当发送"1"码时,抽样值为正弦波加窄带高斯噪声的瞬时包络值,由随机信号分析理论可知,取值服从广义瑞利(莱斯)概率密度函数,即有

$$f_1(v) = \frac{v}{\sigma_n^2} I_0\left(\frac{av}{\sigma_n^2}\right) \exp\left(-\frac{v^2 + a^2}{2\sigma_n^2}\right), \quad v \geqslant 0 \tag{5.20}$$

当发送"0"码时,抽样值为窄带高斯噪声的瞬时包络,取值服从瑞利分布,其概率密度函数为

$$f_0(v) = \frac{v}{\sigma_n^2} \exp\left(-\frac{v^2}{2\sigma_n^2}\right), \quad v \geqslant 0 \tag{5.21}$$

式中,σ_n^2 为 $n(t)$ 的方差。对输出包络值进行抽样判决时,仍令判决准则为(b 为判决门限电平)

$$\begin{cases} x > b, & \text{判为"1"码} \\ x \leqslant b, & \text{判为"0"码} \end{cases} \tag{5.22}$$

显然,所选择的门限电平 b 的大小与所得到的误码率 P_e 的大小密切相关,选定的 b 值不同,得到的误码率也不同。

当发送"1"码时,实际发"1"错判成"0"的错误接收概率即为包络值 v 小于或等于判决门限 b 的概率,即

$$P(0/1) = P(v \leqslant b) = \int_0^b f_1(v)\mathrm{d}v = 1 - \int_b^\infty f_1(v)\mathrm{d}v$$

$$= 1 - \int_b^\infty \frac{v}{\sigma_n^2} I_0\left(\frac{av}{\sigma_n^2}\right) \exp\left(-\frac{v^2 + a^2}{2\sigma_n^2}\right)\mathrm{d}v \tag{5.23}$$

式(5.23)中的积分值可以用 Marcam Q 函数计算,该函数定义为

$$Q(\alpha, \beta) = \int_\beta^\infty t I_0(\alpha t) \exp\left(-\frac{t^2 + a^2}{2}\right)\mathrm{d}t$$

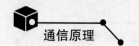
将 Q 函数代入式(5.23)可得

$$P(0/1) = 1 - Q(\sqrt{2r}, b_0) \tag{5.24}$$

式中,$b_0 = \dfrac{b}{\sigma_n}$ 为归一化门限值,$r = \dfrac{a^2/2}{\sigma_n^2}$ 为接收端输出信噪比。

同理,当发送"0"码时,实际发"0"错判为"1"的错误接收概率为噪声电压的包络抽样值大于判决门限 b 的概率,即

$$P(1/0) = P(v > b) = \int_b^\infty f_0(v)\mathrm{d}v = \int_b^\infty \frac{v}{\sigma_n^2}\exp\left(-\frac{v^2}{2\sigma_n^2}\right)\mathrm{d}v$$

$$= \exp\left(-\frac{b^2}{2\sigma_n^2}\right) = \exp\left(-\frac{b_0^2}{2}\right) \tag{5.25}$$

假设发送"1"码的概率为 $P(1)$,发送"0"码的概率为 $P(0)$,则系统的总误码率为

$$P_e = P(1)P(0/1) + P(0)P(1/0)$$

$$= P(1)[1 - Q(\sqrt{2r}, b_0)] + P(0)\exp\left(-\frac{b_0^2}{2}\right) \tag{5.26}$$

包络检波时误码率的几何表示如图 5.20 所示,b 为判决门限值,当"0""1"两种信号等概率发送时,系统总误码率 P_e 即为图 5.20 中所示的两块阴影面积之和的一半。最佳判决门限 b^* 应是 $f_1(v)$ 和 $f_0(v)$ 两条概率密度函数曲线的交点,即有

$$f_1(b^*) = f_0(b^*) \tag{5.27}$$

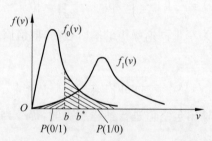

图 5.20　包络检波时误码率的几何表示

将式(5.20)及式(5.21)代入式(5.27)对 b 求解较困难,最佳判决门限的近似表示式为

$$b^* = \frac{a}{2}\left(1 + \frac{4}{r}\right)^{1/2} \tag{5.28}$$

实际上,采用包络检波法的接收系统通常工作在大信噪比的情况下,此时 $r \gg 1$,所以最佳判决门限为 $b^* \approx a/2$,同时有近似关系

$$Q(\alpha, \beta) \approx 1 - \frac{1}{2}\mathrm{erfc}\left(\frac{\alpha - \beta}{\sqrt{2}}\right) = \frac{1}{2}\mathrm{erfc}\left(\frac{\beta - \alpha}{\sqrt{2}}\right)$$

由此可得系统的总误码率 P_e 为

$$P_e = \frac{1}{4}\mathrm{erfc}\left(\frac{\sqrt{r}}{2}\right) + \frac{1}{2}\exp\left(-\frac{r}{4}\right) \tag{5.29}$$

在信噪比很高的条件下,上式可进一步近似为

$$P_e = \frac{1}{2}\exp\left(-\frac{r}{4}\right) \tag{5.30}$$

式(5.30)说明,对于包络检波 2ASK 系统,在大信噪比及最佳判决门限下,误码率随信噪比的增大而近似地呈指数规律下降。

2. 相干解调系统的抗噪声性能

2ASK 信号相干解调系统方框图如图 5.21 所示。在一个码元宽度 T_s 内,设发送端输出信号波形为 $s_T(t)$,则

$$s_T(t) = \begin{cases} A\cos\omega_c t, & \text{发送"1"时} \\ 0, & \text{发送"0"时} \end{cases}$$

$n(t)$ 是均值为 0、方差为 σ_n^2 的高斯白噪声通过带通滤波器后的噪声,经过带通滤波器后的噪声可以看成是窄带高斯白噪声,可以写成同相分量和正交分量之和,则有

$$y(t) = \begin{cases} a\cos\omega_c t + n(t), & \text{发送"1"时} \\ n(t), & \text{发送"0"时} \end{cases} \quad n(t) = n_c(t)\cos\omega_c t - n_s(t)\sin\omega_c t$$

$$y(t) = \begin{cases} [a + n_c(t)]\cos\omega_c t - n_s(t)\sin\omega_c t, & \text{发送"1"时} \\ n_c(t)\cos\omega_c t - n_s(t)\sin\omega_c t, & \text{发送"0"时} \end{cases}$$

经相乘器输出的波形为

$$z(t) = y(t) \cdot 2\cos\omega_c t$$
$$= \begin{cases} [a + n_c(t)] + [a + n_c(t)]\cos2\omega_c t - n_s(t)\sin2\omega_c t, & \text{发送"1"时} \\ n_c(t) + n_c(t)\cos2\omega_c t - n_s(t)\sin2\omega_c t, & \text{发送"0"时} \end{cases}$$

再经低通滤波器滤除 $2\omega_c$ 的高频成分,得解调器输出波形,即抽样判决器输入端的合成信号的表达式为

$$x(t) = \begin{cases} a + n_c(t), & \text{发送"1"时} \\ n_c(t), & \text{发送"0"时} \end{cases} \tag{5.31}$$

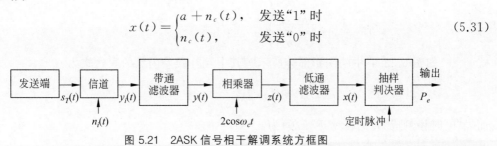

图 5.21 2ASK 信号相干解调系统方框图

在第 k 个码元的抽样时刻 $t = kT_s$,$x(t)$ 的抽样值为

$$x = \begin{cases} a + n_c(kT_s) \\ n_c(kT_s) \end{cases} = \begin{cases} a + n_c, & \text{发送"1"时} \\ n_c, & \text{发送"0"时} \end{cases} \tag{5.32}$$

式中,a 为信号成分,是常数,n_c 是均值为零、方差为 σ_n^2 的高斯随机变量。由随机信号分析可知,发送"1"时抽样值 $x = a + n_c$ 服从均值为 a 的一维高斯概率密度函数

$$f_1(x) = \frac{1}{\sqrt{2\pi}\,\sigma_n}\exp\left[-\frac{(x-a)^2}{2\sigma_n^2}\right] \tag{5.33}$$

发送"0"时抽样值 $x = n_c$ 服从均值为 0 的一维高斯概率密度函数,即

$$f_0(x) = \frac{1}{\sqrt{2\pi}\sigma_n} \exp\left[-\frac{x^2}{2\sigma_n^2}\right] \tag{5.34}$$

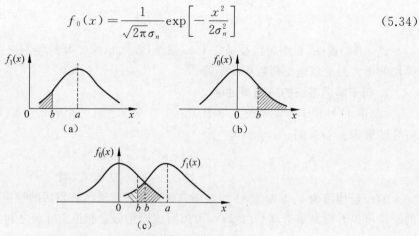

图 5.22　相干解调时误码率的几何表示

式(5.33)和式(5.34)所表示的概率密度曲线如图 5.22(a)和图 5.22(b)所示,设 b 为判决门限电平,并令判决准则为

$$\begin{cases} x > b, & \text{判为"1"码} \\ x \leqslant b, & \text{判为"0"码} \end{cases} \tag{5.35}$$

由于受噪声的影响,发送端发送"1"码而接收端错判为"0"码,或发送端发送"0"码而接收端错判为"1"码,这两种情况都造成接收端发生误码,其中发"1"时错判成"0"的概率 $P(0/1)$ 为

$$P(0/1) = P(x < b) = \int_{-\infty}^{b} f_1(x)\mathrm{d}x = \frac{1}{\sqrt{2\pi}\sigma_n} \int_{-\infty}^{b} \exp\left[-\frac{(x-a)^2}{2\sigma_n^2}\right]\mathrm{d}x$$

$$= 1 - \frac{1}{2}\mathrm{erfc}\left(\frac{b-a}{\sqrt{2}\sigma_n}\right) \tag{5.36}$$

式(5.36)如图 5.22(a)中的阴影部分所示。其中互补误差函数的表达式为

$$\mathrm{erfc}(x) = \frac{2}{\sqrt{\pi}} \int_x^{\infty} e^{-u^2}\mathrm{d}u$$

而发"0"时错判成"1"的概率 $P(1/0)$ 为

$$P(1/0) = P(x > b) = \int_b^{\infty} f_0(x)\mathrm{d}x = \frac{1}{\sqrt{2\pi}\sigma_n} \int_b^{\infty} \exp\left(-\frac{x^2}{2\sigma_n^2}\right)\mathrm{d}x$$

$$= \frac{1}{2}\mathrm{erfc}\left(\frac{b}{\sqrt{2}\sigma_n}\right) \tag{5.37}$$

式(5.37)如图 5.22(b)中的阴影部分所示。

若发"1"码的概率为 $P(1)$,发"0"码的概率为 $P(0)$,则系统总的误码率为将"1"码判为"0"码的错误概率与将"0"码判为"1"码的错误概率的统计平均,即

$$P_e = P(1)P(0/1) + P(0)P(1/0)$$

$$= P(1)\int_{-\infty}^{b} f_1(x)\mathrm{d}x + P(0)\int_b^{\infty} f_0(x)\mathrm{d}x \tag{5.38}$$

式(5.38)表示,当概率 $P(1)$、$P(0)$ 和概率密度函数 $f_1(x)$、$f_0(x)$ 一定时,系统总的误码率 P_e 将取决于判决门限 b,其几何表示如图5.22(c)所示。由图5.22(c)可见,当取 $P(1)=P(0)=1/2$ 时,误码率 P_e 即为图中所示的两块阴影面积之和的一半,而阴影面积的大小又是随判决门限 b 的改变而改变,当取判决门限 $b=b^*$ [b^* 为 $P(1)f_1(x)$ 与 $P(0)f_0(x)$ 两条曲线相交处的 x 坐标]时,阴影面积最小,即判决门限取 b^* 时,系统的误码率 P_e 最小,所以称 b^* 为最佳判决门限。

当 $P(1)=P(0)$ 时,最佳判决门限 b^* 可由式(5.39)列方程式确定

$$f_1(b^*)=f_0(b^*) \tag{5.39}$$

将式(5.39)及式(5.36)、式(5.37)代入式(5.38),最后得:当二进制码"1"和"0"等概率发送时,2ASK信号相干解调系统在最佳判决门限 b^*(即 $a/2$)下的最小误码率为

$$P_e=\frac{1}{2}\text{erfc}\left(\frac{\sqrt{r}}{2}\right) \tag{5.40}$$

式中,$r=\dfrac{a^2}{2\sigma_n^2}$ 为接收端输出信噪比。当满足大信噪比条件时,有

$$P_e\approx\frac{1}{\sqrt{\pi r}}\exp(-r/4) \tag{5.41}$$

比较式(5.30)和式(5.41)可知:同一种数字频带系统,采用不同的解调方法,其性能也不一样。例如在相同的大信噪比下,相干解调的误码率低,性能优于包络检波;此外,包络检波电路简单,不需要相干载波提取电路。

5.2.2　2FSK 的抗噪声性能

2FSK信号的抗噪声性能分析思路如下。

①画出解调方框图;②写出抽样判决器的两路输入信号 $V_1(t)$ 和 $V_2(t)$ 的表达式;③写出 $V_1(t)$ 和 $V_2(t)$ 的一维概率密度函数;④根据判决规则,求出错误判决的概率 $P(1/0)$、$P(0/1)$;⑤根据总误码率 $P_e=P(1)\cdot P(0/1)+P(0)\cdot P(1/0)$,即可求得最小误码率 P_e。

2FSK有两种解调方法,即包络检波(非相干解调)和相干解调。不同的解调方法,其性能也不相同。接下来分别进行讨论。

1. 包络检波法的系统抗噪声性能

2FSK包络检波的解调方框图如图5.23所示,接收端上、下支路的两个带通滤波器起区分中心角频率为 ω_{c1} 和 ω_{c2} 的信号码元的作用。各点信号的表达式如下。

$$s_T(t)=\begin{cases}a\cos\omega_{c1}t, & \text{发送"1"时}\\ a\cos\omega_{c2}t, & \text{发送"0"时}\end{cases}$$

$$y_1(t)=\begin{cases}a\cos\omega_{c1}t+n(t), & \text{发送"1"时}\\ n(t), & \text{发送"0"时}\end{cases}$$

$$y_2(t)=\begin{cases}a\cos\omega_{c2}t+n(t), & \text{发送"0"时}\\ n(t), & \text{发送"1"时}\end{cases}$$

经过带通滤波器后,信道中的随机噪声就变成了窄带高斯白噪声,因此可以写成同相分

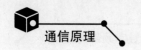
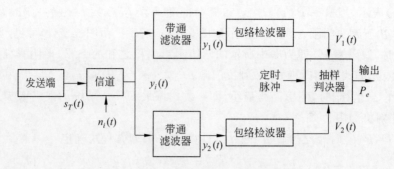

图 5.23　2FSK 信号包络检波的解调方框图

量和正交分量，即 $n(t) = n_c(t)\cos\omega_c t - n_s(t)\sin\omega_c t$。

当 $(0, T_s)$ 内发送的信号码元为"1"时，上支路带通滤波器的输出是信号和窄带高斯噪声的叠加，其包络 $v_1(t) = \sqrt{[a + n_{1c}(t)]^2 + n_{1s}^2(t)}$ 在 kT_s 时刻的抽样值为

$$v_1 = \sqrt{(a + n_{1c})^2 + n_{1s}^2} \tag{5.42}$$

由前面讨论可知，v_1 的概率密度函数为广义瑞利（莱斯）分布，即

$$f(v_1) = \frac{v}{\sigma_n^2} I_0\left(\frac{av_1}{\sigma_n^2}\right) \exp\left(-\frac{v_1^2 + a^2}{2\sigma_n^2}\right), \quad v_1 \geqslant 0 \tag{5.43}$$

由于这个频率的信号不能通过下支路的带通滤波器，因此在下支路只有噪声存在。该窄带噪声的包络 $v_2(t) = \sqrt{n_{2c}^2(t) + n_{2s}^2(t)}$ 的抽样值为

$$v_2 = \sqrt{n_{2c}^2 + n_{2s}^2} \tag{5.44}$$

它是概率密度函数为瑞利分布的随机变量，即

$$f(v_2) = \frac{v_2}{\sigma_n^2} \exp\left(-\frac{v_2^2}{2\sigma_n^2}\right), \quad v_2 \geqslant 0 \tag{5.45}$$

当由式(5.42)所表示的包络值 v_1 和式(5.44)所表示的包络值 v_2 同时被送入抽样判决器进行抽样判决时，只有 $v_1 > v_2$ 才会有正确的判决，而只要 $v_1 < v_2$ 就会发生判决错误，其错误判决的概率为

$$P(0/1) = P(v_1 < v_2) = \int_0^\infty f_1(v_1)\left[\int_{v_2 = v_1}^\infty f_2(v_2)\mathrm{d}v_2\right]\mathrm{d}v_1$$

$$= \int_0^\infty \frac{v_1}{\sigma_n^2} I_0\left(\frac{av_1}{\sigma_n^2}\right) \exp\left(-\frac{v_1^2 + a^2}{2\sigma_n^2}\right) \left[\int_{v_2 = v_1}^\infty \frac{v_2}{\sigma_n^2} \exp\left(-\frac{v_2^2}{2\sigma_n^2}\right)\mathrm{d}v_2\right]\mathrm{d}v_1$$

$$= \int_0^\infty \frac{v_1}{\sigma_n^2} I_0\left(\frac{av_1}{\sigma_n^2}\right) \exp\left(-\frac{v_1^2 + a^2}{2\sigma_n^2}\right) \exp\left(-\frac{v_1^2}{2\sigma_n^2}\right)\mathrm{d}v_1$$

用 $t = \dfrac{\sqrt{2}\,v_1}{\sigma_n}$，$z = \dfrac{a}{\sqrt{2}\,\sigma_n}$ 代换，可得

$$P(0/1) = \frac{1}{2}\int_0^\infty t I_0(zt) \exp\left(-\frac{t^2}{2}\right) \exp(-z^2)\mathrm{d}t$$

$$= \frac{1}{2}\exp\left(-\frac{z^2}{2}\right)\int_0^\infty t I_0(zt) \exp\left(-\frac{t^2 + z^2}{2}\right)\mathrm{d}t$$

根据 Q 函数性质,得

$$Q(z,0) = \int_0^\infty t\,\mathrm{I}_0(zt)\exp\left(-\frac{t^2+z^2}{2}\right)\mathrm{d}t = 1$$

所以得

$$P(0/1) = \frac{1}{2}\mathrm{e}^{-z^2/2} = \frac{1}{2}\mathrm{e}^{-r/2} \tag{5.46}$$

式(5.46)中,$r = z^2 = \dfrac{a^2}{2\sigma_n^2}$ 为接收端输出信噪比。

同理,可求得发送"0"码时判为"1"的错误概率 $P(1/0)$,其结果与式(5.46)完全一样,即有

$$P(1/0) = \frac{1}{2}\mathrm{e}^{-z^2/2} = \frac{1}{2}\mathrm{e}^{-r/2} \tag{5.47}$$

于是可得 2FSK 信号包络检波时系统的误码率 P_e,并假定 $P(1)=P(0)=1/2$,则有

$$P_e = P(1)P(0/1) + P(0)P(1/0) = \frac{1}{2}\mathrm{e}^{-r/2} \tag{5.48}$$

2. 相干解调系统的抗噪声性能

根据以上 2FSK 系统抗噪声性能分析方法的思路,首先画出解调方框图,2FSK 信号相干解调方框图如图 5.24 所示。

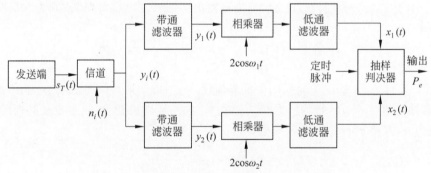

图 5.24 2FSK 信号相干解调法的系统方框图

在 2FSK 系统中,假设发送数字信号"1"时,2FSK 信号的载波角频率为 ω_{c1},发送"0"时的载波角频率为 ω_{c2},则在一个码元宽度 T_s 内,发送端产生的 2FSK 信号表示为

$$s_T(t) = \begin{cases} a\cos\omega_{c1}t, & \text{发送"1"时} \\ a\cos\omega_{c2}t, & \text{发送"0"时} \end{cases}$$

$$y_1(t) = \begin{cases} a\cos\omega_{c1}t + n(t), & \text{发送"1"时} \\ n(t), & \text{发送"0"时} \end{cases}$$

$$y_2(t) = \begin{cases} a\cos\omega_{c2}t + n(t), & \text{发送"0"时} \\ n(t), & \text{发送"1"时} \end{cases}$$

经过带通滤波器后,信道中均值为 0、方差为 σ_n^2 的加性高斯白噪声,就变成窄带高斯白噪声,因此可以写成同相分量和正交分量,即 $n(t) = n_c(t)\cos\omega_c t - n_s(t)\sin\omega_c t$。

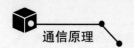

当 $(0, T_s)$ 发送的码元为"1"(对应 ω_{c1})时,信号能通过上支路的带通滤波器,该带通滤波器的输出是信号和窄带噪声的叠加,即

$$y_1(t) = a\cos\omega_{c1}t + n_1(t)$$
$$= [a + n_{1c}(t)]\cos\omega_{c1}t - n_{1s}(t)\sin\omega_{c1}t \tag{5.49}$$

$y_1(t)$ 经上支路的相乘器和低通滤波器后,输出为

$$x_1(t) = a + n_{1c}(t) \tag{5.50}$$

$x_1(t)$ 抽样值 $x_1 = a + n_{1c}$ 的概率密度函数为

$$f(x_1) = \frac{1}{\sqrt{2\pi}\sigma_n}\exp\left[-\frac{(x_1 - a)^2}{2\sigma_n^2}\right] \tag{5.51}$$

与此同时,信号 $a\cos\omega_{c1}t$ 不能通过下支路的带通滤波器,因此该带通滤波器输出的就是窄带高斯噪声,即

$$y_2(t) = n_{2c}(t)\cos\omega_{c2}t - n_{2s}(t)\sin\omega_{c2}t \tag{5.52}$$

$y_2(t)$ 经下支路的相乘器和低通滤波器后,输出为

$$x_2(t) = n_{2c}(t) \tag{5.53}$$

其抽样值 $x_2 = n_{2c}$ 的概率密度函数为

$$f(x_2) = \frac{1}{\sqrt{2\pi}\sigma_n}\exp\left(-\frac{x_2^2}{2\sigma_n^2}\right) \tag{5.54}$$

式(5.50)所表示的 $x_1(t)$ 与式(5.53)所表示的 $x_2(t)$ 被同时送入抽样判决器,当 $x_1(t)$ 的抽样值 x_1 小于 $x_2(t)$ 的抽样值 x_2 时,判决器输出"0"码,发生将"1"码错判为"0"码的错误,该错误概率为

$$P(0/1) = P(x_1 < x_2) = P(x_1 - x_2 < 0)$$
$$= P(a + n_{1c} - n_{2c} < 0) \tag{5.55}$$

令 $z = x_1 - x_2 = a + n_{1c} - n_{2c}$,由于抽样值 $x_1 = a + n_{1c}$ 是均值为 a、方差为 σ_n^2 的高斯随机变量,而抽样值 $x_2 = n_{2c}$ 是均值为 0、方差为 σ_n^2 的高斯随机变量,故 z 也是高斯随机变量,且其均值为 a,方差 $\sigma_z^2 = 2\sigma_n^2$,即 z 的概率密度函数为

$$f(z) = \frac{1}{\sqrt{2\pi}\sigma_z}\exp\left[-\frac{(z - a)^2}{2\sigma_z^2}\right] \tag{5.56}$$

而错误概率 $P(0/1)$ 为

$$P(0/1) = \int_{-\infty}^{0} f(z)\mathrm{d}z = \frac{1}{\sqrt{2\pi}\sigma_z}\int_{-\infty}^{0}\exp\left[-\frac{(z - a)^2}{2\sigma_z^2}\right]\mathrm{d}z$$
$$= \frac{1}{2}\mathrm{erfc}\left(\sqrt{\frac{r}{2}}\right) \tag{5.57}$$

同理,当发送的码元为"0"时,实际发送"0"而错判为"1"的错误概率 $P(1/0)$ 为

$$P(1/0) = P(x_1 > x_2) = \frac{1}{2}\mathrm{erfc}\left(\sqrt{\frac{r}{2}}\right) \tag{5.58}$$

于是可得 2FSK 信号相干解调时系统总误码率 P_e 为

$$P_e = P(1)P(0/1) + P(0)P(1/0) = \frac{1}{2}\mathrm{erfc}\left(\sqrt{\frac{r}{2}}\right) \tag{5.59}$$

式中，$r = \dfrac{a^2/2}{\sigma_n^2}$ 为接收端输出信噪比。且当满足大信噪比条件时，式(5.59)可以近似为

$$P_e \approx \frac{1}{\sqrt{2\pi r}} \exp(-r/2) \tag{5.60}$$

从这两种解调方法的系统抗噪声性能比较可知：相同的大信噪比下，相干解调的误码率低；但包络检波电路简单，不需要相干载波提取电路。

5.2.3 2PSK 和 2DPSK 的抗噪声性能

2PSK 和 2DPSK 系统的抗噪声性能分析方法类似 2ASK，2PSK 常用相干解调方式，而 2DPSK 既可以采用相干解调方式，也可以采用差分相干解调方式。

1. 2PSK 相干解调系统的抗噪声性能

2PSK 信号的解调通常都采用相干解调方式（又称为极性比较法）。2PSK 信号相干解调系统方框图如图 5.25 所示。

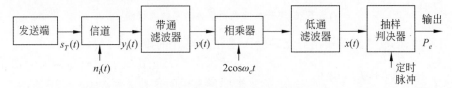

图 5.25 2PSK 信号相干解调系统方框图

对 2PSK 信号，单从波形上看，它们是由一对倒相信号组成的序列，因此发送端发出的 2PSK 信号可表示为

$$s_T(t) = \begin{cases} a\cos\omega_c t, & \text{发送"1"时} \\ -a\cos\omega_c t, & \text{发送"0"时} \end{cases} \tag{5.61}$$

与 2ASK 信号相干解调方式相类似，低通滤波器输出为

$$x(t) = \begin{cases} a + n_c(t), & \text{发送"1"时} \\ -a + n_c(t), & \text{发送"0"时} \end{cases} \tag{5.62}$$

当 T_s 内传输"1"码时，其抽样值 $x = a + n_c$ 是均值为 a、方差为 σ_n^2 的高斯分布，其概率密度函数为

$$f_1(x) = \frac{1}{\sqrt{2\pi}\sigma_n} \exp\left[-\frac{(x-a)^2}{2\sigma_n^2}\right] \tag{5.63}$$

当 T_s 内传输"0"码时，其抽样值 $x = -a + n_c$ 是均值为 $-a$、方差为 σ_n^2 的高斯分布，其概率密度函数为

$$f_0(x) = \frac{1}{\sqrt{2\pi}\sigma_n} \exp\left[-\frac{(x+a)^2}{2\sigma_n^2}\right] \tag{5.64}$$

当发送"1"和"0"两种信号的概率相同，且传输条件也相同时，最佳判决门限 $b^* = 0$，系统的总误码率 P_e 为

$$P_e = P(1)P(0/1) + P(0)P(1/0) = \frac{1}{2}\mathrm{erfc}(\sqrt{r}) \tag{5.65}$$

通信原理

式中，$r=\dfrac{a^2}{2\sigma_n^2}$。在大信噪比$(r\gg1)$条件下，上式可近似表示为

$$P_e \approx \frac{1}{2\sqrt{\pi r}}e^{-r} \tag{5.66}$$

2. 2DPSK 相干解调系统的抗噪声性能

2DPSK 信号相干解调系统方框图如图 5.26 所示。如前所述，该解调方式是先对 2DPSK 信号进行相干解调（极性比较），恢复出相对码，然后通过码反变换将相对码转换成绝对码。显然，码反变换器输入端的误码率可用式(5.67)表示，因此采用相干解调法检测 2DPSK 信号时的误码率，只要在此基础上再考虑由码反变换器引起的附加误码即可。

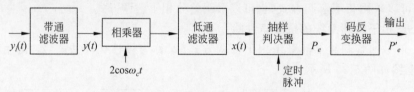

图 5.26 2PSK 信号相干解调系统方框图

如前所述，码反变换器输出码元是输入两相邻码元的模二加（异或），即 $a_n=b_n \oplus b_{n-1}$

$$\begin{cases}\{b_n\}: 0010011010 \\ \{a_n\}: 011010111\end{cases}$$

(a)

$$\begin{cases}\{b_n\}: 0010011010 \\ \{a_n\}: 011010111\end{cases}$$

(b)

$$\begin{cases}\{b_n\}: 0010011010 \\ \{a_n\}: 011010111\end{cases}$$

(c)

图 5.27 码反变换器发生错码情况分析

$(n=1,2,\cdots)$，因此其输出错码与输入密切相关，以一组图形来说明这种关系，如图 5.27 所示。当码反变换器的输入有单独一位错码时，输出将引起两个相邻码元错误，如图 5.27(a)所示。图中带"×"的码元表示错码。当输入 $\{b_n\}$ 中有两个连续错码时，输出 $\{a_n\}$ 中也只产生两位错码，如图 5.27(b)所示。一般当输入 $\{b_n\}$ 中连续 k 个码元错误码时，输出 $\{a_n\}$ 中仍只产生两位错码，如图 5.27(c)所示(此时 $k=5$)。

假设码反变换器输入端相对码序列 $\{b_n\}$ 的误码率为 P_e，并假设每个码元出错概率相等且统计独立，则 $\{b_n\}$ 中连续 k 个码元错误的概率 P_k 为

$$P_k=(1-P_e)P_e^k(1-P_e),\quad k=1,2,\cdots \tag{5.67}$$

而码反变换器输出绝对码序列 $\{a_n\}$ 的误码率 P_e' 为

$$\begin{aligned}P_e'&=2P_1+2P_2+\cdots+2P_k+\cdots \\ &=2(1-P_e)^2(P_e+P_e^2+\cdots+P_e^k+\cdots)\end{aligned} \tag{5.68}$$

由于 $P_e<1$，则有

$$1+P_e+P_e^2+\cdots=\frac{1}{1-P_e}$$

将式(5.67)代入式(5.68)，得

$$P_e'=2(1-P_e)P_e \tag{5.69}$$

再将式(5.65)代入式(5.69)，即得 2DPSK 信号相干解调时系统的误码率

166

$$P'_e = \frac{1}{2}\{1 - [\mathrm{erf}(\sqrt{r})]^2\} \tag{5.70}$$

当相对码的误码率 $P_e \ll 1$ 时,式(5.69)可近似表示为

$$P'_e = 2P_e \tag{5.71}$$

可见,码反变换器的影响是使输出误码率增大,通常可以认为增大一倍。

3. 2DPSK 差分相干解调系统的抗噪声性能

2DPSK 信号差分相干解调方式也称为相位比较法,属于非相干解调方式,其解调方框图如图 5.28 所示。

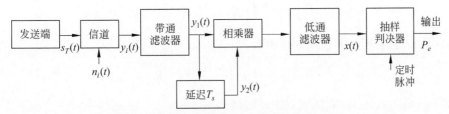

图 5.28　2DPSK 信号差分相干解调系统方框图

解调过程中需要对间隔为 T_s 的前后两个码元进行比较。设码元宽度是载波周期的整数倍,则同时到达相乘器输入端的混有窄带高斯噪声的前后两载波码元可分别表示为

$$y_1(t) = a\cos\omega_c t + n_1(t) = [a + n_{1c}(t)]\cos\omega_c t - n_{1s}(t)\sin\omega_c t$$

$$y_2(t) = a'\cos\omega_c t + n_2(t) = [a' + n_{2c}(t)]\cos\omega_c t - n_{2s}(t)\sin\omega_c t$$

$$a' = \begin{cases} a, & \text{发送“0”时} \\ -a, & \text{发送“1”时} \end{cases}$$

$n_1(t)$ 和 $n_2(t)$ 分别为无延迟支路的窄带高斯噪声和有延迟支路的窄带高斯噪声,$n_1(t)$ 和 $n_2(t)$ 相对独立。低通滤波器的输出在抽样时刻的样值为

$$x = \frac{1}{2}[(a + n_{1c})(a' + n_{2c}) + n_{1s}n_{2s}] \tag{5.72}$$

判决准则规定为

$$\begin{cases} x > 0, & \text{判为“0”} \\ x < 0, & \text{判为“1”} \end{cases}$$

发送信号为“0”时(前后码元同相,即 $a' = a$)判为“1”的错误概率 $P(1/0)$ 为

$$P(1/0) = P(x < 0)$$
$$= P[(a + n_{1c})(a + n_{2c}) + n_{1c}n_{2c} < 0] \tag{5.73}$$

利用恒等式

$$x_1 x_2 + y_1 y_2 = \frac{1}{4}\{[(x_1 + x_2)^2 + (y_1 + y_2)^2] - [(x_1 - x_2)^2 + (y_1 - y_2)^2]\}$$

代入式(5.73),可得

$$P(1/0) = P\{[(a + n_{1c} + a + n_{2c})^2 + (n_{1s} + n_{2s})^2] - [(a + n'_{1c} - a - n_{2c})^2] < 0\}$$
$$= P(R_1^2 < R_2^2) = P(R_1 < R_2) \tag{5.74}$$

式中,

$$R_1 = \sqrt{(2a + n_{1c} + n_{2c})^2 + (n_{1s} + n_{2s})^2}$$

$$R_2 = \sqrt{(n_{1c} - n_{2c})^2 + (n_{1s} - n_{2s})^2}$$

因为 n_{1c}、n_{2c}、n_{1s}、n_{2s} 是相互独立的高斯随机变量,它们的均值均为 0,方差均为 σ_n^2,根据高斯随机变量的性质:高斯随机变量之和仍为高斯随机变量,和的均值为各随机变量均值的代数和,和的方差为各随机变量方差之和。所以可知,$n_{1c} + n_{2c}$ 是均值为 0、方差为 $2\sigma_n^2$ 的高斯变量。同理,$n_{1s} + n_{2s}$、$n_{1c} - n_{2c}$、$n_{1s} - n_{2s}$ 都是 0 均值、方差为 $2\sigma_n^2$ 的高斯随机变量。由随机变量信号分析理论可知,R_1 为莱斯分布随机变量,其概率密度函数为

$$f_1(R_1) = \frac{R_1}{2\sigma_n^2} I_0\left(\frac{aR_1}{\sigma_n^2}\right) \exp\left(-\frac{R_1^2 + 4a^2}{4\sigma_n^2}\right), \quad R \geqslant 0 \tag{5.75}$$

R_2 为瑞利分布随机变量,其概率密度函数为

$$f_2(R_2) = \frac{R_2}{2\sigma_n^2} \exp\left(-\frac{R_2^2}{4\sigma_n^2}\right), \quad R_2 \geqslant 0 \tag{5.76}$$

将式(5.75)与式(5.76)代入式(5.74)可得

$$P(1/0) = \int_0^\infty f(R_1) \left[\int_{R_2 = R_1}^\infty f(R_2) \mathrm{d}R_2\right] \mathrm{d}R_1$$

$$= \int_0^\infty \frac{R_1}{2\sigma_n^2} I_0\left(\frac{aR_1}{\sigma_n^2}\right) \exp\left(-\frac{R_1^2 + 4a^2}{4\sigma_n^2}\right) \cdot \exp\left(-\frac{R_1^2}{4\sigma_n^2}\right) \mathrm{d}R_1$$

令 $t = R_1/\sigma_n$,$\alpha = a/\sigma_n$,并凑成 Q 函数,得

$$P(1/0) = \frac{1}{2} \exp\left(-\frac{\alpha^2}{2}\right) \int_0^\infty t I_0(\alpha t) \exp\left(-\frac{t^2 + \alpha^2}{2}\right) \mathrm{d}t = \frac{1}{2} e^{-r} \tag{5.77}$$

式中,$r = \dfrac{a^2}{2\sigma_n^2}$。

同理,可求得发送信号为"1"时(前后码元反相,即 $a' = -a$)判为"0"的错误概率 $P(0/1)$ 为

$$P(0/1) = P(1/0) = \frac{1}{2} e^{-r} \tag{5.78}$$

假定 $P(0) = P(1) = 1/2$,则 2DPSK 信号差分相干解调系统的总误码率 P_e 为

$$P_e = \frac{1}{2} e^{-r} \tag{5.79}$$

由于 2PSK 与 2DPSK 的时域表达式相同,因此在非相干解调下,2PSK 和 2DPSK 的误码率是一样的,也为

$$P_e = \frac{1}{2} e^{-r} \tag{5.80}$$

5.3 二进制数字调制系统的性能比较

前面分别讨论了二进制数字调制原理及抗噪声性能,接下来对二进制数字调制系统的性能加以比较,主要从频带宽度、误码率、对信道特性的敏感性和设备的复杂度这几方面进行比较。

1. 频带宽度

假定码元宽度为 T_s，$f_s = 1/T_s$，则 2ASK、2PSK 和 2DPSK 信号的第一零点带宽为

$$B_{2ASK} = B_{2PSK} = B_{2DPSK} = 2f_s$$

2FSK 信号的第一零点带宽为

$$B_{2FSK} = |f_{c1} - f_{c2}| + 2f_s$$

因此，可以得出结论：从频带利用率或频带宽度上看，2FSK 最不可取。

2. 误码率

从 5.2 节的分析结果可知

$$P_{e2ASK相干} = \frac{1}{2}\text{erfc}\left(\sqrt{\frac{r}{4}}\right) \qquad\qquad P_{e2ASK非相干} = \frac{1}{2}e^{-r/4}$$

$$P_{e2FSK相干} = \frac{1}{2}\text{erfc}\left(\sqrt{\frac{r}{2}}\right) \qquad\qquad P_{e2FSK非相干} = \frac{1}{2}e^{-r/2}$$

$$P_{e2PSK相干} = \frac{1}{2}\text{erfc}(\sqrt{r}) \qquad\qquad P_{e2PSK非相干} = \frac{1}{2}e^{-r}$$

$$P_{e2DPSK相干} = \frac{1}{2}\text{erfc}(\sqrt{r})\left[1 - \frac{1}{2}\text{erfc}(\sqrt{r})\right] \quad P_{e2DPSK非相干} = \frac{1}{2}e^{-r}$$

从以上结果可以得出以下结论：①各种二进制数字调制系统的误码率 P_e 与接收端输出信噪比有关，信噪比越高，误码率越低。②各种调制系统中，相干解调方式优于非相干方式。③在相同的解调方式下，为达到相同的误码率，2PSK 的信噪比比 2FSK 的信噪比小 3dB，2FSK 的信噪比比 2ASK 的信噪比小 3dB，即抗噪声性能为 2PSK＞2FSK＞2ASK。④在相同的信噪比下，2PSK 将有最低的误码率，2FSK 次之，2ASK 最高。因此，在抗加性高斯噪声方面，相干 PSK 或 DPSK 性能最好，2FSK 次之，2ASK 最差。

3. 对信道特性变化的敏感性

在选择数字调制方式时，还应考虑系统对信道特性的变化是否敏感。在 2FSK 系统中，判决器直接根据上、下两支路解调输出样值的大小做出判决，不需要人为设置判决门限，因而对信道的变化不敏感。在 2PSK 系统中，当发送"1"和发送"0"信号等概率时，判决器的最佳判决门限为零，与接收机输入信号的幅度无关。因此，判决门限不随信道特性而变化，接收机容易保持在最佳判决门限状态。对于 2ASK 系统，发送"1"和发送"0"等概率时，判决器的最佳判决门限为 $a/2$，它与接收机输入信号的幅度有关。当信道特性发生变化时，接收机输入信号的幅度 a 将随之发生变化，从而导致判决器的最佳判决门限也随之而变，使得接收机不容易保持在最佳判决门限状态，因而使系统误码率增大，所以，就系统信道特性变化的敏感性而言，2ASK 性能最差。

因此，2PSK、2FSK 不随信道特性的变化而变化；当信道存在严重衰减时，采用相干解调法。

4. 设备的复杂程度

相同调制方式下，相干解调的设备比非相干解调设备复杂；同是非相干解调，复杂程度：2DPSK＞2FSK。对于同一类型的调制方式，相干解调设备要比非相干解调设备复杂；而同

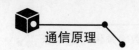

为非相干解调,2DPSK 的设备最复杂、造价最高,2FSK 次之,2ASK(OOK)最简单。

在对各种数字调制和解调方式进行比较、选择时,要考虑的因素较多。应对系统的各方面要求作全面的考虑,通常应考虑带宽、抗噪声、信道特性变化的敏感性和设备复杂度。如果抗噪声性能是主要的,应考虑选择相干 2PSK 和 2DPSK,2ASK 不可取;如果带宽要求是主要的,应考虑相干 2PSK、2DPSK 及 2ASK,而 2FSK 最不可取;如果设备的复杂性是主要因素,则选择非相干方式比相干方式更合适。目前用得最多的数字调制方式是相干 2DPSK 和非相干 2FSK。相干 2DPSK 主要用于高速数据传输,而非相干 2FSK 则用于中、低速数据传输中,特别在衰落信道中的数据传输中,它有较广泛的应用。

5.4 多进制数字调制系统

由于二进制数字调制的传输速率不高,根据 $R_b = R_B \log_2 M$,这里的 R_b 为传信息速率,R_B 为传码元速率,M 为 M 进制,说明利用多进制传输,可以提高传输速率。因此,有必要研究一下多进制数字调制技术。

所谓多进制数字调制是用多进制的数字基带信号调制载波的振幅、频率或相位的过程。通常,将多进制的数目取为 $M = 2^k$。与二进制数字调制的 3 种形式相对应,多进制数字调制也分为 3 种,即多进制数字振幅调制(MASK)、多进制数字频率调制(MFSK)和多进制数字相位调制(MPSK)。

多进制数字调制的特点包括:①如果保持二进制与多进制的 R_B 相同,则多进制的 R_b 比二进制的 R_b 高 $\log_2 M$ 倍;②如果使二进制与多进制的 R_b 相同,则多进制的 R_B 是二进制的 $\dfrac{1}{\log_2 M}$,相当于多进制的码元宽度 T_s 比二进制的宽,码元宽度增加,相当于码元的能量增加,码元的能量增加,相当于信噪比增加,因此可以减少信道特性引起的码间干扰的影响。

5.4.1 多进制振幅键控

多进制振幅键控(MASK)又称多电平调制,它是二进制数字振幅键控方式的推广。由于 MASK 的抗噪声能力和抗衰落能力不强,这种调制方式不常用,下面作简单介绍。

1. 时域表达式

在 M 进制的振幅键控信号中,载波幅度有 M 种取值。M 进制振幅键控信号可表示为 M 进制数字基带信号与正弦载波相乘的形式,已调波时域表达式为

$$e_{\text{MASK}}(t) = s(t)\cos\omega_c t = \Big[\sum_n a_n g(t - nT_s)\Big]\cos\omega_c t \tag{5.81}$$

式中,$s(t)$ 为 M 进制数字基带信号;$g(t)$ 为 $s(t)$ 的基本波形,通常是高度为 1、宽度为 T_s 的门函数;T_s 为 M 进制码的码元宽度;a_n 为幅度值,可有 M 种取值,即

$$a_n = \begin{cases} a_0, & \text{概率为 } P_0 \\ a_1, & \text{概率为 } P_1 \\ \quad\vdots \\ a_{M-1}, & \text{概率为 } P_{M-1} \end{cases} \qquad \text{且} \sum_{i=0}^{M-1} P_i = 1$$

2. 信号波形图

以四进制为例,可以把 4ASK 信号看成时间上不重叠的 4 个 2ASK 信号的叠加,如图 5.29 所示。图 5.29(a)是四进制序列,图 5.29(b)是对应的 4ASK 信号波形。

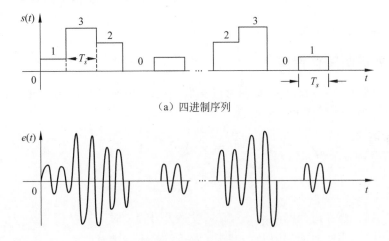

（a）四进制序列

（b）4ASK信号波形

图 5.29　多进制 4ASK 时间信号波形

3. 功率谱和带宽

MASK 信号 $e_{MASK}(t)$ 可以看成由时间上互不重叠的 M 个不同振幅的 2ASK 信号叠加而成,即

$$e_{MASK}(t) = \sum_{i=0}^{M-1} e_i(t) \tag{5.82}$$

由式(5.82)可见,MASK 信号的功率谱便是这 M 个 2ASK 信号的功率谱之和。尽管叠加后功率谱的结构是复杂的,但就带宽而言,由于码元速率 f_s 相同,MASK 信号与其分解所得的任何一个 2ASK 信号的带宽都是相同的,都是基带信号带宽的 2 倍,即

$$B_{MASK} = 2f_s \tag{5.83}$$

4. 调制与解调

MASK 的调制方法与 2ASK 相同,但首先要把基带信号由二电平变为 M 电平。将二进制信息序列分为 k 个一组。$k = \log_2 M$,然后变换为 M 电平基带信号。M 电平基带信号再对载波进行调制,即可得到 MASK 信号。由于是多电平调制,所以要求调制器在调制范围内是线性的,即已调信号的幅度与基带信号的幅度成正比。

MASK 调制中最简单的基带信号基本波形 $g(t)$ 是矩形。为了限制信号频谱也可以采用其他波形,如升余弦滚降波形、部分响应波形等。

MASK 信号的解调可以采用相干解调或非相干解调(包络检波)的方式,其原理与 2ASK 信号的解调完全相同。

5. 抗噪声性能

对 MASK 信号进行相干解调,可以证明系统总的误码率 P_e 为

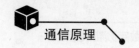

$$P_e = \left(\frac{M-1}{M}\right) \mathrm{erfc}\left(\sqrt{\frac{3r}{M^2-1}}\right) \tag{5.84}$$

式中，M 为电平数，$r = \dfrac{a^2}{\sigma_n^2}$ 为信噪比。若取 $M=2$，则上述调制信号即为抑制载波的振幅调制信号，并且式(5.84)的结果与式(5.40)完全相同。

5.4.2　多进制频移键控

多进制数字频移键控(MFSK)简称多频调制，它是 2FSK 方式的直接推广，即用多个频率的正弦载波分别代表不同的数字信息。

1. 时域表达式

MFSK 信号可表示为

$$e_{\mathrm{MFSK}}(t) = \sum_{i=1}^{M} s_i(t)\cos\omega_{ci}t \tag{5.85}$$

式中，$s_i(t) = \begin{cases} A, & \text{当在时间间隔 } 0 \leqslant t < T_s,\text{发送符号为 } i \text{ 时} \\ 0, & \text{当在时间间隔 } 0 \leqslant t < T_s,\text{发送符号不为 } i \text{ 时} \end{cases}$ $\quad i = 1,2,\cdots,M$

ω_{ci} 为载波角频率，共有 M 种取值。通常可选载波频率 $f_{ci} = \dfrac{n}{2T_s}$，n 为正整数，此时 M 种发送信号相互正交。

2. 调制与解调

图 5.30 所示为 MFSK 系统的组成方框图。发送端采用键控选频的方式，图中串/并变换和逻辑电路将输入二进制码元序列分组(每 k 个二进制码元组成一组)，对应地转换成有 $M(M=2^k)$ 种状态的一个个多进制码，这 M 个状态分别对应 M 个不同的载波频率。在一个码元宽度 T_s 内，对应于输入的某组二进制码，逻辑电路输出的控制信号将使相应的一个门电路打开，同时使其余所有的门电路被关闭，于是从 M 个频率中选出相应的一个多进制频率键控波形，经相加器送出。接收端采用非相干解调方式，输入的 MFSK 信号通过 M 个中心频率分别为各载频频率 $f_{c1}, f_{c2}, \cdots, f_{cM}$ 的带通滤波器，分离出发送的 M 个频率，即当某一载频到来时，只有一个带通滤波器有信号及噪声通过，其他带通滤波器只有噪声通过。经包络检波器检测，再经由抽样判决器，在给定时刻比较各包络检波器输出的电压，并选出最大者作为输出。

MFSK 信号除用上述分路滤波、包络检波外，还可采用分路滤波相干解调。此时只需将图 5.30 中的包络检波器去掉，换成相乘器及低通滤波器即可，各路相乘器需分别输入不同频率的相干载波信号。

3. 带宽

键控法产生的 MFSK 信号，属于相位不连续的 MFSK 信号。它可以看作由 M 个振幅相同、载频不同、时间上互不重叠的 2ASK 信号叠加的结果，其信号带宽近似为

$$B_{\mathrm{MFSK}} = |f_{cM} - f_{c1}| + 2f_s \tag{5.86}$$

式中，f_{cM} 为最高选用载频，f_{c1} 为最低选用载频。可见 MFSK 信号具有较宽的频带，因而它

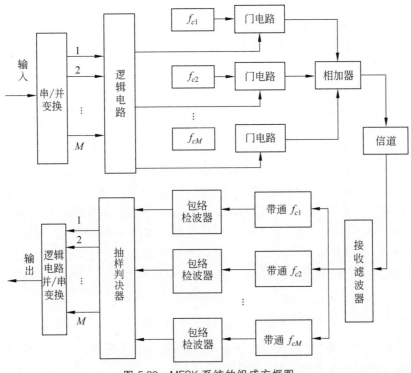

图 5.30　MFSK 系统的组成方框图

的信道频带利用率不高。MFSK 一般在调制速率(载频变化速率)不高及多径延时比较严重的信道场合应用,如无线短波信道,而且由于带宽增加,所以这种方式不常用。

4. 抗噪声性能

MFSK 信号采用非相干解调时的误码率 P_e 为

$$P_e = \int_0^\infty x \mathrm{e}^{-\frac{1}{2}\left(\frac{x^2+a^2}{a_n^2}\right)} \mathrm{I}_0\left(\frac{xa}{\sigma_n}\right)\left[1-(1-\mathrm{e}^{-x^2/2})^{M-1}\right]\mathrm{d}x \approx \left(\frac{M-1}{2}\right)\mathrm{e}^{-\frac{r}{2}} \tag{5.87}$$

式中,r 为接收端输出信号的平均信噪比。

MFSK 信号采用相干解调时的误码率为

$$P_e = \frac{1}{\sqrt{2\pi}}\int_0^\infty \mathrm{e}^{-\frac{(x-a)^2}{2a_n^2}}\left[1-\left(\frac{1}{\sqrt{2\pi}}\int_{-\infty}^x \mathrm{e}^{-u^2/2}\,\mathrm{d}u\right)^{M-1}\right]\mathrm{d}x \approx \left(\frac{M-1}{2}\right)\mathrm{erfc}\left(\sqrt{\frac{r}{2}}\right) \tag{5.88}$$

显然误码率公式很复杂,通常只需记住以下结论即可:①无论是相干解调还是非相干解调,误码率均与信噪比 r、进制 M 有关;②M 一定的情况下,r 越大,P_e 越小;③r 一定的情况下,M 越大,P_e 越大;④随着 M 增大,相干解调与非相干解调性能的差距减小;⑤当 M 相同的情况下,相干与非相干解调的性能随着 r 增加趋于同一极限值。

5.4.3　多进制相移键控及多进制差分相移键控

多进制数字相位调制又称为多相位调制,是二相调制方式的推广。它是利用载波的多种不同相位(或相位差)表征数字信息的调制方式。和二相调制相同,多相调制也分绝对相

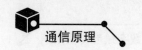

移 MPSK 和相对(差分)相移 MDPSK 两种。

在 MPSK 中,载波相位有 $M=2^k$ 种不同取值,每个相位用 k 比特码元组合表示,分别表示 M 个不同数字信息。MPSK 信号可表示为

$$
\begin{aligned}
e_{\text{MPSK}}(t) &= \sum_n g(t-nT_s)\cos(\omega_c t + \varphi_n) \\
&= \left[\sum_n g(t-nT_s)\cos\varphi_n\right]\cos\omega_c t - \left[\sum_n g(t-nT_s)\sin\varphi_n\right]\sin\omega_c t \\
&= \left[\sum_n a_n g(t-nT_s)\right]\cos\omega_c t - \left[\sum_n b_n g(t-nT_s)\right]\sin\omega_c t \qquad (5.89)
\end{aligned}
$$

式中,$g(t)$ 为信号包络波形,通常是码元宽度为 T_s、幅度为 1 的门函数;ω_c 为载波角频率;φ_n 为受调相位,可有 M 种不同取值,通常是等间隔取值。式中前后两项每一项都是一个 M 电平双边带调幅信号即 MASK 信号,但载波是正交的。这表示,MPSK 信号可以看成两个正交载波的 MASK 信号的叠加,所以 MPSK 信号的带宽应与 MASK 信号的带宽相同。与 MASK 信号一样,当信息速率相同时,MPSK 信号带宽缩减为 2PSK 信号带宽的 $1/\log_2 M$,即频带利用率提高到 2PSK 的 $\log_2 M$ 倍。式(5.89)可简写为

$$
e_{\text{MPSK}}(t) = I(t)\cos\omega_c t - Q(t)\sin\omega_c t \qquad (5.90)
$$

式中,$I(t) = \sum_n a_n g(t-nT_s)$,$Q(t) = \sum_n b_n g(t-nT_s)$。

通常将式(5.90)的第一项称为同相分量,第二项称为正交分量。可见,MPSK 信号可以看成是两个正交载波进行多电平双边带调制所得信号之和。

接下来以 4PSK(QPSK)、4DPSK(QDPSK)为例,介绍 MPSK 的工作原理。

1. 四相绝对移相键控调制与解调

四相绝对移相键控(4PSK,也称 QPSK)信号,利用载波的四种不同相位表征数字信息。由于每一种载波相位代表两个二进制码元信息,所以每个四进制码元又称为双比特码元。假定组成双比特码元的前一位码元为 a,后一位码元为 b,就可以将该双比特码元表示为 ab。载波相位有四种取值,分别为 $0,\dfrac{\pi}{2},\pi$ 和 $\dfrac{3\pi}{2}$,或者为 $\dfrac{\pi}{4},\dfrac{3\pi}{4},\dfrac{5\pi}{4}$ 和 $\dfrac{7\pi}{4}$,它们分别对应数字信息 $00,01,11$ 和 10,对应的 A 方式和 B 方式的矢量图如图 5.31(a)和图 5.31(b)所示。通常 ab 是按照格雷码的规则排列的,ab 与载波相位的对应关系如表 5.2 所示。

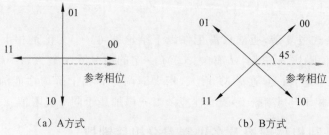

| (a) A方式 | (b) B方式 |

图 5.31   4PSK 两种矢量图

表 5.2 双比特码元与载波相位的关系

双比特码元		载波相位(φ_k)	
a	b	A 方式	B 方式
0	0	0°	225°
1	0	90°	315°
1	1	180°	45°
0	1	270°	135°

在 A 方式中,由于正弦和余弦函数的互补特性,四种相位 φ_k 对应于幅值有两种取值±1;
而在 B 方式中,四种相位 φ_k 对应于幅值只有两种可能取值±$\frac{\sqrt{2}}{2}$。式(5.90)表明 4PSK 是两
个正交的 2PSK 信号的合成。

4PSK 的调制方法与 2PSK 信号一样,有调相法和相位选择法两种。

1)调相法

用调相法产生 4PSK 信号的方框图如图 5.32(a)所示。首先输入的串行二进制码元经
串/并变换,分为两个并行的、速率减半的双极性序列,假定并行序列中的二进制码元分别为
a、b,每一对 ab 就是一个双比特码元。双比特码元 ab 分别通过两个平衡调制器,分别对同
相载波 $\cos\omega_c t$ 和正交载波 $\sin\omega_c t$ 进行二相调制,得到图 5.32(b)中虚线所示的矢量,将这两
路输出信号相加后,即可得 4PSK 信号,如图 5.32(b)中实线所示的矢量。4PSK 信号相位编
码逻辑关系,如表 5.3 所示。

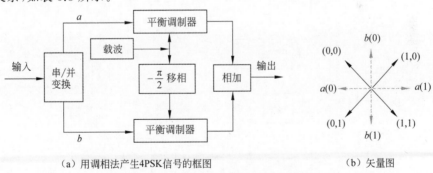

(a)用调相法产生4PSK信号的框图　　　　　　　　　　　　　　　（b）矢量图

图 5.32 4PSK 调相法框图和矢量图

表 5.3 4PSK 信号相位编码逻辑关系

a	1	0	0	1
b	1	1	0	0
a 路平衡调制器输出	0°	180°	180°	0°
b 路平衡调制器输出	270°	270°	90°	90°
合成相位	315°	225°	135°	45°

2）相位选择法

相位选择法产生 4PSK 信号的方框图如图 5.33 所示。其中,四相载波发生器分别输出调相所需的四种不同相位的载波。根据串/并变换输出的双比特码元的不同组合,逻辑选相电路输出相应相位的载波。如表 5.3 所示,双比特码元 ab 为 11 时,输出相位为 315°的载波; ab 为 01 时,输出相位为 225°的载波;ab 为 00 时,输出相位为 135°的载波;ab 为 10 时,输出相位为 45°的载波。

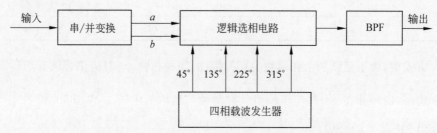

图 5.33 相位选择法产生 4PSK 信号的方框图

3）4PSK 的解调方法

由于 4PSK 可表示成两个正交 2PSK 的合成,故可以采用与 2PSK 类似的方法进行解调,即由两个 2PSK 信号相干解调器构成,其解调方框图如图 5.34 所示。图中的并/串变换的作用与调制器中的串/并变换相反,它是用来将上、下两支路所得到的并行数据恢复成串行数据的。

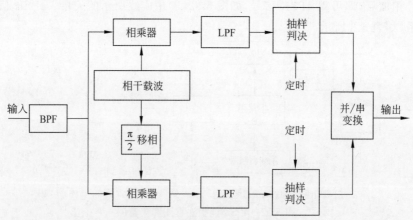

图 5.34 4PSK 信号解调方框图

2. 四相相对移相键控调制与解调

在 4PSK 相干解调中,与 2PSK 调制时一样,恢复载波时同样存在 π 相位模糊。对于四相调制也应采用相对移相的方法解决相位模糊问题。与 2DPSK 相同,四相相对移相键控(4DPSK,也称 QDPSK)利用前后码元之间的相对相位变化表示数字信息。若以前一个码元相位作为参考,$\Delta\varphi_k$ 为本码元与前一个码元的初相差,则双比特码元 ab 与载波相位差的关系如表 5.4 所示,相应的 A 方式和 B 方式矢量图分别如图 5.35(a)和图 5.35(b)所示。

表 5.4　4DPSK 双比特码元 *ab* 与载波相位差的关系

双比特码元		载波相位差 $\Delta\varphi_k$	
a	*b*	A 方式	B 方式
0	0	0°	45°
1	0	90°	135°
1	1	180°	225°
0	1	270°	315°

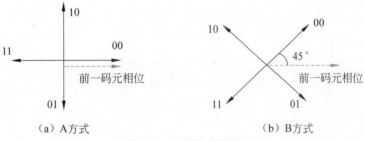

（a）A方式　　　　　　　　（b）B方式

图 5.35　4DPSK 矢量图

　　由于双比特码元对应载波的前后相位差,相当于由原来的绝对码变换成相对码后的数字序列的调相信号。因此,4DPSK 的调制用码变换加 4PSK 调制的方法实现。

　　1）码变换加调相法

　　码变换(差分编码)加调相法产生 4DPSK 信号的调制方框图如图 5.36 所示。与图 5.32(a)相比,仅在串/并变换后多了一个码变换,码变换的作用是将输入的双比特码元 *ab* 转换成双比特码元 *cd*,由 *cd* 产生的 4PSK 与由 *ab* 产生的 4DPSK 信号是一样的,因此只要确定 *cd* 与 *ab* 的逻辑关系即可。在这里仅讨论码变换,码变换的逻辑功能如表 5.5 所示,表中 c_n、d_n 按 0、+1、1、−1 的规律变换成双极性码,然后再对载波进行调制。最后由相加器输出 4DPSK 信号。

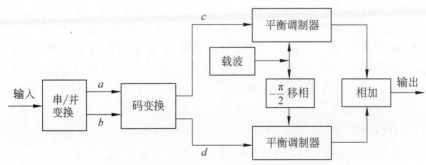

图 5.36　码变换加调相法产生 4DPSK 信号的调制方框图

表 5.5   4DPSK 码变换逻辑功能

本时刻到达的 ab 及所要求的相对相位变化			前一码元的状态			本时刻应该出现的码元状态		
a_n	b_n	$\Delta\varphi_n$	C_{n-1}	d_{n-1}	Θ_{n-1}	C_n	d_n	Θ_n
0	0	0°	0	0	0°	0	0	0°
			1	0	90°	1	0	90°
			1	1	180°	1	1	180°
			0	1	270°	0	1	270°
1	0	90°	0	0	0°	1	0	90°
			1	0	90°	1	1	180°
			1	1	180°	0	1	270°
			0	1	270°	0	0	0°
1	1	180°	0	0	0°	1	1	180°
			1	0	90°	0	1	270°
			1	1	180°	0	0	0°
			0	1	270°	1	0	90°
0	1	270°	0	0	0°	0	1	270°
			1	0	90°	0	0	0°
			1	1	180°	1	0	90°
			0	1	270°	1	1	180°

从表 5.5 可知,一个 ab 组合对应于 4 个 $\Delta\varphi_k$,由于前一码元的状态也有 4 个,因此 4 个 ab 组合对应于 16 个 $\Delta\varphi_k$,根据 $a_n b_n$ 以及 $c_{n-1}d_{n-1}$,就可以确定 $c_n d_n$。可以得出差分编码的方程如式(5.91)。

$$\text{当 } c_{n-1} \oplus d_{n-1} = 0 \text{ 时,} \begin{cases} c_n = a_n \oplus c_{n-1} \\ d_n = b_n \oplus d_{n-1} \end{cases}; \quad \text{当 } c_{n-1} \oplus d_{n-1} = 1 \text{ 时,} \begin{cases} c_n = b_n \oplus c_{n-1} \\ d_n = a_n \oplus d_{n-1} \end{cases}$$

$$(5.91)$$

因此,当 $c_{n-1} \oplus d_{n-1} = 0$ 时,相当于把码变换器看成直通线路,从 $a_n b_n$ 得到 $c_n d_n$,当 $c_{n-1} \oplus d_{n-1} = 1$ 时,相当于把码变换器看成交叉线路,从 $a_n b_n$ 得到 $c_n d_n$。

2) 码变换加相位选择法

码变换(差分编码)加相位选择法产生 4DPSK 信号的调制方框图如图 5.37 所示。与图 5.33 相比,仅在串/并变换后多了一个码变换,同样码变换的作用是将输入的双比特码元 ab 转换成双比特码元 cd,由 cd 产生的 4PSK 与由 ab 产生的 4DPSK 信号是一样的,因此只要确定 cd 与 ab 的逻辑关系即可。从逻辑选相电路,再经带通滤波器输出 4DPSK 信号。

4DPSK 信号的解调方法与 2DPSK 信号的解调方法类似,也分为极性比较法(相干解调)和相位比较法(差分相干解调)两种。

3) 4DPSK 信号的极性比较法(相干解调)

4DPSK 信号的极性比较法(相干解调)解调框图如图 5.38 所示,可以看成由 4PSK 信号解调器和码反变换器两部分组成。4PSK 信号解调器前面已经介绍,这里主要讲一下码反变

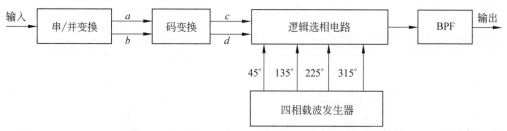

图 5.37 码变换加相位选择法产生 4DPSK 信号的调制方框图

换器,即差分译码,下面给出差分译码方程,如式(5.92)。

当 $c_{n-1} \oplus d_{n-1} = 0$ 时,
$$
\begin{cases} a_n = c_{n-1} \oplus c_n \\ b_n = d_{n-1} \oplus d_n \end{cases};
\quad
当 c_{n-1} \oplus d_{n-1} = 1 时,
\begin{cases} a_n = d_{n-1} \cdot \oplus d_n \\ b_n = c_{n-1} \oplus c_n \end{cases}
$$

$$(5.92)$$

因此,当 $c_{n-1} \oplus d_{n-1} = 0$ 时,相当于把码反变换器看成直通线路,从 $c_n d_n$ 得到 $a_n b_n$,当 $c_{n-1} \oplus d_{n-1} = 1$ 时,相当于把码变换器看成交叉线路,从 $c_n d_n$ 得到 $a_n b_n$。

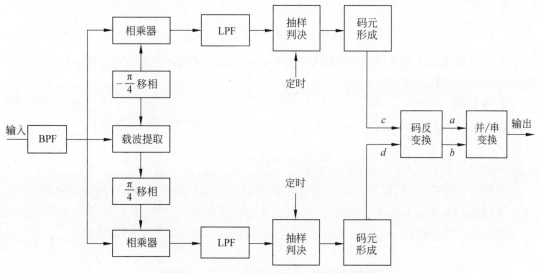

图 5.38 4DPSK 信号的极性比较法解调框图

4)4DPSK 信号的相位比较法(差分相干解调)

与 2DPSK 信号差分相干解调类似,由于延迟电路的延迟 T_s 的作用,相当于差分译码,使电路可以通过对输入 4DPSK 信号的前后码元的相位直接进行比较,从而完成解调过程,并在解调的同时完成码反变换工作,因此无须再另加码反变换,其解调方框图如图 5.39 所示。

3. 带宽

在相同的信息速率下,由于四相信号的码元长度比二相信号的码元长度长一倍,所以所需的带宽为二相信号的一半,即

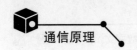
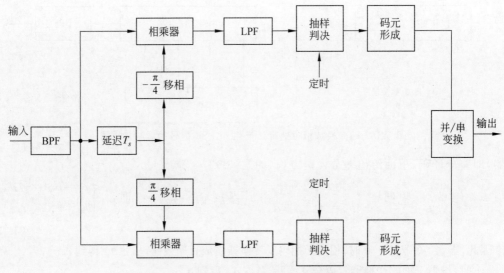

图 5.39　4DPSK 信号的相位比较法解调方框图

$$B_{4PSK/4DPSK} = f_s = \frac{1}{T_s} \tag{5.93}$$

在相同的码元速率下,四相系统的信息速率是二相系统的两倍。因此,四相系统的有效性比二相系统的有效性高。

4. 误码率

四相信号的误码率如式(5.94),可见,与 2PSK 信号相比,其可靠性下降。

$$P_{e4PSK} = \text{erfc}\left(\sqrt{\frac{r}{2}}\right) - \frac{1}{4}\text{erfc}^2\left(\sqrt{\frac{r}{2}}\right) \approx \text{erfc}\left(\sqrt{\frac{r}{2}}\right) \tag{5.94}$$

当信道频带受限时,采用多进制数字调制可以增大信息传输速率,提高频带利用率,其代价是增加信号功率和实现上的复杂性,同时也会降低抗噪声性能,即有效性提高必定会降低可靠性,为了解决这一问题,又提出了多进制改进调制,即现代数字调制技术。

5.5　现代数字调制技术

5.5.1　正交振幅调制

正交振幅调制(Quadrature Amplitude Modulation,QAM)是一种振幅和相位联合键控(Amplitude Phase Keying,APK)的调制方式,是用两路独立的基带信号对两个互相独立的同频载波进行抑制载波的双边带调制,利用已调信号的频谱在同一带宽内的正交性,实现两路并行的数字信息的传输。QAM 是目前在宽带通信系统中广泛应用的一种数字调制技术。

1. APK 信号的时域表达式

$$S_{APK}(t) = \sum_n A_n g(t - nT_s) \cdot \cos(\omega_c t + \varphi_n) \tag{5.95}$$

由于 APK 是指载波的振幅和相位两个参量同时受基带信号的控制,所以 APK 信号的一般表达式如式(5.95)。式中,A_n 为第 n 个码元的振幅,φ_n 为第 n 个码元的初始相位,$g(t)$ 为振幅为 1、宽度为 T_s 的单个矩形脉冲。

接下来利用三角函数公式将式(5.95)作进一步的展开后,如式(5.96)。

$$S_{APK}(t) = \left[\sum_n A_n g(t-nT_s) \cdot \cos\varphi_n \right] \cos\omega_c t - \left[\sum_n A_n g(t-nT_s) \cdot \sin\varphi_n \right] \sin\omega_c t$$

$$= \left[\sum_n X_n g(t-nT_s) \right] \cos\omega_c t - \left[\sum_n Y_n g(t-nT_s) \right] \sin\omega_c t \qquad (5.96)$$

其中,$\begin{cases} X_n = A_n \cos\varphi_n \\ Y_n = A_n \sin\varphi_n \end{cases}$。

这样,式(5.96)可以看成两个相互正交调幅信号的合成信号。

2. 矢量图和星座图

典型的 APK 信号,如 16QAM,$M=16=2^4$,相当于同相和正交支路都采用四进制信号,这样的话,16QAM 信号可以看成一个大的 QPSK 信号,其幅度为 $2A/3$,再叠加一个小的 QPSK 信号,其幅度为 $1A/3$,如图 5.40(a)所示,合成后得到相应的星座图,如图 5.40(b)所示。

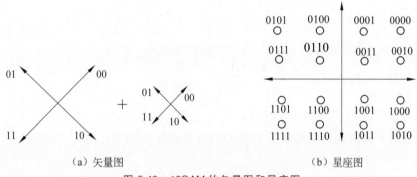

(a) 矢量图　　　　　　　　　　　　　　(b) 星座图

图 5.40　16QAM 的矢量图和星座图

由图 5.40(b)可知,各信号点之间的距离为

$$d = \frac{\sqrt{2}A}{M-1} \approx 0.47A \quad (M=4) \qquad (5.97)$$

3. 与 16PSK 比较

16PSK 就是将 2π 分成 16 等分,所得到的调制方式,因此各信号点之间的距离为

$$d = 2A\sin\frac{\pi}{16} \approx 0.39A \qquad (5.98)$$

可见,16QAM 的 d 比 16PSK 的 d 大 1.64dB;还可以证明 QAM 中的平均功率与最大信号功率之比为 1.8 倍,约 2.55dB,也就是说如果使 16QAM 的平均功率也达到与 16PSK 相同,则信噪比可以提高 2.55dB,则 16QAM 的相邻信号点的距离是 16PSK 的 4.19dB,即(1.64dB+2.55dB)。

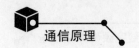

4. 调制方框图

可以用两种方法实现 16QAM 的调制,第一种方法可以用 2 个不同幅度的 QPSK 信号的叠加,每个信号点都由 $a_1b_1a_2b_2$ 构成,如图 5.41(a)所示。第二种方法利用四进制信号对正交载波调制合成,如图 5.41(b)所示。图 5.41(b)中,对于 16QAM,2/m 电平变换实际上是 2/4 电平变换。

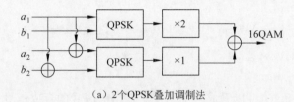

(a)2个QPSK叠加调制法

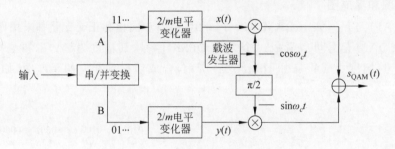

(b)正交载波调制法

图 5.41　16QAM 的调制框图

5. 解调方框图

16QAM 的相干解调的解调方框图如图 5.42 所示。经过两路相互正交的相干载波进行相干解调,分别得到两路正交数据 $I(t)$ 和 $Q(t)$,这两路数据再经过并/串变换后,就恢复出原始数据。

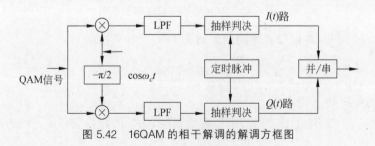

图 5.42　16QAM 的相干解调的解调方框图

5.5.2　偏移四相相移键控和 π/4 四相相移键控

1. 偏移四相相移键控

四相相移键控(Quadrature Phase-Shift Keying,QPSK)调制中两路正交信号存在同时变换就容易产生接收错误,即双比特 00→11 或 01→10 时,会产生 180°载波相位跳变,这种相位跳变容易引起包络起伏,当通过非线性器件后,使已经滤出的带外分量又被恢复,导致频谱扩散,从而增加对相邻信道的干扰。为了消除180°载波相位跳变,在QPSK的基础上提出了偏移四相相移键控(Offset Quadrature Phase-Shift Keying,OQPSK)调制方法。

OQPSK对QPSK调制进行了改进,使两路正交信号错开半个码元周期,避免两路信号同时跳变。因此,OQPSK信号相位只能跳变0°、±90°,而不会出现180°载波相位跳变。

1) OQPSK信号调制原理

图5.43为OQPSK信号的调制方框图,图中延时$T_s/2$,主要是使两路正交码流支路在时间上错开半个码元周期,带通滤波器的作用是形成QPSK信号的频谱形状,保证包络恒定,图中其他部分均与QPSK作用相同。

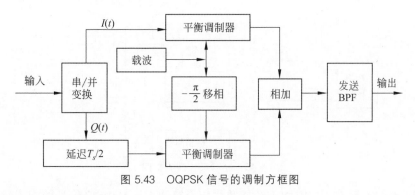

图5.43 OQPSK信号的调制方框图

2) OQPSK信号解调原理

OQPSK信号的解调方法可以采用正交相干解调,其解调方框图如图5.44所示。OQPSK信号的解调与QPSK信号的解调基本相同,差别在于对Q支路信号抽样判决时间比I支路延迟了$T_s/2$。由于在调制时Q支路信号在时间上偏移了$T_s/2$,所以抽样判决时刻也偏移$T_s/2$,以保证对两支路交错抽样。

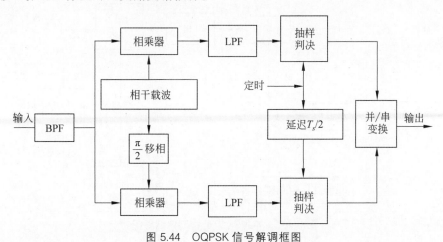

图5.44 OQPSK信号解调框图

OQPSK信号可以看成两个相互正交的2PSK信号的叠加,则OQPSK信号的功率谱与QPSK信号的功率谱相同,两者带宽也相同,即$B_{OQPSK}=B_{QPSK}=f_s=1/T_s$,OQPSK信号的

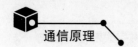

抗噪声能力也与 QPSK 信号的相同。

OQPSK 信号解决了 QPSK 的 180°载波相位跳变问题,此外,OQPSK 信号通过带通滤波器后包络起伏小,性能也得到了改善。

2. π/4 四相相移键控

π/4 四相相移键控(π/4QPSK)是 QPSK 与 OQPSK 的折中,其最大相位跳变为 $\pm135°$。因此通过带通滤波器后的 π/4QPSK 信号比通过滤波器后的 QPSK 有较小的包络起伏,但比 OQPSK 通过带通滤波器后的信号包络起伏大。

π/4QPSK 的调制方框图如图 5.45 所示。

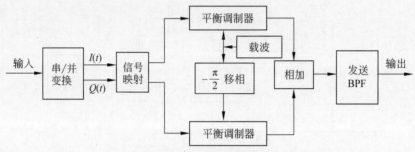

图 5.45   π/4QPSK 调制框图

π/4QPSK 的解调方法也有相干解调和非相干解调。π/4QPSK 信号的相干解调抗噪声性能和 QPSK 信号的相同。带限后的 π/4QPSK 信号保持恒包络的性能比带限后的 QPSK 好,但不如 OQPSK,这是由于这三者最大相位变化为 OQPSK 最小,π/4QPSK 其次,QPSK 最大。π/4QPSK 信号的非相干解调,常用差分检测方法,此解调方法大大简化了接收机的设计,π/4QPSK 的差分检测解调框图如图 5.46 所示。

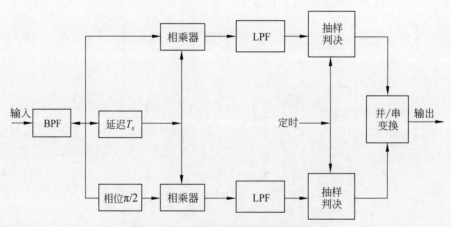

图 5.46   π/4QPSK 差分检测解调框图

π/4QPSK 信号的调制频率较高,在高斯白噪声信道中,π/4QPSK 信号的差分检测的抗噪声性能比 QPSK 低 3dB,π/4QPSK 调制是美国数字蜂窝移动通信系统标准(IS-54)和日本数字蜂窝移动通信系统(PDC)标准调制方式。

5.5.3　最小频移键控和高斯最小频移键控

1. 最小频移键控

在 5.4.3 节中讨论了 QPSK 信号,当基带信号发生变化时,已调信号的相位就会发生跃变(最大相位跃变为 π),相位跃变引起的相位对时间的变化率(即角频率)很大,从而会导致信号功率谱扩展,系统的频带利用率降低;同时也导致旁瓣增大,对相邻频道的信号形成干扰。为使信号功率谱尽可能集中于主瓣之内,而主瓣之外的功率谱衰减较快,应使信号的相位不发生突变,相位与时间的关系曲线均匀而平滑。目前已有不少调制方法在此方面进行了改进,最小频移键控(MSK)就是其中一种。

MSK 是恒定包络连续相位频率调制,是 2FSK 的改进形式。MSK 有时也称为快速频移键控。"最小"是指这种调制方式能以最小的调制指数 $h = \Delta f / f_s = 0.5$ 获得正交信号;"快速"是指在给定同样的频带内,MSK 比 2PSK 的数据传输速率更高,且在带外的频谱分量要比 2PSK 衰减得快。

1) MSK 时域信号表达式

MSK 信号的时域表达式如式(5.99)。ω_c 为载波角频率;T_s 为码元宽度;a_k 为第 k 个输入码元,取值为 ± 1;φ_k 为第 k 个码元的相位常数。

$$s_{MSK}(t) = \cos\left(\omega_c t + \frac{\pi a_k}{2T_s} + \varphi_k\right) \quad (k-1)T_s \leqslant t \leqslant kT_s, \quad k = 0,1,\cdots \quad (5.99)$$

令

$$\Phi_k(t) = \omega_c t + \frac{\pi a_k}{2T_s}t + \varphi_k \quad (5.100)$$

则

$$\frac{d\Phi_k(t)}{dt} = \omega_c + \frac{\pi a_k}{2T_s} \quad (5.101)$$

由式(5.101)可知,当 $a_k = +1$ 时,信号的频率为

$$f_2 = \frac{1}{2\pi}\left(\omega_c + \frac{\pi}{2T_s}\right) = f_c + \frac{1}{4T_s} \quad (5.102)$$

当 $a_k = -1$ 时,信号的频率为

$$f_1 = \frac{1}{2\pi}\left(\omega_c - \frac{\pi}{2T_s}\right) = f_c - \frac{1}{4T_s} \quad (5.103)$$

中心频率 f_c 应选为

$$f_c = \frac{n}{4T_s}, \quad n = 1,2,\cdots \quad (5.104)$$

或者

$$T_s = n \cdot \frac{1}{4} \cdot \frac{1}{f_c} \quad (5.105)$$

表明 MSK 信号在每一码元周期内,必须包含 1/4 载波周期的整数倍。f_c 还可表示为

185

$$f_c = \left(N + \frac{m}{4}\right)\frac{1}{T_s} \quad (N \text{ 为正整数}; m = 0,1,2,3) \tag{5.106}$$

相应地，MSK 信号的两个频率可表示为

$$\begin{cases} f_2 = f_c + \dfrac{1}{4T_s} = \left(N + \dfrac{m+1}{4}\right)\dfrac{1}{T_s} \\[3mm] f_1 = f_c - \dfrac{1}{4T_s} = \left(N + \dfrac{m-1}{4}\right)\dfrac{1}{T_s} \end{cases} \tag{5.107}$$

由此可得 MSK 信号的频率间隔为

$$\Delta f = f_2 - f_1 = \frac{1}{2T_s} \tag{5.108}$$

调制指数为

$$h = \frac{f_2 - f_1}{R_B} = \frac{1}{2T_s} \cdot \frac{1}{f_s} = 0.5 \tag{5.109}$$

式中，R_B 为码元速率。

2）MSK 时间波形图

在式(5.107)中，取 $N=1, m=0$ 时，则分别得到 $f_2 = \dfrac{5}{4}f_s$，$f_1 = \dfrac{3}{4}f_s$，假如 f_2 对应于"1"码，f_1 对应于"0"码，则可画出 MSK 信号的时间波形图，如图 5.47 所示。

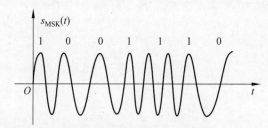

图 5.47　MSK 信号的时间波形图($N=1, m=0$)

3）附加相位函数 $\theta_k(t)$

式(5.99)可以改写成式(5.110)，即

$$s_{\text{MSK}}(t) = \cos[\omega_c t + \theta_k(t)] \tag{5.110}$$

其中，
$$\theta_k(t) = \frac{\pi a_k}{2T_s}t + \varphi_k, \quad (k-1)T_s \leqslant t \leqslant kT_s \tag{5.111}$$

式中，$\theta_k(t)$ 称为附加相位函数；ω_c 为载波角频率；T_s 为码元宽度；a_k 为第 k 个输入码元，取值为 ± 1；φ_k 为第 k 个码元的相位常数，在时间 $(k-1)T_s \leqslant t \leqslant kT_s$ 中保持不变，其作用是保证在 $t = kT_s$ 时刻信号相位连续。

相位常数 φ_k 的选择应保证信号相位在码元之间转换时刻是连续的，其相位约束条件由式(5.112)给出，为

$$\varphi_k = \varphi_{k-1} + (a_{k-1} - a_k)\left[\frac{\pi}{2}(k-1)\right] = \begin{cases} \varphi_{k-1}, & a_k = a_{k-1} \\ \varphi_{k-1} \pm (k-1)\pi, & a_k \neq a_{k-1} \end{cases} \tag{5.112}$$

式(5.112)中,若取 φ_k 的初始参考值 $\varphi_0 = 0$,则

$$\varphi_k = 0 \text{ 或 } \pm\pi, \quad k = 0,1,\cdots \qquad (5.113)$$

式(5.113)表明,MSK 信号前后码元的相位存在相关性,即在第 k 个码元的相位常数不仅与当前码元的取值 a_k 有关,而且还与前一码元的取值 a_{k-1} 以及相位常数 φ_{k-1} 有关;而且第 k 个码元的初相是第 $k-1$ 个码元的终相。

由式(5.111)可见,$\theta_k(t)$ 是一个直线方程,其斜率为 $\dfrac{\pi a_k}{2T_s}$,截距为 φ_k,在每一码元宽度内,$\theta_k(t)$ 的变化量总是 $\dfrac{\pi}{2}$。$a_k = +1$ 时,增大 $\dfrac{\pi}{2}$;$a_k = -1$ 时,减小 $\dfrac{\pi}{2}$。假设初相位 $\varphi_0 = 0$,由于每个 T_s 时间内相位变化为 $\pm\dfrac{\pi}{2}$,因此累积相位 $\theta_k(t)$ 在每个 T_s 结束时必定为 $\dfrac{\pi}{2}$ 的整数倍。$\theta_k(t)$ 随时间变化的规律可用图 5.48 所示的网格图表示。$\theta_k(t)$ 的轨迹是一条连续的折线。图中细折线的网格是 $\theta_k(t)$ 由 0 时刻的 0 相位开始,到 $8T_s$ 时刻的 0 相位停止,其间可能经历的全部路径。图中的粗折线所对应的信息序列为 10011100。

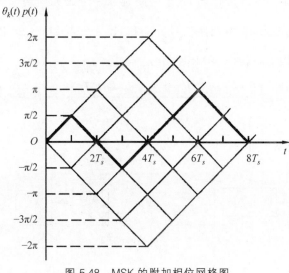

图 5.48　MSK 的附加相位网格图

4) MSK 信号的功率谱

MSK 信号归一化功率谱密度 $P_{\text{MSK}}(f) = \dfrac{16T_s}{\pi^2}\left[\dfrac{\cos2\pi(f-f_c)T_s}{1-16(f-f_c)^2T_s^2}\right]^2$,$f_c$ 为载波频率,T_s 为码元周期,MSK 信号的功率谱图如图 5.49 所示。为便于比较,图中还画出 2PSK 信号的功率谱(虚线所示)。

由图 5.49 可见,与 2PSK 相比,MSK 信号的功率谱更加紧凑,其第一零点的位置在 $0.75/T_s$ 处,而 2PSK 信号的第一零点位置在 $1/T_s$ 处,表明 MSK 信号的主瓣所占的频带宽度比 2PSK 信号窄;当 $(f-f_c) \to \infty$ 时,MSK 信号功率谱的衰减速率比 2PSK 快得多,因此对相邻频道的干扰也较小。

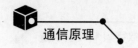

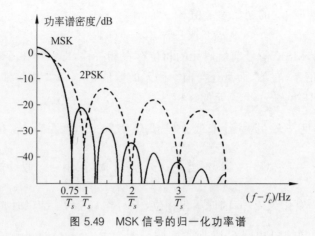

图 5.49　MSK 信号的归一化功率谱

5）MSK 信号的产生与解调

MSK 信号的产生如图 5.50 所示,输入二进制码元经过差分编码后,再进行串/并变换,然后得到两路并行的不归零双极性码,其中一路延迟一个码元周期 T_b,这样两路信号相互错开一个码元周期 T_b 波形,再将两路信号分别和 $\cos\dfrac{\pi t}{2T_s}$ 与 $\sin\dfrac{\pi t}{2T_s}$,以及 $\cos\omega_c t$ 和 $\sin\omega_c t$ 相乘,上、下两路信号相加后就得到 MSK 信号。

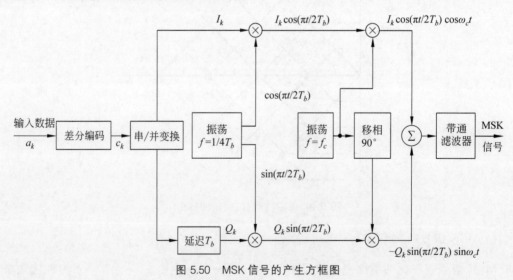

图 5.50　MSK 信号的产生方框图

由于 MSK 信号是一种 FSK 信号,所以 MSK 信号的解调可以采用相关解调和非相干解调,其中 MSK 信号相干解调方框图如图 5.51 所示。MSK 已调信号经带通滤波器滤除带外噪声,然后通过正交的相干载波与输入信号相乘,将上、下两路信号区分开,再经低通滤波器后输出。同相支路在 $2kT_s$ 时刻采样,正交支路在 $(2k+1)T_s$ 时刻采样,判决电路根据采样后的信号极性进行判决,大于 0 判为"1",小于 0 判为"0",经并/串变换,变为串行数据,与调制器相对应,因在发送端经差分编码,故接收端输出需经差分译码后,即可恢复原始数据。

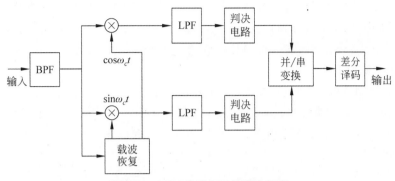

图 5.51　MSK 信号相干解调方框图

MSK 信号具有以下特点：①MSK 信号是恒定包络信号；②在码元转换时刻，信号的相位是连续的，压缩带宽，频谱利用率高；③以载波相位为基准的信号相位在一个码元期间内线性地变化±90°；④在一个码元期间内，信号应包括 1/4 载波周期的整数倍，信号的频率偏移等于 $1/4T_s$；⑤相应的调制指数 $h=0.5$；⑥误比特率低；⑦自同步性能等。因此 MSK 是一种高效的调制方式，特别适合移动无线通信系统中使用。

2. 高斯最小频移键控

为了进一步限制信号带宽，达到旁瓣衰减为 70～80dB 以上，可将数字信号在调制之前先进行低通滤波，即通过高斯低通滤波后再经 MSK 调制，即可形成高斯最小频移键控（GMSK）信号。GMSK 信号的调制框图如图 5.52 所示。

图 5.52　GMSK 信号的调制框图

通常要求高斯低通滤波器具有如下条件：①带宽窄并且具有陡峭的截止特性；②脉冲响应的过冲较小；③滤波器输出脉冲响应曲线下的面积对应于 π/2 的相移。其中条件①是为了抑制高频分量，条件②是为了防止过大的瞬时频偏，条件③是为了使调制指数为 0.5。

GMSK 具有功率谱集中的优点，数字蜂窝移动通信 GSM 系统中采用 GMSK 调制方式。

5.5.4　正交频分复用

正交频分复用（Orthogonal Frequency Division Multiplexing，OFDM）技术是一种无线环境下的高速传输技术，实际上是多载波调制（Multi-Carrier Modulation，MCM）的一种。OFDM 技术的主要思想就是在频域内将给定信道分成许多正交子信道，在每个子信道上使用一个子载波进行调制，并且各子载波并行传输。这样，尽管总的无线信道的频率响应曲线大多是是非平坦的，具有频率选择性，但是每个子信道是相对平坦的，每个子信道上的信号带宽小于信道的相关带宽，因此在每个子信道上进行的是窄带传输，每个子信道上的带宽可以看成平坦性衰落，因此就可以大大消除信号波形间的干扰，从而可以消除符号间干扰。由

于在 OFDM 系统中各个子信道的载波相互正交,于是它们的频谱是相互重叠的,这样不但减小了子载波间的相互干扰,同时又提高了频谱利用率。由于每个子信道的带宽仅仅是原信道带宽的一小部分,信道均衡变得相对容易,抗噪声性能也比较好。

1.OFDM 调制原理

OFDM 的调制方框图如图 5.53 所示,首先把高速率的数字比特流经过串/并变换,变成低速率的 N 路并行的数据比特流,然后用 N 个相互正交的载波分别进行 2PSK 调制,当然也可以用 QAM 等其他数字调制方式,然后再把 N 路已调 2PSK 信号相加,即可得到 OFDM 信号输出。

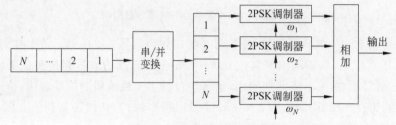

图 5.53 OFDM 调制方框图

其中 $\omega_1, \omega_2, \cdots, \omega_N$ 分别为 N 路正交载波的角频率。ω_1 为最低子载波角频率,ω_N 为最高子载波角频率。相对应的频率分别用 $f_1, f_2, \cdots, f_N$ 表示,用 Δf 表示载波的频率间隔。由于各子载波应相互正交,即每个子载波都相差整数倍个周期,而且各个相邻子载波之间相差一个周期,即

$$\Delta f = f_n - f_{n-1} = \frac{1}{T_s}, \quad n = 2, 3, \cdots, N \tag{5.114}$$

首先从时域上看,经过上述讨论,OFDM 信号的时域表达式为

$$s_{\mathrm{OFDM}}(t) = \sum_{n=1}^{N} A_n \cos\omega_n t \tag{5.115}$$

式(5.115)中,A_n 为第 n 路并行码,取值为 $+1$ 或 -1,ω_n 为第 n 路并行码的子载波角频率,且 $\omega_n = 2\pi f_n$。

从频域上看,每路信号的频谱为 $Sa\left(\dfrac{\omega T_s}{2}\right)$ 函数,该函数的中心频率即为子载波频率,而且相邻信号频谱之间有 1/2 是重叠的,这样 N 路信号频谱之和即为 OFDM 信号的频谱,其频谱图如图 5.54 所示。

从图 5.54 可知,假定忽略旁瓣,则可得 OFDM 信号的带宽为

$$B_{\mathrm{OFDM}} = (N-1)\frac{1}{T_s} + \frac{2}{T_s} \tag{5.116}$$

由于每个码元周期 T_s 内传输 N 个并行码元,所以码元速率为 $R_B = N/T_s$,这样,可以求得 OFDM 信号的频带利用率为

$$\eta = \frac{R_B}{B} = \frac{N}{N+1} \tag{5.117}$$

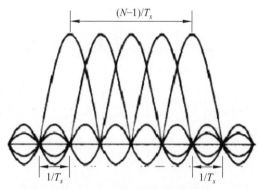

图 5.54 OFDM 信号频谱图

2. OFDM 解调原理

OFDM 信号的解调框图如图 5.55 所示,已调的 OFDM 信号输入到接收端的解调器,经过 N 路子载波分别进行 2PSK 相干解调,然后在一个码元周期 T_s 内的相关运算,解调出各路子载波上携带的信息,然后再经过并/串变换,将 N 路信号合成在一起,就可以恢复出发送端的原始二进制数据序列。

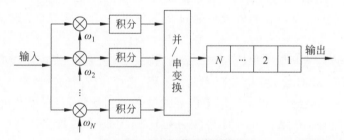

图 5.55 OFDM 信号解调框图

针对上述调制解调原理,当 N 很大时,需要大量的正弦载波发生器、调制器和相干解调器等设备,因此设备复杂度高,设备费用昂贵。因此人们提出采用离散傅里叶逆变换(IDFT)实现多个载波的调制,用离散傅里叶变换(DFT)实现多个载波的解调,这样可以大大降低 OFDM 系统的复杂度和成本,从而使 OFDM 技术更加实用化。这样,用 IDFT 实现OFDM 调制的框图如图 5.56(a)所示,用 DFT 实现 OFDM 解调的框图如图 5.56(b)所示。由图 5.56(a)可知,发送端的信源数据经过数据编码,送入串/并变换,变成 N 路并行数据序列,然后送入 IDFT,变成 OFDM 已调制信号,再经过 D/A 变换,变成模拟信号,再经过低通滤波器滤除带外噪声,然后经过上变频器,将高频模拟信号发送到信道;由图 5.56(b)可知,接收端从信道接收到高频模拟信号后,首先经过下变频器,变成低频模拟信号,然后经过低通滤波器,滤除带外噪声,再送入 A/D 变换,变成数字信号,然后再送入 DFT 解调出 N 路并行的数据序列,将这 N 路并行数据序列,送入并/串变换,合成后,变回原来的数据序列,然后经过数据译码,最后恢复出发送端发送的原始数据。

3. OFDM 的特点及应用

OFDM 有明显的优点,但是也有一些缺点。

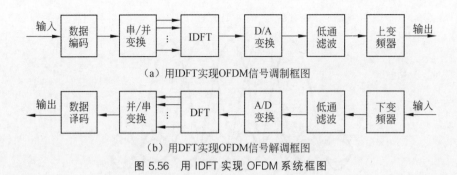

（a）用IDFT实现OFDM信号调制框图

（b）用DFT实现OFDM信号解调框图

图 5.56　用 IDFT 实现 OFDM 系统框图

采用 OFDM 可以提高电力线网络传输质量，它是一种多载波调制技术。传输质量的不稳定意味着电力线网络不能保证如语音和视频流这样的实时应用程序的传输质量。然而，对于传输突发性的 Internet 数据流，它却是个理想的网络。即便是在配电网受到严重干扰的情况下，OFDM 也可提供高带宽并且保证带宽传输效率，而且适当的纠错技术可以确保可靠的数据传输。OFDM 的主要技术特点如下。

（1）可有效对抗信号波形间的干扰，适用于多径环境和衰落信道中的高速数据传输。

（2）通过各子载波的联合编码，具有很强的抗衰落能力。

（3）各子信道的正交调制和解调可通过离散傅里叶反变换 IDFT 和离散傅里叶变换 DFT 实现。

（4）OFDM 较易与其他多种接入方式结合，构成 MC-CDMA 和 OFDM-TDMA 等。

缺点：（1）OFDM 对系统定时和频率偏移敏感，且存在较高的峰值平均功率比。

目前 OFDM 技术已经被广泛应用于广播式的音频和视频领域，以及民用通信系统中，主要的应用包括非对称的数字用户环路（ADSL）、ETSI 标准的数字音频广播（DAB）、数字视频广播（DVB）、高清晰度电视（HDTV）、无线局域网（WLAN）等。

其他调制如网格编码调制（Trellis Coded Modulation，TCM）、正交部分响应调制（QPR）、软调频（TFM）、相关移相（COR/PSK）等多种调制技术，也各自有自己的应用领域，这里就不一一讲解。

5.6　本章小结

本章简单介绍了数字调制的概念和目的，数字调制系统的基本结构，调制解调的一般原理和方法。在用数字基带信号对载波进行调制时，由于其取值具有有限离散的特点，因而可采用键控的方法实现。三种基本调制方式分别称为振幅键控（Amplitude-Shift Keying，ASK）、频移键控（Frequency-Shift Keying，FSK）和相移键控（Phase-Shift Keying，PSK）或差分相移键控（Differential Phase-Shift Keying，DPSK）。这几种基本调制方式又有二进制数字调制、多进制数字调制和现代数字调制技术。

接着重点讨论了二进制数字调制信号（2ASK、2FSK 和 2PSK、2DPSK）的时域表达式、波形图、产生方法（调制方法）、功率谱及带宽以及解调方法。

　　二进制振幅键控（2ASK）是正弦载波的幅度随二进制数字基带信号而变化的数字调制。2ASK 信号可采用模拟相乘的方法实现，也可采用数字键控的方法实现。2ASK 信号的解调与模拟调制中的 AM 类似，可采用非相干解调（包络检波）和相干解调（同步检测）实现。2ASK 信号的功率谱由连续谱和离散谱两部分组成。连续谱为基带信号 $s(t)$ 经线性调制后的双边带频谱，离散谱由载波分量决定。2ASK 信号带宽为基带信号带宽的两倍，为 $B_{2ASK} = 2f_s$。

　　二进制频移键控（2FSK）是正弦载波的频率随二进制数字基带信号而在 f_{c1} 和 f_{c2} 两个不同数值上变化的数字调制。2FSK 信号的产生可采用模拟调频器实现，也可采用数字键控的方法实现。2FSK 信号的解调方法有很多，常用的解调方法有非相干解调和相干解调法。由于 2FSK 常属于非线性调制，因此一般讨论其频谱特性较困难，对于相位不连续的 2FSK 信号，其在时域上可看作是两个 2ASK 信号的叠加，因而其功率也是由两个 2ASK 信号功率谱叠加而成。2FSK 信号带宽以合成功率谱第一个零点之间的频率间隔计算，为 $B_{2FSK} = |f_{c2} - f_{c1}| + 2f_s$。

　　二进制相移键控（2PSK）及二进制差分相移键控（2DPSK），是以正弦波的相位变化传递二进制数字信息的调制方式。2PSK 是正弦载波的（绝对）相位随二进制数字基带信号离散变化的数字调制。2DPSK 是用前后相邻码元载波的相对相位表示数字信息的调制方式。从波形上看，2PSK 波形是绝对码序列 $\{a_n\}$ 经绝对相移方式获得的已调波，2DPSK 波形则是绝对码序列 $\{a_n\}$ 经相对相移方式获得的已调波，2DPSK 也可看作是由相对码序列 $\{b_n\}$ 经绝对相移方式获得。2PSK 信号的产生采用数字键控方式，解调通常采用相干解调。由于 2PSK 信号在载波恢复过程中存在 π 的相位模糊，所以 2PSK 信号的相干解调存在随机的"倒 π"现象，使其应用受到一定限制。2DPSK 信号的产生，首先是通过码变换器（差分编码器），将原数字序列（绝对码序列 $\{a_n\}$）变换为相对码序列 $\{b_n\}$，然后再进行绝对调相。2DPSK 信号的解调，常采用相干解调（极性比较法）或差分相干解调（相位比较法）方式。2DPSK 系统是一种实用的数字调相系统，但其抗加性白噪声性能比 2PSK 系统差。2PSK 与 2DPSK 信号有相同的功率谱，其形状结构与 2ASK 信号功率谱类似，当数字基带信号（$\{a_n\}$ 或 $\{b_n\}$）0、1 等概率出现时，不存在离散谱。2PSK、2DPSK 信号带宽也是数字基带信号的 2 倍，为 $B_{2PSK} = B_{2DPSK} = 2f_s$。

　　然后重点分析了二进制数字调制（2ASK、2FSK、2PSK 和 2DPSK）系统的抗噪声性能，推导出在信道加性高斯白噪声干扰下各二进制数字调制系统的误码率公式。同时介绍了最佳判决门限的概念、物理意义和计算方法。二进制数字调制系统的性能可以从误码率、频带宽度、对信道特性变化的敏感性和设备的复杂程度等几个方面加以比较。

　　从误码率方面比较。以同一类型的数字调制信号比较，相干方式略优于非相干方式，而以不同类型的数字调制方式比较，在误码率 P_e 一定的情况下，2ASK 所需的输入信噪比 r 最大，为 2FSK 的 2 倍、2PSK 的 4 倍；2FSK 次之，为 2PSK 的 2 倍；2PSK 所需的输入信噪比 r 最小。反之，在信噪比 r 一定的情况下，2PSK（2DPSK）系统的误码率 P_e 最低，性能最好，2FSK 次之，2ASK 系统误码率 P_e 最高，性能最差。

　　从频带宽度方面比较。当码元速率为 f_s 时，2ASK 与 2PSK 和 2DPSK 信号具有相同

的近似带宽,为

$$B_{2ASK} = 2f_s$$
$$B_{2DSK,2DPSK} = 2f_s$$

2FSK 信号带宽略宽,近似为

$$B_{2FSK} = | f_{c2} - f_{c1} | + 2f_s$$

从对信道的敏感性方面比较。2PSK、2FSK 系统不随信道特性的变化而变化;当信道存在严重衰减时,采用相干解调。对于 2ASK 系统,发送"1"和发送"0"等概率时,判决器的最佳判决门限为 $a/2$,它与接收机输入信号的幅度有关。当信道特性发生变化时,接收机输入信号的幅度 a 将随之发生变化,从而导致判决器的最佳判决门限也随之而变,使得接收机不容易保持在最佳判决门限状态,因而使系统误码率增大,所以,就系统信道特性变化的敏感性而言,2ASK 性能最差。

从设备复杂度方面比较。相同调制方式下,相干解调的设备较非相干复杂;同是非相干解调,复杂程度为 2DPSK>2FSK。对于同一类型的调制方式,相干解调设备要比非相干解调复杂;而同为非相干解调,2DPSK 的设备最复杂、造价最高,2FSK 次之,2ASK(OOK)最简单。

总之,在对各种数字调制和解调方式进行比较、选择时,要考虑的因素较多。应对系统的各方面要求作全面的考虑,通常应考虑带宽、抗噪声、信道特性变化的敏感性和设备复杂度。如果抗噪声性能是主要的,应考虑选择相干 2PSK 和 2DPSK,2ASK 不可取;如果带宽要求是主要的,应考虑相干 2PSK、2DPSK 及 2ASK,而 2FSK 最不可取;如果设备的复杂性是主要因素,则选择非相干方式比相干方式更合适。目前用得最多的数字调制方式是相干 2DPSK 和非相干 2FSK。相干 2DPSK 主要用于高速数据传输,而非相干 2FSK 则用于中、低速数据传输中,特别在衰落信道中的数据传输中,它有较广泛的应用。

同时,简要介绍了多进制数字调制原理。多进制数字调制,是在信道频带受限的情况下,为提高频率利用率而采用的调制方式,与二进制数字调制相比,多进制数字调制系统有 3 个特点:①由关系式 $R_B = \dfrac{R_b}{\log_2 M}$(B)可知,在信息传输速率不变的情况下,可通过增加进制数 M,达到降低码元传输速率,从而减小信号带宽,提高系统频率利用率的目的。②由关系式 $R_b = R_B \log_2 M$(b/s)可知,在码元速率不变,即信号带宽不变的情况下,可通过增加进制数 M,达到增大信息传输速率的目的,因而在相同带宽的信道中传输更多的信息量。③在相同的噪声下,多进制数字调制系统的抗噪声性能不如二进制数字调制系统。在多进制数字调制中,多进制数字相位调制应用较广泛,因此重点介绍了应用较广泛的 4PSK(QPSK)和 4DPSK(QDPSK)的调制和解调原理。

最后简要介绍了现代数字调制技术,如 QAM、OQPSK 和 $\pi/4$QPSK、MSK 和 GMSK 以及 OFDM 等调制技术的原理、特点及应用场合等。

5.7 习题

1. 设待发送的数字序列为 10110010,试分别画出 2ASK、2FSK、2PSK 和 2DPSK 的信号波形。已知在 2ASK、2PSK 和 2DPSK 中,载频为码元速率的 2 倍;在 2FSK 中,0 码元的载频为码元速率的 2 倍,1 码元的载频为码元速率的 3 倍。

2. 已知某 2ASK 系统的码元传输速率为 1200B,采用的载波信号为 $A\cos(48\pi \times 10^2 t)$,所传送的数字信号序列为 101100011。

(1) 试构成一种 2ASK 信号调制器原理框图,并画出 2ASK 信号的时间波形。

(2) 试画出 2ASK 信号频谱结构示意图,并计算其带宽。

3. 若对题 2 中的 2ASK 信号采用包络检波方式进行解调,试构成解调器原理图,并画出各点时间波形。

4. 设待发送的二进制信息为 1100100010,采用 2FSK 方式传输。发 1 码时的波形为 $A\cos(2000\pi t + \theta_1)$,发 0 码时的波形为 $A\cos(8000\pi t + \theta_0)$,码元速率为 1000B。

(1) 试构成一种 2FSK 信号调制器原理框图,并画出 2FSK 信号的时间波形。

(2) 试画出 2FSK 信号频谱结构示意图,并计算其带宽。

5. 已知数字序列 $\{a_n\}=1011010$,分别以下列两种情况画出二相 PSK、DPSK 及相对码 $\{b_n\}$ 的波形(假定起始参考码元为 1)。

(1) 码元速率为 1200B,载波频率为 1200Hz。

(2) 码元速率为 1200B,载波频率为 1800Hz。

6. 在相对相移键控中,假设传的相对码序列为 $\{b_n\}=01111001000110101011$,且规定相对码的第一位为 0,试求出下列两种情况下的原数字信号序列 $\{a_n\}$。

(1) 规定遇到数字信号 1 时,相对码保持前一码元信号电平不变,否则改变前一码元信号电平。

(2) 规定遇到数字信号 0 时,相对码保持前一码元信号电平不变,否则改变前一码元信号电平。

7. 设发送的二进制信息为 110100111,采用 2PSK 方式传送。已知码元传输速率为 2400B,载波频率为 4800Hz。

(1) 试构成一种 2PSK 信号调制器原理框图,并画出 2PSK 信号的时间波形。

(2) 若采用相干方式进行解调,试画出接收端框图,并画出各点波形。

(3) 若发送 0 和 1 的概率相等,试画出 2PSK 信号频谱结构图,并计算其带宽。

8. 设发送的二进制绝对码序列为 $\{a_n\}=1010110110$,采用 2DPSK 信号方式传输。已知码元传输速率为 1200B,载波频率为 1800Hz。

(1) 试构成一种 2PSK 信号调制器原理框图,并画出 2DPSK 信号的时间波形。

(2) 若采用相干解调加码反变换器方式进行解调,试画出接收端框图,并画出各点波形。

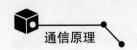

9. 某 2ASK 系统传送等概率的二进制数字信号序列。已知码元宽度 $T_s = 0.5\mu s$,接收端解调器输入信号的振幅 $a = 40\mu V$,信道加性高斯白噪声的单边功率谱密度 $n_0 = 6 \times 10^{-18}$ W/Hz,试求

(1) 非相干解调时,系统的误码率。

(2) 相干解调时,系统的误码率。

10. 某系统采用 2ASK 方式传送信号,已知相干解调接收机输入端发 0 和发 1 的平均信噪功率比为 9dB,试求相干接收时的系统误码率。欲保持相同的误码率,包络检波接收机输入端发 0 和发 1 的平均信噪比应为多大?

11. 已知某 2FSK 系统的码元传输速率为 300B,且规定 $f_1 = 980$Hz 代表数字信息"1", $f_2 = 2180$Hz 代表数字信息"0"。信道有效带宽为 3000Hz,信道输出端的信噪比为 6dB。试求

(1) 2FSK 信号带宽。

(2) 相干解调时系统的误码率。

(3) 非相干解调时的误码率,并与问题(2)的结果比较。

12. 在二进制相位调制系统中,已知解调器输入信噪比 $r = 10$dB。试分别求出相干解调 2PSK、相干解调加码反变换 2DPSK 和差分相干解调 2DPSK 系统的误码率。

13. 已知发送载波幅度 $A = 10$V,在 4kHz 带宽的电话信道中分别利用 2ASK、2FSK 及 2PSK 系统进行传输,信道衰减为 1dB/km, $n_0 = 10^{-8}$ W/Hz,若采用相干解调,试求解以下问题

(1) 误码率都保持在 10^{-5} 时,各种传输方式分别传送多少千米?

(2) 若 2ASK 所用载波幅度 $A_{ASK} = 20$V,并分别是 2FSK 的 1.4 倍和 2PSK 的 2 倍,重新计算问题(1)。

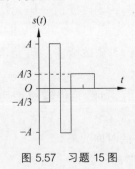

图 5.57 习题 15 图

14. 设发送数字信号序列为 $\{a_n\} = 0101100011010$,试按图 5.31(a) 和图 5.31(b) 所示的相位配置矢量图,分别画出相应的 4PSK 和 4DPSK 信号的所有可能波形。

15. 基带数字信号 $s(t)$ 如图 5.57 所示,已知载波频率为码元速率的 2 倍。

(1) 试画出 MASK 的时域波形。

(2) 若以 $s(t)$ 作为调制信号进行 DSB 模拟调幅,试画出已调波时域波形。与问题(1)的结果比较有何不同?

16. 设待发送的数字信号序列为 1001110,已知码元速率为 400B,载频为 300Hz,试画出 MSK 信号的相位路径 $\theta_k(t)$ 图和波形图。

5.8　实践项目

1. 请用 FPGA 实现 4QPSK 调制解调系统。

2. 请用 MATLAB 画出相干解调的 2ASK、2FSK、2PSK、2DPSK 的 $P_e\text{-}r$ 曲线,以及非相干解调的 2ASK、2FSK、差分相干解调的 2DPSK 的 $P_e\text{-}r$ 曲线,并对这些曲线作比较。

第 6 章　模拟信号的数字传输

本章学习目标

- 了解模拟信号数字化的过程以及模拟信号的数字传输
- 掌握低通抽样定理和带通抽样定理
- 了解脉冲振幅调制原理
- 掌握均匀量化和非均匀量化的原理
- 熟练掌握 PCM 编译码原理及实现
- 了解 DPCM 和 ΔM 的原理
- 了解时分复用 TDM 和多路数字电话系统

本章先介绍模拟信号数字化的过程以及模拟信号的数字传输,再介绍低通和带通两种抽样定理,然后介绍 PAM 的原理,重点讲述均匀量化和非均匀量化的原理,详细分析 A 律 13 折线 PCM 编译码原理及其实现框图,简要介绍 DPCM 和 ΔM 的原理,最后介绍 PCM 在时分复用中的应用,并以多路数字电话系统为例加以说明。

6.1　引言

通信系统从所传输的信号类别可以分为模拟通信系统和数字通信系统两大类。如果模拟信号要在数字传输系统中传输和交换,首先在发送端要把模拟信号变成数字信号,也就是对模拟信号进行模/数(A/D)变换,也称为模拟信号的数字化。模拟信号的数字化过程包括抽样、量化、编码三个步骤,使模拟信号变成数字信号。然后通过数字传输系统进行传输,到了接收端,再将收到的数字信号进行数/模(D/A)变换,最后还原成模拟信号。因此模拟信号的数字传输的实质是模拟信号在数字传输系统中传输。其中一个实例是模拟语音信号的数字传输。

目前,将模拟语音信号变为数字信号的常用方法,即 A/D 变换的方法,有波形编码和参量编码两大类。波形编码是对统计特性分析后的信号波形进行编码。脉冲编码调制(Pulse Code Modulation,PCM)就是最典型的代表,它具有较高的信号重建质量。参量编码是直接提取信号的特征参量,对这些参量进行编码,它的特点是编码后的数据速率降低,但与波形编码相比,质量较差。

目前得到广泛应用的模拟语音信号数字化的方法就是 PCM。采用 PCM 的模拟信号数字传输系统如图 6.1 所示。在发送端,模拟信源发出的消息 $m(t)$,经过抽样,得到一系列的抽样值 $m(kT_s)$;该抽样值被量化和编码,即可得到相应的数字序列 s_k;该数字序列 s_k 送入数字通信系统进行传输;在接收端,得到数字序列 $\hat{s}_k$,该数字序列 s_k 经过译码和低通滤波,得到模拟信号 $\hat{m}_k(t)$,该信号非常逼近发送端信号 $m(t)$,即模拟信号被恢复。

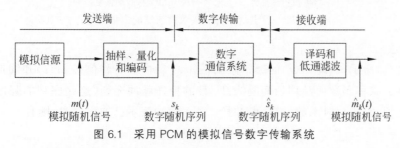

图 6.1　采用 PCM 的模拟信号数字传输系统

因此,采用 PCM 的模拟信号数字传输系统可以归结为 3 个步骤:①把模拟信号数字化,即模/数转换(A/D);②进行数字方式传输;③把数字信号还原为模拟信号,即数/模转换(D/A)。

6.2　抽样定理

抽样定理是模拟信号数字化的理论根据。

抽样是指按照一定的抽样速率将取值连续、时间连续的模拟信号变成一系列取值仍连续、时间离散的抽样值的过程。抽样是将模拟信号数字化的第一步,经过抽样后的信号是时间离散且时间间隔相等的信号,量化和编码都是在它的基础上进行的。

为了使接收端通过译码获得的信号能够恢复成与信号源发出信号相同的模拟信号,首先应该保证抽样不引起信号失真。怎样才能避免因抽样而引起信号失真呢?抽样定理回答了这个问题。

抽样定理是指根据样值序列重建原始模拟信号,取决于抽样速率的大小,而描述抽样速率条件的定理,就称为抽样定理。

抽样定理一般分为低通型抽样定理和带通型抽样定理,接下来分别介绍。

6.2.1　低通型抽样定理

低通型抽样定理可描述为,一个频带限制在 $(0, f_H)$ 内的时间连续模拟信号 $m(t)$,如果

以频率 $f_s \geqslant 2f_H$ 或以时间 $T_s \leqslant 1/(2f_H)$ 秒的间隔对它进行等间隔抽样,则 $m(t)$ 将被所得到的抽样值完全确定。

发送端为了要传输模拟信号 $m(t)$,只需传输已抽样信号 $m_s(t)$,接收端就可以恢复出 $m(t)$,其条件即为 $f_s \geqslant 2f_H$,或 $T_s \leqslant 1/(2f_H)$。

证明抽样定理有公式法和图解法两种方法。

首先画出发送端抽样和接收端恢复的方框图,分别如图 6.2(a) 和图 6.2(b) 所示。

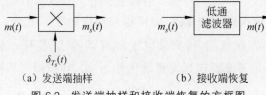

（a）发送端抽样　　　　　　　　（b）接收端恢复

图 6.2　发送端抽样和接收端恢复的方框图

1. 公式法

如图 6.2(a) 所示,假设 $m(t)$ 的频带限制在 $(0, f_H)$ 内。若将信号 $m(t)$ 和周期性冲激函数 $\delta_{T_s}(t)$ 相乘,乘积函数便是均匀间隔为 T_s 秒的抽样脉冲序列,这些序列的强度等于相应瞬时 $m(t)$ 的值,它表示对函数 $m(t)$ 的抽样。用 $m_s(t)$ 表示已抽样函数,则有

$$m_s(t) = m(t)\delta_{T_s}(t) \tag{6.1}$$

其中,$\delta_{T_s}(t) = \sum\limits_{n=-\infty}^{\infty} \delta(t - nT_s)$。

如图 6.2(b) 所示,将已抽样函数 $m_s(t)$ 通过截止频率为 ω_H 的低通滤波器就可以恢复出 $m(t)$。

假设 $m(t)$、$\delta_{T_s}(t)$ 和 $m_s(t)$ 的频谱分别为 $M(\omega)$、$\delta_{\omega_s}(\omega)$ 和 $M_s(\omega)$,根据式(6.1),时域上的乘积,频域上则为卷积,如式(6.2)。

$$M_s(\omega) = \frac{1}{2\pi}\big[M(\omega) * \delta_{\omega_s}(\omega)\big] \tag{6.2}$$

其中,$\delta_{T_s}(t) \Longleftrightarrow \delta_{\omega_s}(\omega) = \dfrac{2\pi}{T_s}\sum\limits_{n=-\infty}^{\infty}\delta(\omega - n\omega_s)$,$\omega_s = \dfrac{2\pi}{T_s}$

所以

$$M_s(\omega) = \frac{1}{T_s}\Big[M(\omega) * \sum\limits_{n=-\infty}^{\infty}\delta(\omega - n\omega_s)\Big] = \frac{1}{T_s}\sum\limits_{n=-\infty}^{\infty}M(\omega - n\omega_s) \tag{6.3}$$

式(6.3)表明,已抽样信号 $m_s(t)$ 的频谱 $M_s(\omega)$ 是无穷多个间隔为 ω_s 的 $M(\omega)$ 相叠加而成。此时只要将 $M_s(\omega)$ 通过截止频率为 ω_H 的低通滤波器(见图 6.2(b))就可得到 $M(\omega)$,从而可以不失真地恢复原来的模拟信号。因此得以证明低通型抽样定理。

2. 图解法

同样,用图解法也可以证明抽样定理,而且图解法更加直观。图 6.3 给出抽样定理的全过程。由图 6.3(f) 可见,只要 $\omega_s \geqslant 2\omega_H$ 或

$$\frac{2\pi}{T_s} \geqslant 2(2\pi f_H), \quad \text{即 } T_s \leqslant \frac{1}{2f_H}$$

$M(\omega)$就周期性地重复而不重叠。因而 $m_s(t)$中包含 $m(t)$的全部信息。将 $M_s(\omega)$通过截止频率为 ω_H 的低通滤波器,就可以不失真地恢复出原来的模拟信号,如图 6.3(h)所示。

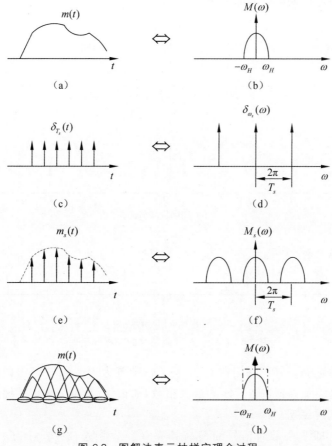

图 6.3 图解法表示抽样定理全过程

需要注意,若抽样间隔 T_s 变得大于 $1/(2f_H)$,则 $M(\omega)$和 $\delta_{\omega_s}(\omega)$的卷积在相邻的周期内存在重叠,因此不能由 $M_s(\omega)$恢复 $M(\omega)$。$T_s=1/2f_H$ 是抽样的最大间隔,被称为奈奎斯特间隔。

6.2.2 带通型抽样定理

在实际应用的过程中,经常会遇到带通信号。例如超群载波电话信号,其频率在 $312\sim552\mathrm{kHz}$。若设带通信号的下截止频率为 f_L,上截止频率为 f_H,那么其抽样频率应为多少?是否仍要求不小于 $2f_H$?

假定仍然用 $2f_H$ 抽样,则可以用图 6.4 所示的抽样频谱图进行解释。图 6.4(a)是带通信号的频谱,图 6.4(b)是抽样脉冲的频谱,图 6.4(c)是已抽样信号的频谱,从图中可以看出,用低通滤波器可以恢复出原始信号。从理论上分析是不必要的,因为此时按 $f_s=2f_H$ 抽样后的 $M_s(\omega)$中的频谱不仅不会重叠,而且还留有大段的频率空隙,导致频谱利用率较低。这

虽然有助于消除频谱混叠,但从提高传输效率考虑,应尽量降低抽样频率,只要抽样后的频谱不产生频谱混叠,并留有防护频带就可以。显然可以选择低于 $2f_H$ 的抽样频率,那么到底是多少?请看带通型抽样定理的描述。

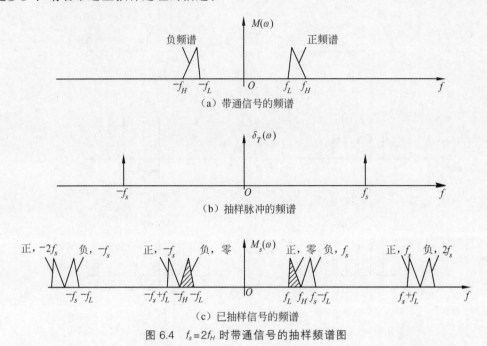

图 6.4 $f_s = 2f_H$ 时带通信号的抽样频谱图

一个带通信号 $m(t)$,其频率限制在 $f_L \sim f_H$,带宽为 $B = f_H - f_L$,如果最小抽样频率 $f_s = 2f_H/m$,m 是一个不超过 f_H/B 的最大整数,那么 $m(t)$ 可完全由其抽样值确定。

下面分两种情况说明。

(1) $f_H = nB$,即一个带通信号的最高频率 f_H 是带宽 $B = f_H - f_L$ 的整数倍,且有 $f_L = (n-1)B$,即最低频率 f_L 也是带宽 B 的整数倍,如图 6.5(a)所示。

用 $\delta_{T_s}(t)$ 对 $m(t)$ 抽样,而抽样频率 $f_s = 2B$。$\delta_{T_s}(t)$ 的频谱、已抽样信号的频谱 $M_s(f)$ 分别如图 6.5(b)和图 6.5(c)所示。由图 6.5(c)可知,在这种情况下,恰好使 $M_s(f)$ 中的边带频谱互相不重叠。于是,让得到的已抽样信号通过一个理想带通滤波器(通带范围为 $f_L \sim f_H$),就可以重新获得 $M(f)$,从而恢复 $m(t)$。

由此证明,在上述情况下,带通信号的抽样频率并不要求达到 $2f_H$,而是达到 $2B$ 即可,即要求抽样频率为带通信号带宽的两倍。若 $f_s < 2B$,那么在 $M_s(f)$ 中肯定会造成频谱重叠,也就不能从 $M_s(f)$ 中恢复 $m(t)$。这说明,带通信号的抽样频率 $f_s = 2B$ 是最低的抽样频率。

(2) 最高频率不为带宽 B 的整数倍,即

$$f_H = nB + kB, \quad 0 < k < 1 \tag{6.4}$$

设带通信号 $m(t)$ 的频谱为 $M(f)$,$M(f)$ 在图 6.6(a)中分为"1"和"2"两部分,图中 $n=5$。抽样后的频谱实际上是将 $M(f)$ 的"1"和"2"分别沿正 f 和负 f 方向每隔 f_s 周期性地重复。

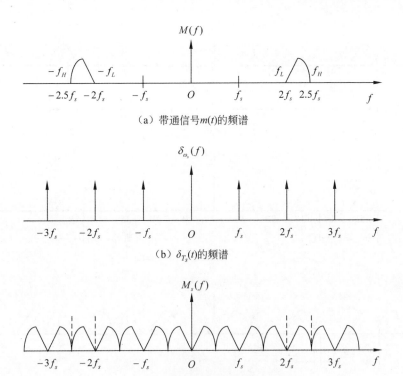

（a）带通信号 $m(t)$ 的频谱

（b）$\delta_{T_s}(t)$ 的频谱

（c）已抽样信号的频谱 $M_s(f)$

图 6.5　$f_H = nB$ 时，带通信号的抽样频谱

若选取 $f_s = 2B$，且 $M(f)$ 的"1"和"2"分别用虚线和实线表示，那么从图 6.6(b) 可以看出，已抽样信号的频谱出现重叠。

观察图 6.6(b) 的频谱"1"和右移 n 次后的频谱"2_n"，若将"2_n"再向右移 $2(f_H - nB)$，频谱"1"和频谱"2_n"刚好不重叠，如图 6.6(c) 所示。也就是说，该带通信号的最小抽样频率为 $f_s = 2B + 2(f_H - nB)/n$，代入式(6.4)，可得

$$f_s = 2B(1 + k/n) \tag{6.5}$$

根据式(6.5)可以画出 f_s 与 f_L 的关系图，如图 6.7 所示。从图中可以看出，随着 n 的增大，f_s 越来越接近 $2B$。显然，当 n 很大时，其抽样频率 f_s 近似等于 $2B$。

窄带高频信号是指中心频率远大于带宽的信号。而实际应用中经常会碰到窄带高频信号这类带通型信号，综上可知，若对带通型信号进行抽样，其采样频率近似为 $2B$，B 为窄带高频信号的带宽。

【例 6.1】 试求载波 60 路超群信号（312～552kHz）的抽样频率。

解： $$B = f_H - f_L = 552 - 312 = 240 \text{kHz}$$

按式(6.4)可得

$$f_H = nB + kB = 2 \times 240 + 0.3 \times 240$$
$$n = 2, \quad k = 0.3$$

按式(6.5)可得

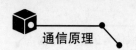

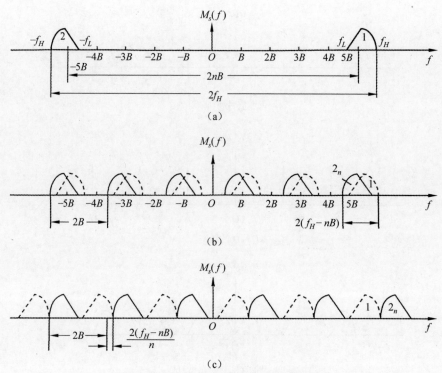

（a）

（b）

（c）

图 6.6　$f_H \neq nB$ 时,带通信号的抽样频谱

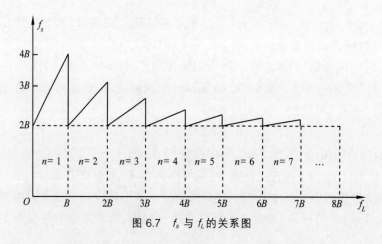

图 6.7　f_s 与 f_L 的关系图

$$f_s = 2B(1 + k/n) = 2 \times 240 \times (1 + 0.3/2) = 552(\text{kHz})$$

如果该 60 路超群信号按照低通型抽样定理求解抽样频率,则为

$$f_s \geqslant 2f_H = 2 \times 552 = 1104(\text{kHz})$$

显然,带通型抽样频率优于低通型抽样频率。

6.3　脉冲振幅调制

1. 正弦波调制与脉冲调制

载波调制就是按基带信号的变化规律改变载波某些参数的过程。载波可以是连续振荡波形(正弦型信号),也可以是时间上离散的脉冲序列。因此把正弦波作为载波的调制方式称为正弦波调制,例如前面学过的 AM、FM、ASK、FSK、PSK 等调制方式;而把脉冲序列作为载波的调制方式称为脉冲调制,它是用低频模拟信号改变脉冲的某些参数。通常,根据低频模拟信号改变脉冲参数(幅度、宽度、时间位置)的不同,把脉冲调制分为脉幅调制(Pulse Amplitude Modulation,PAM)、脉宽调制(Pulse Duration Modulation,PDM)和脉位调制(Pulse Phase Modulation,PPM)等,其调制波形如图 6.8 所示。

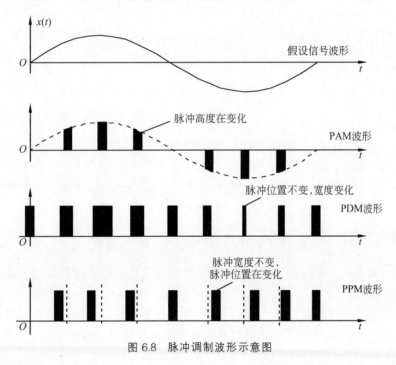

图 6.8　脉冲调制波形示意图

2. PAM 原理

PAM 是脉冲载波的幅度随基带信号变化的一种调制方式。若脉冲载波是由冲激脉冲组成,则前面讨论的抽样定理,就是 PAM 的原理。

但是,实际上真正的冲激脉冲序列并不能实现,通常只能采用窄脉冲序列实现。

设抽样脉冲序列 $s(t)$ 由脉冲宽度为 τ 秒、重复周期为 T 秒的矩形脉冲串组成,其中 T 是按抽样定理确定的。抽样的方式有三种:①理想抽样;②自然(曲顶)抽样;③瞬时(平顶)抽样。因此相应的调幅也有三种,即

① 理想抽样脉冲调幅:与抽样定理一致,实际上无法实现,这里不再讨论。

② 自然(曲顶)抽样脉冲调幅:自然(曲顶)抽样脉冲调幅是指抽样脉冲为矩形窄脉冲,

已抽样信号 $m_s(t)$ 的脉冲"顶部"是随 $m(t)$ 变化的,即在顶部保持 $m(t)$ 变化的规律,其波形和频谱如图 6.9 所示。因此也把曲顶的抽样方法称为自然抽样。已抽样信号的频域表达式为

$$M_s(\omega) = \frac{1}{2\pi}[M(\omega) * S(\omega)] = \frac{A\tau}{T}\sum Sa(n\tau\omega_H)M(\omega - 2n\omega_H) \qquad (6.6)$$

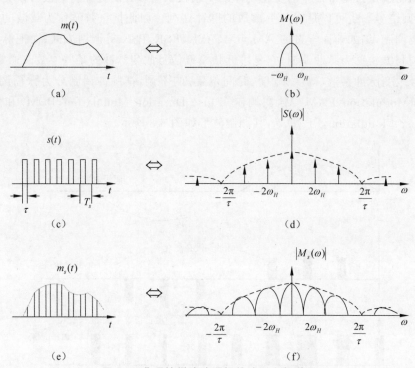

图 6.9 曲顶抽样脉冲调幅的波形和频谱图

由式(6.6)或者从图 6.9(f)可知,接收端只要使用理想低通滤波器就可以从已抽样信号中恢复出模拟信号。

③ 瞬时(平顶)抽样脉冲调幅:瞬时(平顶)抽样脉冲调幅是指其已抽样信号的顶部是平的,其幅度正比于瞬时抽样值。平顶的抽样也称为瞬时抽样或平顶抽样。

平顶抽样信号的波形如图 6.10(a)所示,平顶抽样信号的产生原理如图 6.10(b)所示。

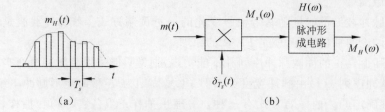

图 6.10 平顶抽样信号的波形及其产生原理

图 6.10(b)中,首先将 $m(t)$ 与 $\delta_{T_s}(t)$ 相乘,形成理想抽样信号,然后让它通过一个脉冲

形成电路,其输出即为所需的平顶已抽样信号 $m_H(t)$,如图 6.10(a)所示。

设脉冲形成电路的传输特性为 $H(\omega)$,其输出信号频谱 $M_H(\omega)$ 应为

$$M_H(\omega) = M_s(\omega)H(\omega) \tag{6.7}$$

为了从已抽样信号中恢复原始基带模拟信号 $m(t)$,可以采用图 6.11 所示的恢复原始信号 $m(t)$ 的原理框图。从式(6.7)可以看出,不能直接使用低通滤波器滤出所需信号。如果在接收端低通滤波之前用特性为 $1/H(\omega)$ 的网络加以修正,并利用式(6.3)的结论,则低通滤波器输入信号的频谱变成

$$M_s(\omega) = \frac{1}{H(\omega)}M_H(\omega) = \frac{1}{T_s}\sum_{-\infty}^{\infty}M(\omega - 2n\omega_H) \tag{6.8}$$

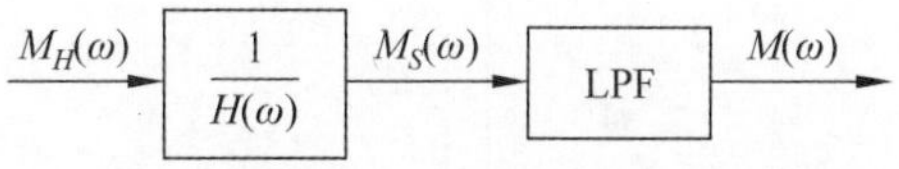

图 6.11 由平顶抽样 PAM 信号恢复 $m(t)$ 的原理框图

然后再通过低通滤波器便能无失真地恢复 $m(t)$。

在实际电路中,通常采用抽样保持电路实现平顶抽样,得到的脉冲为矩形脉冲。在脉冲编码调制(PCM)中,用平顶抽样脉冲。而且在实际应用中,$f_s > 2f_H$,通常取 $(2.5\sim3)f_H$,如语音信号的频率范围为 $300\sim3400\mathrm{Hz}$,取 $f_s = 8000\mathrm{Hz}$。PAM 通信系统中自然抽样与平顶抽样都可以使用,但是抗干扰能力较差,因此 PAM 就被 PCM 取代。

6.4 模拟信号的量化

6.4.1 量化的基本概念

模拟信号进行抽样后,其抽样值还是随信号幅度连续变化的,即抽样值 $m(kT_s)$ 可以取无穷多个可能值。如果要方便利用数字传输系统传输该样值信息,还要进行量化和编码。也就是要用 N 位二进制数字信号代表该样值的大小,那么 N 位二进制数字信号只能同 $M=2^N$ 个电平样值对应,而不能同无穷多个电平值对应。因此,抽样值必须被划分成 M 个离散电平,此离散电平被称为量化电平。只有将抽样值量化成离散电平后才能利用数字传输系统实现对抽样值的传输。

利用预先规定的有限个离散电平表示模拟抽样值的过程称为量化。量化通常由量化器完成。抽样是把一个时间连续信号变成时间离散的信号,但其取值仍然是连续的,因此需要通过量化将取值连续的抽样变成取值离散的抽样。量化器根据量化的具体要求,将工作范围的电压值分成 M 个量化区间,每个量化区间用一个量化电平值表示。落入每个量化区间的模拟抽样信号将由该量化区间的量化电平值表示,这样模拟抽样信号的幅值就量化成 M 个量化电平值。

图 6.12 给出一个量化过程的例子。图中,$m(t)$ 表示输入的模拟信号,$m_1,m_2,\cdots,m_6$ 表示量化区间的端点电平,$q_1,q_2,\cdots,q_7$ 表示量化电平,$m_q(t)$ 表示量化器的输出。

$$m_q(kT_s) = q_i \quad \text{当 } m_{i-1} \leqslant m(kT_s) < m_i \tag{6.9}$$

因为量化的实质就是将连续的无限多个抽样值变为离散的有限多个值,也就是用离散随机变量 m_q 近似连续随机变量 m,它们之间存在误差。一般采用均方误差 $E[(m-m_q)^2]$ 量度量化误差。由于这种误差的影响相当于干扰或噪声,又被称为量化噪声。

根据量化器的输入、输出关系的不同,量化可以分为均匀量化和非均匀量化。

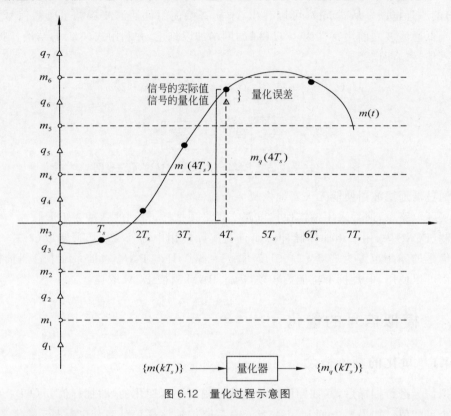

图 6.12 量化过程示意图

6.4.2 均匀量化

通常把输入信号进行等距离的量化称为均匀量化。在均匀量化中,每个量化区间的量化电平均取在各区间的中点,如图 6.12 所示。其量化间隔 Δv 取决于输入信号的变化范围和量化电平数。当信号的变化范围和量化电平数确定后,量化间隔也被确定。例如,如果输入信号的最小值和最大值分别用 a 和 b 表示,量化电平数为 M,那么,均匀量化时的量化间隔为

$$\Delta v = \frac{a-b}{M} \tag{6.10}$$

量化器输出 m_q 为

$$m_q = q_i, \quad 当\ m_{i-1} < m \leqslant m_i \tag{6.11}$$

其中,m_i 为第 i 个量化区间的终点,可写成

$$m_i = a + i\Delta v \tag{6.12}$$

q_i 为第 i 个量化区间的量化电平,可写成

$$q_i = \frac{m_i + m_{i-1}}{2}, \quad i = 1, 2, \cdots, m \tag{6.13}$$

前面提到,量化过程中存在量化噪声,把信号功率与噪声功率之比称为信号量化噪声比,它是量化器的主要指标之一,接下来先分析均匀量化时的信号量化噪声比。

在均匀量化时,量化噪声功率 N_q 可由下式给出,即

$$N_q = E[(m - m_q)^2] = \int_a^b (x - m_q)^2 f(x)\mathrm{d}x = \sum_{i=1}^M \int_{m_{i-1}}^{m_i} (x - q_i)^2 f(x)\mathrm{d}x \tag{6.14}$$

式中,E 为求数学期望,$f(x)$ 是信号的一维概率密度函数。

$$m_i = a + i\Delta v$$

$$q_i = a + i\Delta v - \frac{\Delta v}{2}$$

信号功率为

$$S_O = E[(m)^2] = \int_a^b x^2 f(x)\mathrm{d}x \tag{6.15}$$

【例 6.2】 设一均匀量化器具有 M 个量化电平,其输入信号在 $[-d, d]$ 具有均匀概率密度函数,试求该量化器平均信号功率与量化噪声功率之比(信号量噪比)。

解:由题意知,$f(x) = \dfrac{1}{2d}$,再由式(6.14)得

$$N_q = \sum_{i=1}^M \int_{m_{i-1}}^{m_i} (x - q_i)^2 \left(\frac{1}{2d}\right)\mathrm{d}x$$

$$= \sum_{i=1}^M \int_{-d+(i-1)\Delta v}^{-d+i\Delta v} \left(x + d - i\Delta v + \frac{\Delta v}{2}\right)^2 \frac{1}{2d}\mathrm{d}x$$

$$= \sum_{i=1}^M \left(\frac{1}{2d}\right)\left(\frac{\Delta v^3}{12}\right) = \frac{M(\Delta v)^3}{24d}$$

因为 $M \cdot \Delta v = 2d$

所以

$$N_q = \frac{(\Delta v)^2}{12} \tag{6.16}$$

又由式(6.15)得

$$S_O = \int_{-d}^d x^2 \frac{1}{2d}\mathrm{d}x = \frac{M^2}{12}(\Delta v)^2 \tag{6.17}$$

因而,信号量化噪声功率比为

$$\frac{S_O}{N_q} = M^2 \tag{6.18}$$

或写成

$$\left(\frac{S_O}{N_q}\right)_{dB} = 20\lg M \tag{6.19}$$

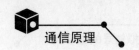

由上式可见,均匀量化器的信号量噪比随量化电平数 M 的增加而增加。

若 $M=2^N$,也即 M 个量化电平用 N 位二进制数字信号表示,那么

$$\left(\frac{S_o}{N_q}\right)_{\text{dB}} = 20\lg M \approx 6N \tag{6.20}$$

式(6.20)表明,对于均匀量化来说,编码后的码字每增加一位,则量化信噪比可以增加 6dB。

由式(6.16)可知,量化噪声功率 N_q 只与量化间隔 Δv 有关。对于均匀量化来说,N_q 为常数,若信号 $m(t)$ 较小,其信号量化噪声功率比也小,即 $\dfrac{S_1}{N_1} = q_1^2 \left/ \left(\dfrac{\Delta}{2}\right)^2 \right.$;信号 $m(t)$ 较大,其信号量化噪声功率比也大,即 $\dfrac{S_4}{N_4} = q_4^2 \left/ \left(\dfrac{\Delta}{2}\right)^2 \right.$。因此对于小信号,其信号量噪比就难以达到给定的要求,这就是均匀量化器的主要缺点。为了克服这个缺点,实际中往往采用非均匀量化。

6.4.3 非均匀量化

在均匀量化中,量化误差与被量化信号电平大小无关。量化误差的最大值等于量化间隔的一半,所以信号电平越低,信噪比越小。例如,量化间隔为 0.1V 时,最大量化误差是 0.05V。信号幅度为 5V 时,相对量化误差为 0.05/5=1%;信号幅度为 0.5V 时,相对量化误差为 0.05/5=10%。

为了解决上述问题,可以采用非均匀量化,它是根据信号幅度的不同区间确定量化间隔的。对于信号取值小的区间,量化间隔小,则量化误差也小;反之,量化间隔大,量化误差也大。这样,对于不同的信号,量化信噪比基本保持不变。量化噪声对大、小信号的影响大致相同,即改善了小信号时的信号量噪比。

实际应用中,非均匀量化的实现方法通常是将抽样值通过压缩再进行均匀量化。压缩是用一个非线性变换电路将输入变量 x 变换成另一变量 y,即

$$y = f(x) \tag{6.21}$$

非均匀量化就是对压缩后的变量 y 进行均匀量化。接收端采用一个传输特性为

$$x = f^{-1}(y) \tag{6.22}$$

的扩张器恢复 x。压缩和扩张特性曲线如图 6.13 所示。

只要压缩和扩张特性恰好相反,则压扩过程就不会引起失真。压缩器和扩张器合在一起称为压扩器。为了进一步理解压扩的基本过程,图 6.14 画出了采用压扩技术的系统框图和非均匀量化示意图。

通常使用的压缩器中,大多采用对数式压缩,即 $y=\ln x$。广泛采用的两种对数压缩律是 μ 压缩律和 A 压缩律。美国采用 μ 压缩律,我国和欧洲各国均采用 A 压缩律。下面分别讨论这两种压缩律的原理。

1. μ 压缩律

μ 压缩律就是压缩器的压缩特性具有如下关系的压缩律,即

$$y = \frac{\ln(1+\mu x)}{\ln(1+\mu)} \quad 0 \leqslant x \leqslant 1 \tag{6.23}$$

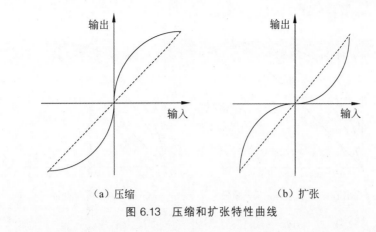

（a）压缩　　　　　　　（b）扩张

图 6.13　压缩和扩张特性曲线

（a）采用压扩技术的系统框图

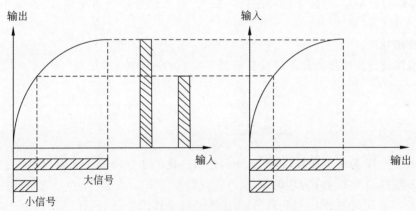

（b）非均匀量化示意图

图 6.14　采用压扩技术的系统框图及非均匀量化示意图

式(6.23)中，μ 为压扩参数，x 和 y 分别是归一化的压缩器输入和输出电压。若输入信号 u 和输出信号 $u_。$ 的最大取值范围均为 V，则归一化后 $x = u/V$，$y = u_。/V$，其压缩特性如图 6.15 所示。

从图 6.15 中的压扩特性曲线可以看出：①特性曲线位于第一、三象限，且以原点为奇对称；②$\mu = 0$ 时，无压缩，随着 μ 的增加，小信号的性能越得到改善，当 $\mu \geqslant 100$ 时，效果就比较理想。

信噪比改善的定量分析：用 Q 定义信噪比改善，则

$$Q = \frac{\mathrm{SNR}_{非均匀}}{\mathrm{SNR}_{均匀}} = \frac{\Delta y}{\Delta x} = \frac{\mathrm{d}y}{\mathrm{d}x} = y', \quad 或 [Q]_{\mathrm{dB}} = 20\lg\left(\frac{\mathrm{d}y}{\mathrm{d}x}\right) \tag{6.24}$$

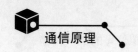

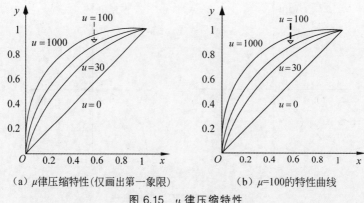

（a）μ律压缩特性（仅画出第一象限）　　（b）$\mu=100$的特性曲线

图 6.15　μ 律压缩特性

接下来以 $\mu=100$ 为例，可以分别求得小信号和大信号的信噪比改善程度，即

小信号，$x\rightarrow 0$，$[Q]_{\mathrm{dB}}=20\lg\left(\dfrac{\mathrm{d}y}{\mathrm{d}x}\right)\approx 26.7\mathrm{dB}$，相当于提高 26.7dB。

大信号，$x\rightarrow 1$，$[Q]_{\mathrm{dB}}=20\lg\left(\dfrac{\mathrm{d}y}{\mathrm{d}x}\right)\approx -13.3\mathrm{dB}$，相当于损失 13.3dB。

因此可以得出结论，它将小信号进行了放大，将大信号进行了压缩；改善了小信号的信噪比，达到了目的。

2. A 压缩律

A 压缩律就是压缩器的压缩特性具有如下关系的压缩律，即

$$y=\frac{Ax}{1+\ln A}\quad 0<x\leqslant\frac{1}{A}\tag{6.25a}$$

$$y=\frac{1+\ln Ax}{1+\ln A}\quad \frac{1}{A}<x\leqslant 1\tag{6.25b}$$

式（6.25）中，A 为压扩参数，x 和 y 分别是归一化的压缩器输入和输出电压。A 的取值一般在 100 左右，$A=1$ 对应为均匀量化。

按式（6.25a）和式（6.25b）得到的 A 律压扩特性是连续曲线，同样以原点为奇对称，A 值不同，压扩特性也不同，在电路上实现这样的函数规律是相当复杂的。实际中，往往采用近似于 A 律函数规律的 13 折线（相当于 $A=87.6$）的压扩特性。这样，它基本上保持连续压扩特性的优点，又便于用数字电路实现。

图 6.16 示出这种压扩特性。图中先把 x 轴的 0～1 分为 8 个不均匀段，其分法是：将 0～1 一分为二，中点为 1/2，取 1/2～1 作为第 8 段；剩余的 0～1/2 再一分为二，中点为 1/4，取 1/4～1/2 作为第 7 段；再把剩余的 0～1/4 一分为二，中点为 1/8，取 1/8～1/4 作为第 6 段，依次分下去，直至剩余的最小一段为 0～1/128 作为第 1 段。而 y 轴的 0～1 则均匀地分为 8 段，与 x 轴的 8 段一一对应。从第 1～8 段分别为 0～1/8，1/8～2/8，2/8～3/8，…，7/8～1。这样，便可以做出由 8 段直线段构成的一条折线。该折线与式（6.25a）和式（6.25b）表示的压缩特性近似。

由图 6.16 可以看出，除 1、2 段外，其他各段直线段的斜率都不相同，它们的关系如表 6.1

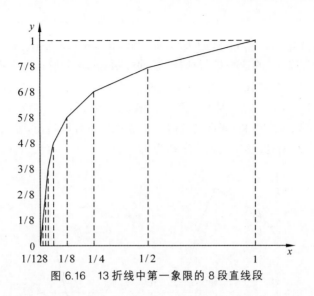

图 6.16　13 折线中第一象限的 8 段直线段

所示。

表 6.1　各段直线段的斜率

直线段	1	2	3	4	5	6	7	8
斜率	16	16	8	4	2	1	1/2	1/4

至于当 x 在 $-1\sim0$ 及 y 在 $-1\sim0$ 的第三象限中,压缩特性的形状与以上讨论的第一象限压缩特性的形状相同,且它们以原点为奇对称,所以负方向也有 8 段直线段,合起来共有 16 个线段。由于正向 1、2 两段和负向 1、2 两段的斜率相同,这 4 段实际上为一条直线段,因此,正负双向的折线总共由 13 条直线段构成,故称其为 13 折线。

可以得出以下结论:①13 段折线与 $A=87.6$ 的 A 律压扩特性十分逼近;②小信号时,信噪比改善 $[Q]_{dB}=20\lg\left(\dfrac{dy_1}{dx_1}\right)=20\lg k_1=20\lg 2^4\approx24(dB)$;③$\mu$ 律压扩中的 $\mu=255$(可用 15 折线实现)时,就是 A 律压扩的理想情况。由于其 $k_1=32$,是 A 律的 2 倍,所以小信号时,μ 律优于 A 律。

如果再把 y 的各分段取值信号用 N 位二进制码表示,即为 PCM 编码。接下来作详细介绍。

6.5　脉冲编码调制系统

模拟信号经抽样和量化后已完成时间和幅度的离散化,得到一系列离散样值,剩下的最后一个步骤就是要实现把离散的样值变换成对应的数字信号代码,这种变换称为编码,其相反的过程称为译码。

将模拟信号抽样量化,然后使已量化值变换成代码,称为脉冲编码调制(Pulse Code

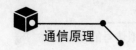

Modulation，PCM）。

　　为了便于理解，先给出一个 PCM 的实例，如图 6.17 和表 6.2 所示。假设模拟信号 $m(t)$ 的最大值 $|m(t)| < 4\text{V}$，以 f_s 的速率进行抽样，且抽样值按 16 个量化电平进行均匀量化，其量化间隔为 0.5V。这样各个量化判决电平依次为 $-4\text{V}, -3.5\text{V}, \cdots, 3.5\text{V}, 4\text{V}$，16 个量化电平分别为 $-3.75\text{V}, -3.25\text{V}, \cdots, 3.25\text{V}$ 和 3.75V。表 6.2 列出了图 6.17 所示模拟信号的抽样值和相应的量化电平以及二进制、四进制编码。由表 6.2 还可以看出，如果按照二进制脉冲编码电平由小到大地自然编码，发送的数字序列为 110011101110…，信息传输速率为 $4f_s\text{b/s}$。

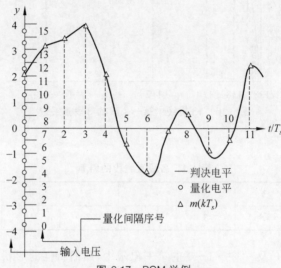

图 6.17　PCM 举例

表 6.2　模拟信号的量化和编码

模拟信号的抽样值	2.1	3.2	3.4	3.9	1.9	−0.75	−1.76	−0.2	0.4
量化电平	2.25	3.25	3.25	3.75	1.75	−0.75	−1.75	−0.25	0.25
量化间隔序号	12	14	14	15	11	6	4	7	8
二进制编码	1100	1110	1110	1111	1011	0110	0100	0111	1000
四进制编码	30	32	32	33	23	12	10	13	20

　　由上例可以看出，通过 PCM 可以把模拟信号变换成数字信号。下面要讨论 PCM 的原理和系统性能。

6.5.1　PCM 通信系统框图

　　PCM 通信系统框图如图 6.18 所示。图中，输入的模拟信号 $m(t)$ 经抽样、量化、编码后变成数字信号（PCM 信号），经信道传输到达接收端，先由译码器恢复出抽样序列，再经低通滤波器滤出模拟基带信号 $\hat{m}(t)$。通常，将抽样、量化和编码的组合称为模/数变换（A/D 变换）；而信码再生、译码和低通滤波的组合称为数/模变换（D/A 变换）。

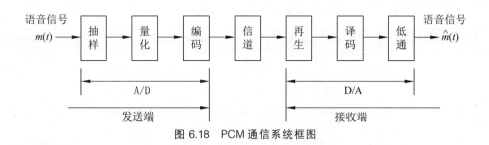

图 6.18　PCM 通信系统框图

6.5.2　逐位比较法编译码的实现

1. 编码的基本概念

由图 6.18 中的 PCM 通信系统框图可以看出,编码器主要实现从模拟信号的抽样量化值到代码的变换。

编码器的种类大体上可以归结为三种,即逐次比较法、折叠级联法和混合法。这几种不同型式的编码器都具有自己的特点,这里仅介绍目前用得较为广泛的逐次比较法编码。

1) 编码器码型选择

常用的二进制码型有自然二进码和折叠二进码两种,如表 6.3 所示。若将表 6.3 中的 16 个量化间隔分成两部分:0~7 的 8 个量化间隔,对应负极性的样值脉冲;8~15 的 8 个量化间隔,对应正极性的样值脉冲。从表 6.3 可知,对于自然二进码上、下两部分的码型无任何相似之处。但对于折叠二进码,它除去最高位外,上半部分与下半部分呈折叠关系。最高位上半部分为全"1",下半部分为全"0"。这种码的特点是,对于双极性信号,可用最高位表示信号的正、负极性,而用其余的码表示信号的绝对值,即只要正、负极性信号的绝对值相同,则可进行相同的编码。这就是说,用第一位码表示极性后,双极性信号可以采用单极性编码方法。因此采用折叠二进码可以大大简化编码的过程。

语音信号是双极性信号,语音信号是小信号的概率大,若出现误码,折叠码对小信号的影响小。A 律 13 折线 PCM 30/32 路基群设备中常采用折叠二进码。

折叠二进码和自然二进码相比,它的另一个优点是,在传输过程中若出现误码,对小信号影响较小。如由大信号的 1111 误为 0111,从表 6.3 可见,对于自然二进码解码后得到的样值脉冲与原信号相比,其误差为 8 个量化间隔;而对于折叠二进码,其误差为 15 个量化间隔。因此,大信号时误码对折叠二进码影响很大。若由小信号的 1000 误为 0000,此时,对于自然二进码误差还是 8 个量化间隔;而对于折叠二进码误差却只有一个量化间隔。由于语音信号小幅度出现的概率比大幅度的大,所以这一特性有利于减少平均量化噪声。

这样可以得出结论,在编码中用折叠二进码比用自然二进码优越。

2) 编码位数的选择

在输入信号变化范围一定时,一方面,码位数越多,量化分层越细,量化噪声就越小,通信质量当然就更好;另一方面,码位数越多,总的传输码率增加,将会增加传输系统带宽,从而使设备变得复杂。因此编码位数的选择,不仅关系到通信质量的好坏,而且还涉及设备的复杂程度。一般对语音信号来说,当编码位数增加到 7~8 位时,通信质量才比较理想。

表 6.3 常用二进码

样值脉冲极性	自然二进码	折叠二进码	量化间隔序号
正极性部分	1111	1111	15
	1110	1110	14
	1101	1101	13
	1100	1100	12
	1011	1011	11
	1010	1010	10
	1001	1001	9
	1000	1000	8
负极性部分	0111	0000	7
	0110	0001	6
	0101	0010	5
	0100	0011	4
	0011	0100	3
	0010	0101	2
	0001	0110	1
	0000	0111	0

3) 码位的安排

关于码位的安排,在逐次比较法编码方式中,无论采用几位码,一般均按极性码、段落码、段内码的顺序排列。

2. A 律 13 折线编译码

1) 编码原理

在 13 折线法中,无论输入信号是正还是负,均按 8 段折线(8 个段落)进行编码。用折叠二进制码表示输入信号的抽样量化电平为例,说明编码原理。其码位安排为 $C_1C_2C_3C_4C_5C_6C_7C_8$,其中第 1 位 C_1 表示量化值的极性,其余 7 位(第 2 位 C_2 至第 8 位 C_8)则表示抽样量化值的绝对大小。具体做法是用 $C_2C_3C_4$(段落码)的 8 种可能状态分别代表 8 个段落的段落电平,其他 4 位码 $C_5C_6C_7C_8$(段内码)的 16 种可能状态用来分别代表每一段落的 16 个均匀划分的量化间隔。这样处理的结果是,8 个段落便被划分成 $2^7=128$ 个量化间隔。段落码和 8 个段落之间的关系、段内码与 16 个量化间隔之间的关系见表 6.4。可见,上述编码方法是把压缩、量化和编码合为一体的方法。

需要说明的是,在上述编码过程中,虽然各段内的 16 个量化间隔是均匀的,但因段落长度不等,故不同段落间的量化间隔是非均匀的。当输入信号小时,段落短,量化间隔也小;反之,量化间隔就大。在 13 折线中第 1、2 段最短,只有归一化动态范围值的 1/128,再将它等分 16 小段后,每一小段长度为 $(1/128)/16=1/2048$,称为最小的量化间隔,它仅有归一化动态范围值的 1/2048。按照这样的方法,可以计算出每一段落的结果。

表 6.4　段落码和 8 个段落、段内码与 16 个量化间隔的关系

段落序号	段落码	量化间隔	段内码
8	111	15	1111
		14	1110
7	110	13	1101
		12	1100
6	101	11	1011
		10	1010
5	100	9	1001
		8	1000
4	011	7	0111
		6	0110
3	010	5	0101
		4	0100
2	001	3	0011
		2	0010
1	000	1	0001
		0	0000

　　以上讨论的是非均匀量化时的情形,现在将非均匀量化和均匀量化作比较。假设以非均匀量化时的最小量化间隔(第 1、2 段的量化间隔)作为均匀量化时的量化间隔,那么从 13 折线的第 1～8 段每段所包含的均匀量化数分别为 16、16、32、64、128、256、512、1024,总共有 2048 个均匀量化间隔区间。因此均匀量化需要用 11 位编码,而非均匀量化只需用 7 位编码。这样,在保证小信号区间量化间隔相同的条件下,7 位非线性编码与 11 位线性编码等效。由于非线性编码的码位数减少,因此设备简化,所需传输系统带宽也可减少。

　　2) 逐次比较法编码器的实现

　　逐次比较法编码器的编码方法就是采用逐位比较式编码,从高位向低位编出,编码比较的恒流源中提供各段各电平的比较电流,使采样电流与之比较,从而确定样值是在哪个段落哪一级量化间隔。因此,编码器的任务就是要根据输入的样值脉冲编出相应的 8 位二进制代码,除第一位 C_1 极性码外,其他 7 位二进制代码是通过逐次比较确定的。预先规定好一些作为标准的电流(或电压),称为权值电流,用符号 I_W 表示。I_W 的个数与编码位数有关。当样值脉冲到来后,用逐步逼近的方法有规律地用这个标准电流 I_W 和样值脉冲比较,每比较一次编出一位码,直到 I_W 和抽样值 I_S 逼近为止。逐次比较法编码器的原理框图如

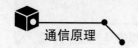

图 6.19 所示,它由整流器、保持电路、比较器及本地译码电路组成。

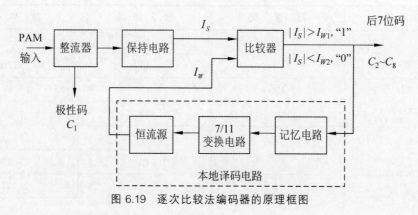

图 6.19 逐次比较法编码器的原理框图

整流器用来判别输入样值脉冲的极性,编出第一位码 C_1(极性码)。样值为正时,输出"1"码;样值为负时,输出"0"码。同时将双极性脉冲变换成单极性脉冲。

比较器通过样值电流 I_S 和标准电流 I_W 进行比较,从而对输入信号抽样值实现非线性量化和编码。每比较一次输出一位二进制代码,且当 $I_S > I_W$ 时,输出"1"码;反之输出"0"码。由于在 13 折线中用了 7 位二进制代码代表段落和段内码,所以对一个输入信号的抽样值需要进行 7 次比较。每次所需的标准电流 I_W 均由本地译码电路提供。

本地译码电路包括记忆电路、7/11 变换电路和恒流源。记忆电路用来寄存二进制代码,因为除第一次比较外,其余各次比较都要依据前几次比较的结果确定标准电流 I_W 值。因此,7 位码组中的前 6 位状态均应由记忆电路寄存。7/11 变换电路就是前面非均匀量化中提到的数字压缩器。因为采用非均匀量化的 7 位非线性编码等效于 11 位线性码。而比较器只能编 7 位码,反馈到本地译码电路的全部码也只有 7 位。因为恒流源有 11 个基本权值电路支路,需要 11 个控制脉冲控制,所以必须经过变换,把 7 位码变成 11 位码,其实质就是完成非线性和线性之间的变换。恒流源用来产生各种标准电流值。为了获得各种标准电流 I_W,在恒流源中有几个基本权值支路。基本的权值电流个数与量化间隔数有关,例如上例中,128 个量化间隔需要编 7 位码,它要求 11 个基本的权值电流支路,每个支路均有一个控制开关。由前面的比较结果经变换后得到的控制信号控制哪几个开关的接通,从而形成作比较用的标准电流 I_W。

下面举例说明编码过程。

【例 6.3】 设输入信号抽样值为 1380 个量化单位,采用逐次比较法编码将它按照 13 折线 A 律特性编成 8 位码字。

解:设码字的 8 位码分别用 $C_1 C_2 C_3 C_4 C_5 C_6 C_7 C_8$ 表示,其编码过程如下。

① 确定极性码 C_1:因输入信号抽样值为正,故极性码 $C_1 = 1$。

② 确定段落码 $C_2 C_3 C_4$:13 折线中,正半部分的 8 个段落以 1/2048 为单位的每个段落的起点电平如表 6.5 所示。

表 6.5　段落的起点电平与量化台阶

段　　落	1	2	3	4	5	6	7	8
起点电平	0	16	32	64	128	256	512	1024
量化台阶大小	1	1	2	4	8	16	32	64

由于段落码中的 C_2 是用来表示输入信号的抽样值处于 8 个段落的前 4 段还是后 4 段的,故输入比较器的标准电流应选择为 $I_w=128$ 个量化单位。现在输入信号抽样值 $I_s=1380$ 个量化单位,大于标准电流,故第一次比较结果为 $I_s>I_w$,所以 $C_2=1$。它表示输入信号抽样值处于 8 个段落中的后 4 段(即 5～8 段)。

C_3 用来进一步确定它属于 5～6 段还是 7～8 段。因此,标准电流应选择为 $I_w=512$ 个量化单位。第 2 次比较结果为 $I_s>I_w$,所以 $C_3=1$。它表示输入信号属于 7～8 段。

同理,确定 C_4 的标准电流应为 $I_w=1024$ 个量化单位。第 3 次比较结果为 $I_s>I_w$,故 $C_4=1$。故段落码 $C_2C_3C_4$ 为 111。

③ 确定段内码 $C_5C_6C_7C_8$:由编码原理可知,段内码是在已经确定输入信号所处段落的基础上,用来表示输入信号处于该段落的哪个量化间隔。$C_5C_6C_7C_8$ 的取值与量化间隔之间的关系见表 6.5。上面已经确定输入信号处于第 8 段,该段中的 16 个量化间隔均为 64 个量化单位。

C_5 用来确定输入信号样值位于 0～7 量化间隔,还是位于 8～15 量化间隔,故确定 C_5 的标准电流应选为

$$I_w = \text{段落起点电平} + 8 \times (\text{量化间隔}) = 1024 + 8 \times 64 = 1536 \text{ 个量化单位}$$

这样,第 4 次比较结果为 $I_s<I_w$,故 $C_5=0$。它说明输入信号抽样值应处于第 8 段中的 0～7 量化间隔。

C_6 用来确定输入信号样值位于 0～3 量化间隔,还是位于 4～7 量化间隔,同理确定 C_6 的标准电流应选为

$$I_w = \text{段落起点电平} + 4 \times (\text{量化间隔}) = 1024 + 4 \times 64 = 1280 \text{ 个量化单位}$$

这样,第 5 次比较结果为 $I_s>I_w$,故 $C_6=1$。说明输入信号抽样值应处于第 8 段中的 4～7 量化间隔。

C_7 用来确定输入信号样值位于 4～5 量化间隔,还是位于 6～7 量化间隔,同理确定 C_7 的标准电流应选为

$$I_w = \text{段落起点电平} + 6 \times (\text{量化间隔}) = 1024 + 6 \times 64 = 1408 \text{ 个量化单位}$$

这样,第 6 次比较结果为 $I_s>I_w$,故 $C_7=0$。说明输入信号抽样值应处于第 8 段中的 4～5 量化间隔。

最后 C_8 用来确定输入信号样值位于 4 量化间隔,还是位于 5 量化间隔,确定 C_8 的标准电流应选为

$$I_w = \text{段落起点电平} + 5 \times (\text{量化间隔}) = 1024 + 5 \times 64 = 1344 \text{ 个量化单位}$$

这样,第 7 次比较结果为 $I_s>I_w$,故 $C_8=1$。说明输入信号抽样值应处于第 8 段中的 5 量化间隔。

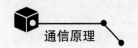

经上述 7 次比较,编出的 8 位码为 11110101。它表示输入抽样值处于第 8 段 5 量化间隔,其量化电平为 1376(1376＝1024＋5×64＋32)个量化单位,故量化误差等于 4 个量化单位。顺便指出,除极性码外的 7 位非线性码字 1110101,对应的 11 位线性码字为 10101100000。

　　3)逐次比较法译码器的原理及实现

　　讨论逐次比较法编码器的工作原理后,就要讨论 PCM 信号的译码原理。常用译码器大致可分为三种类型,即电阻网络型、级联型和级联-网络混合型。这里仅讨论电阻网络型译码器,如图 6.20 所示。

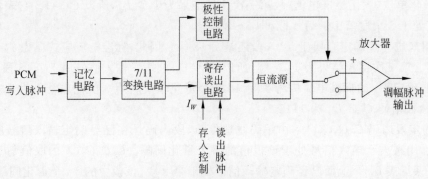

图 6.20　电阻网络型译码器

　　电阻网络型译码器与逐次比较法编码器中的本地译码器基本相同。从原理上说,两者都是用来译码的,但编码器中的译码,只译出信号的幅度,不译出极性;而接收端的译码器在译出信号的幅度值的同时,还要恢复出信号的极性。

　　电阻网络型译码器各个部分电路的作用简述如下:①记忆电路用来将接收的串行码变为并行码,故又称为“串/并变换”电路;②7/11 变换电路用来将表示信号幅度的 7 位非线性码转变为 11 位线性码;③极性控制电路用来恢复译码后的脉冲极性。寄存读出电路把寄存的信号在一定时刻并行输出到恒流源中的译码逻辑电路,使其产生需要的各种逻辑控制脉冲。这些逻辑控制脉冲加到恒流源的控制开关上,从而驱动权值电流电路产生译码输出。

　　这种译码器的译码过程就是根据所收到的码字(极性码除外)产生相应的控制脉冲控制恒流源的标准电流支路,从而输出一个与发送端原抽样值接近的脉冲。该脉冲的极性受极性控制电路控制。

3. PCM 编码的 MATLAB 仿真

　　设输入信号抽样值为＋1270 个量化单位,按照 A 律 13 折线特性变成 8 位码。请用 MATLAB 实现相应的编码。

　　在 MATLAB 中创建一个 pcm1270.m 文件,其程序原代码如下。

```
clear all
close all
x=+1270;
if x>0
    out(1)=1;
```

```
else out(1)=0;
end
if abs(x)>=0 & abs(x)<16
    out(2)=0;out(3)=0;out(4)=0;step=1;st=0;
elseif 16<=abs(x) & abs(x)<32
    out(i,2)=0;out(3)=0;out(4)=1;step=1;st=16;
elseif 32<=abs(x) & abs(x)<64
    out(2)=0;out(3)=1;out(4)=0;step=2;st=32;
elseif 64<=abs(x) & abs(x)<128
    out(2)=0;out(3)=1;out(4)=1;step=4;st=64;
elseif 128<=abs(x) & abs(x)<256
    out(2)=1;out(3)=0;out(4)=0;step=8;st=128;
elseif 256<=abs(x) & abs(x)<512
    out(2)=1;out(3)=0;out(4)=1;step=16;st=256;
elseif 512<=abs(x) & abs(x)<1024
    out(2)=1;out(3)=1;out(4)=0;step=32;st=512;
elseif 1024<=abs(x) & abs(x)<2048
    out(2)=1;out(3)=1;out(4)=1;step=64;st=1024;
else
    out(2)=1;out(3)=1;out(4)=1;step=64;st=1024;
end
if(abs(x)>=2048)
    out(2:8)=[1 1 1 1 1 1 1];
else
    tmp=floor((abs(x)-st)/step);
    t=dec2bin(tmp,4)-48;           %函数 dec2bin 输出的是 ASCII 字符串,48 对应 0
    out(5:8)=t(1:4);
end
out=reshape(out,1,8)
```

然后运行,可得输出结果为"out= 1 1 1 1 0 0 1 1",证明结果是正确的。

6.5.3　PCM 编码速率及信号带宽

对于脉冲编码传输系统来说,如果低通型信号的最高频率为 f_H,则完全恢复该信号所需的最小抽样速率由抽样定理确定,即等于 $2f_H$。如果需要保护带,则抽样速率为 f_s,该值要大于 $2f_H$。若每个抽样值使用 N 个比特进行模/数转换,那么该 PCM 信号编码后的最小速率为 $N \cdot f_s$ b/s。当使用奈奎斯特速率抽样时,编码速率等于 $N \cdot 2f_H$ b/s。根据第 4 章,若传输系统具有理想低通特性,传输 R b/s 需要的最小带宽为 $R/2$ Hz,因此 PCM 系统需要的最小带宽为 $B_{\min} = N f_s/2$ Hz。当抽样速率为奈奎斯特速率时,最小绝对带宽为 $B_{\min} = N f_H/2$ Hz。实际中如果用升余弦传输特性,则所需传输带宽为 $B_{\min} = 2 N f_H$ Hz。

目前我国采用的 A 律 13 折线的 PCM 编码方法,其抽样速率为 8 kHz,每个抽样值编为 8 位码,因此 PCM 的编码速率为 64 kb/s,传输该 PCM 信号所需要的最小带宽为 32 kHz。

6.5.4 PCM 抗噪声性能

PCM 系统中存在两种噪声,即量化噪声和信道加性噪声。接下来分析图 6.18 所示的 PCM 系统的抗噪声性能。从图中可知,接收端低通滤波器的输出信号为

$$\hat{m}(t) = m_o(t) + n_q(t) + n_e(t)$$

式中,$m_o(t)$ 为输出信号成分,$n_q(t)$ 为由量化噪声引起的输出噪声,$n_e(t)$ 为由信道加性噪声引起的输出噪声。

为衡量 PCM 系统的抗噪声性能,通常将系统输出端总的信噪比定义为

$$\frac{S_o}{N_o} = \frac{E[m_o^2(t)]}{E[n_q^2(t)] + E[n_e^2(t)]} = \frac{S_0}{N_q + N_e} \tag{6.26}$$

式中,E 为求统计平均。

可见,分析 PCM 系统的抗噪声性能时,需要考虑量化噪声和信道加性噪声的影响。不过,由于量化噪声和信道加性噪声的来源不同,而且它们互不依赖,故可以先分别讨论它们单独存在时的系统性能,然后分析系统总的抗噪声性能。

1. 量化噪声影响的信号量噪比

首先,由低通抽样定理可知,

$$m_o(t) = \frac{1}{T_s} m(t) \tag{6.27}$$

将式(6.27)代入式(6.15),可得低通滤波器输出的信号功率为

$$S_o = \frac{1}{T_s^2} \frac{M^2(\Delta v)^2}{12} \tag{6.28}$$

其中,T_s 为抽样间隔,Δv 为量化间隔,M 为量化间隔数。

其次,可以证明,低通滤波器输出的量化噪声功率为

$$N_q = E[n_q^2(t)] = \frac{1}{T_s^2} \cdot \frac{(\Delta v)^2}{12} \tag{6.29}$$

因此,PCM 系统输出端平均信号量化噪声功率比为

$$\frac{S_o}{N_q} = \frac{E[m_o^2(t)]}{E[n_q^2(t)]} = M^2 \tag{6.30}$$

对于二进制编码,假定采用 N 位编码,则式(6.30)又可以写成

$$\frac{S_o}{N_q} = M^2 = 2^{2N} \tag{6.31}$$

式中,N 为模/数转换时,二进制码的位数。

由式(6.31)可见,PCM 系统输出端平均信号量化噪声功率比将仅依赖于每一个编码码字的位数 N。上述比值将随 N 按指数增加。由 6.5.3 节内容可知,对于一个频带限制在 f_H 的信号,根据抽样定理,此时要求每秒钟最少传输的抽样脉冲数等于 $2f_H$;若 PCM 系统的编码位数为 N,则要求系统每秒传输 $2Nf_H$ 个二进制脉冲。为此,这时的系统总带宽 B 至少等于 Nf_H。故式(6.31)还可写成

$$\frac{S_o}{N_q} = 2^{2N} = 2^{\left(\frac{2B}{f_H}\right)} \tag{6.32}$$

由此可见，PCM 系统输出端的信号量化噪声功率比与系统带宽 B 成指数关系。由式(6.32)可以得出以下结论：当 N 越大，信号量噪比越高，可靠性就越高；此外，当 N 越大，所需带宽越高，有效性就越低。

2. 信道加性噪声引起的信噪比

下面给出信道加性噪声对 PCM 系统性能的影响，由于信道干扰，使接收端出现误码，而误码元的位置在 N 位码元中可能是任意位，但不同码位上造成的输出幅度误差不同，不同误差功率用统计平均求得，它与权位和台阶电压及误码率 P_e 有关。可以证明总误码率电压的统计平均值为

$$E[\theta_\Delta^2] = \frac{1}{N} \sum_{i=1}^{N} [2^{i-1} \Delta v]^2 \approx \frac{2^{2N-1}}{3N}(\Delta v)^2$$

通过低通滤波器后由误码引起的噪声功率为

$$N_e = E[n_e^2(t)] = \frac{2^{2N} P_e (\Delta v)^2}{3 T_s^2} \tag{6.33}$$

其中，P_e 为误码率。

而经过低通滤波器后输出信号的功率如式(6.28)，因此，仅考虑信道加性噪声时，PCM系统的输出信噪比为

$$\frac{S_o}{N_e} = \frac{1}{4 P_e} \tag{6.34}$$

3. PCM 系统总的信噪比

前面已经指出，传输模拟信号的 PCM 系统的性能用接收端输出的平均信噪功率比度量。将式(6.28)、式(6.29)和式(6.33)代入式(6.26)得

$$\frac{S_o}{N_o} = \frac{E[m_o^2(t)]}{E[n_q^2(t)] + E[n_e^2(t)]} = \frac{M^2}{1 + 4 P_e 2^{2N}} = \frac{2^{2N}}{1 + 4 P_e 2^{2N}} \tag{6.35}$$

在接收端输入大信噪比的条件下，即 $4 P_e 2^{2N} \ll 1$ 时，误码率 $P_e \leqslant 10^{-5}$，式(6.35)变成式(6.36)，相当于仅计算信号量噪比。

$$\frac{S_o}{N_o} \approx 2^{2N} \tag{6.36}$$

在接收端输入小信噪比的条件下，即 $4 P_e 2^{2N} \gg 1$ 时，误码率 $P_e > 10^{-4}$，式(6.35)变成式(6.37)，相当于仅考虑信道加性噪声影响下的信噪比。

$$\frac{S_o}{N_o} \approx \frac{2^{2N}}{4 P_e 2^{2N}} = \frac{1}{4 P_e} \tag{6.37}$$

在实际的 PCM 传输系统中，$P_e \leqslant 10^{-6}$ 是很容易实现的，因此通常可按式(6.36)估计PCM 系统的性能。

6.6　差分脉冲编码调制系统

现有的 PCM 系统采用 A 律或 μ 律压扩方法，每路语音的标准传输速率为 64kb/s。在二进制基带传输系统中，传输 64kb/s 数字信号的最小频带理论值为 32kHz，而模拟单边带

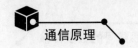

多路载波电话占用的频带仅 4kHz。故 PCM 占用频带要比模拟单边带通信系统宽很多倍。因此,在频带宽度严格受限的传输系统中,能传送的 PCM 话路数要比模拟单边带通信方式传送的电话路数少得多。几十年来,人们一直致力于在相同质量指标的条件下,努力降低数字化语音传码率,以提高数字通信系统的频带利用率。

语音和图像信号中存在大量冗余,信源编码就是用压缩技术去除这些冗余,提高通信的有效性,而预测是其中常用的手段。由于语音信号的相邻样值之间存在幅度的相关性,因此,在发送端进行编码时,可以根据前面时刻的样值预测当前的样值,只传输样值和预测值之差,不必传输样值本身。在接收端,根据前面时刻的样值预测当前时刻的样值,再加上当前时刻的预测误差,即可得到当前时刻的重建样值。

差分脉冲编码调制(Differential Pulse Code Modulation,DPCM)就是基于以上出发点被提出来的,PCM 是对模拟信号的抽样值进行量化、编码,而 DPCM 则是对模拟信号抽样值与信号预测值的差值进行量化、编码。

DPCM 系统的原理框图如图 6.21 所示。来自信源的语音信号为 $m(t)$,m_k 是对 $m(t)$ 抽样后的信号。编码器中的"预测器和加法器"用来获得当前的预测值 m_k',这里 m_k' 是 m_k 的预测值。m_k' 与 $\widetilde{m}_k$ 的关系满足式(6.38)。

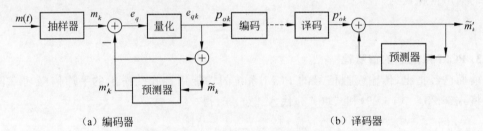

（a）编码器　　　　　　　　　　　　　　　　（b）译码器

图 6.21　DPCM 系统的原理框图

$$m_k' = \sum_{i=1}^{p} a_i \widetilde{m}_{k-i} \tag{6.38}$$

式(6.38)中,p 和 a_i 是预测器的参数,均为常数,其中 a_i 称为预测器系数。

解码器中的"预测器和加法器"的组成结构与编码器中的"预测器和加法器"的组成结构完全一样。因此,信道传输无误码时两个加法器输入端的信号完全一样,即 $p_{ok} = p_{ok}'$,此时图中解码器的输出信号 $\widetilde{m}_k'$ 与编码器信号 $\widetilde{m}_k$ 是相同的,即 $\widetilde{m}_k' = \widetilde{m}_k$。

下面举例说明该工作过程。例中采用四电平量化与编码,其系统框图如图 6.22 所示。图 6.21 中的"预测器和加法器"环路由积分器代替。图中相乘器完成理想抽样,抽样器的输出 $p_o(t)$ 是一串冲激脉冲序列,冲激脉冲的强度取量化器的 M 个可能值中的其中之一。对应于 $p_o(t)$ 的一个样值,编码器输出一个 $N(M=2^N)$ 比特长度的码字,于是完成模拟信号的数字化。该系统框图中采用四电平量化,即 $N=2(M=4)$。此量化器的输出/输入变换特性如图 6.23 所示。当 $0 \leq e_q(kT_s) < 2\Delta$ 时,输出电平为 $+\Delta$;$-2\Delta \leq e_q(kT_s) < 0$ 时,输出电平为 $-\Delta$;当 $2\Delta < e_q(kT_s)$ 时,输出电平为 $+3\Delta$;当 $e_q(kT_s) < -2\Delta$ 时,输出电平为 -3Δ。编码器规则是,电平 -3Δ 对应于代码"00",电平 $-\Delta$ 对应于代码"01",电平 $+\Delta$ 对应于代码

"10",电平$+3\Delta$对应于代码"11"。DPCM 发送端各点波形关系如图 6.24 所示。这里以 $t \geqslant$ 0 时间段的差分波形为例说明这些波形关系。图中设 $e_q(0) \approx 0.5\Delta$；根据上面的量化器规则,此时量化器的输出电平为 $+\Delta$,经理想抽样后,得到 $p_o(t)$ 为 $\Delta\delta(t)$；根据编码器规则,这时编码器的输出代码为 10,即 $s(t)$ 在第一个 T_s 期间送出"先高后低"的电平。

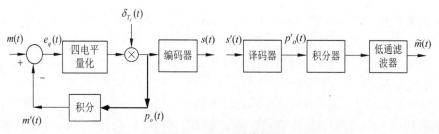

图 6.22 DPCM 系统框图

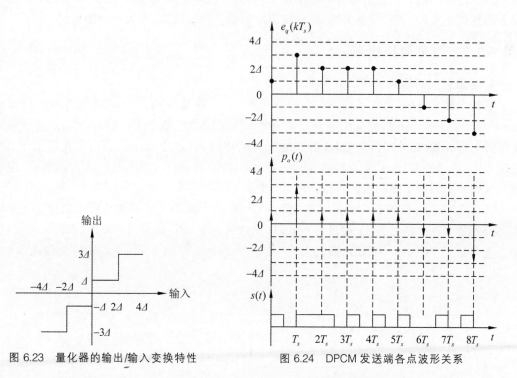

图 6.23 量化器的输出/输入变换特性

图 6.24 DPCM 发送端各点波形关系

对于 DPCM 接收端过程如图 6.22 所示。由数字信道送到译码器输入端的信号为 $s'(t)$；若信道传输无误码,则 $s'(t)$ 波形同发送端输出波形 $s(t)$ 完全相同。此时 $s'(t)$ 经译码器后的信号 $p'_o(t)$ 形状同发送端 $p_o(t)$ 完全相同,仅在时间上有一固定延迟。该信号经过积分器和低通滤波器,即可恢复出发送端原始模拟信号。

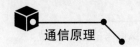

6.7 增量调制系统

6.7.1 概述

增量调制简称 ΔM 或 DM(Delta Modulation),它也是一种继 PCM 编码之后的模拟信号数字传输的方法。前面已经学过 PCM 编码是对样值本身大小进行编码;而 DPCM 是对前后两个相邻样值的差值进行编码;ΔM/DM 则是对前后相邻样值差值大小的比较结果进行编码,因此可以看成 DPCM 的一个特例。它只用一位二进制编码,这位二进制编码不是用来表示抽样值的大小,而是表示抽样时刻波形的变化趋势,即可用一位二进制编码表示相邻抽样值的相对大小,而相邻抽样值的相对变化就能同样反映模拟信号的变化规律。因此,由一位二进制编码表示模拟信号的可能性是存在的,这是 ΔM 与 DPCM 的本质区别。这种编码的优点就是编/译码设备简单,低比特率时的量化信噪比高,抗误码性能好。

6.7.2 增量调制原理

1. 增量调制的编码原理及其实现

在每个抽样时刻,把信号在该时刻的抽样值 m_k 与本地译码信号 m'_k 进行比较。假定量化台阶为 σ,若 $m_k > m'_k$,则量化电平上升一个 σ 值,编为"1"码;反之,若 $m_k < m'_k$,则量化电平下降一个 σ 值,编为"0"码。这样编出的"1""0"序列,就称为 ΔM 码。由于在实用化 ΔM 系统中,本地译码信号 m'_k 十分接近于前一时刻的抽样值 m_{k-1},因此可以认为,这位二进制编码反映了相邻两个抽样值的近似差值,即增量。

ΔM 的实现,可以从 DPCM 系统简化而来,将图 6.22 的 DPCM 系统框图中的量化电平取为 2、预测器是一个延迟为 T_s 的延迟单元时,就得到一个 ΔM 的编码器框图,如图 6.25(a)所示。差分 $m_k - m'_k = e_{qk}$,被量化器量化成 $+\Delta$ 或 $-\Delta$,即 $e_{ok} = +\sigma$ 或 $-\sigma$,σ 值称为量化台阶。

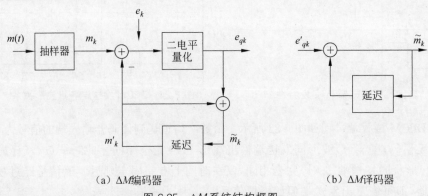

（a）ΔM 编码器   （b）ΔM 译码器

图 6.25 ΔM 系统结构框图一

图 6.25 中的"延迟和相加器"环路可以用一个积分器替代,而积分器的输入是一个周期为 T_s 和强度为 $\pm\sigma$ 的冲激序列。因此,可以画出 ΔM 系统的第二种原理结构框图,如图 6.26 所示,其中图 6.26(a)即为 ΔM 的编码器框图。

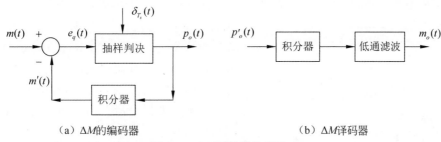

（a）ΔM的编码器　　　　　　（b）ΔM译码器

图 6.26　ΔM系统结构框图二

2. 增量调制的译码原理及其实现

ΔM 译码时，接收端只要每收到一个"1"码就使输出上升一个 σ 值，每收到一个"0"码就使输出下降一个 σ 值，这样就可近似地恢复出阶梯波形 $m'(t)$。ΔM 译码器的实现框图如图 6.25（b）所示。如果图 6.25（b）中的"延迟和相加器"环路用一个积分器替代，就得到如图 6.26（b）所示的译码器框图。积分器遇到"1"码（即有$+E$ 脉冲），就固定上升一个 ΔE，并让 ΔE 等于 σ；遇到"0"码（即有$-E$ 脉冲），就固定下降一个 $\Delta E(\sigma)$。图 6.26（b）表示积分器的输入和输出波形。积分器输出虽已接近原来模拟信号，但往往还包含不必要的高次谐波分量，故需再经低通滤波器平滑，这样，便可得到十分接近原始模拟信号的输出信号。

量化后的波形有两种表示方法，即阶梯波和斜线波。例如，有一个频带有限的模拟信号如图 6.27 中的 $m(t)$ 所示。现在把横轴 t 分成许多相等的时间段 Δt。此时可以看出，如果 Δt 很小，则 $m(t)$ 在间隔 Δt 的时刻得到的相邻值的差值也将很小。因此，如果把代表 $m(t)$ 幅度的纵轴也分成许多相等的小区间 σ，那么，一个模拟信号 $m(t)$ 就可用图 6.27 所示的阶梯波 $m'(t)$ 逼近。显然，只要时间间隔 Δt 和台阶 σ 都很小，则 $m(t)$ 和 $m'(t)$ 将会相当接近。由于阶梯波形相邻间隔的幅度差不是$+\sigma$ 就是$-\sigma$，因此，若用二进制码的"1"代表 $m'(t)$ 在给定时刻上升一个台阶 σ，用"0"代表 $m'(t)$ 在给定时刻下降一个台阶 σ，则 $m(t)$ 就被一个二进制码的序列所表征（如图 6.27 中横轴下面的序列）。于是，该序列也相当于表征了 $m(t)$。

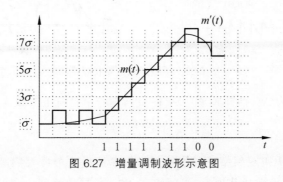

图 6.27　增量调制波形示意图

ΔM 译码时，接收端只要每收到一个"1"码就使输出上升一个 σ 值，每收到一个"0"码就使输出下降一个 σ 值，这样就可近似地恢复出阶梯波形 $m'(t)$。这种功能的译码可由一个

积分器完成,如图 6.28(a)所示。积分器遇到"1"码(即有＋E 脉冲),就固定上升一个 ΔE,并让 ΔE 等于 σ;遇到"0"码(即有－E 脉冲),就固定下降一个 ΔE。图 6.28(b)表示积分器的输入和输出波形。积分器输出虽已接近原来模拟信号,但往往还包含不必要的高次谐波分量,故需再经低通滤波器平滑,这样,便可得到十分接近原始模拟信号的输出信号。

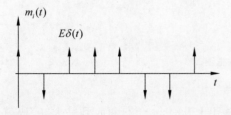

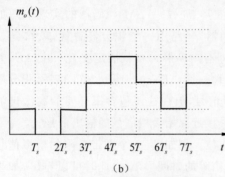

图 6.28 积分器译码示意图

6.7.3 量化噪声

1. 两种量化噪声

ΔM 信号是按量化台阶 σ 量化的(增、减一个 σ 值),因而与 PCM 一样,也存在量化噪声问题。ΔM 系统中的量化噪声有两种形式:一种称为过载量化噪声,另一种称为一般量化噪声,如图 6.29 所示。过载量化噪声(简称过载噪声)发生在模拟信号斜率陡变时,由于台阶 σ 是固定的,而且每秒内台阶数也是确定的,因此,阶梯电压波形就跟不上信号的变化,形成很大失真的阶梯电压波形,这样的失真称为过载现象,也称过载噪声,如图 6.29(b)所示;如果无过载噪声发生,则模拟信号与阶梯波形之间的误差就是一般的量化噪声,如图 6.29(a)所示。

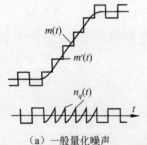

(a)一般量化噪声

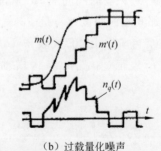

(b)过载量化噪声

图 6.29 两种形式的量化噪声

设抽样时间间隔为 Δt(抽样频率 $f_s = 1/\Delta t$),则一个台阶上的最大斜率 K 为

$$K = \frac{\sigma}{\Delta t} = \sigma f_s \qquad (6.39)$$

K 为译码器的最大跟踪斜率。当信号实际斜率超过这个最大跟踪斜率时,则将造成过载噪声。因此,为了不发生过载现象,必须使 f_s 和 σ 的乘积达到一定的数值,以使信号实际斜率不超过这个数值。该数值通常可以通过增大 f_s 和 σ 达到。

对于一般量化噪声,由图 6.29(a)不难看出,σ 大则这个量化噪声大,σ 小则噪声小。采

用大的 σ 虽然能减小过载噪声,但却增大了一般量化噪声。因此,σ 值应适当选取。

ΔM 系统的抽样频率必须选得足够高,因为这样,既能减小过载量化噪声,又能降低一般量化噪声,从而使 ΔM 系统的量化噪声减小到给定的容许数值。一般,ΔM 系统的抽样频率要比 PCM 系统的抽样频率高得多,通常要高两倍以上。

2. 量化噪声对系统的影响

假设信道加性噪声很小,不造成误码,只分析存在量化噪声时的系统性能。那么接收端的 $p'_o(t)$ 就是发送端的 $p_o(t)$,而解调积分器输出端的信号便是 $m'(t)$,如图 6.30 所示。容易看出,在这个积分器输出端的误差波形正是量化误差波形 $e_q(t)$。若求出 $e_q(t)$ 的平均功率,则系统的输出量化噪声功率也就确定。只要 ΔM 系统不发生过载现象,那么,$e_q(t)$ 总是不大于 $\pm\sigma$ 的。假设 $e_q(t)$ 在区间 $(-\sigma,+\sigma)$ 均匀分布,于是 $e_q(t)$ 的一维概率密度分布 $f_q(e)$ 可表示为

$$f_q(e) = \frac{1}{2\sigma}, \quad -\sigma \leqslant e \leqslant +\sigma \tag{6.40}$$

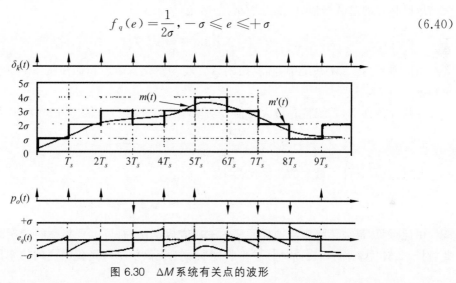

图 6.30　ΔM 系统有关点的波形

因此,$e_q(t)$ 的平均功率可表示成

$$E[e_q^2(t)] = \int_{-\sigma}^{+\sigma} e^2 f_q(e)\mathrm{d}e = \frac{\sigma^2}{3} \tag{6.41}$$

由图 6.30 可以看出,该功率只是积分器输出的量化噪声功率,并不是系统最终输出的量化噪声功率,因为输出信号还经过了低通滤波器。该量化噪声功率在 $(0, f_s)$ 均匀分布,因此 $e_q(t)$ 的功率谱密度 $p_e(f)$ 为

$$p_e(f) = \frac{\sigma^2}{3f_s}, \quad 0 < f < f_s \tag{6.42}$$

这样,具有功率谱密度为 $p_e(f)$ 的噪声,通过低通滤波器(截止频率为 f_H)后的量化噪声功率为

$$N_q = p_e(f)f_H = \frac{\sigma^2}{3}\left(\frac{f_H}{f_s}\right) \tag{6.43}$$

由此可见,ΔM 系统输出的量化噪声功率与量化台阶 σ 及比值 (f_H/f_s) 有关,而与输入

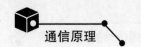

信号的幅度无关。要注意,后一条性质是在未过载的前提下才成立的。

不发生过载现象,这实际上是对输入信号的一个限制。现以正弦型信号为例说明这个限制,并在此基础上找到系统的输出信号功率。设输入信号 $m(t)$ 为

$$m(t) = A\sin\omega_m t$$

它的斜率变化由式(6.44)确定

$$\frac{\mathrm{d}m(t)}{\mathrm{d}t} = A\omega_m \cos\omega_m t \tag{6.44}$$

可见,斜率的最大值为 $A\omega_m$。为了不发生过载现象,信号的最大斜率必须不大于解调器跟踪斜率(σ/T_s),即要求

$$A\omega_m \leqslant \frac{\sigma}{T_s} = \sigma f_s \tag{6.45}$$

所以临界的过载振幅 $A_{\max}$ 由式(6.46)给定

$$A_{\max} = \frac{\sigma f_s}{\omega_m} \tag{6.46}$$

由此看到,在 ΔM 系统中,临界振幅 $A_{\max}$ 将与量化台阶 σ 和抽样频率 f_s 成正比,与信号角频率 ω_m 成反比。

在临界条件下,系统将有最大的信号功率输出。不难看出,这时信号功率为

$$S_o = \frac{A_{\max}^2}{2} = \frac{\sigma^2 f_s^2}{2\omega_m^2} = \frac{\sigma^2 f_s^2}{8\pi^2 f_m^2} \tag{6.47}$$

此时,临界条件下最大的信噪比为

$$\frac{S_o}{N_q} = \frac{3}{8\pi^2} \frac{f_s^3}{f_m^2 f_H} \approx 0.04 \frac{f_s^3}{f_m^2 f_H} \tag{6.48}$$

由此可见,最大信噪比与抽样频率的三次方成正比,而与信号频率的二次方成反比。因此,对于 ΔM 系统而言,提高抽样频率将能明显地提高信号与量化噪声的功率比。

6.8　时分复用和数字复接技术

6.8.1　时分复用

为了提高信道利用率,在传输时采用多路复用是必需的。所谓多路复用,就是在一条信道上同时传输多路信号的技术。目前采用较多的是频分多路复用(FDM)和时分多路复用(Time Division Multiplexing, TDM)。FDM 用于模拟通信,如载波通信;TDM 用于数字通信,如 PCM 通信。

TDM 借助"把时间帧划分成若干时隙和各路信号占用各自时隙"的方法实现在同一信道上传输多路信号。相对地,FDM 是"把可用的带宽划分成若干子频带和各路信号占用各自子频带"的方法实现在同一信道上传输多路信号。需注意,TDM 在时域上各路信号是分离的,但在频域上各路信号谱是混叠的;FDM 在频域上各路信号谱是分离的,但在时域上各路信号谱是混叠的。

接下来介绍 TDM 的工作原理。设有 n 路语音输入信号,每路语音经低通滤波器后的频谱最高频率为 f_H。当 $n=3$ 时,TDM 的系统方框图如图 6.31 所示。TDM 系统的实现核心是一个分别处于收、发两端的同步开关 S_T 和 S_R。3 个输入信号 $x_1(t),x_2(t),x_3(t)$ 分别通过截止频率为 f_H 的低通滤波器,送到"发旋转开关"S_T。在发送端,3 路模拟信号顺序地被"发旋转开关"抽样,该开关每秒钟做 f_s 次旋转,并在一周旋转期内由各输入信号提取一个样值。若该开关实行理想抽样,那么该开关的输出信号为

$$x(t) = \sum_{k=-\infty}^{+\infty} \{x_1(kT_s)\delta(t-kT_s) + x_2(kT_s+\tau)\delta(t-kT_s-\tau) +$$
$$x_3(kT_s+2\tau)\delta(t-kT_s-2\tau)\} \tag{6.49}$$

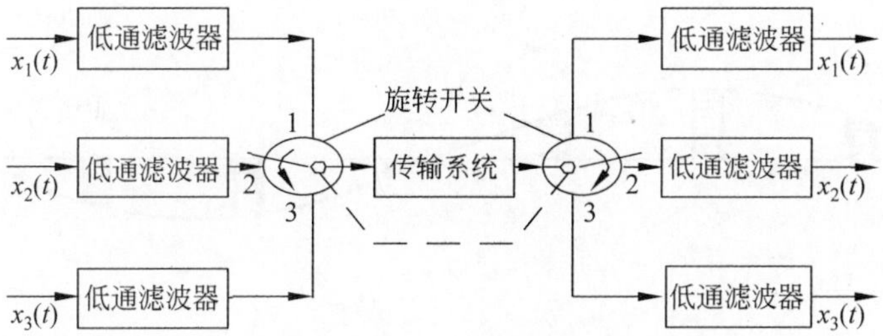

图 6.31 3 路 TDM 系统方框图

式(6.49)中输入信号路数为 3;把 $x(t)$ 中一组连续 3 个脉冲称为一帧,长度为 T_s;称 τ 为时隙长度,等于 $T_s/3$。$n=3$ 时,相应的波形如图 6.32 所示。图 6.32(a)是第 1 路信号 $x_1(t)$ 抽样后的 PAM 信号,图 6.32(b)是第 2 路信号 $x_2(t)$ 抽样后的 PAM 信号,图 6.32(c)是第 3 路信号 $x_3(t)$ 抽样后的 PAM 信号,图 6.32(d)是 3 路 PAM 信号在时间域上周期地互相错开的样值信号的合路信号。每个帧由 3 个时隙组成,每个时隙分别代表一路 PAM 信号。

图 6.31 中的"传输系统"包括量化、编码、调制解调、传输媒介和译码等。若该传输系统不引起噪声误差,则在接收端的"收旋转开关"处得到的信号 $y(t)$ 等于发送端信号 $x(t)$。只要"收旋转开关"与"发旋转开关"是同步的,就能把各路信号样值序列分离,并送到规定的通路。当该系统参数满足抽样定理条件时,则各路输出信号可分别恢复发送端原始模拟信号,即第 i 路的输出信号为 $x_{oi}(t)=x_i(t)$。

n 路语音信号进行时分复用是 TDM 的一个应用实例。这时,发送端的转换开关 S_T 以单路信号抽样周期为其旋转周期,按时间次序进行转换,每一路信号所占用的时间间隔称为时隙,这里的时隙 1 分配给第 1 路,时隙 2 分配给第 2 路,…。n 个时隙的总时间在术语上称为一帧,每一帧的时间必须符合抽样定理的要求。通常由于单路语音信号的抽样频率规定为 8000Hz,故一帧时间为 $125\mu s$。

TDM 系统中的合路信号是 PAM 多路信号,在实际应用中也可以是已量化和编码的多路 PCM 信号或增量调制信号。时分多路 PCM 系统有各种各样的应用,最重要的一种是 PCM 电话系统。

通常,时分多路的语音信号采用数字方式传输时,其量化编码的方式既可以用脉冲编码调制,也可以采用差分脉冲编码调制或增量调制。对于小容量、短距离脉冲调制的多路数字

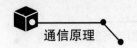

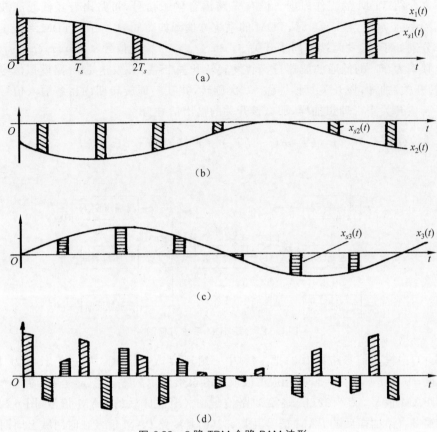

图 6.32　3 路 TDM 合路 PAM 波形

电话系统,有两种标准化制式,即 PCM30/32(A 律压扩特性)制式和 PCM24 路(μ 律压扩特性)制式。我国采用 PCM30/32 制式。

6.8.2　TDM 多路数字电话通信系统组成

图 6.33 是一个 PCM 时分多路数字电话系统的组成方框图。图中画出了第一路语音信号的发送和接收过程。输入的语音信号经二线进入混合线圈,并经放大、低通滤波和抽样。该已抽样信号与各路信号合在一起进行量化与编码,就变成 PCM 信号,最后将 PCM 信号变换成适合信道传输的码型送至信道。接收端将收到的 PCM 信号经过再生加到译码器,译码器再将 PCM 信号转换成 PAM 信号,分路后的 PAM 信号经低通滤波器恢复成模拟信号,然后经放大器放大,再进入混合线圈输出。其他各路的发送与接收的过程与第一路相同。

随着大规模集成电路的发展,PCM 多路数字电话系统的组成也有所变化,从原来用群路编/译码器进行编/译码,改为用单路编/译码器实现编/译码。图 6.34 给出了用在 PCM 数字电话系统中的单路编/译码器。在发送端,模拟信号同样经二线进入混合线圈,然后再加至低通滤波器,低通滤波器的输出 VF_x 直接加到单路编/译码器,而在单路编/译码器的 D_x 端便可获得数字信息。各个单路编/译码器的输出线 D_x 均接到发送总线,构成多路

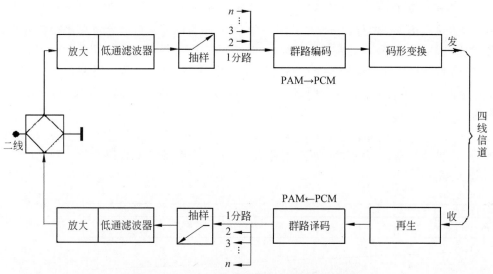

图 6.33 PCM 时分多路数字电话系统方框图

PCM 信号输出。接收端的数字信息从 PCM 收信总线进入单路编/译码器的 D_R 端,在 VF_R 端便能获得还原后的模拟信号,再经低通滤波器进入混合线圈,最后送到用户。

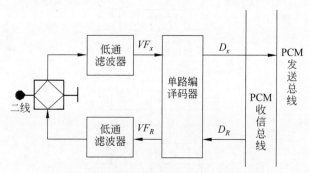

图 6.34 单路编/译码器在 PCM 系统中的使用

  用于数字电话终端设备的集成电路已形成了系列。对于 PCM 编译码器有 Intel2911、MK5156;低通滤波器有 Intel2912、MK5912、MT8912、MC14413/14;PCM 编译码器/滤波器共同集成的有 Intel2913/14、MT8961/63/65、MC14400/01/02/03/05、TLC32044。此外,还有与上述配套的电路,如时隙分配器 MC14461/17/18、定时与复用器 MB8717 等。

6.8.3 数字电话系统帧结构及传码率

  我国使用 PCM30/32 路的 PCM 系统,其帧结构如图 6.35 所示。抽样频率 f_s 为 8kHz,所以帧长度 $T_s=1/8\text{kHz}=125\mu\text{s}$。一帧分为 32 个时隙,其中 30 个时隙给 30 个用户(即 30路话)使用,即 TS1~TS15 和 TS17~TS31 为用户时隙。该系统采用 13 折线 A 律编码,所有的时隙都采用 8 位二进制码。TS0 是帧同步时隙,TS16 是信令时隙。帧同步码组为 *0011011,它是在偶数帧中 TS0 的固定码字,接收端根据此码字实现帧同步。其中的第一位

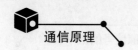

码元"＊"供国际间通信用。奇数帧中 TS0 不作为帧同步用，有其他用途。TS16 用来传送话路信令。话路信令有两种：一种是共路信令，另一路是随路信令。若将总比特率为 64kb/s 的各 TS16 统一使用，称为共路信令传输，此时必须将 16 个帧构成一个更大的帧，称为复帧。若将 TS16 按时间顺序分配给各个话路，直接传送各话路的信令，称为随路信令传送。这时每个信令占 4bit，即每个 TS16 含两路信令。根据以上帧结构，不难看到，PCM30/32 系统传码率为

$$R_{BP} = f_s \times n \times N = 8000 \times 32 \times 8 = 2.048 \text{(MB)} \tag{6.50}$$

式中，f_s 为抽样频率；n 为一帧中所含时隙数；N 为一个时隙中所含码元数。系统传信率为 $R_{bP} = 2.048 \text{Mb/s}$。

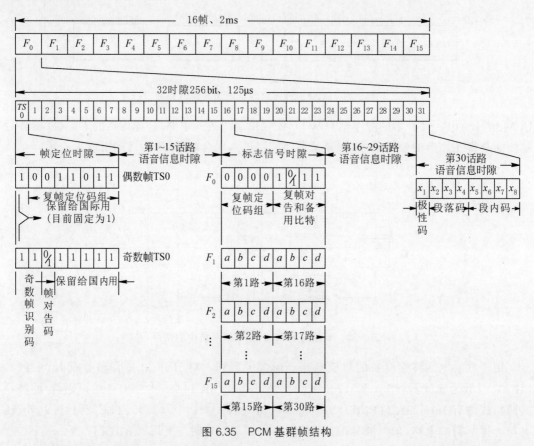

图 6.35　PCM 基群帧结构

时分复用增量调制系统，尚无国际标准。这里介绍一种国内外应用较多的 DM32 路制式。该制式中，抽样频率为 32kHz，即帧长度为 $T_s = 31.25\mu s$，每个时隙含一个比特。TS0 为帧同步时隙，TS1 为信令时隙，TS2 为勤务电话时隙，TS3、TS4、TS5 为数据时隙，TS6～TS31 为用户电话时隙。显然，该系统传信率为

$$R_{bDM} = f_s \times n \times N = 32000 \times 32 \times 1 = 1.024 \text{Mb/s} \tag{6.51}$$

60 路 ADPCM 系统的帧结构已有国际标准，它的帧结构与 PCM30/32 路帧配置类似。根据 CCITT G.761 建议规定，其帧结构的定义与 PCM 基群复用设备的定义相同。它规定，

抽样间隔为 $125\mu s$，共有 32 个信道时隙，每个信道时隙中放入两路 ADPCM 的 4bit 信息，即含两个用户的信息。TS0 时隙作为传输同步等信息用，TS16 时隙作为信令时隙，其他 30 个信道时隙用来传输用户信息，总共有 60 个用户可使用。显然，它的传信率为 2.048Mb/s，与基群比特率相同。

6.8.4 数字复接技术

数字信号的时分复用也称为数字复接，参与复接的各路信号称为支路信号，复接后的信号称为合路信号或群信号。从合路的数字信号中把各路信号一一分开的过程称为分接。

数字复接由数字复接器和数字分接器两部分组成。数字复接器把 N 个支路通过时分复用的方式合并成一个合路数字信号；而数字分接器则把合路信号分解成原始的各支路数字信号。

图 6.36 以 4 路为例画出了数字复接设备的实现框图。数字复接器由定时、码速调整和复接单元组成，数字分接器由定时、同步、分接单元和支路码速恢复单元组成。

在图 6.36 中，如果根据时分复用进行合路，则数字复接器的复接单元中的各个输入端上，各支路数字信号必须是同步的，这样只要将各支路数字脉冲调整到合适的位置，并按照一定的帧结构排列即可实现合路复接功能。但实际上，在复接器输入端的各支路信号不一定与本机定时信号同步。根据这两者是否同步，复接技术可分为异步复接和同步复接。若两者不同步，即由不同源时钟产生的各路数字信号称为异源信号，异源信号的数字复接就称为异步复接；若两者同步，即由同一个主振器提供时钟的各路数字信号称为同源信号，同源信号的数字复接就称为同步复接 SDH。若码元速率为标称速率附近波动的异源信号，这样的异源信号的数字复接称为准同步复接 PDH。

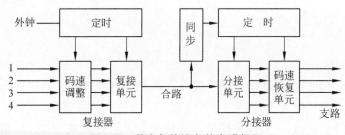

图 6.36 数字复接设备的实现框图

1. 准同步数字序列

准同步数字系列(Plesiochronous Digital Hierarchy,PDH)是为适应不同媒体传输能力而最早提出的一种复接技术。它采用填充脉冲的方法将低速支路信号复接为高速数字码流。PDH 有两种体制，即欧洲的 E 系列和美国的 T 系列，其中 E 系列即为 PCM30/32 路时分多路系统，称为数字基群(即一次群)支路 E1；T 系列即为 PCM24 路时分多路系统，称为数字基群(即一次群)支路 T1。在 PDH 方式中复用为群路信号的各支路信号的时钟频率有一定的偏差，复用时，为实现同步需在各支路信号中插入一定数量的脉冲。根据信号传输的需要，有不同话路数和不同速率的信号，由低向高逐级复接，形成一个系列，称为数字复接系

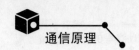

列。对于更高次群的系统,国际电信联盟(ITU)已建立相应的标准,在该标准中,采用数字复接器技术把较低群次的数字流逐级汇合成更高群次的数字信息流。ITU 推荐了两种一次、二次、三次、四次和五次群的数字等级系列,如表 6.6 所示。

表 6.6　PDH 数字复接系列

国　家	一次群(基群)	二次群	三次群	四次群	五次群
日本	24 路(T1) 1.544Mb/s	96 路(24×4) 6.312Mb/s	480 路(96×5) 32.064Mb/s	1440 路(480×3) 97.728Mb/s	5760 路(440×4) 397.200Mb/s
北美	24 路(T1) 1.544Mb/s	96 路(24×4) 6.312Mb/s	672 路(96×7) 44.736Mb/s	4032 路(672×6) 274.176Mb/s	
欧洲 中国	30 路(E1) 2.048Mb/s	120 路(30×4) 8.448Mb/s	480 路(120×4) 34.368Mb/s	1920 路(480×4) 139.264Mb/s	7680 路(1920×4) 564.992Mb/s

　　PDH 复用结构复杂,多数采用异步复接,且采用正码率调整,即靠插入一些非信息比特使各支路信号与复接设备同步并复接成高速信号,因此很难从高速信号中识别和提取低速支路信号。为了上、下支路,唯一的办法就是将整个高速信号一步步地分解成所要的低速信号等级,再一步步地复接成高速信号。例如对于四次群数字通信系统,从一个中继站实现一个基群的上、下话路,必须使用从四次群到基群的复接设备各两套,如图 6.37 所示。

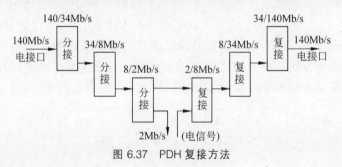

图 6.37　PDH 复接方法

　　PDH 主要适用于四次和四次群以下的高次群复接,主要用于中、低速点对点的传输,按比特复接时可以节约缓存的容量,使电路比较简单。PDH 的缺点有:①存在两种体制,速率标准不统一、不是同步传输,PDH 的两种系列相互难以互通和兼容;②复用结构复杂,无法实现快速复用;③没有统一规范的光接口,在光路上无法实现互通;④缺乏强大的网络管理功能,难以适应动态联网的要求。

2. 同步数字序列

　　随着通信的发展,1988 年 ITU 采纳了美国贝尔公司提出的同步光纤网(Synchronous Optical Network,SONET),全网统一用一个标准时钟,采用铯原子钟,其精度优于 1×10^{-11}。1992 年 ITU 在 SONET 基础上进行修改和扩充,制定了 TDM 制 150Mb/s 以上的同步数字系列(Synchronous Digital Hierarchy,SDH)国际标准,以适应宽带业务数字网的传输需求。

　　SDH 的原理与 SONET 相同,标准也兼容。SONET 电信号称为第 1 级同步传送信号

STS-1(Synchronous Transport Signal)的传输速率是 51.84Mb/s。SONET 光信号则称为第 1 级光载波 OC-1,OC 表示 Optical Carrier。SDH 采用块状帧结构,SDH 信号的最基本模块信号是 STM-1(OC-3),STM(Synchronous Transfer Module)称为同步传输模块,SDH 的基本速率为 155.52Mb/s。更高等级的模块 STM-N 可以由 N 个 STM-1 同步复接而成,如图 6.38 所示。

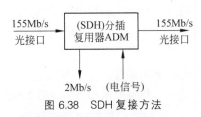

图 6.38　SDH 复接方法

SONET 的 OC 级/STS 级与 SDH 的 STM 级的对应关系,如表 6.7 所示。

表 6.7　SONET 的 OC 级/STS 级与 SDH 的 STM 级的对应关系

线路速率(Mb/s)	SONET 符号	ITU-T 符号	表示线路速率的常用近似值
51.840	OC-1/STS-1	—	
155.520	OC-3/STS-3	STM-1	155Mb/s
466.560	OC-9/STS-9	STM-3	
622.080	OC-12/STS-12	STM-4	622Mb/s
933.120	OC-18/STS-18	STM-6	
1244.160	OC-24/STS-24	STM-8	
2488.320	OC-48/STS-48	STM-16	2.5Gb/s
4976.640	OC-96/STS-96	STM-32	
9953.280	OC-192/STS-192	STM-64	10Gb/s
39813.120	OC-768/STS-768	STM-256	40Gb/s

SDH 网由一些复接器、数字交叉连接设备等基本网络单元组成,在光纤、微波、卫星等媒体上进行同步信息传输、复用和交叉连接的网络。SDH 可以实现同步复用,并且定义了标准光接口,具有强大的网管功能,以及灵活实用。其主要优点有:①在 SDH/SONET 上传输,全世界统一为一个标准"同步传输";②第一次实现数字体制的世界标准,即新一代传输网络体制;③对电信网发展具有重大意义,SDH 信号结构的设计已经考虑了网络传输和交换应用的最佳性能,因而在电信网的各部分(包括长途、市话、用户网)中,能够提供简单、经济和灵活的信号互连与管理;④简化了复用和分用技术;⑤采用自愈混合环形结构及结合数字交接系统,使网络按预定方式重新组配,提高通信网的灵活性和可靠性;⑥通过管理比特增强了通信网的运行、维护、监控和管理功能。

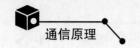

6.9　本章小结

如果模拟信号要在数字传输系统中传输和交换,首先在发送端要把模拟信号变换成数字信号,也就是对模拟信号进行模/数(A/D)变换,也称为模拟信号的数字化。模拟信号的数字化过程包括抽样、量化、编码三个步骤,使模拟信号变成数字信号。然后通过数字传输系统进行传输,到了接收端,再将收到的数字信号进行数/模(D/A)变换,最后还原成模拟信号。

抽样定理是模拟信号数字化的理论根据。抽样定理一般分为低通型抽样定理和带通型抽样定理。低通抽样定理的描述:一个频带限制在$(0, f_H)$内的时间连续模拟信号$m(t)$,如果以频率$f_s \geqslant 2f_H$或以时间$T_s \leqslant 1/(2f_H)$秒的间隔对它进行等间隔抽样,则$m(t)$将被所得到的抽样值完全确定。带通型抽样定理的描述:一个带通信号$m(t)$,其频率限制在$f_L \sim f_H$,带宽为$B = f_H - f_L$,如果最小抽样频率$f_s = 2f_H/m$,m是一个不超过f_H/B的最大整数,那么$m(t)$可完全由其抽样值确定。

脉冲振幅调制(PAM)是脉冲载波的幅度随基带信号变化的一种调制方式。由于抽样的方式有三种:①理想抽样;②自然(曲顶)抽样;③瞬时(平顶)抽样。因此相应的调幅也有三种:①理想抽样脉冲调幅,与抽样定理一致,实际上无法实现;②自然(曲顶)抽样脉冲调幅,自然(曲顶)抽样脉冲调幅是指抽样脉冲为矩形窄脉冲,已抽样信号$m_s(t)$的脉冲"顶部"是随$m(t)$变化的,即在顶部保持了$m(t)$变化的规律;③瞬时(平顶)抽样脉冲调幅,瞬时(平顶)抽样脉冲调幅是指其已抽样信号的顶部是平的,其幅度正比于瞬时抽样值。

利用预先规定的有限个离散电平表示模拟抽样值的过程称为量化。量化通常由量化器完成。量化将取值连续的抽样变成取值离散的抽样。量化器根据量化的具体要求,将工作范围的电压值分成M个量化区间,每个量化区间用一个量化电平值表示。落入每个量化区间的模拟抽样信号将由该量化区间的量化电平值表示,这样模拟抽样信号的幅值就量化成M个量化电平值。根据量化器的输入/输出关系的不同,量化可以分为均匀量化和非均匀量化。把输入信号进行等距离的量化称为均匀量化。在均匀量化中,每个量化区间的量化电平均取在各区间的中点。量化噪声功率N_q只与量化间隔Δv有关。对于小信号,其信号量噪比就难以达到给定的要求,这就是均匀量化器的主要缺点。为了克服这个缺点,实际中往往采用非均匀量化。非均匀量化是根据信号幅度的不同区间确定量化间隔的。对于信号取值小的区间,量化间隔Δv小,则量化误差也小;反之,量化间隔大,量化误差也大。广泛采用两种对数压缩律,即μ压缩律和A压缩律实现非均匀量化。美国采用μ压缩律,我国和欧洲各国均采用A压缩律。通常μ压缩律用15折线近似,而A压缩律用13折线近似。

目前得到广泛应用的模拟语音信号数字化的方法就是脉冲编码调制(PCM),而在我国,PCM就是采用A律13折线进行编译码。在13折线法中,无论输入信号是正还是负,均非均匀划分成8段折线(8个段落),各段内的16个量化间隔是均匀的,但因段落长度不等,故不同段落间的量化间隔是非均匀的。当输入信号小时,段落短,量化间隔也小;反之,量化间隔就大。这样在13折线中第一、二段最短,只有归一化动态范围值的1/128,再将它等分16

小段后,每一小段长度为$(1/128)/16=1/2048$,称为最小的量化间隔,它仅有归一化动态范围值的 $1/2048$。其编码原理是,常用的二进制码型有自然二进码和折叠二进码两种。语音信号是双极性信号,语音信号是小信号的概率大,若在传输过程中出现误码,折叠码对小信号的影响小。A 律 13 折线 PCM 30/32 路基群设备中常采用折叠二进码。在输入信号变化范围一定时,一方面,编码位数越多,量化分层越细,量化噪声就越小,通信质量当然就更好;另一方面,编码位数越多,总的传输码率增加,将会增加传输系统带宽,从而使设备变得复杂。因此编码位数的选择,它不仅关系到通信质量的好坏,而且还涉及设备的复杂程度。一般对语音信号来说,当编码位数增加到 7~8 位时,通信质量才比较理想。A 律 13 折线 PCM 30/32 路基群设备中常采用 8 位编码,其码位安排是 $C_1C_2C_3C_4C_5C_6C_7C_8$,其中第 1 位 C_1 表示量化值的极性,其余 7 位(第 2 位 C_2 至第 8 位 C_8)则表示抽样量化值的绝对大小。用 $C_2C_3C_4$(段落码)的 8 种可能状态分别代表 8 个段落的段落电平,其他四位码 $C_5C_6C_7C_8$(段内码)的 16 种可能状态用来分别代表每一段落的 16 个均匀划分的量化间隔。这样处理的结果,8 个段落便被划分成 $2^7=128$ 个量化间隔。段落码和 8 个段落之间的关系、段内码与 16 个量化间隔之间的关系见表 6.4。假设以非均匀量化时的最小量化间隔(第 1、2 段的量化间隔)作为均匀量化时的量化间隔,那么从 13 折线的第 1~8 段每段所包含的均匀量化数分别为 16、16、32、64、128、256、512、1024,总共有 2048 个均匀量化间隔区间。因此,均匀量化需要用 11 位编码,而非均匀量化只需用 7 位编码。这样,在保证小信号区间量化间隔相同的条件下,7 位非线性编码与 11 位线性编码等效。由于非线性编码的码位数减少,因此设备简化,所需传输系统带宽也可减少。可见,上述编码方法是把压缩、量化和编码合为一体的方法。PCM 编码是用逐次比较法编码器实现的,编码方法就是采用逐位比较式编码,从高位向低位编出,编码比较的恒流源中提供各段各电平的比较电流,使采样电流与之比较从而确定样值是在哪个段落哪级量化间隔上。因此,编码器的任务就是要根据输入的样值脉冲编出相应的 8 位二进制代码,除第一位 C_1 极性码外,其他 7 位二进制代码是通过逐次比较确定的。预先规定好一些作为标准的电流(或电压),称为权值电流,用符号 I_W 表示。I_W 的个数与编码位数有关。当样值脉冲到来后,用逐步逼近的方法有规律地用这个标准电流 I_W 和样值脉冲比较,每比较一次编出一位码,直到 I_W 和抽样值 I_S 逼近为止。逐次比较法编码器由整流器、保持电路、比较器及本地译码电路组成。其译码过程就是根据所收到的码字(极性码除外)产生相应的控制脉冲控制恒流源的标准电流支路,从而输出一个与发送端原抽样值接近的脉冲。该脉冲的极性受极性控制电路控制。

PCM 编码速率及信号带宽:设低通型信号的最高频率为 f_H,则抽样速率为 f_s($f_s \geqslant 2f_H$)。若每个抽样值使用 N 个比特进行编码,那么该 PCM 信号编码后的最小速率为 $N \cdot f_s$ b/s。当使用奈奎斯特速率抽样时,编码速率等于 $N \cdot 2f_H$ b/s。若传输系统具有理想低通特性,传输 R b/s 需要的最小带宽为 $R/2$ Hz,因此 PCM 系统需要的最小带宽为 $B_{min} = Nf_s/2$ Hz。当抽样速率为奈奎斯特速率时,最小绝对带宽为 $B_{min} = Nf_H$ Hz。实际应用中如果用升余弦传输特性,则所需传输带宽为 $B_{min} = 2Nf_H$ Hz。目前我国采用的 A 律 13 折线的 PCM 编码方法,其抽样速率为 8kHz,每个抽样值编为 8 位码,因此 PCM 的编码速率为 64kb/s,传输该 PCM 信号所需要的最小带宽为 32kHz。

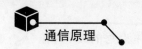

PCM 系统中存在两种噪声,即量化噪声和信道加性噪声。PCM 系统输出端平均信号量化噪声功率比如式(6.30)或式(6.32),PCM 系统的加性噪声输出信噪比如式(6.34),则 PCM 系统输出端总的信噪比定义如式(6.35),在接收端输入大信噪比条件下,即 $4P_e 2^{2N} \ll 1$ 时,即误码率 $P_e \leqslant 10^{-5}$,仅仅计算信号量噪比式,即式(6.36)。在接收端输入小信噪比条件下,即 $4P_e 2^{2N} \gg 1$ 时,即误码率 $P_e > 10^{-4}$,仅仅考虑信道加性噪声影响下的信噪比,即式(6.37)。在实际的 PCM 传输系统中,$P_e \leqslant 10^{-6}$ 是很容易实现的,因此通常可按式(6.36)估计 PCM 系统的抗噪声性能。

PCM 是对模拟信号的抽样值进行量化、编码,需要 8 位编码。而 DPCM 则是对模拟信号抽样值与信号预测值的差值进行量化、编码,这样可以减少编码位数,从而降低码率。DPCM 系统的原理框图如图 6.21 所示,来自信源的语音信号为 $m(t)$,m_k 是对 $m(t)$ 抽样后的信号。编码器中的"预测器和加法器"用来获得当前的预测值 m'_k,这里 m'_k 是 m_k 的预测值。m'_k 与 $\widetilde{m}_k$ 的关系满足式(6.38)。对于 DPCM 译码框图如图 6.22 所示。由数字信道送到译码器输入端的信号为 $s'(t)$;若信道传输无误码,则 $s'(t)$ 波形同发送端输出波形 $s(t)$ 完全相同。此时 $s'(t)$ 经译码器后的信号 $p'_o(t)$ 形状同发送端 $p_o(t)$ 完全相同,仅在时间上有一固定延迟。该信号经过积分器和低通滤波器,即可恢复出发送端原始模拟信号。

ΔM 可以看成 DPCM 的一个特例。它只用一位二进制编码,这位二进制编码不是用来表示抽样值的大小,而是表示抽样时刻波形的变化趋势,即可用一位二进制编码表示相邻抽样值的相对大小,而相邻抽样值的相对变化就能同样反映模拟信号的变化规律。因此由一位二进制编码表示模拟信号的可能性是存在的。这是 ΔM 与 DPCM 的本质区别。这种编码的优点就是编译码设备简单,低比特率时的量化信噪比高,抗误码性能好。ΔM 系统中的量化噪声有两种形式:一种称为过载量化噪声,另一种称为一般量化噪声。过载量化噪声(简称过载噪声)发生在模拟信号斜率陡变时,由于台阶 σ 是固定的,而且每秒内台阶数也是确定的,因此,阶梯电压波形就跟不上信号的变化,形成很大失真的阶梯电压波形,这样的失真称为过载现象,也称过载噪声,如图 6.29(b)所示;如果无过载噪声发生,则模拟信号与阶梯波形之间的误差就是一般的量化噪声,如图 6.29(a)所示。由式(6.48)可知,临界条件下的最大信噪比与抽样频率的三次方成正比,而与信号频率的二次方成反比。因此对于 ΔM 系统而言,提高抽样频率将能明显地提高信号与量化噪声的功率比。

TDM 借助"把时间帧划分成若干时隙和各路信号占用各自时隙"的方法实现在同一信道上传输多路信号。TDM 系统中的合路信号是 PAM 多路信号,在实际应用中也可以是已量化和编码的多路 PCM 信号或增量调制信号。时分多路 PCM 系统有各种各样的应用,最重要的一种是 PCM 电话系统。对于小容量、短距离脉冲调制的多路数字电话系统,有两种标准化制式,即 PCM30/32(A 律压扩特性)制式和 PCM24 路(μ 律压扩特性)制式。我国采用 PCM30/32 制式,使用 PCM30/32 路的 PCM 系统,其帧结构如图 6.35 所示。抽样频率 f_s 为 8kHz,所以帧长度 $T_s = 1/8\text{kHz} = 125\mu\text{s}$。一帧分为 32 个时隙,其中 30 个时隙给 30 个用户(即 30 路话)使用,即 TS1～TS15 和 TS17～TS31 为用户时隙。该系统采用 13 折线

A 律编码,所有的时隙都采用 8 位二进制码。TS0 是帧同步时隙,TS16 是信令时隙。帧同步码组为 * 0011011,它是在偶数帧中 TS0 的固定码字,接收端根据此码字实现帧同步。其中的第一位码元"*"供国际通信用。奇数帧中 TS0 不作为帧同步用,有其他用途。TS16 用来传送话路信令。话路信令有两种:一种是共路信令,另一路是随路信令。若将总比特率为 64kb/s 的各 TS16 统一使用,称为共路信令传输,此时必须将 16 个帧构成一个更大的帧,称为复帧。若将 TS16 按时间顺序分配给各个话路,直接传送各话路的信令,称为随路信令传送。这时每个信令占 4bit,即每个 TS16 含两路信令。根据以上帧结构,不难看到,PCM30/32 系统传码率为 2.048Mb/s。

数字信号的时分复用也称为数字复接,参与复接的各路信号称为支路信号,复接后的信号称为合路信号或群信号。从合路的数字信号中把各路信号一一分开的过程称为分接。数字复接由数字复接器和数字分接器两部分组成。数字复接器把 N 个支路通过时分复用的方式合并成一个合路数字信号;而数字分接器则把合路信号分解成原始的各支路数字信号。复接的方式有准同步数字系列(PDH)和同步数字系列(SDH)两种。PDH 主要适用于四次和四次群以下的高次群复接,主要用于中、低速点对点的传输,按比特复接时可以节约缓存的容量,使电路比较简单。PDH 的缺点有:①存在两种体制,速率标准不统一、不是同步传输,PDH 的两种系列相互间难以互通和兼容;②复用结构复杂,无法实现快速复用;③没有统一规范的光接口,在光路上无法实现互通;④缺乏强大的网络管理功能,难以适应动态联网的要求。SDH 可以实现同步复用,并且定义了标准光接口,具有强大的网管功能,以及灵活实用。其主要的优点有:①在 SDH/SONET 上传输,全世界统一为一个标准"同步传输";②第一次实现数字体制的世界标准,即新一代传输网络体制;③对电信网发展具有重大意义。SDH 信号结构的设计已经考虑了网络传输和交换应用的最佳性能,因而在电信网的各个部分(包括长途、市话、用户网)中,能够提供简单、经济和灵活的信号互连与管理;④简化了复用和分用技术;⑤采用自愈混合环形结构及结合数字交接系统,使网络按预定方式重新组配,提高通信网的灵活性和可靠性;⑥通过管理比特增强了通信网的运行、维护、监控和管理功能。

6.10 习题

1. 已知一个低通信号 $m(t)$ 的频谱 $M(f)$ 为

$$M(f) = \begin{cases} 1 - \dfrac{|f|}{200}, & |f| < 200\text{Hz} \\ 0, & \text{其他} \end{cases}$$

(1) 假设以 $f_s = 300\text{Hz}$ 的速率对 $m(t)$ 进行理想抽样,试画出已抽样信号 $m_s(t)$ 的频谱草图。

(2) 若用 $f_s = 400\text{Hz}$ 的速率抽样,重做第(1)题。

2. 已知某信号 $m(t)$ 的频谱 $M(\omega)$ 如图 6.39 所示。将它通过传输函数为 $H_1(\omega)$ 的滤波

器后再进行理想抽样。

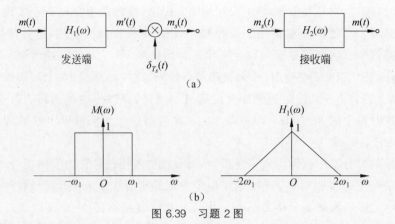

图 6.39　习题 2 图

（1）抽样速率应为多少？

（2）若设抽样速率 $f_s = 3f_1$，试画出已抽样信号 $m_s(t)$ 的频谱草图。

（3）接收端的接收网络应具有怎样的传输函数 $H_2(\omega)$，才能由 $m_s(t)$ 不失真地恢复 $m(t)$。

3. 设信号 $m(t)=9+A\cos\omega t$，其中 $A\leqslant 10\text{V}$。若 $m(t)$ 被均匀量化为 40 个电平，试确定所需的二进制码组的位数 N 和量化间隔 Δv。

4. 采用 13 折线 A 律编码，设最小量化间隔为 1 个单位，已知抽样脉冲值为 +635 个单位。

（1）试求此时编码器输出码组，并计算量化误差。

（2）写出对应于该 7 位码（不包括极性码）的均匀量化 11 位码。

5. 采用 13 折线 A 律编码电路，设接收端收到的码组为"01010011"、最小量化间隔为 1 个单位。

（1）试问译码器输出为多少量化单位？假定用折叠码。

（2）写出对应于该 7 位码（不包括极性码）的均匀量化 11 位码。

6. 对 10 路带宽均为 300～3400Hz 的模拟信号进行 PCM 时分复用传输。抽样速率为 8000Hz，抽样后进行 8 级量化，并编为自然二进制码，码元波形是宽度为 τ 的矩形脉冲，且占空比为 1。试求传输该时分复用 PCM 信号所需的理论最小基带带宽。

7. 单路语音信号的最高频率为 4kHz，抽样速率为 8kHz，以 PCM 方式传输。设传输信号的波形为矩形脉冲，其宽度为 τ，且占空比为 1。

（1）抽样后信号按 8 级量化，求 PCM 基带信号第一零点频宽。

（2）若抽样后信号按 128 级量化，PCM 基带信号第一零点频宽又为多少？

8. 若 12 路语音信号（每路信号的最高频率均为 4kHz）进行抽样和时分复用，将所得的脉冲用 PCM 系统传输，重做上题。

9. 已知语音信号的最高频率 $f_m=3400\text{Hz}$，现用 PCM 系统传输，要求信号量化噪声比 S_o/N_q 不低于 30dB。试求此 PCM 系统所需的理论最小基带频带。

6.11 实践项目

1. 用 MATLAB 仿真模拟信号的低通抽样和带通抽样。

(1) 低通抽样。有一个信号 $s(t)=sa^2(200\pi t)=\left[\dfrac{\sin(200\pi t)}{200\pi t}\right]^2$ 分别采用两种抽样频率对其采样，$f_{s1}=100\mathrm{Hz}, f_{s2}=200\mathrm{Hz}$。画出抽样后的时域波形和频谱。

(2) 带通抽样。有一个信号 $s(t)=20sa(2000\pi t)$ 分别采用两种抽样频率对其采样，$f_{s1}=1000\mathrm{Hz}, f_{s2}=2000\mathrm{Hz}$。画出抽样后的时域波形和频谱。

2. 用 MATLAB 对模拟信号 $s(t)=\sin(20\pi t)$ 进行 13 折线 A 律 PCM 编码，假设在一个周期内抽样 20 个点。

第7章 同步原理

本章学习目标

- 掌握同步及其分类
- 掌握载波同步原理及其性能分析
- 熟练掌握码元同步原理及其性能分析
- 掌握帧同步原理及其性能分析

本章先介绍同步的概念以及分类,再介绍载波同步的方法、原理及性能分析,码元同步的方法、原理及性能分析;最后介绍帧同步的方法、原理及性能分析。

7.1 同步及其分类

同步就是指收发双方的载波、码元速率及其他标志信号协调一致工作的过程。讨论信号的接收或解调时,常常离不开同步的问题。在模拟通信系统中,同步不一定是非常重要的问题;但是在数字通信系统中,同步是非常重要的问题。在实际的数字通信系统中,同步是一个重要的课题,同步电路是必不可少的重要组成部分,它是进行正常通信的必要保证。同步电路性能的好坏将直接影响通信系统性能的好坏;收发双方如果没有完全同步,将会使系统无法正常工作。因此数字通信系统对同步电路的可靠性要求较高。

按照同步的功能,同步可以分为载波同步、位(码元)同步、帧(群)同步和网同步。在通信系统中,采用同步(相干)解调时,接收端要有一个与发送端同频同相的相干载波,这个相干载波的提取过程称为载波同步。在数字通信系统中,不管是基带传输还是频带传输,接收端不论采用什么解调方式,接收端需要知道码元的起止时刻。因此把接收端产生与接收码元的频率和相位一致的定时脉冲序列的过程称为位(码元)同步。在数字通信系统中,数字信号是按照一定数据格式传送的,一定数目的信息码元组成一个"字",若干个"字"组成"句"。在传输过程中,以"字、句"等为单位进行传输,因此把接收端产生与"字、句"等起止时刻一致的定时脉冲序列的过程称为帧(群)同步。为了保证通信网内各用户之间可靠地进行数据交换使整个通信网内有统一的时间节拍标准的过程称为网同步。由于通信原理涉及点到点的通信系统,网同步用于多点之间的联网通信,属于网络范畴,所以在这里不介绍网同步。

按照同步的实现方式,同步可分为外同步法和自同步法。由发送端发送专门的同步信息(称为导频),接收端把这个专门的同步信息提取出来作为同步信号的方法称为外同步法,外同步法又称为插入导频法。发送端不发送专门的同步信息,接收端设法从收到的信号中提取同步信息的方法,称为自同步法,自同步法也称为直接提取法。

7.2 载波同步方法及其性能

载波同步的方法通常有外同步法(插入导频法)和自同步法(直接提取法)两种。下面分别介绍。

7.2.1 外同步法

当接收端收到已调制信号的频谱中不包含载波成分或从中难以提取载波分量时,就要采用外同步法,也称为插入导频法。如 DSB、VSB、2PSK、SSB 信号中不含载波分量,不能直接提取,只能用插入导频法。插入导频法就是在发送端发送有用信号的同时,在适当的频率位置上插入正弦波作为导频,在接收端可提取这个导频,作为相干载波。采用插入导频法应注意以下几点事项。

(1) 导频的频率应当是与载频有关的或者就是载频的频率。

(2) 插入导频的位置与已调信号的频谱结构有关。总原则是在已调信号频谱中的第一零点插入导频,且要求其附近的信号频谱分量尽量小,以便于插入导频以及解调时易于滤除导频。

(3) 减少导频信号对信号解调的影响,一般都采用正交方式插入导频。

插入导频的方法有两种,即频域插入法和时域插入法,下面分别介绍。

1. 频域插入导频法

频域插入导频法:在已调信号频谱中额外插入一个低功率的线谱,在接收端作为载波同步信号加以恢复,此线谱对应的正弦波即为导频信号。

例如抑制载波的双边带调制 DSB-SC 信号,经过双边带调制后的频谱函数如图 7.1 所示,在载频 f_c 附近的频谱分量很小,接近于 0,且无离散谱,这样就可以在 f_c 处插入频率为 f_c 的导频,插入的导频相位与被调制载波正交,称为"正交载波"。发送端插入导频的方框图如图 7.2(a)所示。

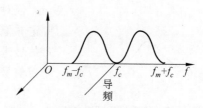

图 7.1 抑制载波双边带信号的导频插入

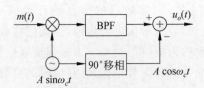

（a）发送端插入导频的方框图

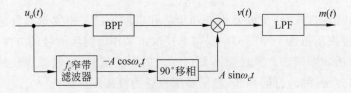

（b）接收端提取导频的方框图

图 7.2　插入导频法发送端和接收端方框图

图 7.2(a)中,设调制信号 $m(t)$ 无直流分量,被调载波为 $A\sin\omega_c t$,经 90°移相形成插入导频（正交载波）$A\cos\omega_c t$,其中 A 为插入导频的振幅。于是,输出信号为

$$u_o(t) = A \cdot m(t) \cdot \sin\omega_c t - A\cos\omega_c t \tag{7.1}$$

在接收端提取这一导频,其方框图如图 7.2(b)所示。设接收端接收到的信号就是发送端的输出信号 $u_o(t)$,则接收端用中心频率为 f_c 的窄带滤波器提取导频 $-A\cos\omega_c t$,经 $-90°$ 移相后得到与发送端载波同频同相的相干载波 $A\sin\omega_c t$。

可见,发送端以正交载波作为导频时,解调器输出为

$$v(t) = u_o(t) \cdot A\sin\omega_c t = A^2 m(t) \cdot \sin^2\omega_c t - A^2\cos\omega_c t\sin\omega_c t$$
$$= \frac{A^2}{2}m(t) - \frac{A^2}{2} \cdot m(t)\cos2\omega_c t - \frac{A^2}{2}\sin2\omega_c t \tag{7.2}$$

经低通滤波器滤除高频分量后,式(7.2)只剩下第一项,因此可以不失真地恢复调制信号 $m(t)$。

如果发送端插入的导频不是正交载波而是调制载波（即不加 90° 移相,导频为 $-A\sin\omega_c t$),则接收端 $v(t)$ 中将增加一项不需要的直流分量 $-\dfrac{A^2}{2}$,此直流分量通过低通滤波

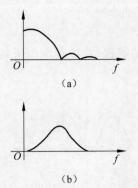

（a）

（b）

图 7.3　相关编码进行频谱变换

器后将使 $m(t)$ 产生失真,若解调的是数字信号,直流分量的存在可能使输出发生误判。这就是发送端采用正交导频的原因。因此如果插入导频为同相载波,必须在输出端加一个隔直电容,滤除该直流分量。

但对于数字调制中的 2PSK 或 2DPSK 信号,在 f_c 附近的频谱非但不为 0,而且比较大,对于这类信号,在调制前先对基带信号进行相关编码。相关编码的作用是把图 7.3(a)所示的基带信号频谱函数变换成如图 7.3(b)所示的频谱函数。

图 7.2(b)导频提取所用的窄带滤波器可用锁相环代替。应用锁相环提取相干载波时,同步性能比用一般窄带滤波器有

所改善。

2. 时域插入导频法

　　频域插入导频的特点是插入的导频在时间上是连续的,也就是说信道中自始至终都有导频信号传送。在卫星通信的时分多址(TDMA)中通常采用时域插入导频方法,时域插入导频方法就是在帧结构中,除传送数据信息外,还按照一定的时间顺序,在指定的时隙内发送载波导频信号,即把载波插到每帧的数字序列中,如图 7.4(a)所示。其中 $t_2 \sim t_3$ 就是插入导频的时间,它一般插在帧同步脉冲后。这种插入的结果只是在每帧的一小段时间内才出现载波,在接收端应用控制信号将载波提取出来。从理论上讲可以用窄带滤波器直接提取这个载波,但实际上是较困难的。这是因为发送的载波在时间上是不连续的,并在一帧中只占很短时间。所以,时域插入导频法不能用窄带滤波器提取,而常用锁相环提取相干载波。如图 7.4(b)所示,锁相环的压控振荡器频率应尽可能接近载波频率,且应有足够的频率稳定度。由于导频是一帧一帧插入的,所以锁相环需要每隔一帧时间进行一次相位比较和调节。当载波恢复信号消失后,压控振荡器具有足够的同步保持时间,直到下一帧载波恢复信号出现再进行相位比较和调整。只要适当设计锁相环,就一定能恢复出符合要求的相干载波。

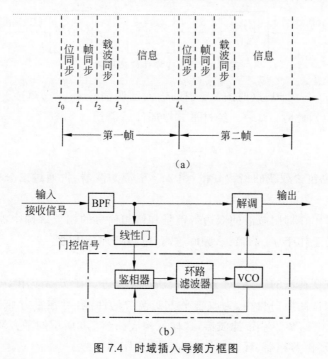

图 7.4　时域插入导频方框图

7.2.2　自同步法

　　自同步法也称为直接提取法,是指发送端不另外发送载波信号,而是由接收端设法直接从接收信号中提取同步载波的方法。

　　如果接收信号中包含载波分量,那么可以用窄带滤波器直接从接收信号中提取出来。

但是有些信号如抑制载波的双边带信号（DSB-SC）、相移键控信号（PSK）等，这些信号本身并不直接包含载波分量，但隐含载波信息，这样只要对这些信号进行某种非线性变换后，就可得到载波的谐波分量，因此可以从中提取出载波分量。用直接法实现载波同步的具体方法有很多种，下面介绍常用的几种方法，如平方变换法、平方环法、科斯塔斯环法、多元调相信号的载波同步。

1. 平方变换法

平方变换法是直接提取法中最简单的一种，其解调框图如图 7.5 所示。以 DSB 信号的相干解调为例，设调制信号为 $m(t)$，$m(t)$ 中无直流分量，则 DSB-SC 信号为

$$s_{\text{DSB}}(t) = m(t)\cos\omega_c t$$

接收端将 $s_{\text{DSB}}(t)$ 进行非线性变换，即通过一个平方律部件后得到

$$e(t) = [m(t)\cos\omega_c t]^2 = \frac{1}{2}m^2(t) + \frac{1}{2}m^2(t)\cos 2\omega_c t \tag{7.3}$$

式(7.3)中第二项包含载波的倍频（即 $2\omega_c$ 频率）分量。若用一个窄带滤波器将 $2\omega_c$ 频率分量滤出，再进行二分频，就可获得所需的同步载波。

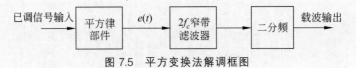

图 7.5　平方变换法解调框图

若调制信号 $m(t) = \pm 1$，这时图 7.5 中的输入已调信号 $s_{\text{DSB}}(t)$ 就成为二进制相移键控信号（2PSK）$s_{\text{2PSK}}(t)$，此时，$s_{\text{2PSK}}(t)$ 经过平方律部件后得到

$$e(t) = [m(t)\cos\omega_c t]^2 = \frac{1}{2} + \frac{1}{2}\cos 2\omega_c t \tag{7.4}$$

式(7.4)中第二项也包含载波的倍频分量，用 $2f_c$ 窄带滤波器，再通过二分频，同样可提取出载波。

平方变换法常用在抑制载波的双边带信号和调相信号的相干解调中提取同步载波。平方变换法的缺点是工作于 f_c 的倍频，频率越高，电路处理越困难。

2. 平方环法

为了解决平方变换法的缺点，对平方变换法加以改进。在实际应用中，伴随信号一起进入接收机的还有加性高斯白噪声，为改善平方变换法的性能，可在平方变换法的基础上，用锁相环代替图 7.5 中的 $2f_c$ 窄带滤波器，这样就构成如图 7.6 所示的平方环法提取同步载波电路框图，且锁相环由鉴相器、环路滤波器和压控振荡器组成。

由于锁相环具有良好的跟踪、窄带滤波和记忆功能，因此平方环法比一般的平方变换法具有更好的性能，在实际应用中，平方环法比平方变换法更为广泛。

需要说明的是，平方环法与平方变换法一样，都存在相位模糊问题。从两个方框图可以看出，由窄带滤波器或锁相环路得到的是 $\cos 2\omega_c t$，经过二分频以后的信号可能是 $\cos\omega_c t$，也可能是 $\cos(\omega_c t + \pi)$。这种相位具有不确定性的现象称为相位模糊现象。相位模糊现象一般对模拟通信系统影响不大，因为耳朵听不出相位的变化。但是对于数字通信系统来说，相

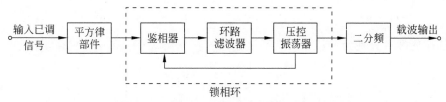

图 7.6 平方环法提取同步载波电路框图

位模糊可以使解调后码元信号出现反相,即高电平变成低电平,低电平变成高电平。对于 2PSK 通信系统,信号就可能出现"反向工作",因此实际中,一般不采用 2PSK 系统,而是用 2DPSK 系统。相位模糊问题是通信系统中应该注意的一个实际问题。

3. 科斯塔斯环法

提取同步载波的还有一种方法就是采用具有特殊鉴相器的锁相环,这种鉴相器需要鉴别输入信号中被抑制的载波分量与本地压控振荡器之间的相位误差。这种方法就称为科斯塔斯(Costus)环法,也称作同相正交环法,图 7.7 为其原理方框图。以 2PSK 信号为例。在此环路中,压控振荡器提供两路相互正交的载波信号 v_1、v_2,与输入接收信号分别在同相和正交两个相乘器中相乘后输出信号 v_3、v_4,再经低通滤波后输出信号 v_5、v_6,它们均含有数字信号 $m(t)$,两者相乘后输出信号 v_d,它可以消除数字信号的影响,经环路滤波器滤波后得到仅与相位误差有关的压控控制电压,利用该电压控制压控振荡器 VCO,从而准确地对压控振荡器进行调整。

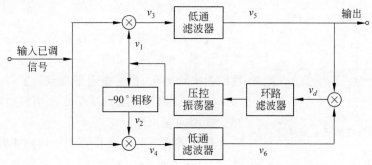

图 7.7 科斯塔斯环法原理方框图

设输入为 2PSK 信号,即 $s_{2PSK}(t)=m(t)\cos\omega_c t$,$m(t)=\pm E$。

假定环路已锁定,且不考虑噪声的影响,则压控振荡器输出的两路相互正交的本地载波分别为

$$v_1 = \cos(\omega_c t + \Delta\varphi) \tag{7.5}$$

$$v_2 = \cos(\omega_c t + \Delta\varphi - 90°) = \sin(\omega_c t + \Delta\varphi) \tag{7.6}$$

式中,$\Delta\varphi$ 为压控振荡器输出信号与输入已调信号载波之间的相位误差。信号 $s_{2PSK}(t)$ 分别与 v_1、v_2 相乘后得

$$v_3 = m(t)\cos\omega_c t \cdot \cos(\omega_c t + \Delta\varphi) = \frac{1}{2}m(t)\left[\cos\Delta\varphi + \cos(2\omega_c t + \Delta\varphi)\right] \tag{7.7}$$

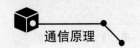

$$v_4 = m(t)\cos\omega_c t \cdot \sin(\omega_c t + \Delta\varphi) = \frac{1}{2}m(t)\left[\sin\Delta\varphi + \sin(2\omega_c t + \Delta\varphi)\right] \qquad (7.8)$$

经低通滤波后分别为

$$v_5 = \frac{1}{2}m(t) \cdot \cos\Delta\varphi \qquad (7.9)$$

$$v_6 = \frac{1}{2}m(t) \cdot \sin\Delta\varphi \qquad (7.10)$$

v_5、v_6 加到相乘器后产生误差信号

$$v_d = v_5 \cdot v_6 = \frac{1}{4}m^2(t) \cdot \sin\Delta\varphi \cdot \cos\Delta\varphi = \frac{1}{8}m^2(t)\sin 2\Delta\varphi$$

当 $\Delta\varphi$ 很小时

$$v_d \approx \frac{1}{4}m^2(t) \cdot \Delta\varphi \qquad (7.11)$$

这个电压经环路滤波器滤波后控制压控振荡器使它与 ω_c 同频,相位只差一个很小的 $\Delta\varphi$ 值,此时,$v_1 = \cos(\omega_c t + \Delta\varphi)$ 就是需要提取的相干载波,而 $v_5 \approx \frac{1}{2}m(t)$ 就是解调器的输出。

式(7.11)中,$m^2(t)$ 为双极性基带信号。若基带信号基本波形为矩形,幅度为 E,则 $m^2(t) = E^2$,即为常数,则此时

$$v_d = k_d \sin 2\Delta\varphi \quad k_d \text{ 为常数}, \quad k_d = \frac{1}{8}E^2 \qquad (7.12)$$

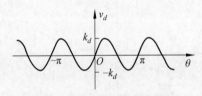

图 7.8 科斯塔斯环鉴相特性

式(7.12)表明,压控振荡器受 $\sin 2\Delta\varphi$ 控制,其鉴相特性如图 7.8 所示。由于 $\Delta\varphi = n\pi$ 的各点鉴相器鉴相特性的斜率均为正,都是稳定平衡点。所以 $\Delta\varphi$ 取值可能为 0 或 π,即相差可能为 0 或 π,表明科斯塔斯环也存在相位模糊问题。

科斯塔斯环的主要优点是:环路中用于鉴相的两个乘法器的工作频率是平方环的 2 倍,平方环产生的频率是 $2f_c$,而科斯塔斯环的频率是 f_c。在高速率和高中频的情况下,科斯塔斯环比平方环易于制作,且不需平方环路;另外,当环路锁定后,同相支路输出的 $v_5 \approx \frac{1}{2}m(t)$ 就是解调所要得到的数字信号,可直接进行抽样判决。其缺点是电路较复杂,且存在相位模糊问题。

目前所有的同步基本上都用科斯塔斯环法,在卫星通信及数字微波中的 2PSK 相干解调中,也广泛采用科斯塔斯环提取同步载波。

4. 多元调相信号的载波同步

数字通信中经常使用多相相移信号,多元调相信号的解调方法,如果采用相干解调,其过程也与二元调相信号一样,在接收端必须要有同频同相的本地载波才能完成解调。从多相相移信号中提取载波的方法可由上述方法推广。以四相为例,分别介绍四次方变换法、四

次方环法和四相科斯塔斯环法提取同步载波的方法。

1）四次方变换法和四次方环法

从平方变换法推广得到的四次方变换法，其方框图如图 7.9(a)所示。四相信号相干解调所需的本地载波，必须通过四次方变换部件将收到的四相信号进行四次方变换后，才能滤出其中的 $4f_c$ 成分，再将其四分频即可得到载波频率 f_c。

例如，从 4PSK 信号中提取同步载波的四次方环，其鉴相器输出的误差电压为

$$v_d = k_d \sin 4\Delta\varphi \tag{7.13}$$

因此，$\Delta\varphi = n \cdot \dfrac{\pi}{2}$（$n$ 为任意整数）为四次方环的稳定平衡点，即四次方环在 $[0,2\pi)$ 有 0、$\dfrac{\pi}{2}$、π、$\dfrac{3\pi}{2}$ 四个稳定的锁定点。这种现象称为四重相位模糊度，或 90° 的相位模糊度。

以此类推，对于 MPSK 信号的载波提取，要用 M 次方环提取同步载波，具有 M 倍的载频分量，经过 M 次分频后，将会有 M 重相位模糊度，即所提取的载波具有 $\dfrac{360°}{M}$ 的相位模糊度。解决的方法是采用 MDPSK。

将图 7.9(a)中的 $4f_c$ 窄带滤波器用锁相环代替，就变成图 7.9(b)所示的四次方环，原理与前面讲过的平方环法相同，这里不重复说明。

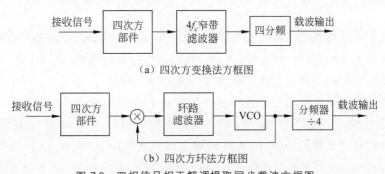

（a）四次方变换法方框图

（b）四次方环法方框图

图 7.9　四相信号相干解调提取同步载波方框图

2）四相科斯塔斯环

另一种方法是基于科斯塔斯环的推广，图 7.10 给出了从 4PSK 信号中提取同步载波的四相科斯塔斯环，四相科斯塔斯环需要四个鉴相器，压控振荡器分别提供 0°、45°、90°、135°四种相位的参考载波，四个鉴相器的输出电压经乘法器相乘后，得到跟踪载波的误差电压 v_d，最后可以求得它的等效鉴相特性 $v_d = k_d \sin 4\Delta\varphi$，与式(7.13)一样，环路可以稳定锁相。由于存在 0°、45°、90°、135°四种剩余相位差，所以四相科斯塔斯环法的输出的载频信号同样存在相位模糊问题。这种方法实现起来比较复杂，在实际应用中较少采用。

7.2.3　载波同步的性能

1. 载波同步系统的性能

综上所述，载波同步的方法很多，不同的载波方法形成不同的载波同步系统，那么如何

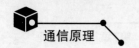

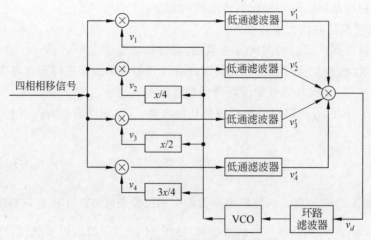

图 7.10　四相科斯塔斯环法的载波提取

衡量这些同步系统的性能呢？一个理想的载波同步系统应该具备实现同步的效率高、提取的同步载波的相位和频率要准确、同步建立所需的时间短、失步后保持同步状态时间长等特点。因此载波同步系统的主要性能指标有高效率及高精度，还有同步建立时间、保持时间、相位抖动等指标。这些指标都与提取同步载波信号的电路、接收端输入信号的情况和噪声的性质有关。

高效率是指在获得载波信号的情况下，尽量减少发送功率的消耗。例如自同步法（直接提取法），发送端不需要专门发送导频，因而效率高且发送电路简单；外同步法（插入导频法）由于插入导频需要消耗一部分发送功率，因而效率要降低。

高精度就是要求提取的相干载波与接收端所需要的标准载波信号相比较，其频率和相位误差应尽量小，由于对频率信号进行积分就得到相位信号，所以一般就用相位差表示精度。例如需要的相干载波为 $\cos\omega_c t$，提取的相干载波为 $\cos(\omega_c t + \Delta\varphi)$，则 $\Delta\varphi$ 就是相位误差，高精度就是指 $\Delta\varphi$ 应尽量小。相位误差 $\Delta\varphi$ 总是存在的，相位误差 $\Delta\varphi$ 又分为稳态相位误差（简称稳态相差）θ_v 和随机相位误差（简称随机相差，也称为相位抖动）σ_φ，即 $\Delta\varphi = \theta_v + \sigma_\varphi$。

1）稳态相位误差

稳态相位误差是指在无噪声下，载波同步系统在稳定状态下，通过载波提取电路提取的载波信号与接收端标准载波信号之间的相位误差，它一般变化不大。稳态相位误差与载波提取方法及提取电路有关。

如果采用窄带滤波器提取相干载波，并假设用品质因数为 Q 的单调谐回路构成窄带滤波器，且回路的谐振频率为 ω_0，输入的载波频率为 ω_c，令 $\Delta\omega = \omega_0 - \omega_c$，当 $\dfrac{|\Delta\omega|}{\omega_0}$ 很小时，输出的载波同步信号与相干载波之间稳态相位误差为

$$\theta_v \approx \frac{2Q\Delta\omega}{\omega_0} \quad (\text{rad}) \tag{7.14}$$

从式（7.14）可以看出，Q 越大，其稳态相位误差 θ_v 也越大。

如果采用锁相环提取相干载波,当锁相环中的压控振荡器角频率与输入载波信号角频率之差为 $\Delta\omega$ 时,也有稳态相位误差,假定环路的直流增益为 K_v,则其稳态相位误差为

$$\theta_v \approx \frac{\Delta\omega}{K_v} \quad (\text{rad}) \tag{7.15}$$

式(7.15)中,$K_v = F(0)K_d K_o$,$F(0)$ 是环路滤波器对 $\omega=0$ 的传输系数,K_d 为鉴相器的增益系数,单位为 V/rad,K_o 为压控振荡器的增益系数,单位为 rad/(s·V)。

为了减小 θ_v,应该使压控振荡器的频率准确且稳定,使 $|\Delta\omega|$ 降低,同时应提高 K_v。

2) 随机相位误差

上面讨论的稳态相位误差没有考虑噪声的影响,当考虑噪声的影响后,由于载波信号上叠加了随机高斯噪声,当噪声通过窄带滤波器后,会使再生的相干载波信号产生随机相位误差。分析表明,当噪声为窄带高斯噪声时,随机相位误差 σ_φ 为

$$\sigma_\varphi = \sqrt{\overline{\varphi_n^2}} = \sqrt{\frac{1}{2r}} \tag{7.16}$$

式(7.16)中,σ_φ 也称为相位抖动,φ_n 为随机相位,$r = \dfrac{A^2}{\sigma^2}$ 为信噪功率比,σ^2 为噪声的方差,A 为正弦载波的振幅。

3) 载波同步建立时间 t_s 和同步保持时间 t_c

以窄带滤波器提取载波为例,其单谐振回路如图 7.11(a)所示。先考虑同步建立的情况,在 $t=0$ 时刻信号接入回路,当信号角频率与回路自然谐振角频率相同时,回路两端输出电压为

$$u(t) = U\left(1 - e^{-\frac{\omega_0}{2Q}t}\right)\cos\omega_0 t \tag{7.17}$$

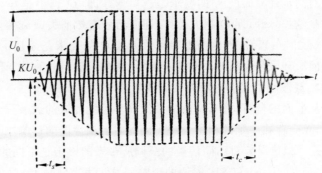

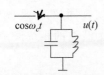

(a) 窄带滤波器单谐振回路　　　　　　　(b) 建立时间和保持时间

图 7.11　用窄带滤波器提取载波时的建立时间和保持时间示意图

式(7.17)对应的曲线如图 7.11(b)所示。在波形的起始部分,包络逐渐增大,当 $t=t_s$ 时,输出电压 $u(t)$ 的包络达到 kU 时,认为同步已经建立。此时,$kU = U\left(1 - e^{-\frac{\omega_0}{2Q}t_s}\right)$,可以求得同步建立时间为

$$t_s = \frac{2Q}{\omega_0}\ln\frac{1}{1-k} \tag{7.18}$$

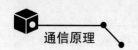

接下来考虑失去同步的情况,假定在 $t=0$ 时将接入回路的信号断开,可得到输出信号保持过程的电压为

$$u(t) = U \mathrm{e}^{-\frac{\omega_0}{2Q}t} \cos \omega_0 t \qquad (7.19)$$

此包络即为图 7.11(b) 中右边部分的曲线,其包络从最大值 U,逐渐减小,当 $t=t_c$ 时,输出电压的包络减小到 kU,认为从同步变为失步。此时,$kU = U \mathrm{e}^{-\frac{\omega_0}{2Q}t_c}$,可求得

$$t_c = \frac{2Q}{\omega_0} \ln \frac{1}{k} \qquad (7.20)$$

如果建立时间和保持时间内所包含的载波周期数为 N_s 和 N_c,则

$$\begin{cases} N_s = t_s f_0 = \dfrac{Q}{\pi} \ln \dfrac{1}{1-k} \\ N_c = t_c f_0 = \dfrac{Q}{\pi} \ln \dfrac{1}{k} \end{cases} \qquad (7.21)$$

通常令 $k = \dfrac{1}{e}$,此时可求得

$$\begin{cases} N_s = 0.14Q \\ N_c = 0.318Q \end{cases} \qquad (7.22)$$

以及

$$\begin{cases} t_s = 0.46 \dfrac{2Q}{\omega_0} \\ t_c = \dfrac{2Q}{\omega_0} \end{cases} \qquad (7.23)$$

对同步建立时间 t_s 的要求是越短越好,即 Q 越小越好,说明很快就建立同步。对 t_c 的要求是越长越好,即 Q 越大越好,即使信号突然消失或衰落,同步仍能保持较长的时间。但从式(7.23)可以看出,这两者对品质因数 Q 的要求是矛盾的,也就是说,要同时满足同步建立时间短和同步保持时间长是很难的,在实际设计过程中,要折中考虑二者的要求。

2. 载波相位误差对解调性能的影响

从前面的分析可知,实际的载波同步系统提取的载波虽然可以实现同频,但是很难实现同相,总会存在一定的相位误差。因此对解调性能的影响主要体现为载波的相位误差 $\Delta \varphi = \theta_v + \sigma_\varphi$。相位误差对不同信号的解调所带来的影响是不同的。

(1) 对双边带(DSB)解调的影响。设双边带信号为 $s(t) = m(t) \cos \omega_c t$,而所提取的相干载波为 $\cos(\omega_c t + \Delta \varphi)$,这时解调器输出(经低通滤波器后)的低频信号 $m'(t)$ 为

$$m'(t) = \frac{1}{2} m(t) \cos \Delta \varphi \qquad (7.24)$$

根据式(7.24)可知

① 如果相位误差 $\Delta \varphi = 0$,即 $\cos \Delta \varphi = 1$,则解调器输出信号 $m'(t) = \dfrac{1}{2} m(t)$,此时信号有最大幅度,相应的输出信噪比 S/N 也最大。

② 如果相位误差 $\Delta\varphi\neq0$，即 $\cos\Delta\varphi<1$，解调后输出信号幅度下降 $\cos\Delta\varphi$，输出信噪比下降 $\cos^2\Delta\varphi$，因此会使误码率增加。

（2）对 2PSK 解调的影响。进行与 DSB 信号的解调类似的分析，可以得出以下结论。

① 如果相位误差 $\Delta\varphi=0$，无相位误差，即 $\cos\Delta\varphi=1$，假设码元期间的能量为 E，$P_s=\frac{E}{T_s}$，$P_n=n_0\cdot f_s$，$r=\frac{P_s}{P_n}=\frac{E}{T_s\cdot n_0\cdot f_s}=\frac{E}{n_0}$，$P_e=\frac{1}{2}\text{erfc}\sqrt{r}=\frac{1}{2}\text{erfc}\sqrt{\frac{E}{n_0}}$

② 如果相位误差 $\Delta\varphi\neq0$，即 $\cos\Delta\varphi<1$，$P_s=\frac{E}{T_s}\cos^2\Delta\varphi$，$r=\frac{P_s}{P_n}=\frac{E}{n_0}\cos^2\Delta\varphi$，$P_e=\frac{1}{2}\text{erfc}\left(\sqrt{\frac{E}{n_0}}\cos\Delta\varphi\right)$。

（3）对单边带调制（SSB）信号和残留边带调制（VSB）信号解调的影响。根据数学分析和实验证明载波失步不会影响解调输出信号的幅度，但是由于相位误差 $\Delta\varphi$ 的存在，不仅会引起信噪比下降，而且在解调器输出中会产生原基带信号的正交项，使基带信号发生畸变，即引起输出波形失真，这种影响随 $\Delta\varphi$ 增大而变得严重。对于模拟通信来说，只要相位误差 $\Delta\varphi$ 不是太大，该输出波形失真不会造成太大的影响；但对于数字通信来说，相位误差 $\Delta\varphi$ 的存在，将引起码间干扰，导致误码率增加。

从以上分析可知，在接收端提取相干载波时，应尽可能减小 $\Delta\varphi$。

7.3 位同步方法及其性能

位同步，又称为码元同步，是数字通信系统中必不可少的组成部分。数字通信系统中，发送端按照确定的时间顺序，逐个传输数字脉冲序列中的每个码元，在接收端要准确地恢复出数字信号必须进行抽样判决，这就要求接收端本地码元定时与发送端定时脉冲的重复频率相等，而且判决时刻必须在最佳点，以保证对输入信号进行最佳抽样判决。在一般接收时，可在码元的中间位置抽样判决，而在最佳接收时，应在码元的终止时刻进行抽样判决。

与载波同步相似，位同步实现的方法也有外同步法（插入导频法）和自同步法（直接提取法）两种。

7.3.1 外同步法

1. 插入位定时导频法

外同步法又称为插入导频法，为了避免调制信号和导频信号相互干扰，影响接收端提取的导频信号的准确度，这种方法与载波同步时的插入导频法类似，也是在基带信号频谱的第一个零点处插入所需的位定时导频信号，如图 7.12 所示。

图 7.12(a)为常见的双极性不归零基带信号的功率谱，码元速率为 f_s，码元宽度为 T_s，其功率谱在 f_s 处为零，插入导频的位置选择在 $f_s=\frac{1}{T_s}$ 处。图 7.12(b)表示相对调相信号中

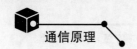

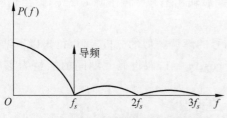

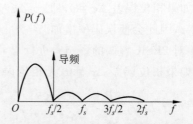

（a）常见的双极性不归零基带信号的功率谱　　　（b）经过相关编码后的基带信号的功率谱密度

图 7.12　插入位定时导频信号的频率选择

经过相关编码后的基带信号的功率谱密度,此时可选择在第一个零点 $\dfrac{f_s}{2}$ 处插入位定时导频,

在接收端取出 $\dfrac{f_s}{2}$ 以后,经过二倍频得到 f_s。

　　插入位定时导频的实现方框图如图 7.13 所示。该框图对应于图 7.12(b)所示的信号频谱情况。

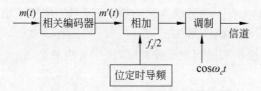

（a）发送端插入位定时导频的方框图

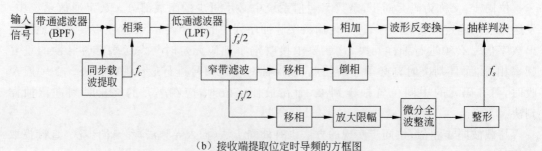

（b）接收端提取位定时导频的方框图

图 7.13　插入位定时导频的实现方框图

　　图 7.13(a)是发送端插入位定时导频的方框图,经过相关编码后的基带信号通过相加器

插入位定时导频为 $\dfrac{f_s}{2}$,然后一起送到调制器进行调制,已调信号经信道发送出去。图 7.13

(b)是接收端提取位定时导频的方框图。在解调后设置 $\dfrac{f_s}{2}$ 窄带滤波器,其作用是提取位定时

导频,从窄带滤波器提取的第一路导频 $\dfrac{f_s}{2}$ 经移相、倒相和相加器电路,相当于把基带数字信

号中的插入导频成分抵消,从而使进入抽样判决器的信号中没有插入导频成分,避免插入导

频对信号抽样判决的影响。从窄带滤波器提取的另一路导频 $\frac{f_s}{2}$ 经移相、放大限幅、微分全波整流、整形等电路,产生位定时脉冲,微分全波整流电路起到倍频器的作用。因此,虽然导频是 $\frac{f_s}{2}$,但位定时脉冲的重复频率则变为与码元速率相同的 f_s。图中的两个移相器都是用来消除窄带滤波器等引起相移而设置的。

2. 双重波形法

双重波形法是另一种插入导频的方法,也称为包络调制法。该方法适用于频移键控(FSK)、相移键控(PSK)的通信系统中,在发送端用位同步信号的某种波形,通常采用升余弦脉冲波形,对调频、调相等恒包络数字已调信号进行附加幅度调制,调幅用的调制信号就是位同步信号,使其包络随位同步信号的变化而变化。在接收端利用包络检波器和窄带滤波器,就可以分离出位同步信号,且对数字信号本身的恢复没有影响。

以 2PSK 为例,其原理框图如图 7.14 所示。发送端框图如图 7.14(a)所示,设有 2PSK 信号

$$s_{2PSK}(t) = \cos[\omega_c t + \varphi(t)]$$

ω_c 为载波角频率,$\varphi(t)$ 为随数字信息而变化的相位,对于 2PSK,$\varphi(t)$ 的取值为 0 或 π。利用升余弦波形 $m(t) = \frac{1}{2}(1 + \cos\Omega t)$ 对 $s_{2PSK}(t)$ 进行附加调幅后,得已调信号为 $(1 + \cos\Omega t)\cos[\omega_c t + \theta(t)]$,其中 $\Omega = \frac{2\pi}{T}$,T 为码元宽度。

接收端框图如图 7.14(b)所示,首先已调的双重调幅波经过带通滤波器(BPF),滤除带外噪声,然后进行包络检波,得到包络为 $(1 + \cos\Omega t)$,滤除直流成分,即可得到位同步分量 $\cos\Omega t$,再经过相位调整,脉冲形成电路后,就得到位同步信号。

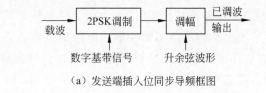

(a)发送端插入位同步导频框图

(b)接收端位同步提取框图

图 7.14 双重波形法位同步提取原理框图

插入导频法的优点是接收端提取位同步的电路简单。但是,发送导频信号必须要占用部分发射功率,降低了传输的信噪比,削弱了抗干扰能力。

7.3.2 自同步法

自同步法也称为直接提取法,直接提取位同步法就是直接从数字信号中提取位同步信

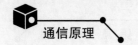

号的方法,具体又分为滤波法和锁相法。

1. 滤波法

滤波法就是指直接从数字码流中用窄带滤波器提取位定时频率,从而得到位定时脉冲的位同步方法。滤波法又分为波形变换滤波法和包络检波滤波法。

1) 波形变换滤波法

根据第 4 章基带信号功率谱分析的内容可知,不归零的随机二进制脉冲序列,不论是单极性还是双极性的,当 $P(0)=P(1)=\dfrac{1}{2}$(即 0、1 等概率)时,都没有 $f_s=\dfrac{1}{T_s}$、$\dfrac{2}{T_s}$ 等线谱,即功率谱中无位同步信号的离散分量,因而不能直接滤出 $f_s=\dfrac{1}{T_s}$ 的位同步信号分量。但是,如果对不归零信号进行某种变换,例如变换成归零二进制脉冲序列,则经变换后的信号中会出现码元信号的频率分量,其频谱中将含有 $f_s=\dfrac{1}{T_s}$ 的分量,因此,可以应用窄带滤波器提取该分量,再经移相、整形后可以形成位定时脉冲。

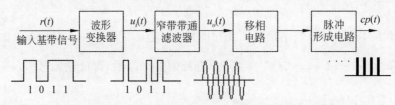

图 7.15　波形变换滤波法提取位同步脉冲的原理方框图

图 7.15 是波形变换滤波法提取位同步脉冲的原理方框图。其中 $r(t)$ 为输入基带信号;经波形变换器后的输出信号 $u_i(t)$ 是单极性归零码,波形变换器主要由微分和全波整流组成,其中微分的作用是把不归零矩形脉冲变为归零信号,全波整流的作用是把双极性随机序列变为单极性随机序列;再经窄带带通滤波器后将 $u_i(t)$ 中频率等于码元速率的离散谱提取出来,它是一个正弦波信号;再经移相电路和脉冲形成电路后就将该正弦波信号 $u_o(t)$ 变为脉冲序列,移相电路可以看成用来调整位同步脉冲的相位,即位同步脉冲的位置,使之适应最佳判决时刻的要求。最后得到有确定起始位置的位同步信号 $cp(t)$。现假设输入基带信号序列为 11000100111011,用波形变换滤波法提取位同步信号所得到的各点波形如图 7.16 所示。该码元序列的最小重复周期为 T_s,重复周期为 T_s 的归零脉冲必有 f_s 线谱,所以可以提取位同步脉冲。

2) 包络检波滤波法

对于频带受限的信号,如 2PSK 信号中提取位同步信号的方法,图 7.17 画出了包络检波滤波法的实现框图,图 7.18 给出了框图中对应各点的波形。当接收端 BPF 带宽小于信号带宽时,使频带受限的 2PSK 信号在相邻码元的相位反转点处形成幅度的"平滑陷落",其波形如图 7.18(a)所示。经包络检波后得到如图 7.18(b)所示的波形,它可以看成一直流波形与图 7.18(c)所示的波形相减。而图 7.18(c)所示的波形是具有一定脉冲形状的归零脉冲序列,必然含有位同步信号分量,可用窄带滤波器提取。这种滤波法常用于数字微波中继通

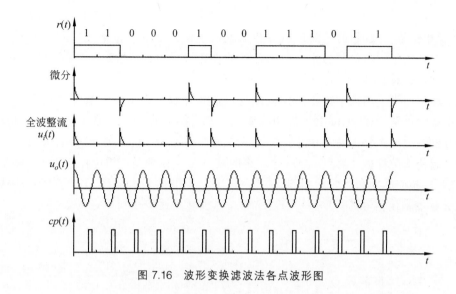

图 7.16　波形变换滤波法各点波形图

信中。

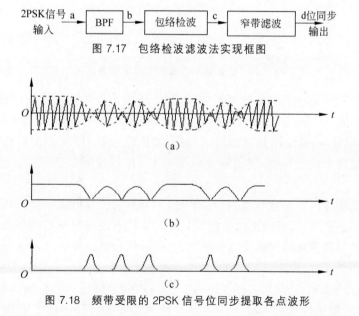

图 7.17　包络检波滤波法实现框图

图 7.18　频带受限的 2PSK 信号位同步提取各点波形

2. 锁相法

利用锁相环提取位同步信号的方法称为锁相法。根据采用锁相环的不同,锁相法可分为模拟锁相法和数字锁相法。当鉴相器输出的误差信号对位同步信号的相位进行连续调整时,称为模拟锁相法;当误差信号不直接调整振荡器输出信号的相位,而是通过一个控制器,对系统信号中输出的脉冲序列增加或扣除若干个脉冲,从而达到调整位同步脉冲序列的相位,实现同步的目的时,称为数字锁相法。

位同步锁相法的基本原理与载波同步锁相法相类似,都是利用锁相环的窄带滤波特性

提取位同步信号。锁相环在接收端利用鉴相器比较接收码元和所产生的位同步信号的相位,若两者相位不一致(超前或滞后),鉴相器就产生误差信号调整本地位同步信号的相位,直至获得准确的位同步信号为止。通过合理的环路设计,使环路的等效带通滤波器带宽可小至几赫兹,从而使位同步信号的相位抖动足够小。

数字通信中常采用数字锁相法提取位同步信号。数字锁相法由数字锁相环组成,数字锁相环由数字电路构成,也可由软件构成或某些部件由软件构成。常见的数字锁相环位同步原理方框图如图 7.19 所示(不包括数字环路滤波器)。图中,n 次分频器、或门、扣除门和附加门一起构成数控振荡器(DCO),此环路的基本工作原理是:相位比较器(鉴相器)输出的两个信号(超前脉冲和滞后脉冲)通过控制常开门(扣除门)和常闭门(附加门)的状态,改变 n 次分频器输出信号的周期(一次改变 $2\pi/n$),使环路逐步达到锁定状态。

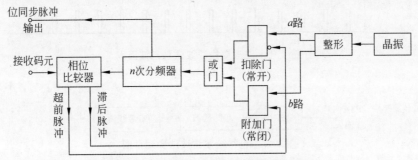

图 7.19 数字锁相环位同步器原理方框图

数字锁相环位同步过程的各点波形如图 7.20 所示。首先晶振的振荡频率通常设计为 nF Hz,晶振输出经整形电路得到重复频率为 nF Hz 的窄脉冲,输出两路相位差为 180° 的频率为 nF Hz 的窄脉冲,其波形分别如图 7.20(a) 和图 7.20(b) 所示。该窄脉冲经扣除门、附加门、或门,再经过 n 次分频后,得到重复频率为 F Hz 的位同步信号,其波形如图 7.20(c) 所示。

若接收端晶振输出经 n 次分频后,不能与接收到的码元准确地同频同相,就需要根据相位比较器输出的误差信号,通过由扣除门、附加门、或门组成的控制器对晶振输出进行调整。当分频器输出的位同步脉冲超前于接收码元的相位时,相位比较器送出一个超前脉冲,加到扣除门(常开)的禁止端,扣除 a 路脉冲,其波形如图 7.20(d) 所示。此时,分频器输出脉冲的相位将退后 $1/n$ 个周期,其波形如图 7.20(e) 所示;若分频器输出的位同步脉冲相位滞后于接收码元的相位,则相位比较器输出一个滞后脉冲。此滞后脉冲加于附加门,使常闭门开通,让 b 路的一个脉冲通过"或门"插入原 a 路脉冲之间,相当于在分频器输入端增加一个脉冲,其波形如图 7.20(f) 所示。此时,分频器输出脉冲的相位将提前 $1/n$ 个周期,其波形如图 7.20(g) 所示。经过这样反复多次相位调整,最后可实现位同步。

这种锁相环的同步建立时间比较长,当需要快速建立同步信号时,可用如图 7.21 所示的快速捕捉数字锁相环。

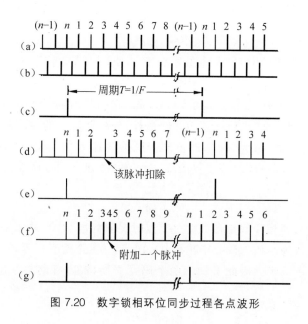

图 7.20   数字锁相环位同步过程各点波形

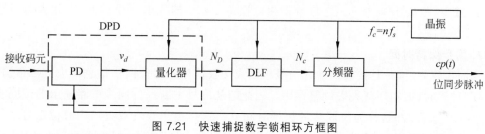

图 7.21   快速捕捉数字锁相环方框图

7.3.3   位同步的性能

位同步系统的性能指标主要有相位误差 $\Delta\varphi$、同步建立时间 t_s、同步保持时间 t_c 和同步带宽 Δf_s。下面结合数字锁相法分析这些指标,并且讨论相位误差对误码率的影响。

1. 相位误差 $\Delta\varphi$

位同步信号的平均相位和最佳抽样点的相位之间的偏差称为静态相差,由于种种原因都会使位同步的相位产生静态漂移,使信号的判决点不在最佳位置。对于数字锁相法提取位同步而言,相位误差主要是由位同步脉冲在跳变地调整时引起的,每调整一步,相位改变 $2\pi/n$(对应时间 T/n,T 为接收码元的周期,n 为分频器的分频次数),用角度表示为 $\dfrac{360°}{n}$,用这个最大的相位误差表示 $\Delta\varphi$,可得

$$\Delta\varphi = \frac{360°}{n} \tag{7.25}$$

可见,n 越大,最大相位误差 $\Delta\varphi$ 越小,误码率就越低。

相位误差有时用时差 T_e 表示,即

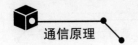

$$T_e = \frac{T}{n} \qquad\qquad (7.26)$$

由于收发位定时之间存在相位差(或存在时差 T_e),使误码率比位同步无相差时要增加。

2. 同步建立时间

同步建立时间定义为开机或失去同步后重新建立同步所需的最长时间,用 t_s 表示。建立同步最不利的情况,此时同步建立调整时间最长,分频器输出的位同步信号相位与接收的基准相位之间的相位差最大,为 $180°$,即位同步脉冲与输入信号最大相位差的时差为 $T/2$ (T 为码元周期)。锁相环每调整一步仅能移 T/n 秒,故建立同步所需的最大调整次数为

$$N = \frac{T/2}{T/n} = \frac{n}{2} \qquad\qquad (7.27)$$

在数字锁相法中,锁相环都是在数据过零点时提取标准脉冲,并用来比相。接收随机数字信号时,可以近似认为两相邻码元中出现 01、10、11、00 的概率相等,其中有过零点的情况占一半,连码情况也占一半。因此平均每两个码元周期($2T$)可调整一次相位,故同步建立时间为

$$t_s = 2TN = nT(s) \qquad\qquad (7.28)$$

为使 t_s 减少,故要求减少 n。这与希望相位误差 $\Delta\varphi$ 小的要求是矛盾的,因此应适当选取 n 值。

3. 同步保持时间

当同步建立后,一旦接收的输入信号中断或接收信号中的位同步信息消失,或出现长连"0"、连"1"码时,锁相环就失去调整作用。因此把从信号中断到位同步电路输出的位同步信号中断为止这段时间,称为位同步的保持时间 t_c。这是由于收发双方的固有位定时之间总存在频差 ΔF,使接收端同步信号的相位逐渐发生漂移,时间越长,相位漂移量越大,直至漂移量达到某一允许的最大值,就算失步。

假设收发两端的固有码元周期分别为 T_1 和 T_2,且 $T_1 = 1/F_1$、$T_2 = 1/F_2$、$\Delta F = |F_1 - F_2|$,则有

$$|T_1 - T_2| = \left|\frac{1}{F_1} - \frac{1}{F_2}\right| = \frac{|F_1 - F_2|}{F_1 F_2} = \frac{\Delta F}{F_0^2} \qquad\qquad (7.29)$$

其中,$F_0 = \sqrt{F_1 F_2}$,且有 $T_0 = 1/F_0$,$\Delta T = |T_1 - T_2|$,将其代入式(7.29),可得

$$F_0 \cdot \Delta T = \frac{\Delta F}{F_0}, \quad \text{或} \frac{|T_1 - T_2|}{T_0} = \frac{\Delta F}{F_0}, \quad \text{或} \frac{\Delta T}{T_0} = \frac{\Delta F}{F_0} \qquad\qquad (7.30)$$

由式(7.30)可知,当存在频差 ΔF 时,每经过 T_0 时间,收发两端就产生 $\Delta T = |T_1 - T_2|$ 的时间漂移,若不失步时所允许的最大时间漂移为 T_0/K(K 为常数),把当接收信号消失后时间漂移达到 T_0/K 秒所经过的时间定义为同步保持时间 t_c,代入式(7.30),则可求得同步保持时间 t_c 为

$$t_c = \frac{1}{K\Delta F} \qquad\qquad (7.31)$$

式中,ΔF 为收、发两端振荡器的频差,F 为常数。

若同步保持时间 t_c 给定,由式(7.31)可以求出对收、发两端振荡器频率稳定度的要求,该频率误差是由收、发两端振荡器造成的,即

$$\Delta F = \frac{1}{t_c \cdot K} \tag{7.32}$$

若收、发两端振荡器的频率稳定度相同,则要求每个振荡器的频率稳定度不能低于

$$\frac{\Delta F}{2F_0} = \pm \frac{1}{2t_c K F_0} \tag{7.33}$$

式中,F_0 为收、发两端固有码元重复频率的几何平均值。

4. 同步带宽

同步带宽是指锁相环在锁定后能跟踪输入信号的最大频率范围,用 Δf_s 表示。根据锁相环的工作原理,锁相环每次调整时间为 T/n,近似为 T_0/n,如果对随机数字信号而言,平均每两个码元周期调整一次,那么平均一个码元周期内,锁相环能调整的时间为 $T_0/2n$。这样便有当 $\Delta T > T_0/2n$ 时,表明锁相环无法使收、发两端的位同步脉冲实现相位同步;当 $\Delta T < T_0/2n$ 时,锁相环使收、发两端的位同步脉冲实现相位同步;当 $\Delta T < T_0/2n$ 时,如果一开始处于同步状态,就一直同步。如果一开始处于失步状态,就一直失步。取相等时,即

$$\Delta T = \frac{T_0}{2n} = \frac{1}{2nF_0},代入式(7.29),可得$$

$$\frac{|\Delta f_s|}{F_0^2} = \frac{1}{2nF_0} \tag{7.34}$$

根据式(7.34)可以求得同步带宽表示式为

$$|\Delta f_s| = \frac{F_0}{2n} \tag{7.35}$$

5. 位同步相位误差对性能的影响

位同步的相位误差 $\Delta\varphi$ 主要造成位定时脉冲的位移,使抽样时刻偏离最佳位置。因此相位误差的存在将直接影响抽样判决时刻,使抽样判决点偏离其最佳位置。基带传输和频带传输的解调过程中都是在抽样点的最佳时刻进行判决的,所得到的误码率公式也都是在最佳抽样时刻得到的。当位同步信号存在相位误差时,由于不能在最佳时刻进行抽样判决,必然引起误码率 P_e 的增大。

以 2PSK 最佳接收为例,由于相位误差 $\Delta\varphi$ 的存在,导致其时间差为 T_e,则误码率为

$$P_e = \frac{1}{4}\text{erfc}(\sqrt{E/n_0}) + \frac{1}{4}\text{erfc}[\sqrt{E(1-2T_e/T)/n_0}] \tag{7.36}$$

位同步的相位误差 $\Delta\varphi$ 对接收性能的影响可以从两种情况考虑:①当输入相邻码元为连"0"、连"1"时,锁相环不比相,此时由 $\Delta\varphi$ 引起的位移不会对抽样判决产生影响;②当输入相邻码元出现"0""1"跳变时,$\Delta\varphi$ 引起的位移将根据信号波形及抽样判决方式的不同而产生不同的影响。对于最佳接收系统,因为进行抽样判决的参数是码元能量,而位定时的位移将影响码元能量,因此此时的位移将影响系统的接收性能,使误码率上升。但对基带矩形波而言,如果选择在码元周期的中间时刻进行抽样判决,由于每两个码元周期比相一次,只要位移不超过 $\pi/4$,就不会影响判决结果,系统误码率也不会下降;但是如果超过 $\pi/4$ 就不行。

7.4　帧同步及其性能

前面已经讲过,载波同步是相干解调的基础,而位同步是正确抽样判决的基础。在实际的数字通信系统中,除上述情况外,有时还用一定数目的码元组成的"字""句""群"的形式进行传输,接收端为了区分这些"字""句""群"的起止位置,需要提供这些"字""句""群"的同步脉冲,因此把收、发两端的这些"字""句""群"的同步称为群同步,通常把这些"字""句""群"统称为以"帧"为单位,所以也称为帧同步。

显然帧同步信号的频率可以很容易地从位同步信号分频后得到,但是怎么知道每帧的开始和结束呢?同理,帧同步方法也可以分为两类,第一类方法是利用数字序列本身的特性提取帧同步脉冲,这类方法称为内同步法,通常指有检错、纠错能力的差错控制编码,这些内容将在第 8 章介绍。第二类方法是在发送的数字序列中插入专门的帧同步脉冲或帧同步码字,接收端根据这些脉冲或特殊码字的位置确定各帧的开始和结束,从而实现帧同步。这种方法称为外同步法,外同步法又有起止式同步法、连贯式插入法、间隔式插入法等多种方法。接下来介绍两种有代表性的方法,即起止式同步法和连贯式插入法。

7.4.1　起止式同步法

在数字电传机中广泛使用起止式同步。例如在印字电传机中,一个字由 7.5 个码元组成,其中 5 个码元是信息码元。为了标志每个帧的开头和结尾,在 5 个信息码元的前后分别加上 1 个码元的起始脉冲(用低电平表示)和 1.5 个码元的终止脉冲(用高电平表示),起止式同步法的帧结构如图 7.22 所示。

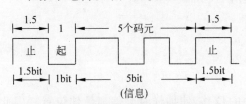

图 7.22　起止式同步法的帧结构

其同步原理为:发送端按照图 7.22 的结构一帧接一帧地发出去,接收端根据高电平第一次转到低电平这一特殊标志确定一个帧的起始位置,从而实现帧同步。在数字通信中,由于这种结构码元的非整数倍特性和传输效率低(仅为 2/3)而不采用这种方式。

7.4.2　连贯式插入法

连贯式插入法也称为集中插入法,它是指在每一信息帧的开头集中插入一个帧同步码字,该帧同步码字是一个特殊码字,该码字应在信息码中很少出现,即使偶然出现,也不按照帧的规律周期出现,帧同步码字应容易产生和容易识别,且码字的长度要合适。接收端按帧的周期性连续数次检测到该特殊码字,便获得帧同步信息。

对该特殊帧同步码字的要求包括:①具有尖锐单峰特性的局部自相关函数;②识别器应该尽量简单。符合此要求的特殊码字有很多,如全"0"码、全"1"码、"1"与"0"交替码、巴克码等。我国使用的 PCM30/32 路的 PCM 系统,在电话基群中应用的帧同步码字为 0011011。

常用的帧同步码字是巴克码。巴克码是一种具有特殊规律的二进制序列,其规律是:一个长度为 n 位的巴克码 $\{x_1,x_2,\cdots,x_n\}$, x_i 的取值只能取 $+1$ 或 -1,则它的自相关函数为

$$R(j)=\sum_{i=1}^{n-j}x_ix_{i+j}=\begin{cases}n, & j=0 \\ -1,0,+1, & 0<j<n \\ 0, & j\geqslant n\end{cases} \tag{7.37}$$

式中, x_i 为码字的第 i 个元素的值, x_{i+j} 为码字中第 $i+j$ 个元素的值, n 为码字的长度, $R(j)$ 为相隔 j 位的自相关函数。由于 $j\neq0$ 时,只有部分元素参加相关运算,通常把这种非周期序列的自相关函数称为局部自相关函数。

目前已找到的巴克码字如表 7.1 所示,表中"$+$"表示 $+1$,"$-$"表示 -1。

表 7.1　常见的巴克码字

n	巴 克 码 字	对应的二进制码
2	$++$;$-+$	11;01
3	$++-$	110
4	$+++-$;$++-+$	1110;1101
5	$+++-+$	11101
7	$+++--+-$	1110010
11	$+++---+--+-$	11100010010
13	$+++++--++-+-+$	1111100110101

表 7.1 中, n 取值小,实现简单,但很容易破译; n 取值大,不容易破译,但实现复杂。所以在实际应用中通常取长度适当的巴克码, $n=7$ 是常用的巴克码,现在以 7 位巴克码为例,根据式(7.37)可以求得其自相关函数的值如下

$$\begin{aligned} j&=0 & R(j)&=7 \\ j&=\pm1,\pm3,\pm5,\pm7 & R(j)&=0 \\ j&=\pm2,\pm4,\pm6 & R(j)&=-1 \end{aligned}$$

把上述 7 位巴克码的自相关函数值,画成波形图如图 7.23 所示。由图可见,其自相关函数 $R(j)$ 的值在 $j=0$ 时出现尖锐的单峰特性。局部自相关函数具有尖锐的单峰特性正是连贯式插入帧同步码字的主要要求之一。

巴克码识别器是指在接收端从信息码流(信息码+巴克码)中识别巴克码的电路,巴克码识别器较容易实现,这里仍以 7 位巴克码为例,用 7 级移位寄存器、相加器和判决器就可以组成巴克码识别器,如图 7.24 所示。发送端在信息码的前后都添加 7 位巴克码,即发送端发送的数据序列

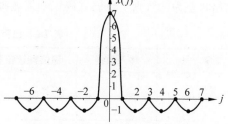

图 7.23　7 位巴克码的自相关函数曲线

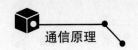

为"1110010＋信息码＋1110010",如图 7.25(a)所示。接收端接收到该数据序列后,进行如下操作:当输入数据的"1"移入移位寄存器时,"1"端的输出电平为"＋1",而"0"端的输出电平为"－1";反之,当输入数据的"0"移入移位寄存器时,"0"端的输出电平为"＋1","1"端的输出电平为"－1"。各移位寄存器输出端的接法和巴克码的规律一致,这样识别器实际上就是对输入的巴克码进行相关运算。当 7 位巴克码正好已全部进入 7 级移位寄存器时,7 个移位寄存器输出端都输出"＋1",相加后得最大输出值为"＋7";若判决器的判决门限电平定为"＋6",那么就在 7 位巴克码的最后一位"0"进入识别器时,当相加器输出大于判决电平时,识别器输出一帧同步脉冲,表示一帧的开头,如图 7.25(b)所示。

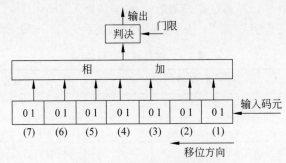

图 7.24　7 位巴克码的识别器

一般情况下,信息码不会正好都使移位寄存器的输出为"＋1",因此实际上更容易判定巴克码全部进入移位寄存器的位置。

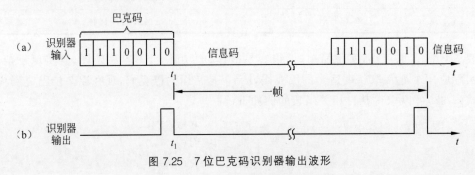

图 7.25　7 位巴克码识别器输出波形

接收端接收到的信息码元自右向左逐比特进入移位寄存器,下面例说明巴克码识别器的工作情况。假设只有巴克码(1110010)作为数据进入移位寄存器,并假设各移位寄存器的初始状态为"0",则 7 位巴克码识别器相加器的输出如表 7.2 所示。

表 7.2　巴克码识别器相加器的输出

序　号	移入数据	移位寄存器状态(初始状态为 0000000)	相加器输出
1	1	0000001	－3
2	1	0000011	－1
3	1	0000111	－3

266

序　号	移入数据	移位寄存器状态（初始状态为0000000）	相加器输出
4	0	0001110	−3
5	0	0011100	−3
6	1	0111001	−1
7	0	1110010	＋7

由表7.2可见,第1项由于移入数据为"1",所以移位寄存器状态0000001就变成−1−1−1−1−1−1+1,与巴克码1110010变成+1+1+1−1−1+1−1,这两者对应位相乘再相加,可得相加器输出为−3;第4项移入的数据是"0",所以移位寄存器状态0001110就变成+1+1+1−1−1−1+1,与巴克码1110010变成−1−1−1+1+1+1−1,这两者对应位相乘再相加,可得相加器输出为−3。这样当所有数据1110010都移入寄存器后,并假定判决电平取为"＋6",在7位巴克码全部进入移位寄存器后,相加器的输出为"＋7",此时相加器的输出"＋7"大于判决电平"＋6",巴克码识别器将输出一个帧同步脉冲。这样就实现了帧同步。

7.4.3　帧同步的性能

由于帧同步信号是用来指示一个帧或群的开头或结尾,对它的性能要求主要就是应当指示正确。因此衡量帧同步系统性能的指标有漏同步概率 P_1、假同步概率 P_2 和帧同步的平均建立时间 t_s。一般要求系统的漏同步概率和假同步概率都要小,同时也要求帧同步的平均建立时间要短,但三个性能指标之间存在一定的矛盾。

1. 漏同步概率

由于干扰的影响会引起接收端同步码字中的一些码元产生误码,从而使识别器漏识别已发出的同步码字,导致帧同步信息丢失,通常称为漏同步。出现这种情况的可能性称为漏同步概率,用 P_1 表示。例如,假定图7.24识别器的判决门限电平为"＋6",由于存在干扰,7位巴克码有1位错误,这时相加器输出最大值变为"＋5",小于判决门限,识别器不会输出帧同步脉冲,使识别器漏识别帧同步码字;若在这种情况下,将判决门限降为"＋4",识别器就不会漏识别,这时判决器允许7位同步码字中有一个错误码元。下面计算漏同步概率。

设码元的误码率为 P,帧同步码字的码元个数为 n,判决器容许码字中的错误码元最大值为 m,m 就称为容错量。则同步码字的 n 个码元中,所有不超过 m 个错误码元的码字都能被识别器识别,则允许 m 位错时可识别的概率为 $\sum_{r=0}^{m}C_n^r P^r (1-P)^{n-r}$,故得到允许 m 位错时不可识别的概率,即漏同步的概率为

$$P_1 = 1 - \sum_{r=0}^{m}C_n^r P^r (1-P)^{n-r} \tag{7.38}$$

例如,7位巴克码识别器,系统误码率 $P=10^{-4}$,在 $m=0$ 和 $m=1$ 时,漏同步的概率 P_1

分别为

当 $m=0$ 时，$P_1 = 1-(1-10^{-4})^7 \approx 7\times 10^{-4}$

当 $m=1$ 时，$P_1 = 1-(1-10^{-4})^7 - 7\times 10^{-4}\times(1-10^{-4})^6 \approx 2.1\times 10^{-7}$。

由此可知，当容错量 m 增加，漏同步概率 P_1 减少。

2. 假同步概率

由于被传输的信息码元是随机的，因此在消息码中有可能出现与帧同步码字完全相同的信息码字，这时识别器会将它当作帧同步码字识别而造成假同步，发生这种情况的可能性称为假同步概率，用 P_2 表示。

因此，计算假同步概率 P_2 就是计算消息码元中能被判为同步码字的组合数与所有可能的码字数之比。设二进制信息码中"1""0"码等概率出现，$P(1)=P(0)=0.5$，则由该二进制码元组成 n 位码字的所有可能的码字数为 2^n 个，而其中能被判为同步码组的组合数也与容错量 m 有关。当 $m=0$，只有 C_n^0 个码字能被识别；当 $m=1$，则有 $C_n^0+C_n^1$ 个码字能被识别。以此类推，就可写成普遍式，当 $m=r$ 时，即允许 r 位错码时，信息码中可被判为同步码字的组合数为 $\sum_{r=0}^{m} C_n^r$，由此可得假同步概率为

$$P_2 = \frac{1}{2^n}\sum_{r=0}^{m} C_n^r \tag{7.39}$$

例如，设帧同步码字中的码元数为 $n=7$，当最大错码数 $m=0$ 和 $m=1$ 时，假同步概率分别为

当 $m=0$ 时，$P_2 = \frac{1}{2^7}\sum_{r=0}^{0} C_7^r = \frac{1}{2^7} = 7.8\times 10^{-3}$

当 $m=1$ 时，$P_2 = \frac{1}{2^7}\sum_{r=0}^{1} C_7^r = \frac{1}{2^7}(1+7) = 6.25\times 10^{-2}$。

由此可知，当容错量 m 增加，漏同步概率 P_2 增加。

根据以上两种情况的实例分析可知，当判决器允许帧同步码字中的容错量 m 增大时，P_1 下降而 P_2 增加，因而 P_1 和 P_2 两者对容错量 m 的要求是矛盾的，因此对 n、m 的选择要兼顾对 P_1 和 P_2 的要求。

3. 帧平均同步建立时间

对于连贯式插入法，假设漏同步和假同步都不出现，在最不利的情况下（即从信息码中的同步码后位开始），实现帧同步最多需要一帧时间。设每帧由 N 个码元构成（其中 n 位为帧同步码），每个码元的持续时间为 T_s，则一帧时间为 NT_s。在建立同步过程中，如出现一次漏同步或假同步，则建立时间要增加 NT_s，因此，帧同步的平均建立时间大约为

$$t_s \approx (1+P_1+P_2)NT_s \tag{7.40}$$

帧同步的平均建立时间越短，通信的效率越高，通信的性能就越好。由于连贯式插入法的帧同步平均建立时间比分散插入法要短得多，因而在数字传输系统中广泛采用连贯式插入法。

为了确保帧同步系统的性能可靠、抗干扰能力强，预防假同步以及漏同步，在实际的同

步系统中必须采取前向和后向保护。前向保护使假同步概率减小,但增加了同步建立时间,后向保护可以使漏同步概率减小。

由于漏同步概率 P_1 和假同步概率 P_2 对容错量 m(即判决门限)的要求是矛盾的,因此,一般都将帧同步的工作状态划分为捕捉态和同步态,针对同步保护对漏同步概率 P_1 和假同步概率 P_2 都要低的要求,在不同状态下根据电路的实际情况规定不同的识别器判决门限,解决两个概率 P_1、P_2 对识别器判决门限相互矛盾的要求,达到降低漏同步和假同步的目的。

当帧同步处于捕捉态时,此时系统尚未建立帧同步,也就涉及不到漏同步的问题,因此此时主要应防止出现假同步,相应的措施为,提高识别器的判决门限,减少识别器的容错量 m,使假同步概率 P_2 下降。

当帧同步处于同步态时,帧同步保护主要防止因偶然的干扰使同步码出错,导致系统以为失步,进而错误地进入捕捉态或失步状态。此时系统应以防止漏同步为主,尽量减小漏同步概率 P_1,相应的保护措施为,降低识别器的判决门限,增大识别器的容错量 m,使漏同步概率 P_1 下降。

7.5 本章小结

同步就是指收发双方的载波、码元速率及其他标志信号协调一致工作的过程。在实际的数字通信系统中,同步是一个重要的课题,同步电路是必不可少的重要组成部分,它是进行正常通信的必要保证。同步电路性能的好坏直接影响通信系统性能的好坏;收发双方如果没有完全同步,将会使系统无法正常工作。因此数字通信系统对同步电路的可靠性要求较高。按照同步的功能,同步可以分为载波同步、位(码元)同步、帧(群)同步等;按照同步的实现方式,同步可分为外同步法和自同步法,外同步法又称为插入导频法,自同步法也称为直接提取法。

载波同步的方法通常有外同步法(插入导频法)和自同步法(直接提取法)两种。插入导频法中导频信号的形式是正交载波;直接法对于二相信号,典型的方法是平方环法和同相正交环(Costus 环)法。载波同步系统的主要性能指标是高效率和高精度。高效率是指在获得载波的情况下尽量减少发送功率的消耗。直接法不需专门发送导频,因而效率高;插入导频法要消耗一部分发送功率,因而效率要低些。高精度就是要求提取的相干载波与所需的载波标准相比,其相位误差 $\Delta\varphi$ 应尽量小。载波相位误差包括稳态相位误差 θ_v 和随机相位误差 σ_φ。稳态相位误差与提取的电路密切相关,而随机相位误差则由随机噪声引起。另外,性能指标还有同步建立时间 t_s 和同步保持时间 t_c,要求 t_s 要短,而 t_c 要长。载波相位误差对于不同解调信号性能的影响不同。对于 DSB 和 2PSK 等双边带信号,只是引起信噪比下降 $\cos^2\Delta\varphi$,对于单边带信号和 VSB 信号,$\Delta\varphi$ 不仅会引起信噪比下降,而且还会引起信号畸变,$\Delta\varphi$ 越大,畸变将越大。

位同步是正确抽样判决的基础,位同步实现的方法也可分为插入导频法和直接法两类。插入导频法和载波同步中插入导频法原理基本相同,在基带信号频谱的零点处插入所需的

位定时导频信号。直接法有滤波法和锁相法两种形式。位同步锁相法主要利用数字锁相环提取位同步信号。位同步系统的性能指标有相位误差 $\Delta\varphi$、同步建立时间 t_s、同步保持时间 t_c 和同步带宽 Δf。与误码率直接相关的指标是相位误差 $\Delta\varphi$。位同步存在相位误差时,误码率比位同步无相差时要增加。

实现帧同步的方法主要有起止式同步法和插入特殊码字的连贯式插入法。连贯式插入法,常用的帧同步码字是巴克码,文中详细介绍了巴克码识别器的工作原理。帧同步系统的性能主要有同步的可靠性和同步建立时间。同步的可靠性由漏同步概率 P_1 和假同步概率 P_2 决定,一般系统要求漏同步概率 P_1 和假同步概率 P_2 要小,帧同步建立时间要短。但三个性能指标之间存在一定的矛盾。实际系统中可增加保护措施提高系统抗干扰能力。

7.6 习题

1. 已知单边带信号为 $s(t)=m(t)\cos\omega_c t+\hat{m}(t)\sin\omega_c t$,试证明不能用平方变换法提取载波同步信号。

2. 已知单边带信号的表示式为 $s(t)=m(t)\cos\omega_c t+\hat{m}(t)\sin\omega_c t$,若采用与抑制载波双边带信号导频插入完全相同的方法,试证明接收端可以正确解调;若发送端插入的导频是调制载波,试证明解调输出中也含有直流分量。

3. 如果用 Q 为 10^5 的石英晶体滤波器作为窄带滤波器提取同步载波,设同步载波频率为 10MHz,求石英晶体滤波器谐振频率为 9999.95kHz 时的稳态相位差 θ_v。

4. 正交双边带调制的原理方框图如图 7.26 所示,试讨论载波相位误差 $\Delta\varphi$ 对该系统有什么影响。

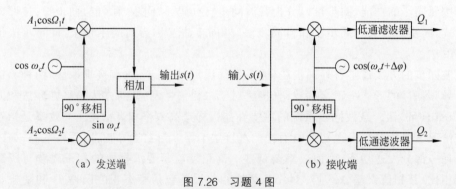

图 7.26 习题 4 图

5. 设有图 7.27 所示的基带信号,它经过一个带限滤波器后会变为带限信号,试画出从带限基带信号中提取位同步信号的原理方框图和各点波形。

6. 若 7 位巴克码组的前后为全"1"序列加于如图 7.28 所示的码元输入端,且各移存器的初始状态均为零,假定判决电平门限为"+6",试画出识别器的输出波形。

7. 若 7 位巴克码组的前后为全"0"序列加于如图 7.28 所示的码元输入端,且各移存器的初始状态均为零,假定判决电平门限为"+6",试画出识别器的输出波形。

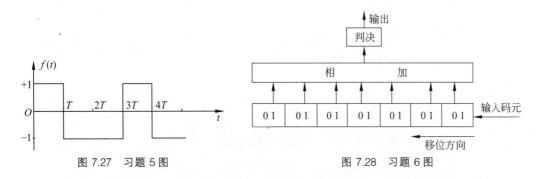

图 7.27　习题 5 图　　　　　　　　　　图 7.28　习题 6 图

8. 画出 DSB 系统提取载波的发送端插入导频信号的方框图以及接收端提取载波与信号解调的方框图;画出 VSB 系统插入导频的位置及提取同步载波及解调方框图。

7.7　实践项目

用数字锁相法提取位同步信号,其实现方框图如图 7.29 所示。

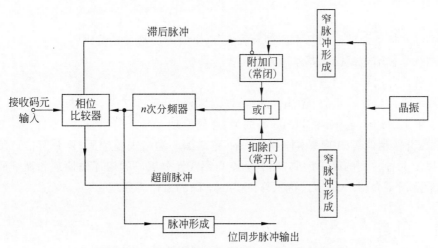

图 7.29　数字锁相环位同步提取原理方框图

要求完成的内容如下。

(1) 完成原理方框图中各部分单元电路的设计。

(2) 完成位同步信号提取的电路原理图模型设计。

(3) 由电路原理图模型进行 VHDL 时序仿真,获得时序仿真波形图。(可选)

第8章 编码技术

本章学习目标

- 熟练掌握信源编码的基本原理及香农-范诺编码和哈夫曼编码
- 熟练掌握信道编码的基本原理
- 了解几种简单的信道编码
- 熟练掌握线性分组码、循环码的编、译码原理
- 了解 BCH 码、卷积码、Turbo 码的编、译码原理

本章先介绍信源编码的基本原理及香农-范诺编码和哈夫曼编码,再介绍信道编码的基本原理,以及几种常用的简单编码,然后重点介绍线性分组码的编译码原理和循环码的编译码原理,最后简要介绍 BCH 码、卷积码和 Turbo 码的编译码原理。

8.1 引言

针对信源和信道都已知的通信系统,为了提高通信系统的主要性能指标——有效性和可靠性,通常采用编码技术。根据不同的目的,编码又分为信源编码和信道编码。信源编码是为了提高通信系统的有效性,信道编码是为了提高通信系统的可靠性。

在数字通信中,信源编码是根据信源特性,通过改变信源各个符号之间的概率分布,实现信源和信道之间的匹配,使信息传输速率尽可能大,因此它是为了提高信号传输的有效性而采取的编码措施。信源编码的实施可以看成是把某一消息的符号集合通过确定的规则,用另一个符号集合表示的过程,经过这一转换过程,可以减少或消除信源待发送消息中的冗余信息,从而达到提高通信系统的有效性这一目的。

在数字通信中,信道编码针对信道特性,在发送端把各个信码之间的规律或相关性进行

变换,使接收端能够具有一定的自检或自纠能力,从而使通信系统在保证一定的信息传输速率下错误概率尽可能小,从而达到提高系统的抗干扰能力。因此信道编码是指为了提高信号传输的可靠性而采取的编码措施。

本章先介绍提高有效性的措施,即信源编码;然后介绍提高可靠性的措施,即信道编码,也称为差错控制编码。

8.2 信源编码

8.2.1 信源编码基本概念

通常信源输出信号中携带信息的效率并不很高,信源编码的基本目的就是压缩信源产生的冗余信息,降低传递这些不必要信息的开销,从而提高整个传输链路的有效性。在这个过程中,对冗余信息的界定和处理是信源编码的核心问题,如何用适当的信号有效地表示信源输出的信息是人们感兴趣的问题,这就是信源编码的问题。

首先需要对这些冗余信息的来源进行分析,接下来才能够根据这些冗余信息的不同特点设计和采取相应的压缩处理技术进行高效的信源编码。信息的冗余来自两个主要的方面:首先是信源的相关性和记忆性。这类降低信源相关性和记忆性编码的典型例子有预测编码、变换编码等;其次是信宿对信源失真具有一定的容忍程度。这类编码的直接应用有很大一部分是在对模拟信源的量化上,或连续信源的限失真编码。可以把信源编码看成是在有效性和传递性的信息完整性(质量)之间的一种折中。

信源编码的方式有:①模数转化,有脉冲编码调制(PCM)和增量编码调制($\Delta M/DM$)等,这部分内容已经在第6章介绍过,这里不再重复;②离散无记忆信源编码(DMS),有哈夫曼(Huffman)编码和等长编码等;③线性预测编码(LPC),将信源等效地视为在一个适当输入信号激励下的线性系统输出。用线性系统的参数及伴随的输入激励信号进行编码。

最著名的信源编码有香农-范诺编码和哈夫曼编码,接下来介绍这两种编码。

8.2.2 香农-范诺编码

香农-范诺编码的名称来自以克劳德·香农和罗伯特·范诺。香农-范诺编码是香农于1948年,在介绍信息理论的文章《通信数学理论》中首次提出;不久以后,范诺以技术报告的形式发布这个方法。因此称为香农-范诺编码。

香农-范诺编码的原理是,将符号从最大可能到最少可能排序,将排列好的信源符号分为两大组,使两组的概率和接近,并各赋予一个二元码符号"0"和"1"。只要有符号剩余,以同样的过程重复这些集合,以此确定这些代码的连续编码数字。依次下去,直至每一组只剩下一个信源符号为止。当一组已经降低到一个符号,显然,这意味着符号的代码是完整的,不会形成任何其他符号的代码前缀。

上述过程可以用香农-范诺算法归纳。

(1) 对于一个给定的符号、频率计数或相应的概率列表,根据符号出现的频率或相应的

概率从大到小排列。

（2）将重新排序好的符号列表分为两组，使这两组的总频率计数或相应的概率之和尽可能接近。

（3）该列表的上半部分配二进制数字"0"，下半部分配二进制数字"1"。这意味着，第一半的符号代码都从"0"开始，第二半的符合代码都从"1"开始。

（4）对分好的两组递归应用步骤（2）和步骤（3），再细分各组，并添加相应的数字代码，直到每组的每个符号已成为一个相应的代码树的叶为止。

（5）最后，每个符号都得到一个"0""1"组合的编码。

【例8.1】 假设有一个有限离散独立信源，可以输出5个可被编码的独立符号 $X_1 \sim X_5$，各符号出现次数以及对应的概率，如表8.1所示，称为一组符号的香农编码结构，试求各符号的香农-范诺编码。

表8.1　香农-范诺编码举例

符　号	计　数	概　率
X_1	15	0.385
X_2	7	0.179
X_3	6	0.154
X_4	6	0.154
X_5	5	0.128

从上到下所有的符号以它们出现的频率计数从大到小排列（见表8.1），第1次分组，在符号 X_2 与 X_3 之间划定分割线，得到上下两组，这两组的总计数分别为22，17。这样就把两组的差别降到最小。通过这样的分割，X_1 与 X_2 同时拥有一个以"0"为开头的码字，X_3，X_4，X_5 的码字则为"1"开头，如表8.2所示。随后，进行第2次分组，在第一组中，在 X_1、X_2 间建立新的分割线，这样 X_1 就成为码字为"00"的叶子节点，X_2 的码字为"01"。同理 X_3，X_4，X_5 这一组，在 X_3、X_4 间建立新的分割线，X_3 拥有一个"0"码字，X_4，X_5 的码字则为"1"。接下来进行第3次分组，在 X_4、X_5 间进行分割，X_4 拥有了一个"0"码字，X_5 的码字则为"1"。如表8.2所示，在最终得到的树中，拥有最大频率的3个符号的编码长度为2，其他两个频率较低的符号的编码长度为3。

根据 X_1、X_2、X_3 的2位编码长度，X_4、X_5 的3位编码长度，最终的平均码字长度是

$$\frac{2\times(15+7+6)+3\times(6+5)}{39}\approx 2.28(\text{bits per symbol}) \tag{8.1}$$

表8.2　香农-范诺编码过程

符号	计数	概率	第1次分组	第2次分组	第3次分组	编码	码字长度
X_1	15	0.38461538	0	0		00	2
X_2	7	0.17948718	0	1		01	2

符号	计数	概率	第 1 次分组	第 2 次分组	第 3 次分组	编码	码字长度
X_3	6	0.15384615	1	0		10	2
X_4	6	0.15384615	1	1	0	110	3
X_5	5	0.12820513	1	1	1	111	3

式(8.1)说明每个符号可以用 2.28 比特表示,39 个符号需用 88.92 比特表示,这就是压缩的极限值。

香农-范诺编码的理论虽然指出了平稳信源的无损压缩的极限,但实际的问题在于,为了达到这个极限,通常需要建立一种对于 n 个字符信源的编码,当 n 很大时,这样的编码不但很复杂,而且会导致一般系统无法容忍的延时。实际上,人们通常不采用压缩到熵率的无损编码,而宁愿采用准优化的压缩方式以求可操作性和低延时。3 类和 4 类传真标准就是例子,它们在实际无损压缩过程中牺牲一点压缩效率以提高可实现性和灵活性。为了对这种情况加以改进,其方法就是采用哈夫曼编码。

8.2.3 哈夫曼编码

哈夫曼(Huffman)编码是在 1952 年提出的一种较新的编码方法,其编码效率高于香农-范诺编码。哈夫曼编码是从下到上的编码方法,属于码字长度可变的编码类型。同其他码字长度可变的编码一样,区别各个不同码字的生成是基于不同符号出现的不同概率。生成哈夫曼编码方法是根据哈夫曼编码算法实现的,它是基于一种称为"编码树"(coding tree)的技术,又称为哈夫曼树(Huffman Tree)或最优二叉树,是一类带权路径长度最短的树。假设有 n 个权值 $\{w_1, w_2, \cdots, w_n\}$,如果构造一棵有 n 个叶子节点的二叉树,而这 n 个叶子节点的权值是 $\{w_1, w_2, \cdots, w_n\}$,则所构造出的带权路径长度最小的二叉树就被称为哈夫曼树。

哈夫曼编码算法步骤如下。

(1) 初始化,根据符号概率的大小按由大到小顺序对符号进行排序。

(2) 把排列后概率最小的两个符号组成一个新符号(节点),即新符号的概率等于这两个符号的概率之和。将其中概率小的符号编为"0",概率大的符号编为"1"。把新得到的概率和再与其他尚未处理过的概率再次按由大到小的顺序进行排序。

(3) 重复第(2)步,直到形成一个符号为止(树),其概率最后等于 1。

(4) 从编码树的根开始回溯到原始符号,将遇到的二元数字依次由最低写到最高位所得的二元数字序列,即为哈夫曼编码的输出序列。

【例 8.2】 假定有 5 个符号 $X_1 \sim X_5$,其相应的出现概率为 $P(X_1)=0.16, P(X_2)=0.51, P(X_3)=0.09, P(X_4)=0.13, P(X_5)=0.11$。求这 5 个符号 $X_1 \sim X_5$ 的哈夫曼编码。

由已知条件可知,X_3 的概率最小,X_5 次之,这样 X_3、X_5 被排在第一棵二叉树中作为树叶。它们的根节点 X_3X_5 的组合概率为 0.20。从 X_3X_5 到 X_3 的一边被编码为"0",从

X_3X_5 到 X_5 的一边被编码为"1"。这种标记是强制性的。所以，不同的哈夫曼编码可能由相同的数据产生。

接下来，各节点相应的概率为 $P(X_1)=0.16, P(X_2)=0.51, P(X_3X_5)=0.20, P(X_4)=0.13$。可见 X_4 的概率最小，X_1 的概率次之，这两个节点作为叶子组合成一棵新的二叉树，且根节点 X_1X_4 的组合概率为 0.29。由 X_1X_4 到 X_1 的一边被编码为"1"，由 X_1X_4 到 X_4 的一边被编码为"0"。

如果不同的二叉树的根节点有相同的概率，那么具有从根到节点最短的最大路径的二叉树应先生成。这样能保持编码的长度基本稳定。

剩下节点的概率为 $P(X_1X_4)=0.29, P(X_2)=0.51, P(X_3X_5)=0.20$。可见 X_3X_5 节点的概率最小，X_1X_4 节点的概率次之，它们生成一棵二叉树，其根节点 $X_1X_4X_3X_5$ 的组合概率为 0.49。由 $X_1X_4X_3X_5$ 到 X_1X_4 的一边被编码为"1"，由 $X_1X_4X_3X_5$ 到 X_3X_5 的一边被编码为"0"。

剩下两个节点相应的概率为 $P(X_1X_4X_3X_5)=0.49, P(X_2)=0.51$。

它们生成最后一棵根节点为 $X_1X_4X_3X_5X_2$ 的二叉树，$X_1X_4X_3X_5X_2$ 的组合概率为 1。由 $X_1X_4X_3X_5X_2$ 到 X_2 的一边被编码为"1"，由 $X_1X_4X_3X_5X_2$ 到 $X_1X_4X_3X_5$ 的一边被编码为"0"。

这 5 个符号 $X_1 \sim X_5$ 的哈夫曼编码过程，可以用编码树表示，如图 8.1 所示。从图中可知，从编码树的根开始回溯到原始的符号，得到各个符号的哈夫曼编码如表 8.3 所示。

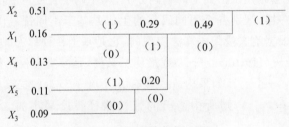

图 8.1　哈夫曼编码树示意图

表 8.3　$X_1 \sim X_5$ 的哈夫曼编码

符号	X_1	X_2	X_3	X_4	X_5
编码	011	1	000	010	001

哈夫曼编码具有如下明显的特点。

(1) 编出来的码都是异字头码，保证了码的唯一可译性。

(2) 由于编码长度可变，因此译码时间较长，使得哈夫曼编码的压缩与还原相当费时。

(3) 编码长度不统一，硬件实现有难度。

(4) 对不同信号源的编码效率不同，当信号源的符号概率为 2 的负幂次方时，达到 100% 的编码效率；若信号源符号的概率相等，则编码效率最低。

(5) 由于"0"与"1"的指定是任意的，故由上述过程编出的最佳码不是唯一的，但其平均码长是一样的,故不影响编码效率与数据压缩性能。

同香农-范诺编码一样,哈夫曼编码的码长虽然是可变的,但却不需要另外附加同步代码。这是因为这两种方法都自含同步码,在编码后的码串中都不需要另外添加标记符号,即在译码时分割符号的特殊代码。当然,哈夫曼编码方法的编码效率比香农-范诺编码效率高一些。

采用哈夫曼编码时有两个问题值得注意:①哈夫曼码没有错误保护功能,在译码时,如果码串中没有错误,那么就能一个接一个地正确译出代码。但如果码串中有错误,哪怕仅仅是1位出现错误,也会引起一连串的错误,这种现象称为错误传播。计算机对这种错误也无能为力,找不出错在哪里,更谈不上去纠正它。②哈夫曼码是可变长度码,因此很难随意查找或调用压缩文件中间的内容,然后再译码,这就需要在存储代码前加以考虑。尽管如此,哈夫曼码还是得到广泛应用。

在哈夫曼编码理论的基础上发展了一些改进的编码算法。其中一种称为自适应哈夫曼编码(Adaptive Huffman code),这种方案能够根据符号概率的变化动态地改变码字,产生的代码比原始哈夫曼编码更有效。另一种称为扩展的哈夫曼编码(Extended Huffman code),允许编码符号组而不是单个符号。

8.3　信道编码

数字信号在实际信道的传输过程中,由于信道特性的不理想和线路本身电器特性造成的随机噪声、信号幅度的衰减、频率和相位的畸变、电信号在线路上产生反射造成的回音效应、相邻线路间的串扰以及各种外界因素(如大气中的闪电、开关的跳火、外界强电流磁场的变化、电源的波动等)都会造成信号的失真。这种失真将会使接收端收到的二进制比特和发送端实际发送的二进制比特不一致,从而造成由“0”变成“1”或由“1”变成“0”的差错,即产生误码。

这种误码按其分布的规律可分为三种类型:①随机差错,即由信道的加性随机噪声引起的差错,例如正态分布的白噪声引起的差错,相应的信道称为随机信道;②突发差错,即在某一段时间内出现一连串的差错,例如移动通信中信号在某一段时间内发生衰落,相应的信道称为突发信道;③混合差错,既有随机差错又有突发差错,相应的信道称为混合信道。

解决这些差错的途径有:①合理设计基带信号传输码型;②采用均衡技术;③提高信噪比,即加大发送功率;④适当选择调制解调方式;⑤采用信道编码。前4种的内容在前面各章中已经介绍,而且当采用这几种途径,误码率的指标仍然不能满足要求时,就需要采用信道编码。

8.3.1　信道编码基本原理

1. 信道编码方法

常用的信道编码方法有自动请求重传法、前向纠错法、反馈校验法和混合纠错法。

(1) 自动请求重传(Automatic Repeat Quest,ARQ)方法:发送端发送能检错的码,接收端收到码元后进行判决,若无错就接收,若有错就丢弃,并把反馈信息经反向信道送回发

送端,发送端再重发,直到接收端正确接收为止,其原理框图如图 8.2 所示。这种方式的特点是必须使用双向信道,实时性差。

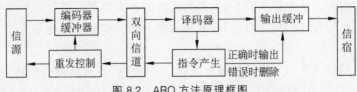

图 8.2　ARQ 方法原理框图

(2) 前向纠错法(Forward Error Control,FEC):发送端发送能够纠错的码,接收端收到信码后自动纠正错码,其原理框图如图 8.3 所示。其特点是采用单向传输、实时性好,但译码设备复杂。

图 8.3　FEC 方法原理框图

(3) 反馈校验法:发送端把编码后的信码经正向信道发送出去,接收端将接收到的信码原封不动地经反向信道转发回发送端,发送端再与原发送信码相比较,若发现错误,发送端再重发;若正确就发送下一个信码,其原理框图如图 8.4 所示。其特点是编码器较复杂,译码器简单,但实时性差。

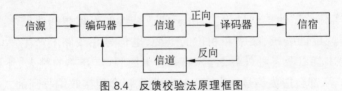

图 8.4　反馈校验法原理框图

(4) 混合纠错法(Hybrid Error Control,HEC):发送端发送检错、纠错的码,接收端收到码后,若在纠错范围内,自动纠错;若超出纠错能力但在检错能力范围内就经反馈信道请求发送端重发。这种方法结合了前几种方法的优点,因此误码率较低,但相应设备较复杂。

因此,进行信道编码的目的就是要找出编码效率高与检错、纠错能力强这两者折中后的最佳的码。

2. 信道编码的基本概念

首先介绍以下几个名词。

(1) 码字:由若干个码元组成,如 10001100。

(2) 码组:多个码字构成的集合,如{000000,001110,010101,011011,100011,101101,110110,111000}。

(3) 码距:两个等长码字之间对应位不同的个数,也称为汉明距离,用 d 表示。例如码字 10010 和 01110,有 3 个位置的码元不同,所以 $d=3$。码组集合中各码字之间距离的最小值,称为最小码距,用 $d_{\min}$ 表示。

(4) 码重:码字中"1"码元的个数,用 W 表示。例如码字 11001 的码重 $W=3$。

接下来介绍信道编码的基本原理。

(1) 编码的基本思想：例如，当某位同学收到他朋友发来的一条短信"星期二上午四点到西湖边"，他会判断这里有错，其一对方明明知道该同学星期二一天都有课，其二以前都是在周日上午十点见面，这样他将根据他们之间的熟悉程度（某种关联性或约束关系），就把原信息纠正为"星期日上午十点到西湖边"。但是一些机器不懂得这些自然的关联性，因此在发送信息时，要人为地加入类似的关联性，使接收端也能按某种约定进行判别，从而达到检错、纠错的目的。

这样就不难得出信道编码的基本思想，即在信息码序列中加入一些冗余位（监督码），使信息码元产生某些关联性。

(2) 编码的基本原理：在发送端把原来的信息码序列按 k 位分成若干段，根据收发双方约定的关系在每段后加入 r 位监督码元，产生一个 $n=k+r$ 位的编码，接收端按同样的约束关系进行判别，从而发现甚至纠正错误。因此不难理解不同的编码方法，有不同的检错和纠错能力，增加监督码元位数越多，检错和纠错能力越强。信道编码原则上是降低 R_b 换取可靠性的提高（即 P_e 更小）。

(3) 编码效率 η：指码字中的信息码元个数与码字总长度的比值，即 $\eta = \dfrac{k}{n} = 1 - \dfrac{r}{n}$。

3. 码距与纠错能力的关系

接下来，以重复码发送天气预报为例，说明码距与检错、纠错能力之间的定量关系。

从表8.4中可知，情形1用1个 bit 表示两种状态1（晴）和0（雨），没有冗余状态，因此没有任何检错、纠错能力；情形2用2个 bit 表示两种状态11（晴）和00（雨），常把11、00称为许用码字，还有两种不被使用的状态01、10称为禁用码字，当许用码字错一位，就变成禁用码字，因此可以判断有一位错码，但还是不知道到底哪位是错码，所以只能用于检1位错，没有办法纠错；情形3用3个 bit 表示两个许用码字111（晴）、000（雨），因此还有6个禁用码字，此时当发生一位错码时，例如111错成110，不仅可以检测错误，而且根据最大似然法可以纠正错误；当发生两位错码时，例如000错成101，仍然可以检测出有错误，但根据最大似然法判断成111错成101，所以不能纠2位错。造成以上3种情形不同检错、纠错能力的原因在于码距的不同，因此最小码距是衡量码组检错和纠错能力的依据，其关系如下。

(1) 为检测 e 个错码，则要求最小码距 $d_{\min} \geq e+1$。

(2) 为纠正 t 个错码，则要求最小码距 $d_{\min} \geq 2t+1$。

(3) 为纠正 t 个错码，同时为检测 e 个错码，则要求最小码矩 $d_{\min} \geq e+t+1, e>t$。

表 8.4 不同编码位数发送天气预报的检错、纠错情况

	晴	雨	码 距	检错、纠错能力	备 注
情形 1	1	0	1	无	
情形 2	11	00	2	检 1 位错	
情形 3	111	000	3	检 2 位错、纠 1 位错	根据最大似然法

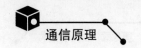

4. 信道编码的分类

根据不同的检错、纠错能力及编码效率的要求,实际应用中有很多种信道编码,为了便于理解,把信道编码按不同的方法进行分类。

(1) 根据用途可分为:检错码和纠错码,可以分别检验和纠正随机错码或突发错码。

(2) 根据信息码元和监督码元之间的函数关系可分为:线性码和非线性码。线性码是指其约束关系为线性关系,可用线性方程组表示,如线性分组码中的循环码、汉明码等;非线性码是指其约束关系为非线性关系,如卷积码等。

(3) 根据码组中的码字结构可分为:循环码和非循环码。

(4) 根据信息码元和监督码元之间的约束方式不同可分为:分组码和卷积码。分组码的监督码元仅与本码字的信息码元有关;卷积码的监督码元不仅与本码字的信息码元有关,还与前面若干码字的信息码元有关。接下来介绍几种常用和重要的信道编码。

8.3.2 常用的简单信道编码

1. 奇偶校验码

奇偶校验码(也称奇偶监督码),是一种通过增加冗余位使得码字中"1"的个数为奇数或偶数的编码方法,它是一种检错码。奇偶校验码可分为奇数校验码和偶数校验码两种,两者原理和检错能力都相同。校验码只有一位,编码后码字中"1"的个数为奇数称为奇校验,"1"的个数为偶数称为偶校验,能够检测奇数位错码,适用于检测随机错码。奇偶校验码又分为垂直奇偶校验和水平奇偶校验,各自的特点及编码规则如下。

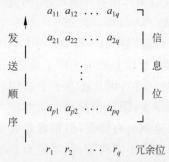

图 8.5 垂直奇偶校验编码示意图

下面以图 8.5 为例加以说明。假定把信息位按 p 位数长分成 q 列,用 a_{ij} 表示,$i=1,2,\cdots,p$,$j=1,2,\cdots,q$,然后在每一列的末位加一位奇偶校验位,也称为冗余位,用 r_j 表示,$j=1,2,\cdots,q$,现在讨论其编码规则和特点。

1) 垂直奇偶校验码的编码规则和特点

垂直奇偶校验码的编码规则为:偶校验:$r_i = a_{1i} + a_{2i} + \cdots + a_{pi}$ $(i=1,2,\cdots,q)$

奇校验:$r_i = a_{1i} + a_{2i} + \cdots + a_{pi} + 1 (i=1,2,\cdots,q)$

式中,p 为码字的定长位数,q 为码字的个数。

由于每个码字会增加 1 位校验位,因此其编码效率为 $R = p/(p+1)$。

这种码的特点是:垂直奇偶校验又称纵向奇偶校验,它能检测出每列中所有奇数个错,但检测不出偶数个错。因而对差错的漏检率接近 1/2。

下面举例说明编码以及数据发送,假定要用垂直奇偶校验发送数字 0～9。

首先把数字 0～9 写成 ASCII 码的信息位,然后分别进行偶校验编码及奇校验编码,编码后的奇、偶监督码,如表 8.5 所示。然后按从低位到高位的顺序发送,监督位为最高位,因此实际发送的数据 0～9 按 $C_7 C_6 C_5 C_4 C_3 C_2 C_1 C_0$ 的顺序逐列发送,在偶校验的情况下变为分别发送 00110000、10110001、10110010、00110011、10110100、00110101、00110110、10110111、10111000、00111001。这种编码在计算机的数据传输中得到广泛应用。

表 8.5　垂直奇偶校验发送数字 0～9 编码表

	0	**1**	**2**	**3**	**4**	**5**	**6**	**7**	**8**	**9**
C_0	0	1	0	1	0	1	0	1	0	1
C_1	0	0	1	1	0	0	1	1	0	0
C_2	0	0	0	0	1	1	1	1	0	0
C_3	0	0	0	0	0	0	0	0	1	1
C_4	1	1	1	1	1	1	1	1	1	1
C_5	1	1	1	1	1	1	1	1	1	1
C_6	0	0	0	0	0	0	0	0	0	0
偶 C_7	0	1	1	0	1	0	0	1	1	0
奇 C_7	1	0	0	1	0	1	1	0	0	1

2）水平奇偶校验的编码规则及特点

水平奇偶校验的情形与垂直的类似，因此不难理解以下结论。其编码规则如图 8.6 所示，分别为

偶校验：$r_i = a_{i1} + a_{i2} + \cdots + a_{iq}$　$(i = 1, 2, \cdots, p)$

奇校验：$r_i = a_{i1} + a_{i2} + \cdots + a_{iq} + 1 (i = 1, 2, \cdots, p)$

其中，p 为码字的定长位数，q 为码字的个数。同理可以得出其编码效率为 $R = q/(q+1)$。

水平奇偶校验又称横向奇偶校验，它不但能检测出各段同一位上的奇数个错，而且还能检测出突发长度 $\leqslant p$ 的所有突发错误。其漏检率要比垂直奇偶校验方法低，但其数据发送顺序按行发送，所以实现水平奇偶校验时，一定要使用数据缓冲器。

2. 二维奇偶校验码

奇偶校验码虽然简单，而且效率也很高，但检错能力不强，且无纠错能力。在实际应用过程中，可靠性要求高的场合不能满足要求，因此对此加以改进，就提出二维奇偶校验码。

二维奇偶校验码，又称为方阵码，或水平垂直奇偶校验，它是把上述奇偶校验码的若干码字排成矩阵，每一码字写成一行，再按列的方向增加第二维校验位。它能检测部分偶数个错码，适用于检测突发错码，检错能力较强。二维奇偶校验编码示意图如图 8.7 所示。

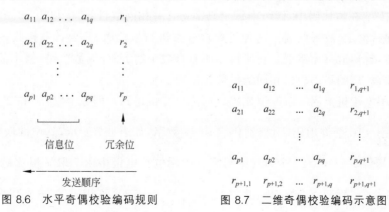

图 8.6　水平奇偶校验编码规则　　　图 8.7　二维奇偶校验编码示意图

其编码规则为,若水平和垂直都用偶校验,则

$$r_{i,q+1} = a_{i1} + a_{i2} + \cdots + a_{iq} (i = 1, 2, \cdots, p)$$
$$r_{p+1,j} = a_{1j} + a_{2j} + \cdots + a_{pj} (j = 1, 2, \cdots, q)$$
$$r_{p+1,q+1} = r_{p+1,1} + r_{p+1,2} + \cdots + r_{p+1,q}$$
$$= r_{1,q+1} + r_{2,q+1} + \cdots + r_{p,q+1}$$

其编码效率为 $R = pq/[(p+1)(q+1)]$。

水平垂直奇偶校验又称纵横奇偶校验。它能检测出所有 3 位或 3 位以下的错误、奇数个错、大部分偶数个错以及突发长度 $\leqslant p+1$ 的突发错误。可使误码率降至原误码率的百分之一到万分之一。还可以用来纠正部分差错。但有部分偶数个错不能检测出,当差错正好处于矩形四个角的情况,则无法检测出来。该码适用于中、低速传输系统和反馈重传系统。

以二维偶校验为例,数字 0~9 的编码如表 8.6 所示,发送时可以逐行传输,也可逐列传输,假定用逐行传输,其发送的顺序为 0101010101**1** 0011001100**0** 0000111100**0** 0000000011**0** 1111111111**0** 1111111111**0** 0000000000**0** 01101001101。

表 8.6 二维偶校验发送数字 0~9 编码表

	0	1	2	3	4	5	6	7	8	9	水平监督码
C_0	0	1	0	1	0	1	0	1	0	1	**1**
C_1	0	0	1	1	0	0	1	1	0	0	**0**
C_2	0	0	0	0	1	1	1	1	0	0	**0**
C_3	0	0	0	0	0	0	0	0	1	1	**0**
C_4	1	1	1	1	1	1	1	1	1	1	**0**
C_5	1	1	1	1	1	1	1	1	1	1	**0**
C_6	0	0	0	0	0	0	0	0	0	0	**0**
垂直监督码	**0**	**1**	**1**	**0**	**1**	**0**	**0**	**1**	**1**	**0**	**1**

3. 恒比码与正反码

(1) 恒比码:在恒比码中,码组中每个码字均含有相同数目的"1"和"0"。由于"1"和"0"的数目之比保持恒定,故得此名。这种码在接收端进行检测时,只要计算接收码字中的"1"的数目是否对,就知道有无错误。它能检测所有奇数个错、部分偶数个错,但不能检测"1"错成"0"和"0"错成"1"的错码数目相同的偶数位错码。

例如,我国电传机上用 5 取 3 恒比码(也称 3:2 恒比码),即 3 个"1"码和 2 个"0"码,共有 $C_5^3 = \dfrac{5!}{3! \times 2!} = 10$ 个许用码字,分别代表 0~9 数字,如表 8.7 所示,其中的四个数字代表一个中文字;其余 $2^5 - 10 = 22$ 个为禁用码字。国际电传电报中用 7 取 3 恒比码(也称 3:4 恒比码),即 3 个"1"码和 4 个"0"码,共有 $C_7^3 = \dfrac{7!}{3! \times 4!} = 35$ 个许用码字,分别代表 26 个英文字母和其他符号。7取3恒比码使通信的误码率保持在10^{-6}以下。

表8.7 5取3恒比码表

数　　字	编　　码	数　　字	编　　码
1	01011	6	10101
2	11001	7	11100
3	10110	8	01110
4	11010	9	10011
5	00111	0	01101

恒比码的主要特点是编码简单,检错能力强,适用于传输电报或其他键盘设备产生的字母或符号,但不适用于传输二进制随机数字序列。

(2)正反码:是一种简单的能够纠错的编码。其编码原理为编码的监督位数目与信息位数目相同,监督码元是信息码的重复或者反码。当信息码中"1"的个数为奇数时,监督码元是信息码元的重复;当信息码中"1"的个数为偶数时,监督码元是信息码的反码。其译码原理为对接收到码字的信息位中"1"的个数进行判断,若"1"的个数为奇数,就把信息位和监督位逐位异或后的合成码字,作为校验码;若"1"的个数为偶数,就把该合成码字的反码作为校验码,然后按照表8.8进行检错、纠错。

表8.8 正反码的检验方法

	检验码的组成	错码情况
1	全为"0"	无错码
2	4个"1",1个"0"	信息码中有一位错码,其位置对应校验码中"0"的位置
3	4个"0",1个"1"	监督码中有一位错码,其位置对应校验码中"1"的位置
4	其他组成	错码多于一位

例如信息位为11001,则按上述原理可以构成长度为10位的正反码1100111001,这样的10位码具有纠一位错码的能力,并能检测全部两位以下的错码和大部分两位以上的错码。

8.3.3 线性分组码

1. 线性分组的基本概念

(1)分组码:先将信息码分组,然后给每组信息码附加若干监督码的编码称为分组码,用符号(n,k)表示,k是信息码的位数,n是一个码字的总位数,又称为码长,$r=n-k$为监督码的位数。在这样的分组码中,总码字数共有2^n,其中许用码字有2^k,禁用码字有2^n-2^k。

(2)代数码:建立在代数学基础上的编码称为代数码。

(3)线性码:线性码中信息位和监督位是按一组线性方程构成的。线性码是一种代

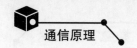

数码。

（4）线性分组码：信息码分组后，附加的监督码和信息码之间有一种关系，关系不同，形成码的类型也不同。分组后的定长信息码元和监督码元用线性方程组联系，所形成的码称为线性分组码，包括汉明码和循环码。

（5）线性分组码的两个重要的性质：①封闭性，即任何两个许用码字之和（即按位模 2加），仍为一个许用码字；②码组集合中的最小码距等于该码组中非全"0"码字的最小码重。

（6）编码效率：$R = k/n$。

2. 线性分组码的编码原理

一般说来，若有 (n,k) 码，其码长为 n，信息位为 k，则监督位为 $r = n - k$，如果满足 $2^r - 1 \geqslant n$，则有可能构造出纠正一位或一位以上错误的线性分组码。下面以 (n,k) 汉明码为例说明其编码原理。汉明码是一种能够纠正一位错码且编码效率较高的线性分组码，满足关系式：$2^r - 1 \geqslant n$ 或 $2^r \geqslant r + k + 1$。为简便起见，现在取 $n = 7, k = 4$，$(7,4)$ 汉明码讨论，此汉明码的编码效率为 $\eta = 1 - \dfrac{r}{n} = \dfrac{4}{7}$，$n$ 很大时，$\eta \to 1$。用 $a_6 a_5 a_4 a_3 a_2 a_1 a_0$ 表示这 7 个码元，其中 $a_6 a_5 a_4 a_3$ 为信息码，$a_2 a_1 a_0$ 为监督码。用 S_1、S_2、S_3 表示由 3 个监督方程式计算得到的校正子，并假设 3 位 S_1、S_2、S_3 校正子码组与误码位置的对应关系如表 8.9 所示。

表 8.9　校正子码组与误码位置的对应关系

$S_1 S_2 S_3$	误 码 位 置	$S_1 S_2 S_3$	误 码 位 置
001	a_0	101	a_4
010	a_1	110	a_5
100	a_2	111	a_6
011	a_3	000	无错

根据表 8.9 的对应关系，可得到以下逻辑关系式，即

$$\begin{cases} S_1 = a_6 \oplus a_5 \oplus a_4 \oplus a_2 \\ S_2 = a_6 \oplus a_5 \oplus a_3 \oplus a_1 \\ S_3 = a_6 \oplus a_4 \oplus a_3 \oplus a_0 \end{cases} \tag{8.2}$$

并且当 $S_1 S_2 S_3 = 000$ 时，表明码字在传输过程中没有发生错误，基于这一约束关系，代入式(8.2)，可以得到以下方程组，即

$$\begin{cases} a_6 \oplus a_5 \oplus a_4 \oplus a_2 = 0 \\ a_6 \oplus a_5 \oplus a_3 \oplus a_1 = 0 \\ a_6 \oplus a_4 \oplus a_3 \oplus a_0 = 0 \end{cases} \tag{8.3}$$

经移项后得到

$$\begin{cases} a_2 = a_6 \oplus a_5 \oplus a_4 \\ a_1 = a_6 \oplus a_5 \oplus a_3 \\ a_0 = a_6 \oplus a_4 \oplus a_3 \end{cases} \tag{8.4}$$

284

根据式(8.4)可以得到16个许用码字,如表8.10所示。

表 8.10　(7,4)汉明码许用码字

信息码 $a_6a_5a_4a_3$	监督码 $a_2a_1a_0$	信息码 $a_6a_5a_4a_3$	监督码 $a_2a_1a_0$
0000	000	1000	111
0001	011	1001	100
0010	101	1010	010
0011	110	1011	001
0100	110	1100	001
0101	101	1101	010
0110	011	1110	100
0111	000	1111	111

【例 8.3】　已知(7,4)汉明码的监督关系式为

$$\begin{cases} S_1 = a_2 \oplus a_4 \oplus a_5 \oplus a_6 \\ S_2 = a_1 \oplus a_3 \oplus a_5 \oplus a_6 \\ S_3 = a_0 \oplus a_3 \oplus a_4 \oplus a_6 \end{cases}$$

求(1)已知信息码为"0010",汉明码码字是什么?

(2)已知接收码字为"0011101",发送端的信息码是什么?

解:(1)已知信息码为"0010",即 $a_6a_5a_4a_3 = 0010$,由监督关系式知监督码为 $a_2a_1a_0$,监督码与信息码合成的汉明码是"0010$a_2a_1a_0$"。设 $S_1 = S_2 = S_3 = 0$,由监督关系式(8.4)得

$$\begin{cases} a_2 = a_4 \oplus a_5 \oplus a_6 = 1 \\ a_1 = a_3 \oplus a_5 \oplus a_6 = 0 \\ a_0 = a_3 \oplus a_4 \oplus a_6 = 1 \end{cases}$$

因此,汉明码码字为"0010101"。

(2)已知接收码字为"0011101",$a_6a_5a_4a_3a_2a_1a_0 = 0011101$,由汉明码的监督关系式(8.2),可计算 $S_1S_2S_3 = 011$。由监督关系式可构造出下面错码位置关系表,如表8.11所示。

表 8.11　(7,4)汉明码错码位置关系表

$S_1S_2S_3$	000	001	010	100	011	101	110	111
错码位置	无错	a_0	a_1	a_2	a_3	a_4	a_5	a_6

由 $S_1S_2S_3 = 011$ 查表得知错码位置是 a_3,并加以纠错,即把码字的 a_3 位取反可得正确码字"0010101",把监督码 $a_2a_1a_0$ 删除得出发送端的信息码为"0010"。

从上面的分析可知,不同的线性方程组确定了不同的线性分组码,为了从上述内容中总结出编码原理的一般性,要引入两个概念,即监督矩阵 $\boldsymbol{H}$ 和生成矩阵 $\boldsymbol{G}$。

(1) **监督矩阵**:把上述(7,4)汉明码中式(8.4)改写为

$$\begin{cases}1\cdot a_6\oplus1\cdot a_5\oplus1\cdot a_4\oplus0\cdot a_3\oplus1\cdot a_2\oplus0\cdot a_1\oplus0\cdot a_0=0\\1\cdot a_6\oplus1\cdot a_5\oplus0\cdot a_4\oplus1\cdot a_3\oplus0\cdot a_2\oplus1\cdot a_1\oplus0\cdot a_0=0\\1\cdot a_6\oplus0\cdot a_5\oplus1\cdot a_4\oplus1\cdot a_3\oplus0\cdot a_2\oplus0\cdot a_1\oplus1\cdot a_0=0\end{cases} \tag{8.5}$$

然后再写为矩阵形式,得

$$\begin{bmatrix}1&1&1&0&1&0&0\\1&1&0&1&0&1&0\\1&0&1&1&0&0&1\end{bmatrix}\begin{bmatrix}a_6\\a_5\\a_4\\a_3\\a_2\\a_1\\a_0\end{bmatrix}=\begin{bmatrix}0\\0\\0\end{bmatrix}(模2) \tag{8.6}$$

上式还可以简记为,$\boldsymbol{H}\cdot\boldsymbol{A}^{\mathrm{T}}=0^{\mathrm{T}}$ 或 $\boldsymbol{A}\cdot\boldsymbol{H}^{\mathrm{T}}=0$
其中,

$$\boldsymbol{H}=\begin{bmatrix}1&1&1&0&1&0&0\\1&1&0&1&0&1&0\\1&0&1&1&0&0&1\end{bmatrix} \tag{8.7}$$

$$\boldsymbol{A}=[a_6\ \ a_5\ \ a_4\ \ a_3\ \ a_2\ \ a_1\ \ a_0]\ ,\ \ 0=[0\ \ 0\ \ 0]$$

H 称为监督矩阵,只要 $H_{典}$ 给定,编码时监督位和信息位的关系就完全确定,H 的行数是监督关系式的数目,等于 r。H 矩阵的各行应是线性无关的。H 可化为典型监督矩阵,包含两部分,即

$$\boldsymbol{H}_{典}=\begin{bmatrix}1&1&1&0&&1&0&0\\1&1&0&1&&0&1&0\\1&0&1&1&&0&0&1\end{bmatrix}=[P\ \vdots\ I_r] \tag{8.8}$$

$H_{典}$ 的各行一定是线性无关的,非典型监督矩阵可以经线性变换化成典型监督矩阵。根据 $\boldsymbol{A}\cdot\boldsymbol{H}_{典}^{\mathrm{T}}=0$,可用于接收端的检错和纠错。

（2）**生成矩阵**：根据式（8.4）可知,只要给定信息码 $a_6a_5a_4a_3$,就可以求得监督码 $a_2a_1a_0$,则有

$$\begin{cases}a_6=a_6\\a_5=a_5\\a_4=a_4\\a_3=a_3\\a_2=a_6+a_5+a_4\\a_1=a_6+a_5+a_3\\a_0=a_6+a_4+a_3\end{cases}$$

把它写成矩阵的形式为

$$\begin{bmatrix} a_6 \\ a_5 \\ a_4 \\ a_3 \\ a_2 \\ a_1 \\ a_0 \end{bmatrix} = \begin{bmatrix} 1 & 0 & 0 & 0 \\ 0 & 1 & 0 & 0 \\ 0 & 0 & 1 & 0 \\ 0 & 0 & 0 & 1 \\ 1 & 1 & 1 & 0 \\ 1 & 1 & 0 & 1 \\ 1 & 0 & 1 & 1 \end{bmatrix} \begin{bmatrix} a_6 \\ a_5 \\ a_4 \\ a_3 \end{bmatrix} \tag{8.9}$$

把式(8.9)两边转置一下，得到

$$[a_6 \ a_5 \ a_4 \ a_3 \ a_2 \ a_1 \ a_0] = [a_6 \ a_5 \ a_4 \ a_3] \begin{bmatrix} 1 & 0 & 0 & 0 & 1 & 1 & 1 \\ 0 & 1 & 0 & 0 & 1 & 1 & 0 \\ 0 & 0 & 1 & 0 & 1 & 0 & 1 \\ 0 & 0 & 0 & 1 & 0 & 1 & 1 \end{bmatrix} \tag{8.10}$$

把式(8.10)写成

$$A = [a_6 \ a_5 \ a_4 \ a_3] G_典 \tag{8.11}$$

其中，$A = [a_6 \ a_5 \ a_4 \ a_3 \ a_2 \ a_1 \ a_0]$，$G_典 = \begin{bmatrix} 1 & 0 & 0 & 0 & 1 & 1 & 1 \\ 0 & 1 & 0 & 0 & 1 & 1 & 0 \\ 0 & 0 & 1 & 0 & 1 & 0 & 1 \\ 0 & 0 & 0 & 1 & 0 & 1 & 1 \end{bmatrix} = [I_k \ \vdots \ Q]$

把式(8.4)中 $a_6 a_5 a_4 a_3 a_2 a_1 a_0$ 码位之间关系改写成下式

$$[a_2 \ a_1 \ a_0] = [a_6 \ a_5 \ a_4 \ a_3] Q$$

式中，Q 为一个 $k \times r$ 阶矩阵，它为 P 的转置

$Q = P^T = \begin{bmatrix} 1 & 1 & 1 \\ 1 & 1 & 0 \\ 1 & 0 & 1 \\ 0 & 1 & 1 \end{bmatrix}$，上式表明，信息位$[a_6 a_5 a_4 a_3]$给定后，用信息位的行矩阵乘矩阵 Q 就产生出监督位。

将 Q 的左边加上一个 $k \times k$ 阶单位方阵就构成一个矩阵 $G_典$，即

$$G_典 = [I_k \ \vdots \ Q] = \begin{bmatrix} 1 & 0 & 0 & 0 & 1 & 1 & 1 \\ 0 & 1 & 0 & 0 & 1 & 1 & 0 \\ 0 & 0 & 1 & 0 & 1 & 0 & 1 \\ 0 & 0 & 0 & 1 & 0 & 1 & 1 \end{bmatrix} \tag{8.12}$$

$G_典$ 称为生成矩阵的典型矩阵，具有$[I_k \ \ Q]$形式的生成矩阵称为典型生成矩阵，得到的码组信息位不变，监督位附加其后，这种码称为系统码。

利用生成矩阵 $G_典$ 可以产生整个码组，即 $A = [a_6 \ a_5 \ a_4 \ a_3] \cdot G_典$，所以如果给出码的生成矩阵，则编码方法就完全确定。

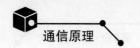

（3）监督矩阵 $H_典$ 和生成矩阵 $G_典$ 之间有一定关系，即

$$H_典 = [PI_r] = [Q^TI_r], \quad G_典 = [I_kQ] = [I_kP^T] \tag{8.13}$$

3. 线性分组码的译码原理

为了说明译码原理，在这里引入错误图样 E 和校正子 S 的概念。

（1）错误图样 E：发送码组 $A = [a_{n-1}, a_{n-2}, \cdots, a_0]$ 在传输过程中可能会发生错误，假定接收到的码组为 $B = [b_{n-1}, b_{n-2}, \cdots, b_0]$，则两者之差为 $E = B - A$，或 $B = A + E$，$E = [e_{n-1}, e_{n-2}, \cdots, e_0]$，就定义为错误图样。$E = [0, 0, \cdots, 0]$ 时接收正确，否则有错。

（2）校正子 S：也称为伴随式，它定义为 $S = BH_典^T$，利用 $B = A + E$ 及 $AH_典^T = 0$，可得

$$S = (A + E)H_典^T = AH_典^T + EH_典^T = EH_典^T$$

这样就把校正子 S 与接收码组 B 的关系式转换成校正子 S 与错误图样 E 的关系。

因此接收端只要计算校正子 S，并判断其结果是否为 0，就可以进行检错。那么是否可以用校正子 S 纠正错码呢？在回答这个问题之前，先结合前面的 (7,4) 汉明码的例子讨论校正子 S 与监督矩阵 $H_典$ 之间的关系，前面已求得

$$H_典 = \begin{bmatrix} 1 & 1 & 1 & 0 & 1 & 0 & 0 \\ 1 & 1 & 0 & 1 & 0 & 1 & 0 \\ 1 & 0 & 1 & 1 & 0 & 0 & 1 \end{bmatrix}$$，假定接收码字的最高位有错，错误图样 $E = [1\,0\,0\,0\,0\,0\,0]$，代入 $S = EH_典^T$，可计算出 $S = [1\,1\,1]$，其转置 $S^T = \begin{bmatrix} 1 \\ 1 \\ 1 \end{bmatrix}$，恰好是典型监督矩阵 $H_典$ 中的第一列。如果接收码字中的次高位出错，$E = [0\,1\,0\,0\,0\,0\,0]$，可求得 $S = [1\,1\,0]$，其转置 S^T 恰好是典型监督矩阵 $H_典$ 中的第二列，因此可以得出结论，接收码元中只错一位时，计算出的校正子的转置 S^T 恰好与典型监督矩阵 $H_典$ 中的某一列相同，可判断错误发生在哪个码元，也即可以纠正单个错码。

【例 8.4】 已知 (7,4) 汉明码中某码字，在传输过程中发生一位误码，设接收码字 $B = [0\,0\,0\,0\,1\,0\,1]$，试将其恢复为正确码字。

解：（1）确定该码组的检错、纠错能力。

由表 8.10 可知，最小码距为 3，因此它能纠一位错或检 2 位错。

（2）计算 S^T。

将 $B = [0\,0\,0\,0\,1\,0\,1]$ 和 $H_典 = \begin{bmatrix} 1 & 1 & 1 & 0 & 1 & 0 & 0 \\ 1 & 1 & 0 & 1 & 0 & 1 & 0 \\ 1 & 0 & 1 & 1 & 0 & 0 & 1 \end{bmatrix}$ 代入 $S = BH_典^T$，可得 $S = [1\,0\,1]$，$S^T = \begin{bmatrix} 1 \\ 0 \\ 1 \end{bmatrix}$。

（3）恢复正确码字。

该码组有纠正一位错码的能力，且计算结果 S^T 与监督矩阵 H 中的第三列相同，就得到错误图样 $E = [0\,0\,1\,0\,0\,0\,0]$，这样可恢复出正确码字为 $A = B + E = [0\,0\,1\,0\,1\,0\,1]$。

8.3.4 循环码

1. 循环码的基本概念

1）何谓循环码

循环冗余校验(Cyclic Redundancy Check,CRC)码,简称循环码,它是在严密的代数理论基础上建立起来的一种重要的线性分组码,以生成多项式作为收发双方的约定关系,只要给定生成多项式就可以唯一地构成一个线性分组码,这样构成的码组中任一码字经循环移位后,仍为该码组中的一个码字,因此称为循环码。这种码的编码和译码设备都不太复杂,且有较强的检(纠)错能力。因此目前的计算机纠错系统中使用的线性分组码几乎是循环码。它不仅可以用于纠正独立的随机错误,而且也可以用于纠正突发错误。

2）特点

(1) 封闭性:它是线性分组码中的一种,所以具备线性分组码的封闭性性质。

(2) 码组集合中的最小码距等于该码组中非全"0"码字的最小码重。

(3) 循环性:码组中任一许用码字(全"0"码除外)经循环移位后得到的码字,仍为该码组中的一个码字。

3）码多项式

讨论循环码时,用多项式代表许用码字,码字中各码元当作是多项式的系数,这种多项式称为码多项式,用 $T(x)$ 表示。码多项式之间的代数运算遵循模 2 运算的规则,且运算规律符合循环性。通常将码字 $T=a_{n-1}a_{n-2}\cdots a_1a_0$ 的码多项式定义为 $T(x)=a_{n-1}x^{n-1}+a_{n-2}x^{n-2}+\cdots+a_1x+a_0$,例如有一个码字 $T=101101$,则对应的码多项式为 $T(x)=x^5+x^3+x^2+1$。因此码字与码多项式有一一对应关系。此外,若 $T(x)$ 是长为 n 的许用码字,则 $T'(x)=x^i\times T(x)$ 在按模 x^n+1 运算下,也是一个许用码字。

4）生成多项式

生成多项式为 (n,k) 循环码集合(除全"0"码外)中幂次最低的多项式,是一个能整除 x^n+1 且常数项为 1 的 $n-k$ 次多项式,常用 $g(x)$ 表示,它有唯一性,由生成多项式可以产生循环码的全部码字。例如,$(7,4)$ 循环码的 $g(x)$ 的最高幂次 $x^{n-k}=x^3$,$g(x)$ 是 x^7+1 分解得到的既约因式,$x^7+1=(x+1)(x^3+x^2+1)(x^3+x+1)$,$g_1(x)=(x^3+x^2+1)$ 和 $g_2(x)=(x^3+x+1)$ 都是 $(7,4)$ 循环码的生成多项式 $g(x)$,根据 $g(x)$ 是循环码组集合中的一个码字,可以确定其唯一性。

5）生成矩阵多项式 $G(x)$ 和生成矩阵 G

在循环码中,一个 (n,k) 码有 2^k 个不同许用码字,若用 $g(x)$ 表示其中前 $k-1$ 位皆为"0"的码字,则 $g(x),xg(x),\cdots,x^{k-1}g(x)$ 都是码字,且线性无关。找出任一 (n,k) 循环码的生成多项式,就可以构成此循环码的生成矩阵多项式,用 $G(x)$ 表示,因此 $G(x)=\begin{bmatrix} x^{k-1}g(x) \\ \vdots \\ xg(x) \\ g(x) \end{bmatrix}$。把生成矩阵多项式 $G(x)$ 的系数写成矩阵的形式,就得到生成矩阵,用 G 表

示,非典型生成矩阵 G 通过线性变换可化成典型形式。同理,G 中 k 个线性独立的码字构成 k 个独立行构成的 $G(x)$。例如,假定前述 $(7,4)$ 循环码中 $g(x)=(x^3+x^2+1)$,则

$$G(x)=\begin{bmatrix} x^3g(x) \\ x^2g(x) \\ xg(x) \\ g(x) \end{bmatrix}=\begin{bmatrix} x^6+x^5+x^3 \\ x^5+x^4+x^2 \\ x^4+x^3+x \\ x^3+x^2+1 \end{bmatrix}, \quad G=\begin{bmatrix} 1101000 \\ 0110100 \\ 0011010 \\ 0001101 \end{bmatrix}, \quad \text{化成 } G_{典}=\begin{bmatrix} 1000110 \\ 0100011 \\ 0010111 \\ 0001101 \end{bmatrix}。$$

需要注意,求得生成矩阵 G 后,把生成矩阵化成典型矩阵,再根据线性分组码中生成矩阵和监督矩阵的关系式(8.13),可以求得监督矩阵 $H_{典}$,在这里不再重复。

2. 循环码的编码原理

1) 循环码的工作方法

在发送端利用事先约定的生成多项式产生一个循环冗余码,附加在信息位后面一起发送到接收端,接收端收到的信息按发送端形成循环冗余码同样的算法进行校验,若有错,需重发,直到正确接收为止。

2) 编码步骤

由循环码的构造可知,所有码多项式 $T(x)$ 都可被 $g(x)$ 整除,即若某多项式能被 $g(x)$ 整除,且商的次数不大于 $k-1$,则其必为码多项式。根据上述原理,编码步骤归纳如下。

① 设 $m(x)$ 为信息码多项式,用 x^{n-k} 乘 $m(x)$ 表示。

② 用 $g(x)$ 除 $x^{n-k}m(x)$,即 $\dfrac{x^{n-k}m(x)}{g(x)}=Q(x)+\dfrac{r(x)}{g(x)}$,其中,$r(x)$ 是余式。

③ 发送码多项式 $T(x)=x^{n-k}m(x)+r(x)$,认为 $T(x)$ 是循环码多项式。

从编码的步骤看,编码的核心是如何确定式 $r(x)$,找到 $r(x)$ 后可直接将 $r(x)$ 代表的编码位附加到信息位之后,完成编码。实际上,$r(x)$ 代表的编码位可以理解为监督位,获取 $r(x)$ 可以采用除法电路。

【例 8.5】 已知信息码为 110011,对应的信息多项式为 $m(x)=(x^5+x^4+x+1)$;生成码为 11001,对应的生成多项式为 $g(x)=(x^4+x^3+1)(r=n-k=4)$。求循环码的冗余码和码字。

解:① $x^{n-k}m(x)=x^4(x^5+x^4+x+1)=x^9+x^8+x^5+x^4$,对应的码是 1100110000。

② $x^{n-k}m(x)/g(x)$(按模 2 算法),求冗余码的示意图如图 8.8 所示。由图 8.8 的计算结果知冗余码是 1001。

③ 发送码多项式对应的码字就是 1100111001。

3) 编码电路

编码电路可以用硬件电路,也可以用软件实现。通常在实时性要求高的场合用硬件实现,在实时性要求不高但成本要求很高的场合用软件实现。

现在介绍用除法电路硬件实现的电路及原理。为了简单起见,假定 $g(x)=(x^4+x^3+1)$,即以例 8.5 中的生成多项式为例,除法电路主要由一些移位寄存器和模 2 加法器组成,由于生成多项式的最高幂次为 4 次,因此需要 4 个移位寄存器,分别用 a、b、c、d 表示,在生成多项式中非 0 系数对应的位置,要有模 2 加法器,通过反馈线连接,再加一个双刀双掷开关即

$$100001 \leftarrow Q(x)$$

$$g(x) \rightarrow 1\ 1\ 0\ 0\ 1 \overline{)1\ 1\ 0\ 0\ 1\ 1\ 0\ 0\ 0\ 0} \leftarrow m(x) \cdot x^4$$

$$\underline{1\ 1\ 0\ 0\ 1}$$

$$1\ 0\ 0\ 0\ 0$$

$$\underline{1\ 1\ 0\ 0\ 1}$$

$$1\ 0\ 0\ 1 \leftarrow r(x)\,(\text{冗余码})$$

图 8.8　求冗余码示意图

可实现,具体电路如图 8.9 所示。

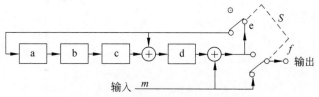

图 8.9　编码器的硬件实现示意图

当信息位输入时,开关 S 倒向下,输入信息码一方面送入除法器进行运算,另一方面直接输出。在信息位全部进入除法器后,开关转向上,此时输出端接到移位寄存器,将移位寄存器中存储的除法余项依次取出,同时切断反馈线,这样输出的码就是前 k 位为信息码、后 $n-k$ 位为监督码(冗余码)构成的发送码字或发送码多项式 $T(x)$,也就是所编的循环码。

当然也可以用很多方法进行软件实现,可以参考有关资料,在这里不再介绍。

3. 循环码的译码

1) 译码原理

设接收到的码多项式为 $R(x)$,同样用 $g(x)$ 做除法,即 $\dfrac{R(x)}{g(x)} = Q'(x) + \dfrac{r'(x)}{g(x)}$,若 $r'(x)=0$,则无错;若 $r'(x)\neq0$,则有错,由 $r'(x)$ 通过计算校正子 S 找错误图样 $E(x)$,最后纠错,即由 $S = RH_典^{\mathrm{T}} = EH_典^{\mathrm{T}}$,求得 $E(x)$,再由 $R(x) + E(x) = T(x)$ 得到正确的发送码字。接下来举一个循环冗余码接收码字正确性检验的例子。

【例 8.6】 已知接收码字为 1100111001,对应的码多项式为 $R(x) = x^9 + x^8 + x^5 + x^4 + x^3 + 1$;生成码为 11001,对应的生成多项式为 $g(x) = (x^4 + x^3 + 1)(r=4)$。请问接收码字是否正确?若正确,则指出冗余码和信息码。

解: ① 用接收码字除以生成码,做二进制除法,如图 8.10 所示,除法的结果余数为 0,所以码字正确。

② 因为 $n=10, r=4, k=n-r=6$,所以冗余码是 1001,信息码是 110011。

2) 译码电路

译码的实现方法同样可用硬件和软件,在这里只介绍硬件的实现方法,并假定只检错,不纠错,当出错时要求重发。用与编码相同的除法电路实现译码,其原理框图如图 8.11 所示。

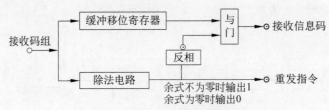

$$g(x) \rightarrow 1\,1\,0\,0\,1\,/\,\overline{1\,1\,0\,0\,1\,1\,1\,1\,0\,0\,1} \leftarrow m(x)\cdot x^4 + r(x)$$

图 8.10　译码器的检验接收码字正确性的示意图

图 8.11　循环码译码器原理框图

在掌握 CRC 码的原理基础上,有必要了解 CRC 码的检错能力:①可检测出所有奇数位错;②可检测出所有双比特的错;③可检测出所有小于、等于校验位长度的突发错。

CRC 码是一种很重要的码,是一种纠错能力和编码效率达到最佳折中的一种编码,在数据通信和计算机网络中得到广泛的应用。例如 ITU 建议:2048kb/s 的 PCM 基群设备采用 CRC-4 方案,使用 CRC 校验码生成多项式 $g(x) = x^4 + x + 1$。采用 16 位 CRC 校验,可以保证在 10^{14} bit 码元中只含有一位未被检测出的错误。在 IBM 的同步数据链路控制(SDLC)规程的帧校验序列(FCS)中,使用 CRC-16,其生成多项式 $g(x) = x^{16} + x^{15} + x^2 + 1$;而在 ITU 推荐的高级数据链路控制(HDLC)规程的帧校验序列中,使用 ITU-16,其生成多项式 $g(x) = x^{16} + x^{15} + x^5 + 1$。CRC-32 的生成多项式 $g(x) = x^{32} + x^{26} + x^{23} + x^{22} + x^{16} + x^{12} + x^{11} + x^{10} + x^8 + x^7 + x^5 + x^4 + x^2 + x + 1$。CRC-32 出错的概率是 CRC-16 低 10^{-5}。由于 CRC-32 的可靠性,把 CRC-32 用于重要数据传输十分合适,所以在通信、计算机等领域运用十分广泛。此外,在一些 UART 通信控制芯片(如 MC6582、Intel8273 和 Z80-SIO)内,都采用 CRC 校验码进行差错控制;以太网卡芯片、MPEG 译码芯片中,也采用 CRC-32 进行差错控制。

8.3.5　BCH 码

BCH 码是以三位发明人博斯(Bose)、查德胡里(Chaudhuri)和霍昆格姆(Hocquenghem)名字的开头字母命名的,它是循环码的一个重要子类,具有纠多个错误的能力。BCH 码有严密的代数理论,是目前研究较透彻的一类码。它的生成多项式与最小码距之间有密切关系,人们可以根据所要求的纠错能力很容易构造出 BCH 码,其译码器也容易实现,是线性分组码中应用较普遍的一类码。因此 BCH 码编码的关键问题就是寻找生成多项式的问题。

BCH 码可以分为两类,即本原 BCH 码和非本原 BCH 码。本原 BCH 码是一类很重要的码,汉明码、BCH 码和某些大数逻辑可译码都是本原码。本原 BCH 码的特点包括:①码长为 $n=2^m-1$,m 为正整数;②它的生成多项式由若干 m 阶或以 m 阶的因子为最高阶的多项式相乘而构成。非本原 BCH 码的特点包括:①码长 n 是 $n=2^m-1$ 的一个因子;②它的生成多项式中不含有最高次数为 m 的本原多项式。(本原多项式是一个不能再因式分解的既约多项式、是 x^m+1 的一个因子且除不尽 x^s+1,$s<m$)

1. BCH 编码

前面已经介绍 BCH 编码的关键就是根据给定的纠错要求,寻求生成多项式。现在以正整数 $m\geqslant3$,以及要求能纠 t 个错,$t<m/2$,构成码长 $n=2^m-1$,监督位为 $r\leqslant mt$ 的 BCH 码。

该 BCH 码的生成多项式具有如下形式。

$g(x)=\mathrm{LCM}[m_1(x),m_3(x),\cdots,m_{2t-1}(x)]$,这里 t 为纠错个数,$m_i(x)$ 为最小多项式,LCM[ ]表示取最小公倍式。在实际设计过程中,用计算的方法寻找生成多项式非常复杂,在这里利用查表法寻找所需的生成多项式。本原 BCH 码和非本原 BCH 码的部分生成多项式系数分别如表 8.12 和表 8.13 所示,表中给出的生成多项式系数是用八进制数字表示的。例如假定 $m=4$,$t=1$,可知 $n=2^4-1=15$,$r\leqslant mt=4$,所以 $k=11$,从表 8.12 中可以找到,生成多项式 $g(x)$ 的系数为 $(23)_8$,值 23 是指八进制的,化成二进制的值,即为 $(23)_8=(10011)_2$,二进制的数值即为 $g(x)$ 的系数,因此得到 $g(x)=x^4+x+1$,由此生成多项式按照循环码的原理可以生成所有的码字。

表 8.12 部分本原 BCH 码生成多项式的系数

n	k	t	生成多项式 $g(x)$ 系数(八进制)
3	1	1	7
7	4	1	13
	1	3	77
15	11	1	23
	7	2	721
	5	3	2467
	1	7	77777
31	26	1	45
	21	2	3551
	16	3	107657
	11	5	5423325
	6	7	313365047
	1	15	17777777777

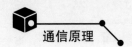

n	k	t	生成多项式 $g(x)$ 系数（八进制）
63	57	1	103
	51	2	12471
	45	3	1701317
	39	4	166623567
	36	5	1033500423
	30	6	157464165347
	24	7	17323260404441
	18	10	1363026512351725
	16	11	6331141367235453
	10	13	472622305527250155
	7	15	5231045543503271737
127	120	1	211
	113	2	41567
	106	3	11554743
	99	4	3447023271
	92	5	624730022327
	85	6	130704476322273
	78	7	26230002166130115
	71	9	6255010713253127753
	64	10	1206534025570773100045
	57	11	235265252505705053517721
	50	13	5444651252331401 2421501421
	43	14	1772177221365122752122 0574343
	36	15	3146074666522075044764574721735
	29	21	4031144613676706036675301141176155
	22	23	1233760704047225224354456266376 47043
	15	27	2205704244560455477052301376217604353
	8	31	704726405275103065147622427156773 3130217

表 8.13 部分非本原 BCH 码生成多项式的系数

n	k	t	m	生成多项式 $g(x)$ 系数（八进制）
17	9	2	8	727
21	12	2	6	1663
23	12	3	11	5343
33	22	2	10	5145
33	12	2	10	3777
41	21	4	20	6647133
47	24	5	23	43073357
65	53	2	12	10761
65	40	4	12	354300067
73	46	4	9	1717773537

2. BCH 译码

BCH 译码可分为频域译码和时域译码两类。频域译码是把每个码字当作一个数字信号,把接收到的信号进行离散傅氏变换(DFT),然后利用数字信号处理技术在"频域"内译码,最后进行傅氏反变换得到译码后的码字。而时域译码是在时域上直接利用码的代数结构进行译码。BCH 的时域译码方法有很多,而且纠多个错误的 BCH 码译码算法十分复杂。常见的时域 BCH 译码方法有彼得森译码、迭代译码等,在这里仅以比较实用的彼得森译码为例介绍译码过程。

彼得森译码的思路是首先计算校正子,然后利用校正子寻找错误图样。其具体过程如下。

(1) 用 $g(x)$ 的各因式作为除数,对接收到的码多项式求余数,将得到 t 个余数(这些余数被称为部分校正子)。

(2) 利用这 t 个部分校正子,构造一个特定的"译码多项式",并以错误位置为根。

(3) 求译码多项式的根,得到错误位置。

(4) 纠正错误。

为便于理解,接下来以 $(15,5)$ BCH 码为例说明整个过程,该 BCH 码可以最多纠正 3 个错误,假定在传输过程中发生 3 个错误,位置分别在 x_1、x_2、x_3。

(1) 确定部分校正子。查表 8.12 可得 $g(x)$ 的系数为 $(2467)_8 = (10100110111)_2$,因此 $g(x) = x^{10} + x^8 + x^5 + x^4 + x^2 + x + 1$,再把它因式分解,得到 $g(x) = (x^4+x+1)(x^4+x^3+x^2+x+1)(x^2+x+1) = \mathrm{LCM}[m_1(x), m_3(x), m_5(x)]$。用接收到的码多项式分别除以 $m_1(x)$、$m_3(x)$、$m_5(x)$,得到相应的校正子 S_1、S_3、S_5。

(2) 构造译码多项式 $\sum(x)$。当这个 $(15,5)$ BCH 码出现 3 个错时,译码多项式为三次方程,即 $\sum(x) = x^3 + k_1 x^2 + k_2 x + k_3$,对于 $t=3$ 的情况,S_1、S_2、S_3 与 k_1、k_2、k_3 的关系为

$$\begin{cases} k_1 = S_1 \\ k_2 = \dfrac{S_1^2 \cdot S_3 + S_5}{S_1^3 + S_3} \\ k_3 = \dfrac{(S_1^3 + S_3)^2 + S_1(S_1^2 \cdot S_3 + S_5)}{S_1^3 + S_3} \end{cases}$$

(3) 令译码多项式 $\sum(x) = 0$,解这个方程组将得到 3 个解,这 3 个解分别对应出错的 3 个位置。

(4) 在相应的错误位置上将二进制码元加 1,即完成纠错。

3. 常见 BCH 码

BCH 码的纠错能力同样取决于其最小码距,当 $d_{\min} \geqslant 2t+1$,能纠 t 个错误。而能纠正单个错误的本原 BCH 码就是循环汉明码。下面介绍几种常见的 BCH 码。

1) 格雷码(Gray)

$(23,12)$ 码是一个特殊的非本原 BCH 码,称为格雷码,它的最小码距为 7,能纠正 3 个错误,其生成多项式为 $g(x) = x^{11} + x^9 + x^7 + x^6 + x^5 + x + 1$。它也是目前为止发现的唯一能纠正多个错误的完备码。

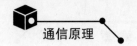

2）扩展形式

实际应用中，为了得到偶数码长，并增加检错能力，可以在 BCH 码的生成多项式中乘 $x+1$，从而得到 $(n+1,k)$ 扩展 BCH 码。扩展 BCH 码相当于将原有 BCH 码再加一位的偶校验，但它不再有循环性。

3）缩短形式

几乎所有的循环码都存在它另一种缩短形式 $(n-s,k-s)$。实际应用中，可能需要不同的码长不是 2^m-1 或它的因子，可以从 $(2^m-1,k)$ 码中挑出前 s 位为 0 的码字构成新的码，这种码的监督位数不变，因此纠错能力保持不变，但是没有了循环性。

4）RS 码

RS 码是 Reed-Solomon 码（理德-所罗门码）的简称，是一类非二进制 BCH 码，在 (n,k) RS 码中，输入信号分成 $k \cdot m$ 比特一组，每组包括 k 个符号，每个符号由 m 个比特组成，而不是前面所述的二进制码由一个比特组成。一个纠 t 个符号错误的 RS 码有如下参数。

码长：$n=2^m-1$ 个符号，或 $m(2^m-1)$ 个比特。

信息段：k 个符号，或 mk 个比特。

监督段：$n-k=2t$ 个符号，或 $m(n-k)$ 个比特。

最小码距：$d_{\min} \geqslant 2t+1$ 个符号，或 $m(2t+1)$ 个比特。

RS 码非常适合纠正突发错误。它可以纠正的错误图样有

总长度为 $b_1=(t-1)m+1$ 个比特的单个突发错。

总长度为 $b_2=(t-3)m+3$ 个比特的两个突发错。

$$\vdots$$

总长度为 $b_i=(t-2i-1)m+2i-1$ 个比特的 i 个突发错。

8.3.6 卷积码

前面介绍的分组码是把 k 个信息比特的序列编成 n 个比特的码字，每个码字的 $n-k$ 个校验位仅与本码字的 k 个信息位有关，而与其他码字无关。为了达到一定的纠错能力和编码效率，分组码的码字长度一般都比较大。编、译码时必须把整个信息码字存储起来，由此产生的译码延时随 n 的增加而增加，同时增加了编、译码设备的复杂程度。那么是否有既要求 n、k 较小，又要求纠错能力较强的编码呢？答案是肯定的，那就是下面介绍的卷积码。

1. 卷积码的概念

卷积码，也称连环码，是 P. Elias 于 1955 年发明的一种非线性分组码，它也是将 k 个信息比特编成 n 个比特，但 k 和 n 通常很小，特别适合以串行形式进行传输，时延小。与分组码不同，卷积码编码后的 n 个码元不仅与当前段的 k 个信息位有关，还与前面的 $N-1$ 段信息位有关，整个编码过程可以看成是输入信息序列与编码器的卷积，因此称为卷积码。通常把卷积码记为 (n,k,N)，$N>1$，n 表示总码字的长度，k 表示信息位的个数，N 就是寄存器的个数，通常将 N 称为约束长度（以组为单位），由于卷积码编码过程中互相关联的码元个数为 nN，所以有时也将 nN 作为约束长度（以比特为单位）。(n,k,N) 卷积码的编码效率为 $R=k/n$。

卷积码的纠错性能随 N 的增加而增大，而差错率随 N 的增加而指数下降。在编码器复杂性相同的情况下，卷积码的性能优于分组码。但卷积码没有分组码那样严密的数学分析手段，目前大多好的卷积码都是通过计算机进行搜索而获取的。

2. 编码器的框图

卷积码编码器的一般结构形式如图 8.12 所示。它包括一个由 N 段组成的输入移位寄存器，每段有 k 个，共 Nk 个寄存器；一组 n 个模 2 加法器，一个由 n 级组成的输出移位寄存器。对应于每段 k 个比特的输入序列，输出 n 个比特。由图可以看到，n 个输出比特不仅与当前的 k 个输入信息有关，还与前 $(N-1)k$ 个信息有关。

卷积码的描述方法有两类，即图解法和解析法。图解法包括树状图、状态图和网格图。解析法包括矩阵形式和生成多项式形式。由于篇幅限制，在此对卷积码的描述方法等内容不作详细介绍，感兴趣的读者请参阅相关的参考资料。

Nk级
k
输入序列
1
2
…
k
1
2
…
k
…
1
2
…
k
+
+
+
…
+
1
2
3
…
n
输出序列

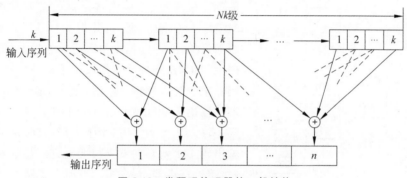

图 8.12　卷积码编码器的一般结构

接下来以图 8.13 所示的(3,1,3)卷积码编码器为例说明其工作过程。该编码器由 3 触点转换开关和一组 3 位移位寄存器及模 2 加法器组成。输出序列的逻辑关系为 $y_{1j}=m_j$，$y_{2j}=m_j \oplus m_{j-2}$，$y_{3j}=m_j \oplus m_{j-1} \oplus m_{j-2}$，因此每输入一个信息比特 m_j，经该编码器后产生 3 个输出比特 $y_{1j}y_{2j}y_{3j}$，这样编码器的输入-输出关系如图 8.14 所示。

输入序列
M3
M2
M1
m1, m2, ..., mj, ...
Y1,j
Y2,j
Y3,j
S
输出序列

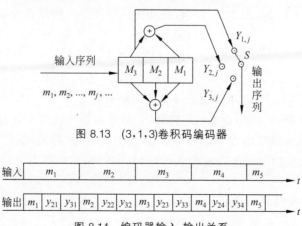

图 8.13　(3,1,3)卷积码编码器

输入
m1
m2
m3
m4
m5
t
输出
m1
y21
y31
m2
y22
y32
m3
y23
y33
m4
y24
y34
m5
t

图 8.14　编码器输入-输出关系

3. 卷积码的表示方法

接下来分别用树状图、网格图和状态图等图解法描述卷积码的编码过程。

(1) 树状图：根据以上逻辑关系可知，假定移位寄存器的起始状态为 0，当第一个输入比特为"0"时，输出比特为 000。当第一个输入比特为"1"时，输出比特为 111。当输入第二个比特时，第一比特右移一位，此时的输出比特显然与"当前输入比特和前一输入比特"有关。当输入第三比特时，第一和第二比特均右移一位，可看到此时的输出比特与"当前输入比特和前两位输入比特"有关。但当第四比特输入时，原第一输入比特已移出移位寄存器而消失，即第一比特已不再影响当前的输入比特。可见不同的输入信息就有不同的输出码序列，若把这些输出序列画成树枝形状，就得到树状图，也称为码树图。用它可以描述输入任何信息序列时，所有可能的输出码字。

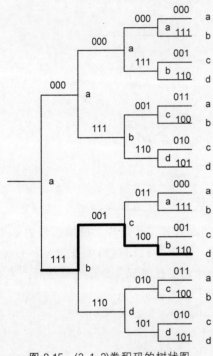

图 8.15 (3,1,3)卷积码的树状图

图 8.15 给出了(3,1,3)卷积码的树状图，码树的起点位于左边，移位寄存器的初始状态取 00，取 $M_1M_2=00$，用 a 表示，并把 a 标注于起始节点处。当输入码元为 0 时，则由节点出发走上支路；当输入码元为 1 时，则由节点出发走下支路。例如，当该编码器第一输入比特为 0 时，走上支路，此时移位寄存器的输出码 000 就写在上支权的上方；当该编码器第一输入比特为 1 时，走下支路，此时移位寄存器的输出码 111 就写在下支权的上方。在输入第二比特时，移位寄存器右移一位，此时上支路情况下的移位寄存器的状态为 00，即 a，并标注于上支路节点处；此时下支路情况下的移位寄存器的状态为 01，即 b，并标注于下支路节点处；同时上、下支路都将分两权。以后每一个新输入比特都会使上、下支路各分两权。经过 4 个输入比特后，得到的该编码器的树状图如图 8.15 所示，树状图中，节点上标注的 a 表示 $M_1M_2=00$，b 表示 $M_1M_2=01$，c 表示 $M_1M_2=10$，d 表示 $M_1M_2=11$。

【例 8.7】 若使用图 8.13 的(3,1,3)卷积码编码器，假定输入序列为 1011，试求该编码器的输出序列。

解：根据图 8.15 的(3,1,3)卷积码的树状图，当输入第一比特 1 时编码器输出为 111，当输入第二比特 0 时编码器输出为 001，当输入第三比特 1 时编码器输出为 100，当输入第四比特 1 时编码器输出为 110，因此当输入序列为 1011 时，输出序列为 111001100110，如图 8.15 中粗线所示。

(2) 网格图：从卷积码的网格图可以看到，树状图的节点自上而下会出现 a、b、c、d 四种重复状态，而且当输入信息比特变大时，图的纵向尺寸越来越大。因此想到用网格图描述，网格图是指把树状图中具有相同状态的节点合并在一起，上支路用实线表示，下支路用虚线表示,支路上标注的码元为输出比特,自上而下的 4 行节点分别表示 a、b、c、d 四种状态。(3,1,3)卷积码的网格图如图 8.16 所示,图中有 2^{N-1} 种状态,从第 N 个节点开始,图形开始重复,且完全相同。

用(3,1,3)卷积码的网格图同样可以求得例 8.7 中的输出序列为 111001100110,求解过程如图 8.16 中粗线所示。

(3) 状态图:从图 8.15 中可以看出,对于每一节点当前状态 a、b、c、d,根据不同的输入将进入不同的状态,由此可以构造出当前状态与下一状态之间的状态转换图,称为卷积码的状态图,如图 8.17 所示,实线表示信息位为 0 的路径,虚线表示信息位为 1 的路径,并在路径上写出相应的输出码元。

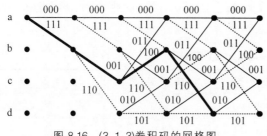

图 8.16　(3,1,3)卷积码的网格图

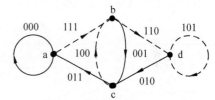

图 8.17　(3,1,3)卷积码的状态图

4. 卷积码的译码

卷积码的译码方法主要有两种,即代数译码和概率译码。代数译码是根据卷积码的本身编码代数结构进行译码,译码时不考虑信道的统计特性。概率译码在计算时要考虑信道的统计特性,典型的算法如最大似然译码、维特比(Viterbi)译码、序列译码等。早期大多采用代数译码,目前概率译码越来越被重视,本节仅介绍在通信中得到广泛应用的维特比译码,例如在数字通信的前向纠错系统中用得较多,在卫星通信中已被用作标准技术。

1) 卷积码的距离特性

与分组码中讨论的一样,卷积码的纠错能力也由距离特性决定,但卷积码的纠错能力与它采用的译码方式有关,因此不同的译码方法就有不同的距离度量。把长度为 $n \cdot N$ 的编码序列之间的最小汉明距离称为最小距离 $d_{\min}$,且最小汉明距离等于非全"0"码序列的最小汉明重量;把任意长的编码序列之间的最小汉明距离称为自由距离 d_{free},利用网格图可以从全 0 序列出发,再回到全 0 序列的所有非 0 路径中求得自由距离。由于卷积码并不划分为码字,因而以自由距离作为纠错能力的度量更为合理。对于卷积码中常用的维特比译码算法,自由距离是个重要参量。一般情况下,在卷积码中,$d_{\min} \leqslant d_{\text{free}}$。

2) 维特比译码

维特比译码算法采用最大似然算法。它把接收码序列与所有可能的码序列作比较,选择一种码距最小的码序列作为发送序列。维特比算法在最大似然算法上作了改进,它不是在网格图上一次比较所有可能的路径,而是接收一段,计算和比较一段,选择一段有最大似然可能的码段,从而达到整个码序列是一个最大似然值的序列。假定发送信息为 1101,为了使移位寄存器中的信息位全部移出,在信息位后加入 3 个"0",编码后的发送序列为 111 110

010 100 001 011 000,而接收序列为 111 010 010 110 001 011 000,接收序列中的第 4 和第 11 位码元发生错码,现在以图 8.16 所示的(3,1,3)卷积码为例,说明维特比译码的具体步骤。

(1)该卷积码的约束度为 3,所以先考察接收序列前 3 个信息段,$3n=3×3=9$ 个比特,即 111 010 010。从图 8.16 可知,沿路径每一级有 4 种状态 a、b、c 和 d,每种状态只有两条路径可以到达,故 4 种状态共有 8 条路径可到达。这样与到达第 3 级 4 个节点的 8 条路径对照,计算 8 条路径与送入译码器的序列 R 在等长范围内的汉明距离,为每一个节点挑选并存储一条到达本节点码距最小的路径作为幸存路径(遇到进入某节点的两条路径距离相同时可以随机留存),例如由出发点状态 a 经过 3 级路径后到达状态 b 的两条路径为表 8.14 中的第 3 条和第 4 条,第 3 条对应的序列为 000 000 111,和接收序列 111 010 100 的汉明距离为 6,第 4 条对应的序列为 111 001 100,和接收序列 111 010 100 的汉明距离为 4,因此幸存路径为第 4 条。这样 8 条路径的计算结果如表 8.14 所示。

表 8.14　维特比译码第 1 步计算结果

序　号	路　径	对应序列	汉明距离	是否幸存
1	aaaa	000 000 000	5	否
2	**abca**	**111 001 011**	**3**	**是**
3	aaab	000 000 111	6	否
4	**abcb**	**111 001 100**	**4**	**是**
5	aabc	000 111 001	7	否
6	**abdc**	**111 110 010**	**1**	**是**
7	aabd	000 111 110	6	否
8	**abdd**	**111 110 101**	**4**	**是**

(2)将当前节点移到第 4 级,此时第 3 级选出的 4 条幸存路径又延伸为 8 条,计算这 8 条路径和接收序列 R 在等长范围内的汉明距离,仍为各个节点挑选有最小距离的幸存路径。为了简单起见,先考察接收序列中后继的 3 个比特 110,并计算 4 条幸存路径中增加 1 级后 8 条路径的新增距离,然后加上原幸存距离即为总距离,这样 8 条路径的计算结果如表 8.15 所示。由表可知,总距离中最小值为 2,其路径为 abdc+b,此幸存路径的网格图如图 8.18 的粗线所示,相应的序列为 111 110 010 100,与发送序列相同,因而译码得到的信息位为 1101,并纠正了接收序列中的差错。

表 8.15　维比特译码第 2 步计算结果

序号	路径	原幸存路径的距离	新增路径段	对应序列	新增距离	总距离	是否幸存
1	abca+a	3	aa	000	2	5	否
2	**abdc+a**	**1**	**ca**	**011**	**2**	**3**	**是**
3	abca+b	3	ab	111	1	4	否

续表

序号	路径	原幸存路径的距离	新增路径段	对应序列	新增距离	总距离	是否幸存
4	**abdc＋b**	**1**	**cb**	**100**	**1**	**2**	是
5	abcb＋c	4	bc	001	3	7	否
6	abdd＋c	4	dc	010	1	5	是
7	abdd＋d	4	dd	101	2	6	否
8	**abcb＋d**	**4**	**bd**	**110**	**0**	**4**	是

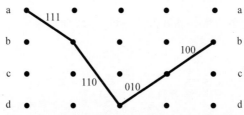

图 8.18　对应信息位 1101 的幸存路径网格图

（3）把信息位后加入的 3 个"0"，当作信息位，重复步骤（2），直到输入信息位全部通过移存器，使移存器回到初始状态，最后得到回到终点 a 的幸存路径为 abdc＋b＋c＋a＋a，如图 8.19 的粗线所示，对应的序列就是译码器输出的码序列 111 110 010 100 001 011 000，对应的信息位为 1101000。

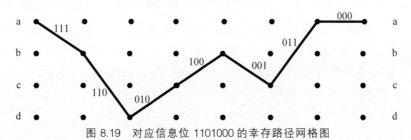

图 8.19　对应信息位 1101000 的幸存路径网格图

显然，维特比译码能纠正部分错，但并不能纠正所有可能发生的错误，当错误模式超出卷积码的纠错能力时，译码后的输出序列就会带有错误。

8.3.7　Turbo 码

香农有扰信道的编码定理指出，在有扰信道中只要信息的传输速率 R 小于信道容量 C，总可以找出一种编码方法，使信息以任意小的差错概率通过信道传送到接收端，即误码率 P_e 可以任意小，而且传输速率 R 可以接近信道容量 C。香农有扰信道的编码定理本身并未给出具体的纠错编码方法，但它为信道编码奠定了理论基础，从理论上指出了信道编码的发展方向。很多科技工作人员为此不断地探索，设计出许多有效的信道编码方法，纠错码的性能也越来越好。但从实际应用来看，各种纠错码的性能与香农在信道编码定理中给出的极限仍有差距。1993 年，法国科学家 C. Berrou 等发表了一篇论文"接近香农极限的纠错编码

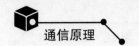

和译码：Turbo 码"。Turbo 码的出现，立即引起全世界信道编码学术界的广泛关注。Turbo 码是近年来纠错编码领域研究的重要突破，它是一种并行级联码，它的内码、外码均使用卷积码。它采用迭代译码方法，挖掘了级联码的潜力。计算机仿真结果表明，在加性高斯白噪声无记忆信道上，特定参数条件下，Turbo 码的性能可以达到与香农理论极限相差 0.7dB 的性能，接近香农极限。Turbo 码的优异性能吸引许多科技工作者对此进行研究，使 Turbo 码有了很大的发展，并且在多方面得到实际应用。Turbo 码已经被确定为第三代移动通信系统 IMT-2000 中高质量、高速率传输业务的首选编码方案。WCDMA、CDMA2000 和我国的 TD-SCDMA 的信道编码方案都使用了 Turbo 码。

1. Turbo 码编码器

Turbo 码编码器的典型结构如图 8.20 所示。它由分量编码器、交织器、删余器及复用器三部分组成。

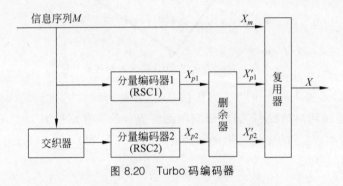

图 8.20 Turbo 码编码器

输入信息序列 M，一路直接送到复用器，作为信息比特；另一路送入分量编码器 1 进行编码，编码后的输出 X_{p1} 送入删余器，经删余后得到校验码 X'_{p1}；还有一路送至交织器，信息序列 M 经过交织器后再送入分量编码器 2，分量编码器 2 的输出 X_{p2} 经删余后得到另一校验码 X'_{p2}。最后信息比特和校验码复用后形成 Turbo 码序列 X。

1）分量编码器

研究实践表明，递归系统卷积码（Recursive Systematic Convolutional，RSC）比非递归的非系统卷积码（Non Systematic Convolutional，NSC）具有更好的性能。目前，典型的 Turbo 码编码器采用反馈型递归系统卷积码，即分量编码器 1 和分量编码器 2 分别为 RSC1 和 RSC2。RSC1 和 RSC2 可以相同，也可以不同。

RSC 可以由 NSC 转化后得到。图 8.21 为一个 NSC 编码器，图 8.21(a) 为 NSC 编码器框图，图 8.21(b) 为 NSC 编码器电路图。其生成多项式分别为

$$g_1(x) = x^4 + x^3 + x^2 + x + 1 \tag{8.14}$$

$$g_2(x) = x^4 + 1 \tag{8.15}$$

用矢量表示为 $g_1 = [011111]$，$g_2 = [010001]$。

写成八进制形式即 (37,21)，也可以写成生成矩阵形式，为

$$G(x) = [x^4 + x^3 + x^2 + x + 1 \quad x^4 + 1] \tag{8.16}$$

对该矩阵的第一行各项除 $x^4 + x^3 + x^2 + x + 1$，可得

$$G'(x) = \left[1 \quad \frac{x^4 + 1}{x^4 + x^3 + x^2 + x + 1} \right] \tag{8.17}$$

$$g'_1(x) = 1 \quad g'_2(x) = \frac{x^4 + 1}{x^4 + x^3 + x^2 + x + 1}$$

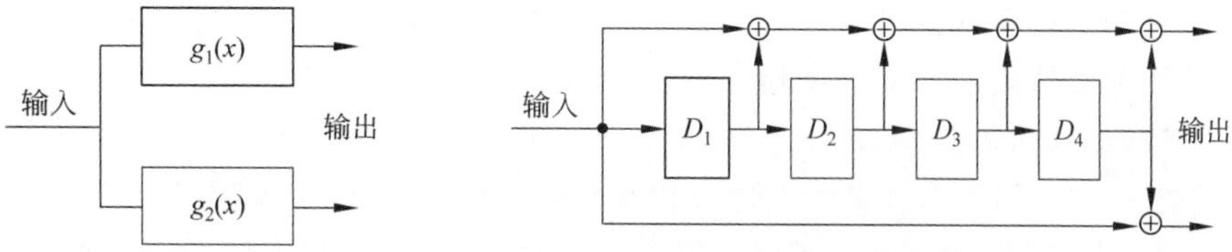

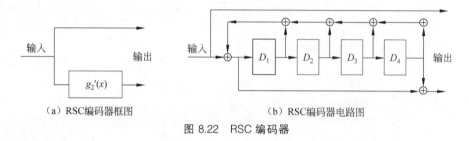

图 8.21　(37,21)NSC 编码器

画出新的编码器的框图如图 8.22(a)所示。其对应的编码器电路图如图 8.22(b)所示。它是一个递归系统卷积码。

（a）RSC编码器框图　　　　　　　　　（b）RSC编码器电路图

图 8.22　RSC 编码器

2) 交织器

交织器是 Turbo 码的关键部件之一，它对 Turbo 码性能的影响非常重要。在一般传统的信道传输时，交织器使突发产生的集中错误分散化，其目的是抗信道突发错误。在 Turbo 码中，运用交织器是打乱原始数据的排列顺序，改变码的重量分布，提高输出 Turbo 码的整体性能。交织器有分组交织器、卷积交织器和随机交织器等，这里只作简单介绍。

行列交织器是一种简单的分组交织器，它把一定长度的信息序列看作存储于存储器中的矩阵，写入时按行写入，读出时按列读出。这样读出的数据排列顺序就不同于写入的数据，原始数据的排列顺序放置打乱，但信息的内容没有发生变化。在接收端进行相反的解交织运算即可恢复原始信息内容。

在 Turbo 码中常用的是随机交织器。随机交织器其交织过程的映射规律是随机的，即数据写入存储器和从存储器中读出的地址对应是随机的。但完全的随机交织在接收端很难进行解交织以便恢复原来的信息，或者说要把每一次交织过程的映射规律传送到接收端，接收端才能进行解交织，其传输的工作量太大，它会增加信道负担和译码器复杂度，不实用。实际中使用的是伪随机交织器，它的关键是要选取一定的伪随机序列，由伪随机序列确定交织过程的映射规律。

3) 删余器及复用器

删余器及复用器的目的是得到合适的码率。从图 8.20 可见，Turbo 码编码器中有两个

分量编码器 RSC1 和 RSC2。两个 RSC 分量编码器不一定完全相同,设其码率分别为 R_1 和 R_2。如果不做删余及复用处理,合成后的码率 R 与 R_1、R_2 的关系为

$$\frac{1}{R} = \frac{1}{R_1} + \frac{1}{R_2} - 1$$

两个分量编码器 RSC1 和 RSC2 产生两个序列 X_{p1}、X_{p2},如果不进行删余处理,则在输出码流中的冗余比特太多。为了提高码率,使序列 X_{p1}、X_{p2} 经过删余器,按照一定规律删除一些校验比特,形成新的校验序列 X'_{p1}、X'_{p2}。比如在图 8.20 中两个分量编码器 RSC1 和 RSC2 的码率为 1/2,如果不做删余处理直接复用,则得到 Turbo 码的码率为 1/3。为了产生码率为 1/2 的 Turbo 码,可以从 RSC1 和 RSC2 的输出分别删去 1 比特,即校验序列在 RSC1 和 RSC2 的输出间轮流取值,经过复用就得到码率为 1/2 的 Turbo 码。

Turbo 码编码器也可以由二维扩展到多维,如图 8.23 所示。

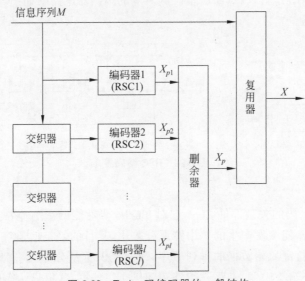

图 8.23　Turbo 码编码器的一般结构

2. Turbo 码译码器

Turbo 码的译码通常是运用最大似然译码准则,采用迭代译码的方法实现的。图 8.20 所示的 Turbo 码编码器含有两个分量编码器,与此对应的 Turbo 码译码器也有两个分量译码器 DEC1、DEC2。Turbo 码译码器的典型结构如图 8.24 所示,它由两个分量译码器及相应的交织器和解交织器组成。其中的分量译码器均采用软输入、软输出(Soft Input Soft Output,SISO)译码器。分接与内插是对接收序列进行处理,其功能与编码器中的删余及复用刚好相反。接收到的数据流结构是经删余及复用后的数据流:信息码加校验码。它要经过解复用,对数据流分接与内插后,恢复成删余及复用前 X_m 和 X_{p1}、X_{p2} 的结构,然后分别送入相应的分量译码器。DEC1 对 RSC1 进行最佳译码,DEC2 对 RSC2 进行最佳译码。由于两个分量来自同一个输入信息序列 M,必然具有一定的相关性,可以互为参考。所以在 Turbo 码译码器中,将 DEC1 的软输出经交织器后作为附加信息送入 DEC2,使输入到

DEC2 的原始信息增加,提高译码的正确性。同样,将 DEC2 的软输出经解交织后作为附加信息送入 DEC1。经过多次迭代得到对应于输入信息序列 M 的最佳值 $\hat{M}$ 作为译码输出。

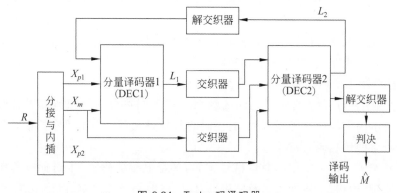

图 8.24　Turbo 码译码器

在 Turbo 码译码器中采用的软输入、软输出迭代译码算法有多种。常见的如标准 MAP 算法(即最大后验概率算法)、对数 MAP 算法(即 log-MAP 算法)、max-log-MAP 算法、软输出维特比译码(Soft Output Viterbi Algorithms,SOVA)等。具体的算法请参看有关文献,本章不再详细介绍。

8.4　本章小结

编码技术分为信源编码和信道编码。为了提高通信系统的有效性,通常需要进行信源编码;由于信道中存在各种噪声和干扰,使得数据在传输过程中出现差错,因此进行信道编码是为了提高数据传输的可靠性。

针对信源编码,首先介绍信源编码的基本原理,接着介绍香农-范诺编码和哈夫曼编码的原理以及举例。

针对信道编码,首先介绍信道编码的基本原理,包括信道编码的方法、信道编码的基本概念、码距与纠错能力的关系、信道编码的分类等。常用的信道编码方法有自动请求重传法、前向纠错法、反馈校验法和混合纠错法,这些方法要通过信道编码实现。信道编码的基本原理就是在信息码元序列中按照某种约束关系增加一些监督码元,利用监督码元发现或纠正传输中发生的错码;然后分别定义码字、码组、码距、码重等重要概念。信道编码的检错、纠错能力与最小码距有关,可以用以下关系式表示:①为检测 e 个错码,则要求最小码距 $d_{\min} \geqslant e+1$;②为纠正 t 个错码,则要求最小码距 $d_{\min} \geqslant 2t+1$;③为纠正 t 个错码,同时为检测 e 个错码,则要求最小码 $d_{\min} \geqslant e+t+1, e>t$。一般不同的编码方法,其监督码元的位数也不一样,监督码元的位数越多,其检错、纠错能力也越强,但有效性就降低,因此差错控制编码的原则是靠降低有效性换取可靠性的提高,这样就提出编码效率的概念。编码效率是信息码元的位数与编码后码字总长度的比值。在实际应用过程中必须对检错、纠错能力和编码效率进行最佳折中考虑。

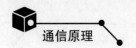

根据不同的检错、纠错能力及编码效率的要求，实际应用中有很多种信道编码，为了便于理解，把信道编码按不同的方法进行分类。

（1）根据用途可分为检错码和纠错码，可以分别检验和纠正随机错码或突发错码。

（2）根据信息码元和监督码元之间的函数关系可分为线性码和非线性码，线性码是指其约束关系为线性关系，可用线性方程组表示，如线性分组码中的循环码、汉明码等；非线性码是指其约束关系为非线性关系，如卷积码等。

（3）根据码组中的码字结构可分为循环码和非循环码。

（4）根据信息码元和监督码元之间的约束方式不同可分为分组码和卷积码，分组码的监督码元仅与本码字的信息码元有关；卷积码的监督码元不仅与本码字的信息码元有关，还与前面若干码字的信息码元有关。

接下来介绍了目前最常用的简单信道编码，如奇偶校验码、二维奇偶校验码、恒比码和正反码等的原理，检错、纠错能力以及应用场合，这些编码虽然简单，但检错、纠错能力不强。

然后重点介绍了线性分组码的编、译码原理，根据监督关系式导出监督矩阵和生成矩阵，并通过线性变换转化为各自的典型阵，然后推导出这两者相互转换的关系式，并利用错误图样和校正子的概念，举例说明发送端与接收端是如何进行检、纠错的过程。接着又介绍了线性分组码的特例——循环码，循环码是数据通信和计算机网络中常用的很重要的一类校验码。讨论了循环码的编译码原理及其硬件实现框图，给出了应用实例。循环码中的重要子类，即纠错能力强且目前使用非常广泛的 BCH 码，它分为本原 BCH 码和非本原 BCH 码，分别介绍了它的编译码原理，由 BCH 码可以派生出很多特殊子类，如格雷码、RS 码等。

同时，介绍了一种非线性分组码，即卷积码，卷积码的监督位不仅与当前段的 k 比特信息位有关，而且还与前面的 $N-1$ 段信息位有关，卷积码的编码可以利用解析法，也可用图形法，本章介绍了根据卷积码的码树图、网格图求得编码器输出序列的方法；而卷积码的译码有很多方法，也很复杂，本章着重介绍了广泛应用的维特比译码原理。

本章最后介绍 Turbo 码的编、译码原理。

8.5 习题

1. 若二维奇偶校验码中的码元错误位置发生情况如图 8.25 中小黑点所示，请问能否将这些错误检测出来？

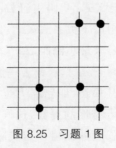
图 8.25 习题 1 图

2. 在表 8.16 中给出了字母 D、E、F 的 7 比特 ASCII 码表示,假定分别用偶校验、水平偶校验、二维偶校验,请分别求出传输 DEF 时的发送序列。

表 8.16 题 2 D、E、F 的 ASCII 码表示

	b_6	b_5	b_4	b_3	b_2	b_1	b_0
D	1	0	0	0	1	0	0
E	1	0	0	0	1	0	1
F	1	0	0	0	1	1	0

3. 已知码集合中有 4 个码字分别为(11100)、(01001)、(10010)、(00111)。

(1) 计算此码的最小码距 d_{min}。

(2) 若码字是等概率分布,计算此码的编码效率 η。

(3) 若根据最大似然准则译码,请问接收码序列(10000)、(01100)和(00100)应译成什么码字?

(4) 此码能纠正几位码元的错误?

4. 假定汉明码的码长 n 为 15,请问其监督位 r 应为多少? 编码效率为多少? 并写出监督码元与信息码元之间的关系。

5. 已知(7,3)码的生成矩阵为

$$\boldsymbol{G} = \begin{bmatrix} 1001110 \\ 0100111 \\ 0011101 \end{bmatrix}$$

(1) 列出该码的所有码字。

(2) 求出此码的监督矩阵 $\boldsymbol{H}$。

(3) 计算当接收码字为(1101101)时的校正子,并判断该码字是否正确?

(4) 这种码的检错、纠错能力如何?

6. 已知(7,4)循环码的全部码字为 0000000 0001011 0010110 0011101 0100111 0101100 0110001 0111010 1000101 1001110 1010011 1011000 1100010 1101001 1110100 1111111,请写出该码的生成多项式 $g(x)$、生成矩阵多项式 $\boldsymbol{G}(x)$ 和生成矩阵 $\boldsymbol{G}$,并将 $\boldsymbol{G}$ 化成典型阵。

7. 已知(7,6)循环码的一个码字为(0000011)。

(1) 试写出 8 个码字,并求最小码距 d_0。

(2) 写出生成多项式 $g(x)$。

(3) 写出生成矩阵。

8. (15,5)循环码的生成多项式为 $g(x) = 1 + x + x^2 + x^5 + x^8 + x^{10}$。

(1) 画出该码的编码器框图。

(2) 求出消息 $m(x) = 1 + x^2 + x^4$ 的码多项式。

9. 已知(2,1,3)卷积码编码器的输出与信息 m_1、m_2 和 m_3 的关系为 $y_1 = m_1 + m_2$,$y_2 = m_2 + m_3$。

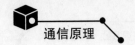

（1）请画出编码器电路。

（2）请画出卷积码的码树图、状态图和网格图。

（3）当信息序列为 10110 时，求它的输出码序列。

10. 已知 $(2,1,3)$ 卷积码编码器的输出与信息 m_1、m_2 和 m_3 的关系为 $y_1 = m_1 + m_2$，$y_2 = m_1 + m_2 + m_3$，当接收码序列为 1000100000 时，试用维特比译码法求解发送信息序列。

11. 一个 $(63,36)$BCH 码可以纠正 5 个错误，$(7,4)$ 码的 9 个分组可以纠正 9 个错误，两种码具有相同的编码效率。

（1）$(7,4)$ 码能纠正更多的错误，它是否更强大？请解释。

（2）比较 63bit 中随机出现 5 个错误时两种码的性能。

8.6　实践项目

1. 请查阅有关资料，找出有哪些信道编码，并把这些编码归类，说明各自的检错、纠错能力、编码效率以及应用场合，最后总结成一篇小论文。

2. 在数据通信和计算机网络中，CCITT 推荐在高级数据链路控制规程（HDLC）中的帧校验序列（FCS）中，使用 CCITT-16 的 CRC 码，其生成多项式 $g(x) = x^{16} + x^{15} + x^5 + 1$。

（1）设计 CRC 编码的硬件线路图，并做成实物，加以验证。

（2）用单片机汇编语言或 C 语言编程实现，并用单片机仿真器进行调试。

（3）用 VHDL 语言加以实现，并在相应的 FPGA 芯片上进行仿真、调试以及硬件下载。如果实验条件受限，可以选择其中之一来做。

3. 请用 FPGA 实现 $(2,1,3)$ 卷积码编码器，要求在相应的 FPGA 芯片上进行仿真、调试以及硬件下载。

参 考 文 献

[1] 鲍卫兵.通信原理[M].2 版.杭州：浙江大学出版社,2011.

[2] 达新宇,陈树新,王瑜,等.通信原理教程[M].2 版.北京：北京邮电大学出版社,2009.

[3] 王秉钧,王少勇,王彦杰.通信原理基本教程[M].北京：北京邮电大学出版社,2006.

[4] 黄文准,杨亚东.现代通信原理教程[M].西安：西安电子科技大学出版社,2016.

[5] 韩庆文,叶蕾,蒲秀娟,等.通信原理[M].2 版.北京：电子工业出版社,2014.

[6] 陶亚雄.现代通信原理[M].4 版.北京：电子工业出版社,2013.

[7] MEYER M.现代通信原理[M].李玉宏,译.北京：机械工业出版社,2010.

[8] 李永忠,徐静.现代通信原理、技术与仿真[M].西安：西安电子科技大学出版社,2010.

[9] 宋祖顺,宋晓勤,宋平,等.现代通信原理[M].3 版.北京：电子工业出版社,2010.

[10] GOLENIEWSKI L,JARRETT K W.通信概论[M].田华,方涛,王永强,等译.2 版.北京：电子工业出版社,2010.

[11] 黄葆华,沈忠良,张伟民.通信原理简明教程[M].北京：机械工业出版社,2012.

[12] CARLSON A B,CRILLY P B.通信系统[M].王钢,马琳,石硕,等译.5 版.北京：清华大学出版社,2011.

[13] 张德丰.MATLAB通信工程仿真[M].北京：机械工业出版社,2010.

[14] 蒋青,吕翊.通信原理与技术[M].北京：北京邮电大学出版社,2007.

[15] 陶亚雄.现代通信原理与技术[M].2 版.北京：电子工业出版社,2012.

[16] 陈启兴.通信原理[M].北京：机械工业出版社,2011.

[17] 樊昌信,曹丽娜.通信原理[M].7 版.北京：国防工业出版社,2012.

[18] 曹丽娜,樊昌信.通信原理学习辅导和考研指导[M].7 版.北京：国防工业出版社,2013.

[19] 周炯槃,庞沁华,吴伟陵,等.通信原理[M].4 版.北京：北京邮电大学出版社,2015.

[20] 杜青,乔延华.现代通信原理习题解析[M].西安：西安电子科技大学出版社,2017.

[21] 黄葆华,沈忠良,张伟明,等.通信原理基础教程学习指导及习题解答[M].北京：机械工业出版社,2012.

[22] 吴婷,刘锁兰,史国川.通信原理答疑解惑与典型题解[M].北京：北京邮电大学出版社,2014.

[23] 杨育红,韩乾.通信系统仿真实验[M].北京：清华大学出版社,2020.

[24] 赵谦.通信系统中 MATLAB 基础与仿真应用[M].西安：西安电子科技大学出版社,2010.

[25] 曹雪虹,杨洁,童莹.MATLAB/SystemView通信原理实验与系统仿真[M].北京：清华大学出版社,2020.

图书资源支持

感谢您一直以来对清华版图书的支持和爱护。为了配合本书的使用，本书提供配套的资源，有需求的读者请扫描下方的"书圈"微信公众号二维码，在图书专区下载，也可以拨打电话或发送电子邮件咨询。

如果您在使用本书的过程中遇到了什么问题，或者有相关图书出版计划，也请您发邮件告诉我们，以便我们更好地为您服务。

我们的联系方式：

清华大学出版社计算机与信息分社网站：https://www.shuimushuhui.com/

地　　址：北京市海淀区双清路学研大厦 A 座 714

邮　　编：100084

电　　话：010-83470236　010-83470237

客服邮箱：2301891038@qq.com

QQ：2301891038（请写明您的单位和姓名）

资源下载：关注公众号"书圈"下载配套资源。

资源下载、样书申请

书圈

图书案例

清华计算机学堂

观看课程直播